普通高等院校基础力学系列教材

U0292603

范钦珊 刘燕 王琪 编著

理论力学

清华大学出版社
北京

内容简介

本书是根据教育部颁布的“理论力学教学基本要求”编写的，删除了与大学物理重叠的内容，同时注意与“材料力学”课程中相关内容的贯通和融合。因而，与现行同类教材相比，篇幅有较大幅度的减少。

全书内容分为 3 篇共 13 章，第 1 篇是工程静力学基础，包括受力分析概述、力系的等效与简化和静力学平衡问题等 3 章；第 2 篇是工程运动学基础，包括运动分析基础、点的复合运动分析和刚体的平面运动分析等 3 章；第 3 篇是工程动力学基础，包括质点动力学、动量定理及其应用、动量矩定理及其应用、动能定理及其应用、达朗贝尔原理及其应用、虚位移原理及其应用、动力学普遍方程和第二类拉格朗日方程等 7 章。

本书可作为高等院校理工科专业理论力学课程的教材。

图书在版编目(CIP)数据

理论力学/范钦珊，刘燕，王琪编著. —北京：清华大学出版社，2004.11(2025.1 重印)
(普通高等院校基础力学系列教材)
ISBN 978-7-302-09500-2

Ⅰ. 理… Ⅱ. ①范… ②刘… ③王… Ⅲ. 理论力学—高等学校—教材 Ⅳ. O31

中国版本图书馆 CIP 数据核字(2004)第 093494 号

责任编辑：杨 倩 佟丽霞
责任印制：曹婉颖

出版发行：清华大学出版社
网　　址：https://www.tup.com.cn，https://www.wqxuetang.com
地　　址：北京清华大学学研大厦 A 座　**邮　　编**：100084
社 总 机：010-83470000　**邮　　购**：010-62786544
投稿与读者服务：010-62776969，c-service@tup.tsinghua.edu.cn
质 量 反 馈：010-62772015，zhiliang@tup.tsinghua.edu.cn
印 装 者：涿州市般润文化传播有限公司
经　　销：全国新华书店
开　　本：170mm×230mm　**印　　张**：23.75　**字　　数**：427 千字
版　　次：2004 年 11 月第 1 版　**印　　次**：2025 年 1 月第 21 次印刷
定　　价：67.00 元

产品编号：015560-07

普通高等院校基础力学系列教材

编委会名单

PREFACE

序

普通高等院校基础力学系列教材包括“理论力学”、“材料力学”、“结构力学”、“工程力学(静力学+材料力学)”。这套教材是根据我国高等教育改革的形势和教学第一线的实际需求，由清华大学出版社组织编写的。

从2002年秋季学期开始，全国普通高等学校新一轮培养计划进入实施阶段。新一轮培养计划的特点是：加强素质教育、培养创新精神。根据新一轮培养计划，课程的教学总学时数大幅度减少，学生自主学习的空间将进一步增大。相应地，课程的教学时数都要压缩，基础力学课程也不例外。

怎样在有限的教学时数内，使学生既能掌握力学的基本知识，又能了解一些力学的最新进展；既能培养和提高学生学习力学的能力，又能加强学生的工程概念？这是很多力学教育工作者所共同关心的问题。

现有的基础力学教材大部分都是根据在比较多的学时内进行教学而编写的，因而篇幅都比较大。教学第一线迫切需要适用于学时压缩后教学要求的小篇幅的教材。

根据“有所为、有所不为”的原则，这套教材更注重基本概念，而不追求冗长的理论推导与繁琐的数字运算。这样做不仅可以满足一些专业对于力学基础知识的要求，而且可以切实保证教育部颁布的基础力学课程教学基本要求的教学质量。

为了让学生更快地掌握最基本的知识，本套教材在概念、原理的叙述方面作了一些改进。一方面从提出问题、分析问题和解决问题等方面作了比较详尽的论述与讨论；另一方面通过较多的例题分析，特别是新增加了关于一些重要概念的例题分析。著者相信这将有助于读者加深对于基本内容的了解和掌握。

此外，为了帮助学生学习和加深理解以及方便教师备课和授课，与每门课程主教材配套出版了学习指导、教师用书(习题详细解答)和供课堂教学使用的电子教案。

本套教材内容的选取以教育部颁布的相关课程的"教学基本要求"为依据，同时根据各院校的具体情况，作了灵活的安排，绝大部分为必修内容，少部分为选修内容。

范钦珊

2004年7月于清华大学

FOREWORD

前言

本书是为应用型大学相关专业编写的。编写本书一方面是为了满足那些对理论力学的难度要求不高，但对理论力学的基础知识有一定了解并且具有一定深度的专业的要求，更好地适应这些专业的素质教育需要；另一方面是为了适应新的教育教学改革的形势。

编写本书的一个基本原则就是从素质教育的要求出发，更注重基本概念，而不追求冗长的理论推导与繁琐的数字运算。

理论力学与很多领域的工程问题密切相关。理论力学教学不仅可以培养学生的力学素质，而且可以加强学生的工程概念。这对于他们向其他学科或其他工程领域扩展是很有利的。与以往的同类教材相比，本书的难度有所下降，工程概念有所加强，引入了一些涉及广泛领域的工程实例、例题和习题。

为了让学生更快地掌握最基本的知识，我们在概念、原理的叙述方面作了一些改进，做法之一是从提出问题、分析问题和解决问题等方面作了比较详尽的论述与讨论；做法之二是安排了较多的例题分析，而且在大部分例题的最后，都安排了"本例讨论"。我们相信这将有助于读者提高应用基本概念和基本方法分析和解决问题的能力，有助于学生加深对基本内容的了解和掌握。

本书内容的选取以教育部颁布的"理论力学教学基本要求"为依据，删除了与大学物理重叠的内容，同时注意与"材料力学"课程相关内容的贯通和融合。因而，与现行同类教材相比，本书的篇幅有较大幅度的减少。

全书分为工程静力学基础、工程运动学基础和工程动力学基础 3 篇共 13 章。工程静力学基础篇包括：受力分析概述、力系的等效与简化和静力学平衡问题等 3 章；工程运动学基础篇包括：运动分析基础、点的复合运动分析和刚体的平面运动分析等 3 章；工程动力学基础篇包括：质点动力学、动量定理及其应用、动量矩定理及其应用、动能定理及其应用、达朗贝尔原理及其应用、虚位移原理及其应用、动力学普遍方程和第二类拉格朗日方程等 7 章。其中第 13 章"动力学普遍方程和第二类拉格朗日方程"为选学内容。

根据不同院校的实际情况，必修部分（前12章）所需教学时数约为48～64；选学部分（第13章）所需教学时数约为4～6。这样的教学时数与目前大部分院校的理论力学教学时数大体接近。

作　者

2004年5月于北京

CONTENTS

目录

第2篇 工程运动学基础

第3篇 工程动力学基础

绪　论

理论力学(classical mechanics)是研究物体机械运动规律的科学,是各力学学科分支的基础,同时也是众多工程技术学科的基础。

理论力学课程不仅与力学密切相关,而且紧密联系于广泛的工程实际。

0.1　工程与理论力学

20 世纪以前,推动近代科学技术与社会进步的蒸汽机、内燃机、铁路、桥梁、船舶、兵器等,都是在力学知识的累积、应用和完善的基础上逐渐形成和发展起来的。

20 世纪产生的诸多高新技术,如高层建筑、大跨度悬索桥(图 0-1)、海洋平台(图 0-2)、精密仪器、航空航天器(图 0-3 和图 0-4)、机器人(图 0-5)、高速列车(图 0-6)以及大型水利工程(图 0-7)等许多重要工程更是在理论力学指导下得以实现,并不断发展完善的。

(a)　　(b)

图 0-1　高层建筑与大型桥梁

图 0-2 海洋石油钻井平台

图 0-3 我国的长征火箭

20 世纪产生的另一些高新技术，如电子工程、计算机工程等，虽然是在其他基础学科指导下产生和发展起来的，但都对力学提出了各式各样的、大大小小的问题。

例如计算机硬盘驱动器(图 0-8)，若给定不变的角加速度，如何确定从启动到正常运行所需的时间以及转数；已知硬盘转台的质量及其分布，当驱动器达到正常运行所需角速度时，驱动电动机的功率如何确定，等等，这些问题都与理论力学有关。

图 0-4　新型航天器

图 0-5　特殊工作环境中的机器人

图 0-6 高速列车

图 0-7 我国的葛洲坝水力枢纽工程

跟踪目标的雷达(图 0-9)怎样在不同的时间间隔内,通过测量目标与雷达之间的距离和雷达的方位角,准确地测定目标的速度和加速度,这也是理论力学中最基础的内容之一。

图 0-8　计算机硬盘驱动器

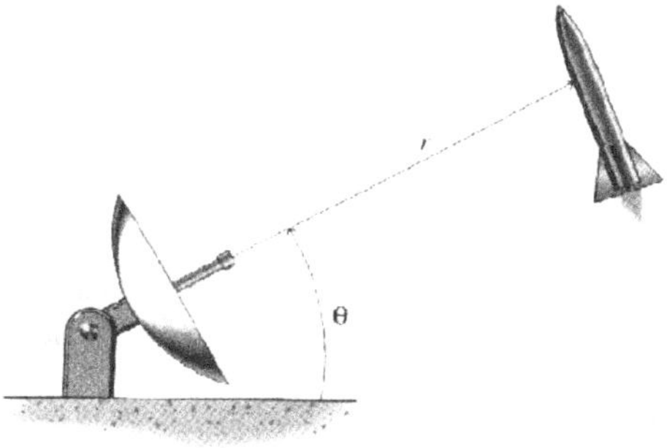

图 0-9　雷达确定目标的方位

图 0-10　舰载飞机从甲板上起飞

舰载飞机(图 0-10)在飞机发动机和弹射器推力作用下从甲板上起飞,于是就有下列与理论力学有关的问题:若已知推力和跑道的可能长度,则需要多大的初始速度和时间间隔才能达到飞离甲板时的速度;反之,如果已知初始速度和一定时间间隔后飞离甲板时的速度,那么需要飞机发动机和弹射器施加多大的推力,或者需要多长的跑道。

需要指出的是,除了工业部门的工程外,还有一些非工业工程也都与理论力学密切相关,体育运动就是一例。图 0-11 所示的棒球运动员用球棒击球前后,棒球的速度大小和方向都发生了变化,如果已知这种变化即可确定棒球受力;反之,如果已知击球前棒球的速度,根据被击后球的速度,就可确定球棒对球所施加的力。赛车结构(图 0-12)为什么前细后粗,为什么车轮前小后大,这些都与理论力学的基础知识有关。

图 0-11　击球力与球的速度

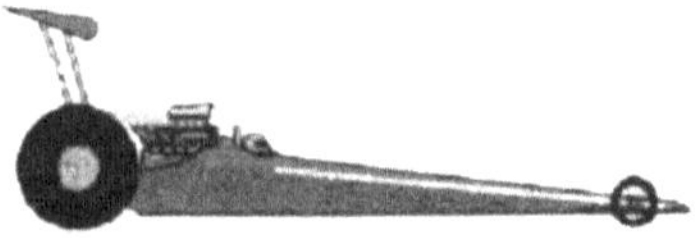

图 0-12　赛车结构

0.2　理论力学的研究对象与模型

1. 理论力学的研究对象与研究内容

理论力学是研究物体宏观机械运动的学科。所谓“机械运动”,是指物体在空间的位置随时间的改变,气体和流体的流动等。理论力学是研究自然界以及各种工程中机械运动最普遍、最基本的规律,它可以指导人们认识自然界,科学地从事工程技术工作。

理论力学研究的内容主要包括以下三部分:

工程静力学基础——主要研究物体的受力分析,力系的等效简化,力系的平衡条件及其应用;

工程运动学基础——主要研究物体运动的几何性质(包括物体在空间的位置随时间的变化规律,物体运动的轨迹、速度和加速度等),而不涉及引起运动的物理原因;

工程动力学基础——主要研究物体上作用的力系和物体机械运动之间的一般关系。

2. 理论力学的两种主要模型

自然界与各种工程中涉及机械运动的物体有时是很复杂的，运用理论力学研究物体的机械运动时，必须忽略一些次要因素的影响，对其进行合理的简化，抽象出研究模型。

当所研究的问题与物体本身的形状和几何尺寸无关，或物体的形状和大小对运动的影响很小时，可将其抽象为只有质量而无体积的"**质点**"。由若干质点组成的系统，称为**质点系**(system of particles)。

如果质点系中质点之间是刚性连接，则质点系是刚体；如果质点系中的质点都是自由的，则质点系是自由质点系。

实际物体在力的作用下都是可以变形的。但是，对于那些在运动中变形极小，或者虽有变形但不影响其整体运动的物体，这时可略去其变形，而将其简化为刚体(rigid body)。但当研究作用在物体上的力所产生的变形，以及由于变形而在物体内部产生相互作用力时，即使变形很小，也不能将物体简化为刚体。

图 0-13　飞机的飞行轨迹

质点与刚体不是绝对的，应视研究问题的性质而定。例如研究运动中的飞机相对于其飞行轨迹时可视其为质点；编队飞行的机群则可视为质点系(图 0-13)；而在研究其飞行姿态与外力作用的关系时，则应视其为刚体。

0.3　理论力学的研究方法

传统的力学研究方法有两种，即理论分析方法和实验分析方法。

1. 理论分析方法

主要采用建立在归纳基础上的演绎法——在建立研究对象力学模型的基础上，根据物体机械运动的基本概念与基本原理，应用数学演绎的方法，确定物体的运动规律以及运动与力之间的关系。

2. 实验分析方法

钱学森院士在 1997 年致清华大学工程力学系建系 40 周年的贺信中写道："20 世纪初，工程设计开始重视理论计算分析，这也是因为新工程技术发展较快，原先主要靠经验的办法跟不上时代了，这就产生了国外所谓应用力学这门学问……为的是探索新设计、新结构，但当时主要因为计算工具落后，至多只是电动机械式计算器，所以应用力学只能探索发展新途径，具体设计还得靠试验验证。"

理论力学的实验分析方法大致可以分为以下两种类型：

① 基本力学量的测定实验，包括摩擦因数、位移、速度、加速度、角速度、角加速度、频率等的测定。

② 综合性与创新性实验，一方面应用理论力学的基本理论解决工程中的实际问题，另一方面，研究一些基本理论难以解决的实际问题，通过实验建立合适的简化模型，为理论分析提供必要的基础。

0.4 学习理论力学的目的

理论力学是一门理论性较强的技术基础课。本课程的学习可以为后续课程（如材料力学、结构力学、弹性力学、流体力学、钢结构等）的学习打下必要的基础。通过本课程的学习，读者不仅能够掌握理论力学的基本概念、基本理论与研究方法，并用以分析、解决一些比较简单的工程实际问题，而且能够提高正确分析问题和解决问题的能力，为今后解决工程实际问题、从事科学研究打下良好的基础。

第1篇　工程静力学基础

力系(forces system)是指作用于物体上的若干个力所形成的集合。

工程静力学基础，又称刚体静力学，是将实际物体抽象为刚体，亦即以刚体作为分析问题的模型，研究物体在力系作用下的平衡规律。它包括以下3方面内容：

物体的受力分析：分析结构或构件所受到的各个力的方向和作用线位置。

力系的等效与简化：研究如何将作用在物体上的一个复杂力系用简单力系来等效替换，并探求其力系的合成规律。通过力系的等效与简化了解力系对物体作用的总效应。

力系的平衡条件与平衡方程：研究物体处于平衡状态时作用在其上的各种力系应满足的条件。利用平衡条件建立力系所对应的数学方程，称为平衡方程。

应该指出，工程静力学基础的核心问题是利用平衡方程求解刚体或刚体系统的平衡问题。而研究力系的等效简化则是为了探求、建立力系的平衡条件。

工程静力学(statics)基础的概念、理论和方法不仅是工程构件静力设计的基础，而且在解决许多工程技术问题中有着广泛应用。

第1章 受力分析概述

本章主要介绍静力学模型——物体的模型、载荷与力的模型，同时介绍物体受力分析的基本方法。

1.1 静力学模型

所谓模型是指实际物体与实际问题的合理抽象与简化。静力学模型包括3个方面：

① 物体的合理抽象与简化；

② 受力的合理抽象与简化；

③ 接触与连接方式的合理抽象与简化。

1.1.1 物体的抽象与简化——刚体

实际物体受力时，其内部各点间的相对距离都要发生改变，其结果是使物体的形状和尺寸改变，这种改变称为**变形**(deformation)。物体变形很小时，变形对物体的运动和平衡的影响甚微，因而在研究力的作用效应时，可以忽略不计，这时的物体便可抽象为**刚体**(rigid body)。如果变形体在某一力系作用下已处于平衡，则将此变形体刚化为刚体时，其平衡不变，这一论断称为**刚化原理**(rigidity principle)。

1.1.2 集中力和分布力

物体受力一般是通过物体间直接或间接接触进行的。接触处多数情况下不是一个点，而是具有一定尺寸的面积。因此无论是施力体还是受力体，其接触处所受的力都是作用在接触面积上的**分布力**(distributed force)。在很多情形下，这种分布力比较复杂。例如，人之脚掌对地面的作用力以及脚掌上各点处受到的地面支撑力都是不均匀的。

当分布力作用面积很小时，为了分析计算方便起见，可以将分布力简化为作用于一点的合力，称为**集中力**(concentrated force)。例如，静止的汽车通过轮胎作用在水平桥面上的力，当轮胎与桥面接触面积较小时，即可视为集中力(图 1-1(a))；而桥面施加在桥梁上的力则为分布力(图 1-1(b))。

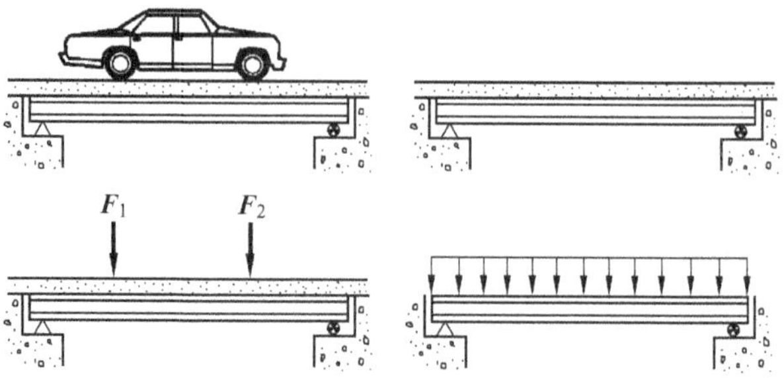

图 1-1 集中力与分布力

1.1.3 约束

工程中的机器和结构都是由若干零件和构件通过相互接触和相互连接而形成的。**约束**(constraint)则是接触和连接方式的简化模型。

物体的运动，如果没有受到其他物体的直接制约，诸如飞行中的飞机、火箭、人造卫星等，则这类物体称为**自由体**(free body)。物体的运动，如果受到其他物体直接制约，诸如在地面上行驶的车辆受到地面的制约，桥梁受到桥墩的制约，各种机械中的轴受到轴承的制约等，则这类物体称为**非自由体**或**受约束体**(constrained body)。

约束的作用是对与之连接物体的运动施加一定的限制条件。例如，地面限制车辆在地面上运动；桥墩限制桥梁的运动，使之保持固定的位置；轴承限制轴只能在轴承中转动等。

1.2 力的基本概念

1.2.1 力与力系

力(force)是物体间的相互作用，这种作用将使物体的运动状态发生变化——**运动效应**(effect of motion)，或使物体的形状发生变化——**变形效应**(effect of deformation)。力的作用效果取决于**力的三要素**：力的大小、方向、作用点。力是**矢量**(vector)，当力作用在刚体上时，力可以沿其作用线滑移,而不改变力对刚体的作用效应,这时的力是**滑动矢量**(slip vector)。当力作用在变形体上时,力既不能沿其作用线滑移,也不能绕作用点转动,这表明,作用在变形体上的力的作用线和作用点都是固定的,所以这时的力是**定位矢量**(fixed vector)。力的量纲为牛顿(N),其在直角坐标系中的表示为

$$\boldsymbol{F}=\boldsymbol{F}_x+\boldsymbol{F}_y+\boldsymbol{F}_z=F_x\boldsymbol{i}+F_y\boldsymbol{j}+F_z\boldsymbol{k} \tag{1-1}$$

这种表示如图1-2所示。式(1-1)中,$\boldsymbol{F}_x$、$\boldsymbol{F}_y$、$\boldsymbol{F}_z$ 分别为力 $\boldsymbol{F}$ 在 x、y、z 三轴方向的分力,而 F_x、F_y、F_z 分别为力 $\boldsymbol{F}$ 在 x、y、z 轴上的投影,为代数量。

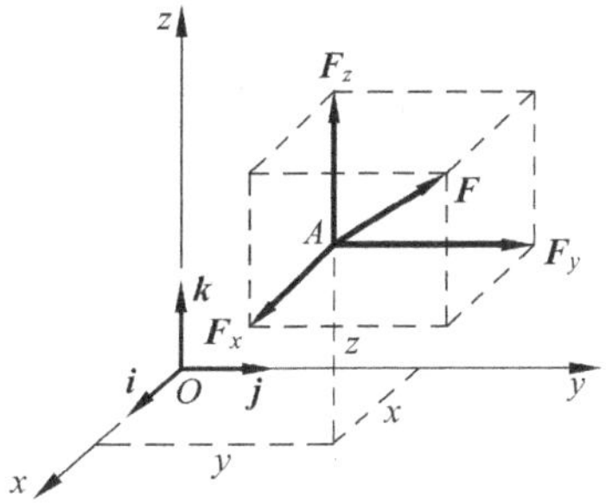

图1-2 力的直角坐标表示

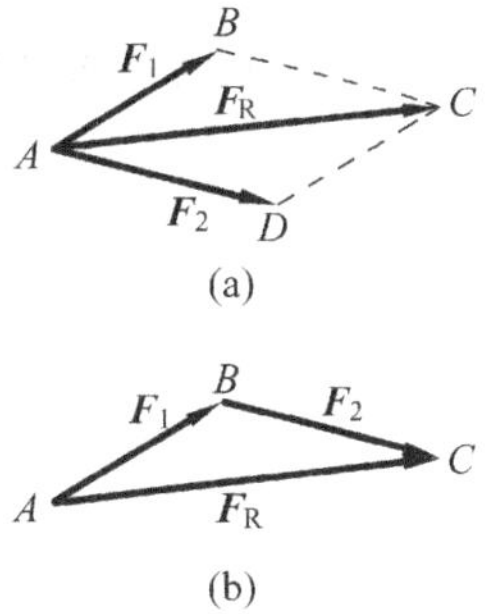

图1-3 力的平行四边形法则

既然力是矢量,就必须满足矢量的运算法则,即**力的平行四边形法则**:共点二力之合力,为此二力的几何和且仍作用于该点(图1-3(a))。即

$$\boldsymbol{F}_{\mathrm{R}}=\boldsymbol{F}_1+\boldsymbol{F}_2$$

显然,求 $\boldsymbol{F}_{\mathrm{R}}$ 时,只需画出平行四边形的一半就够了。即以力 $\boldsymbol{F}_1$ 的尾端 B 作为力 $\boldsymbol{F}_2$ 的起点,连接 AC 所得矢量即为合力 $\boldsymbol{F}_{\mathrm{R}}$。如图1-3(b)所示,三角形 ABC 称为力三角形。这种求合力的方法称为**力的三角形法则。**

作用在物体上的力的集合称为**力系**(forces system)。

1.2.2 静力学基本原理

等效力系 使同一刚体产生相同作用效应的力系称为等效力系。

平衡 物体相对于惯性参考系静止或作匀速直线平移。

如果某力系与一个力等效,则这一个力称为该力系的合力,而力系中的各个力则称为这一合力的分力。作用于刚体,并使刚体保持平衡的力系称为平衡力系。

二力平衡原理 不计自重的刚体在二力作用下平衡的必要和充分条件是:二力沿着同一作用线,大小相等,方向相反,称为二力平衡原理。其数学表达式为

$$\boldsymbol{F}_1 = -\boldsymbol{F}_2 \tag{1-2}$$

作用有二力的刚体又称为**二力构件**(members subjected to the action of two forces)或**二力杆**。图1-4所示为二力平衡构件的一例。

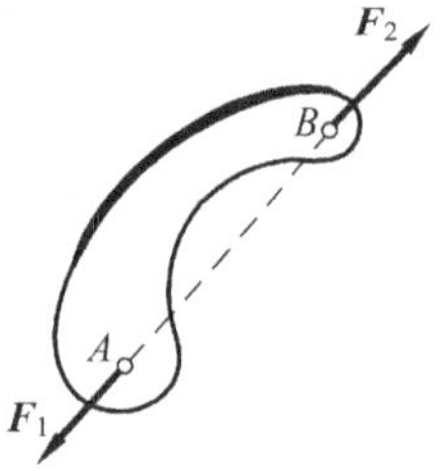

图1-4 二力构件

加减平衡力系原理 在作用于刚体的力系中,加上或减去任意个平衡力系,不改变原力系对刚体的作用效应,称为加减平衡力系原理。

加减平衡力系原理是**力系简化**(reduction of a force system)的重要依据之一。

推论Ⅰ 力的可传性定理(principle of transmissibility of a force) 作用于刚体上的力可沿其作用线滑移至刚体内任意点而不改变力对刚体的作用效应。

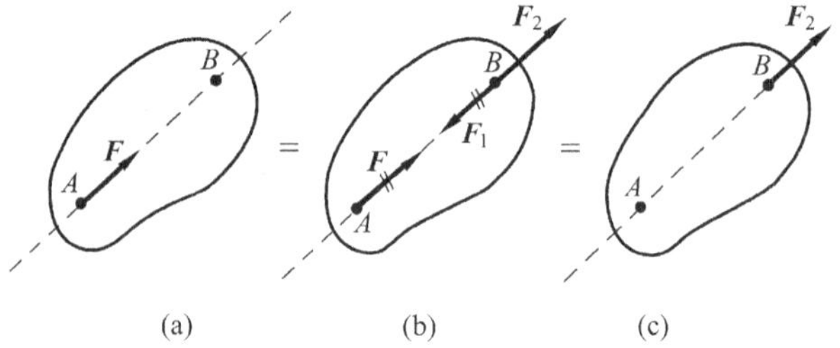

图1-5 力的可传性

设 $\boldsymbol{F}$ 为作用于刚体上 A 点的已知力(图1-5(a)),在力的作用线上任一点 B 加上一对大小均为 F 的平衡力 $\boldsymbol{F}_1$、$\boldsymbol{F}_2$(图1-5(b)),根据加减平衡力系原理,新力系($\boldsymbol{F}$,$\boldsymbol{F}_1$,$\boldsymbol{F}_2$)与原来的力 $\boldsymbol{F}$ 等效。而 $\boldsymbol{F}$ 和 $\boldsymbol{F}_1$ 为平衡力系,减去后不改变力系的作用效应(图1-5(c))。于是,力 $\boldsymbol{F}_2$ 与原力 $\boldsymbol{F}$ 等效。力 $\boldsymbol{F}_2$ 与力 $\boldsymbol{F}$ 大小相等,作用线和指向相同,只是作用点由 A 变为 B。

推论表明,对于刚体,**力的三要素**(three elements of a force)变为:**力的大小、方向和作用线。**

可沿作用线方向滑动的矢量称为**滑动矢量**(sliding vector)。作用于刚体上的力是滑动矢量。

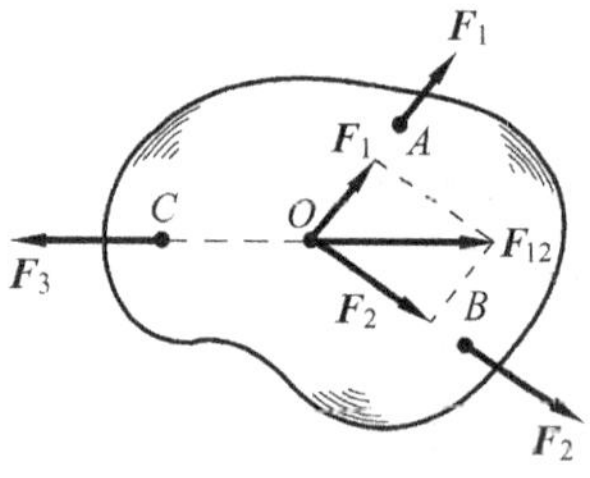

图1-6 三力汇交定理证明

推论Ⅱ 三力平衡汇交定理 作用于刚体上的三个力,若构成平衡力系,且其中两个力的作用线汇交于一点，则三个力必在同一平面内，而且第三个力的作用线一定通过汇交点。

设力 $\boldsymbol{F}_1$、$\boldsymbol{F}_2$、$\boldsymbol{F}_3$ 作用于刚体的 A,B,C 三点且平衡(图 1-6)。根据力的可传性，可将力 $\boldsymbol{F}_1$ 和 $\boldsymbol{F}_2$ 移至汇交点 O。根据平行四边形法则得 $\boldsymbol{F}_1$、$\boldsymbol{F}_2$ 的合力 $\boldsymbol{F}_{12}$，则力 $\boldsymbol{F}_3$ 与 $\boldsymbol{F}_{12}$ 平衡。由二力平衡原理，$\boldsymbol{F}_{12}=-\boldsymbol{F}_3$，即 $\boldsymbol{F}_3$ 的作用线必过 O 点且与 $\boldsymbol{F}_1$、$\boldsymbol{F}_2$ 共面。

1.3 工程中常见的约束与约束力

作用在物体上的力大致可分为两大类：主动力和约束力。

约束施加于被约束物体上的力称为**约束力**(constraint force)。约束力以外的力均称为**主动力**(active force)或**载荷**(loads)。重力、风力、水压力、弹簧力、电磁力等均属于载荷。

工程中约束种类很多，现分别介绍如下。

1.3.1 柔索约束

缆索、工业带、链条等统称为**柔索**(cable)。这种约束的特点是其所产生的约束力沿柔索方向，且只能是拉力，不能是压力。

例如图 1-7 中的带轮传动机构中，带虽然有紧边和松边之分，但两边的带所产生的约束力都是拉力，只不过紧边的拉力要大于松边的拉力。

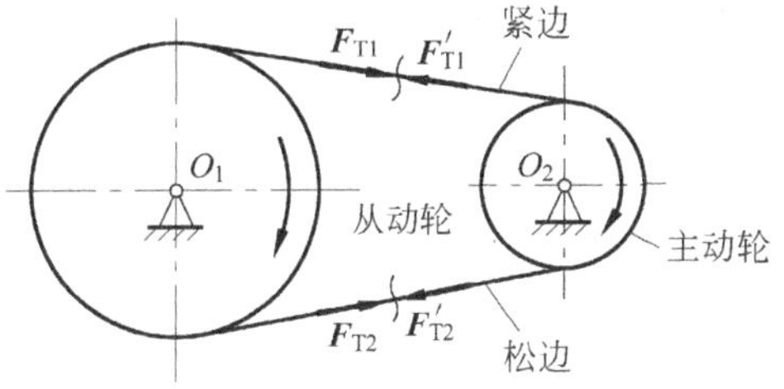

图 1-7 带约束力

1.3.2 刚性约束

约束体与被约束体都是刚体，因而二者之间为刚性接触，这种约束称为刚性约束。大多数情形下，刚性约束都将产生双侧约束力，因而又称为双侧约束。在某些情形下，刚性约束也将产生单侧约束力。下面介绍几种常见的刚性约束。

1. 光滑面约束(smooth surface constraint)

两个物体的接触面处光滑无摩擦时,约束物体只能限制被约束物体沿二者接触面公法线方向的运动,而不限制沿接触面切线方向的运动。因此,光滑面约束的约束力只能沿着接触面的公法线方向,并指向被约束物体(单侧约束)。图 1-8 中(a)和(b)所示分别为光滑曲面对刚体球的约束和齿轮传动机构中齿轮的约束。

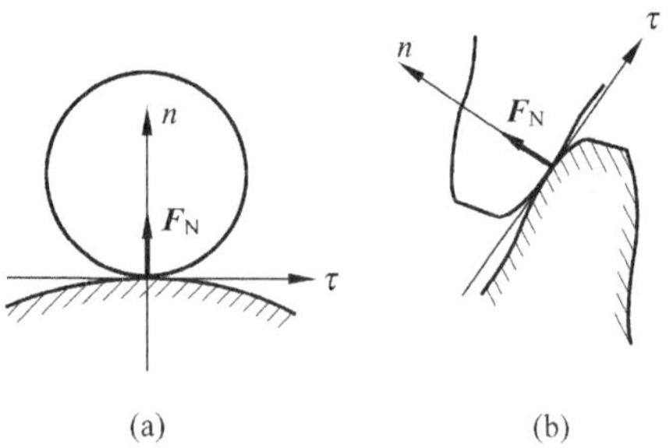

图 1-8 光滑面约束

桥梁、屋架结构中采用的**辊轴支承**(roller support)(图 1-9(a))也是一种光滑面约束。采用这种支承结构,主要是考虑到由于温度的改变,桥梁长度会有一定量的伸长或缩短,为使这种伸缩自由,辊轴可以沿伸缩方向作微小滚动。当不考虑辊轴与接触面之间的摩擦时,辊轴支承实际上是光滑面约束。其简图和约束力方向如图 1-9(b)或(c)所示。

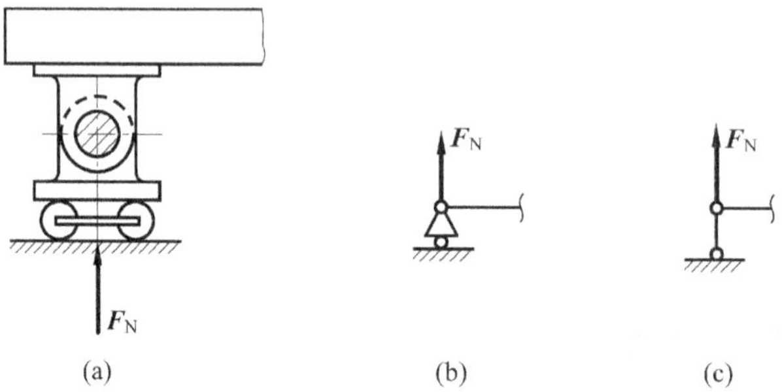

图 1-9 辊轴支承

需要指出的是，某些工程结构中的辊轴支承，可限制被约束物体沿接触面公法线两个方向的运动。因此，约束力 $\boldsymbol{F}_N$ 垂直于接触面，可能指向被约束物体，也可能背向被约束物体（双侧约束）。

2. 光滑圆柱铰链（smooth cylindrical pin）

只能限制两个物体之间的相对移动，而不能限制其相对转动的联接，称为铰链约束。若忽略摩擦影响，则称为光滑铰链约束。工程中常见的圆柱形销钉联接、桥梁支座、轴承和球形铰链等均属于这类约束。

光滑圆柱铰链又称为柱铰，或者简称为铰链。如图 1-10(a)所示，在两物体上各钻出相同直径的圆孔并用相同直径的圆柱形销钉插入孔内，所形成的联接称为圆柱形铰链约束。这时两个相连的构件互为约束与被约束物体，这种约束只能限制被约束的两物体在垂直于销钉轴平面内的相对移动，而不能限制被约束物体绕销钉轴的转动。由于被约束物体的钉孔表面和销钉表面均不考虑摩擦，故销钉与物体钉孔间的约束实质为光滑面约束。

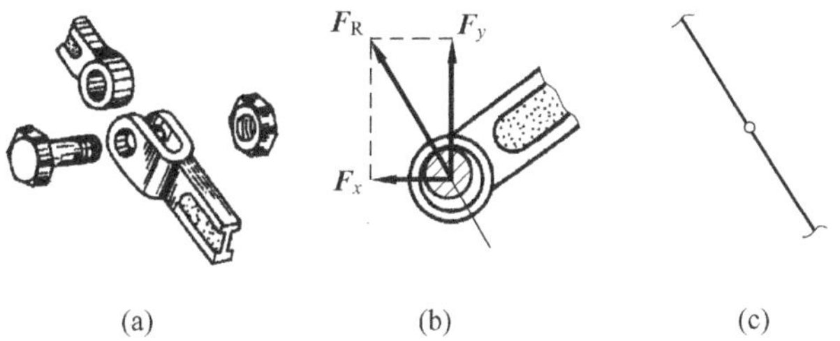

图 1-10　光滑圆柱铰链

若将销钉与被约束物体视为一整体，则其与约束物体之间为线（销钉圆柱体的母线）接触，在平面图形上则为一点。

接触线（或点）的位置随载荷的方向而改变，因此在光滑接触的情况下，这种约束的约束力 $\boldsymbol{F}_N$ 作用于接触点的公法线方向，且通过圆孔中心，但其大小和方向均不确定，通常用分量表示。在平面问题中这些分量分别为 $\boldsymbol{F}_x$、$\boldsymbol{F}_y$（图 1-10(b)），其力学简图如图 1-10(c)所示。

固定铰支座，若铰链约束中的约束物体为固定支座，则称这种约束为固定铰支座。其结构简图如图 1-11(a)所示，固定铰支座的约束力与铰链约束相似，其简图与约束力如图 1-11(b)或(c)所示。

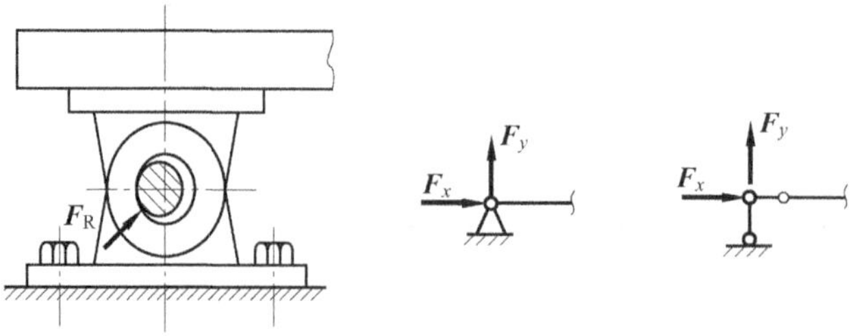

(a) (b) (c)

图 1-11 光滑圆柱铰链

3. 球形铰链

球形铰链(ball-socket joint)简称球铰。与一般铰链相似,球铰也有固定球铰与活动球铰之分。其结构简图如图 1-12(a)所示,被约束物体上的球头与约束物体上的球窝连接。这种约束的特点是被约束物体只绕球心作空间转动,而不能有空间任意方向的移动。因此,球铰的约束力为空间力,一般用三个分量 $\boldsymbol{F}_x$、$\boldsymbol{F}_y$、$\boldsymbol{F}_z$ 表示(图 1-12(b)),其力学简图如图 1-12(c)所示。

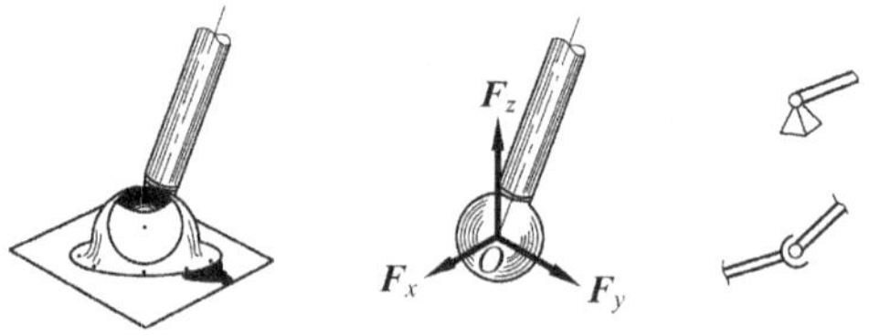

(a) (b) (c)

图 1-12 球铰

4. 止推轴承

图 1-13(a)中所示的止推轴承,除了与向心轴承一样具有作用线不定的径向约束力外,由于限制了轴的轴向运动,因而还有沿轴线方向的约束力(图 1-13(b)),其力学简图如图 1-13(c)所示。

需要指出的是,工程上还有一种常见的固定端约束,由于约束力分布比较复杂,需要加以简化,因此,这种约束的约束力将在第 2 章中介绍。

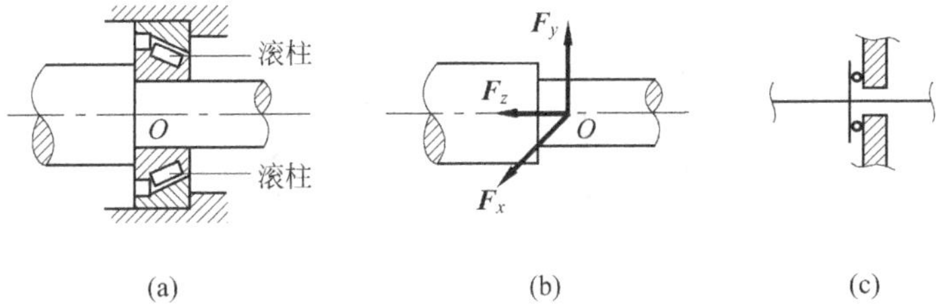

图 1-13　止推轴承

1.4　受力分析与受力图

分析力学问题时，必须首先根据问题的性质、已知量和所要求的未知量，选择某一物体(或几个物体组成的系统)作为研究对象，并假想地将所研究的物体从与之接触或连接的物体中分离出来，即解除其所受的约束而代之以相应的约束力。解除约束后的物体，称为**分离体**(isolated body)。分析作用在分离体上的全部主动力和约束力，画出分离体的受力简图——**受力图**，这一过程即为受力分析。

受力分析是求解静力学和动力学问题的重要基础。具体步骤如下：

① 选定合适的研究对象，确定分离体；

② 画出所有作用在分离体上的主动力(一般皆为已知力)；

③ 在分离体的所有约束处，根据约束的性质画出约束力。

当选择若干个物体组成的系统作为研究对象时，作用于系统上的力可分为两类：系统外物体作用于系统内物体上的力，称为**外力**(external force)；系统内物体间的相互作用力称为**内力**(internal force)。应该指出，内力和外力的区分不是绝对的，内力和外力，只有相对于某一确定的研究对象才有意义。由于内力总是成对出现的，不会影响所选择的研究对象的平衡状态，因此，在受力图上不必标出。此外，当所选择的研究对象不止一个时，要正确应用作用与反作用定律，确定相互联系的研究对象在同一约束处的约束力应该大小相等，方向相反(参见例题 1-2、例题 1-3)。

例题 1-1　画出图 1-14(a)所示重力为 $\boldsymbol{F}_P$ 的杆 AB 的受力图。所有接触处均为光滑接触。

解：(1) 确定研究对象

本例只有一个刚体，所以杆 AB 是惟一的研究对象。将杆从约束中取出，得到分离体。

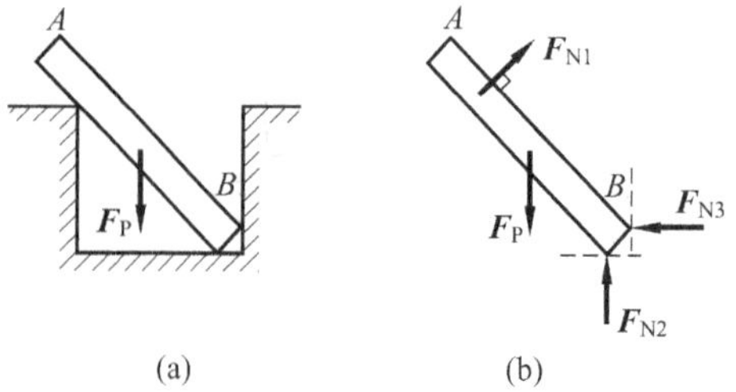

图 1-14 例题 1-1 图

(2) 在分离体上画上主动力 $\boldsymbol{F}_P$

(3) 根据约束性质确定约束力

由于各光滑面接触处约束力沿其公法线方向，因此，在上部约束处，约束力垂直于杆的表面，在下部约束处，约束力垂直于与杆接触的约束表面。于是杆的受力图如图 1-14(b)所示。

例题 1-2 重力为 $\boldsymbol{P}$ 的均质圆盘 O，由杆 AB、绳索 BC 和墙面支撑，如图 1-15(a)所示。铰 A 及各接触点 D、E 的摩擦不计，杆重不计。试分别画出系统整体及圆盘 O 和杆 AB 的受力图。

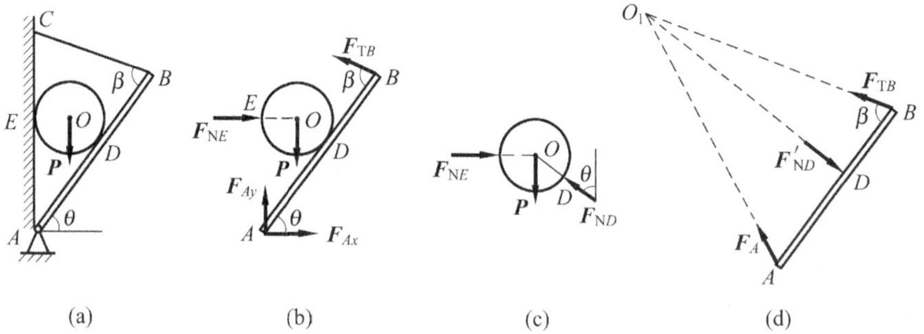

图 1-15 例题 1-2 图

解：(1) 以圆盘和杆组成的系统作为研究对象

解除 A、B、E 三处约束。A 处为固定铰链约束，有两个相互垂直的约束力 $\boldsymbol{F}_{Ax}$ 和 $\boldsymbol{F}_{Ay}$；B 处为柔索约束，约束力为拉力 $\boldsymbol{F}_{TB}$；E 处为光滑面约束，约束力 $\boldsymbol{F}_{NE}$ 沿接触面在该点的公法线方向；其余各处的约束力均为内力。除了约束力，在 O 处还作用有主动力 $\boldsymbol{P}$。于是，整体受力图如图 1-15(b)所示。

(2) 以圆盘 O 为研究对象

解除杆对圆盘的约束，得到其分离体图。先画出主动力 $\boldsymbol{P}$；再分析约束力：圆盘在 D、E 处为光滑接触面约束，E 点的约束力方向已经确定，D 点的约束力 $\boldsymbol{F}_{ND}$ 沿着圆盘与杆接触面在该点处的公法线方向并指向圆盘中心。据此圆盘的受力图如图 1-15(c)所示。

(3) 以杆 AB 为研究对象

解除各处约束得到其分离体图。B 处由柔索引起的约束拉力 $\boldsymbol{F}_{TB}$ 的方向已经确定；D 处的约束力 $\boldsymbol{F}'_{ND}$ 与杆对于圆盘的约束力 $\boldsymbol{F}_{ND}$ 互为作用力与反作用力；A 处为固定铰支座，一般情形下，具有一个方向未知的约束力，或者将其分解为两个互相垂直的约束力。在本例的情形下，杆 AB 上 B、D 二处的约束力方向都已经确定，因此根据三力平衡汇交原理，即可确定 A 处约束力 $\boldsymbol{F}_A$ 的方向，即 $\boldsymbol{F}_A$、$\boldsymbol{F}_{TB}$、$\boldsymbol{F}'_{ND}$ 汇交于一点 O_1。于是杆 AB 的受力图如图 1-15(d)所示。

(4) 本例讨论

应用三力平衡汇交原理，可以比较容易确定某些未知约束力的方向。但是，实际计算中，在很多情形下，将未知约束力分解为两个互相垂直的分量，会更方便些。

例题 1-3　画出图 1-16(a)所示结构中各构件的受力图。不计各构件重力，所有约束处均为光滑约束。

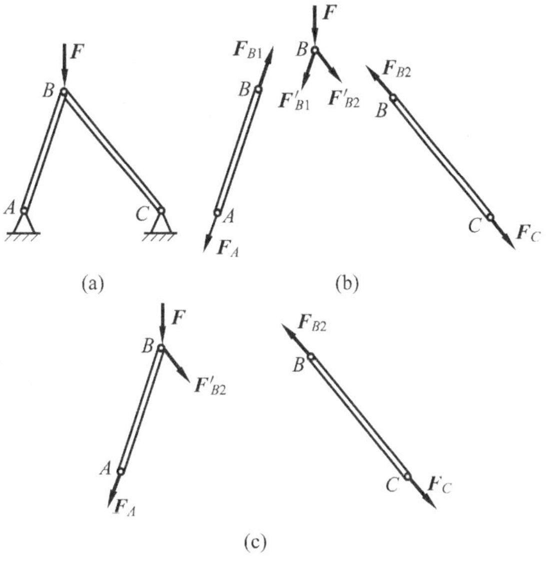

图 1-16　例题 1-3 图

解：当结构有中间铰时，受力图有两种画法：

（1）将中间铰单独取出

这时将结构分为三部分：杆 AB、铰 B、杆 BC，其中杆 AB、BC 都是二力杆，所以杆两端的约束力均沿杆端的连线；铰 B 处除受主动力 $\boldsymbol{F}$ 作用外，还受杆 AB、BC 在 B 处的反力 $\boldsymbol{F}'_{B1}$ 和 $\boldsymbol{F}'_{B2}$ 的作用，如图 1-16(b)所示。

（2）将中间铰置于任意一杆上

例如将中间铰 B 固连在杆 AB 上，结构分为杆 AB（带铰 B）、杆 BC 两部分，受力分析结果如图 1-16(c)所示。

（3）本例讨论

分析杆 AB（带铰 B），中间铰 B 固连在杆 AB 上，铰 B 与杆 AB 组成一个子系统，铰 B 与杆 AB 的相互作用力 $\boldsymbol{F}_{B1}$、$\boldsymbol{F}'_{B1}$ 成为系统内力，不用画出，在 B 点要画出的是主动力 $\boldsymbol{F}$ 和杆 BC 对铰 B 的约束力 $\boldsymbol{F}'_{B2}$（即系统外力）。若中间铰 B 固连在杆 BC 上，请读者自己分析其受力。

例题 1-4 一支架如图 1-17(a)所示，各构件的重力、接触面的摩擦均忽略不计。试绘制：滑轮 B、杆 AB、杆 BC、销钉 B 及整个系统的受力图。（注意：滑轮 B、杆 AB、杆 BC 都不含销钉 B，销钉 B 单独取出分析）

解：（1）以杆和轮所组成的系统作为研究对象

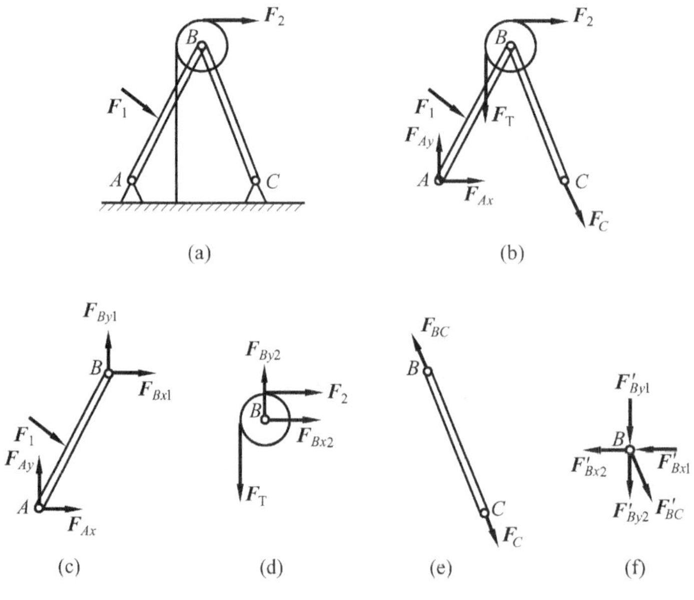

图 1-17 例题 1-4 图

解除 A、C 二处约束以及绳索约束，得到整体的分离体。其中杆 BC 为二力杆，故 C 处约束力 $\boldsymbol{F}_C$ 沿杆轴线 CB 方向；A 处为固定铰链，约束力方向未知，可用两个分力 $\boldsymbol{F}_{Ax}$、$\boldsymbol{F}_{Ay}$ 表示；滑轮 B 左侧为柔索，约束力为 $\boldsymbol{F}_\mathrm{T}$(拉力)；主动力为 $\boldsymbol{F}_1$、$\boldsymbol{F}_2$；B 处未解除约束，约束力无需画出。于是整体的受力图如图 1-17(b)所示。

(2) 以杆 AB 作为研究对象

将杆 AB 从系统中分离出来，解除所受约束，A 处的约束力已经用 $\boldsymbol{F}_{Ax}$、$\boldsymbol{F}_{Ay}$ 表示；B 处为铰链约束，销钉 B 作用在此处的约束力方向未知，可用两个分力 $\boldsymbol{F}_{Bx1}$、$\boldsymbol{F}_{By1}$ 表示。杆 AB 的受力图如图 1-17(c)所示。

(3) 分析滑轮的受力

解除滑轮的约束，B 处销钉对滑轮的约束力作用在轮心处，其方向未知，可用两个分力 $\boldsymbol{F}_{Bx2}$、$\boldsymbol{F}_{By2}$ 表示；绳索的约束力为拉力，用 $\boldsymbol{F}_\mathrm{T}$ 表示；此外，滑轮上还作用有主动力 $\boldsymbol{F}_2$。于是，滑轮的受力图如图 1-17(d)所示。

(4) 二力杆的受力

杆 CB 为二力杆，其两端的约束力 $\boldsymbol{F}_C$ 和 $\boldsymbol{F}_{BC}$ 大小相等，方向相反，都沿着杆的轴线方向。因此，其受力图如图 1-17(e)所示。

(5) 分析销钉受力

将销钉 B 从系统中分离出来，解除了杆 AB、杆 CB 以及滑轮 B 对销钉的约束，这些约束力分别与销钉对于杆 AB、滑轮 B、杆 CB 的约束力互为作用力和反作用力。于是，销钉的受力图如图 1-17(f)所示。

(6) 本例讨论

杆 AB 在 B 处的约束力与作用在滑轮 B 处的约束力并不是互为作用力和反作用力。请读者思考：如果将销钉与滑轮或者杆 AB 固结在一起，二者在 B 处的约束力是不是互为作用力与反作用力？

此外，如果将销钉 B、杆 CB 以及滑轮固结在一起组成一系统，这时，B 处的约束力与杆 AB 在 B 处的约束力是不是互为作用力与反作用力？

1.5 结论与讨论

1.5.1 本章的基本概念

力——物体间的相互作用；力是矢量。对一般物体而言，力是定位矢量；对刚体而言，力是滑移矢量。

刚体——受力不变形的物体。

约束——物体与物体之间接触和连接方式的简化模型，**约束**的作用是对与之连接物体的运动施加一定的限制条件。

约束力——约束对被约束物体的作用力。

平衡——物体相对惯性系静止或作匀速直线平移。

1.5.2 本章重要的分析方法

受力分析方法要领是选择合适的研究对象，正确分析约束和约束力，画出受力图。受力分析过程中要区分内力和外力，正确应用作用与反作用定律。

需要特别指出的是，根据约束的性质分析约束力至关重要。

1.5.3 关于总体平衡与局部平衡

由若干物体所组成的系统，如果整体是平衡的，则组成系统的每一个局部也必然是平衡的。

所谓整体是指系统；所谓局部是指组成系统的每一个物体，或者由系统中的几个物体所组成的子系统。

例如，图 1-17(b)所示为一整体；图 1-17(c)及(e)中的杆 AB 和杆 CB 为系统的局部；图 1-17(c)中的杆 AB 与铰 B 两个物体组成的子系统，也是局部。

1.5.4 静力学原理和定理的适用性

静力学的某些原理，例如力的可传性、平衡的充要条件，对于柔性体(例如绳索)是不成立的；对于弹性体则是在一定的条件下成立。

当图 1-18(a)所示的绳索平衡时，有 $\boldsymbol{F}_1=-\boldsymbol{F}_2$；但是，当 $\boldsymbol{F}_1=-\boldsymbol{F}_2$ 时，绳索并不能平衡，如图 1-18(b)所示。

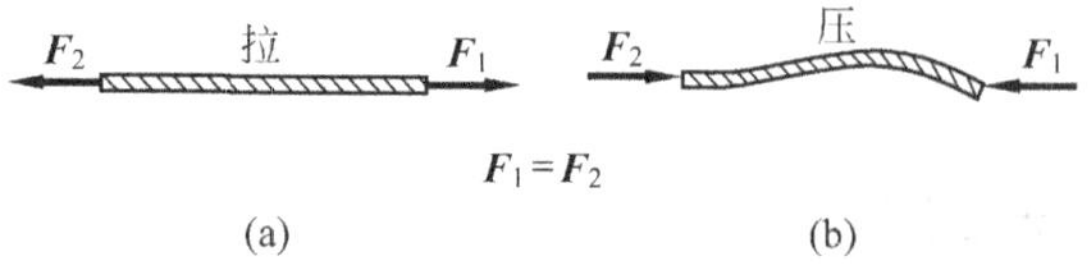

图 1-18 平衡的充分与必要条件的适用性

结合图 1-19(a)和(b)中的刚性圆环和弹性圆环，读者可以自行分析，力的可传性应用于弹性体时又会遇到什么问题？

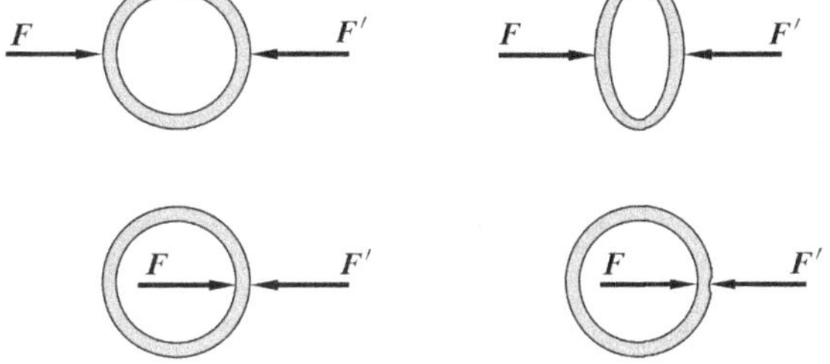

(a)　　(b)

图 1-19　力的可传性的适应性与不适应性

习题

1-1　如图(a)和图(b)所示，Ox_1y_1 与 Ox_2y_2 分别为正交与斜交坐标系。试将同一力 $\boldsymbol{F}$ 分别对两坐标系进行分解和投影，并比较分力与力的投影。

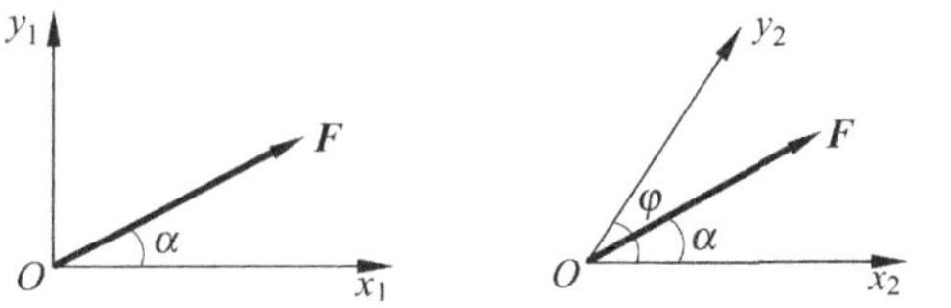

(a)　　(b)

习题 1-1 图

1-2　试画出图(a)和图(b)两种情形下各物体的受力图，并进行比较。

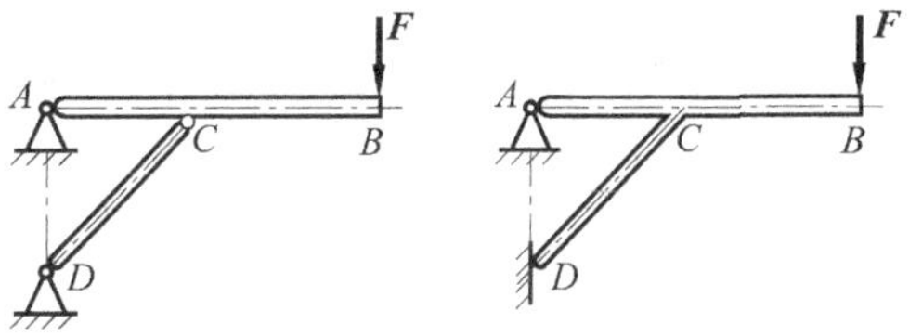

(a)　　(b)

习题 1-2 图

1-3　试画出图示各物体的受力图。

1-4　图(a)所示为三角架结构。载荷 $\boldsymbol{F}_1$ 作用在铰 B 上。杆 AB 不计自重，杆 BC 自重为 $\boldsymbol{W}$。试画出图(b)、图(c)、图(d)所示的隔离体的受力图，并加以讨论。

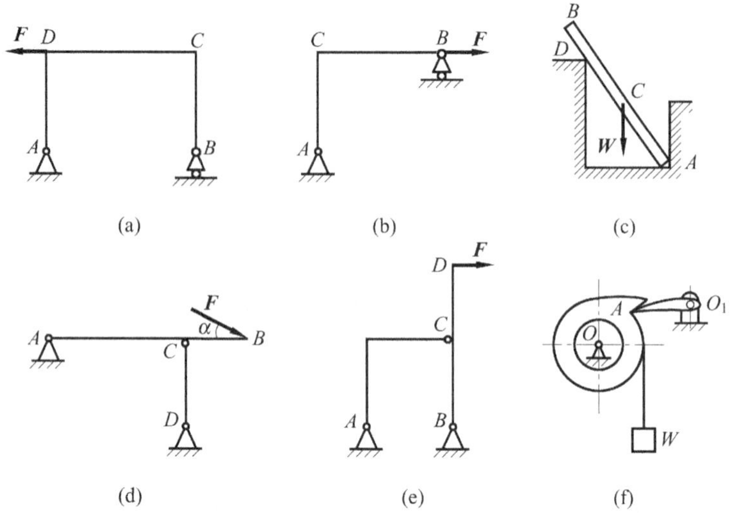

习题 1-3 图

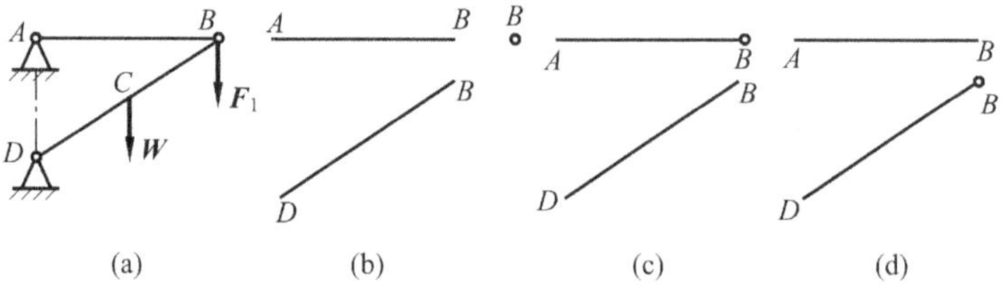

习题 1-4 图

1-5 图示刚性构件 ABC 由销钉 A 和拉杆 D 支撑，在构件 C 点作用有一水平力 $\boldsymbol{F}$。试问如果将力 $\boldsymbol{F}$ 沿其作用线移至 D 或 E(如图示)，是否会改变销钉 A 的受力状况。

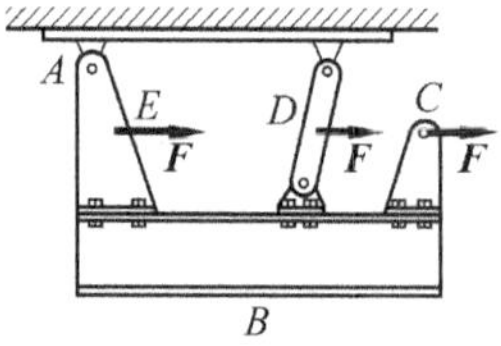

习题 1-5 图

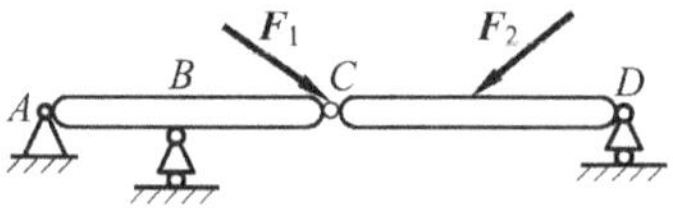

习题 1-6 图

1-6　试画出图示连续梁中的 AC 和 CD 的受力图。

1-7　画出下列每个标注字符的物体的受力图，各题的整体受力图中未画重力的物体的自重均不计，所有接触面均为光滑面接触。

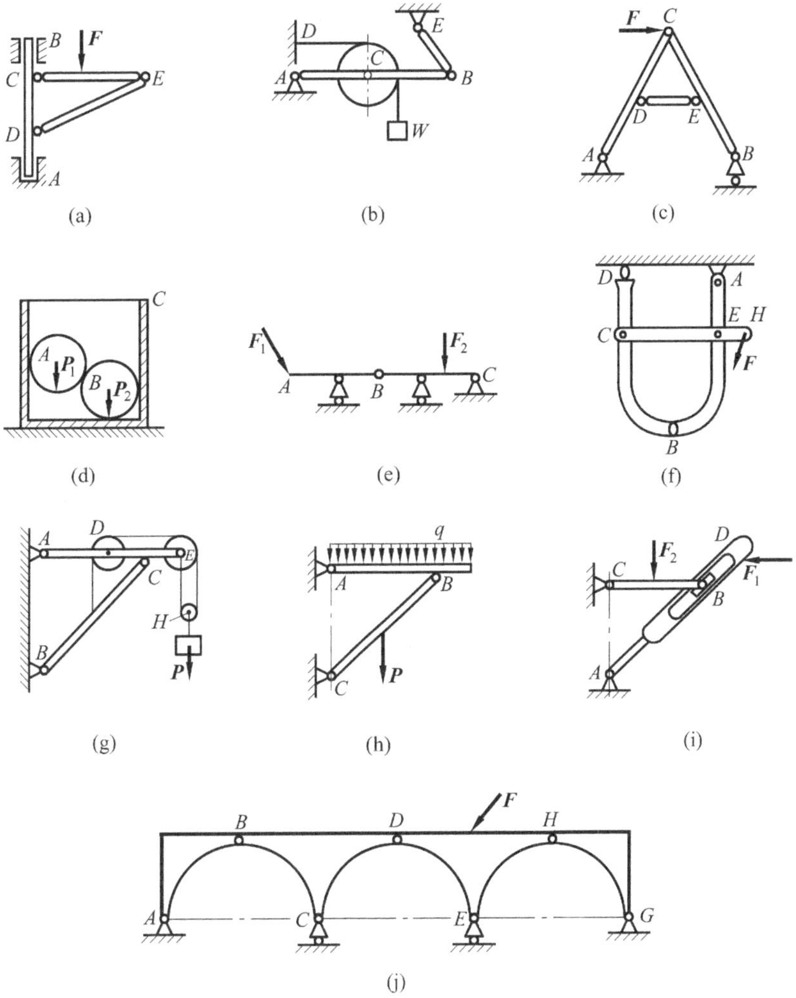

习题 1-7 图

第2章

力系的等效与简化

无论力系简单还是复杂，总可以归纳为两大类：一类是力系中所有力的作用线都位于同一平面内，这类力系称为**平面力系**；另一类是力系中所有力的作用线位于不同的平面内，称为**空间力系**。同一类力系中的两个力系，虽然组成力系的力不会相同，却可能对同一物体产生相同的运动效应，这就是力系等效的概念。

本章将在物理学的基础上，引入力系主矢与主矩的概念；以此为基础，导出力系等效定理；进而应用力向一点平移定理以及力偶的概念对力系进行简化。

力系简化理论与方法是所有静力学和动力学问题的基础。

2.1 力对点之矩与力对轴之矩

2.1.1 力对点之矩

物理学中已经阐明，**力对点之矩**(moment of a force about a point)是力作用效应的量度之一。

在物理学的基础上，考察空间任意力对某一点 O 之矩。这一点称为**力矩中心**(center of moment)，简称**矩心**。

如图 2-1 所示，设在坐标轴 x、y、z 方向的单位矢量分别为 $\boldsymbol{i}$、$\boldsymbol{j}$、$\boldsymbol{k}$，则力 $\boldsymbol{F}=F_x\boldsymbol{i}+F_y\boldsymbol{j}+F_z\boldsymbol{k}$；$O$ 点到力 $\boldsymbol{F}$ 作用点 A 的矢量称为**矢径**(position vector)，矢径 $\boldsymbol{r}=x\boldsymbol{i}+y\boldsymbol{j}+z\boldsymbol{k}$。

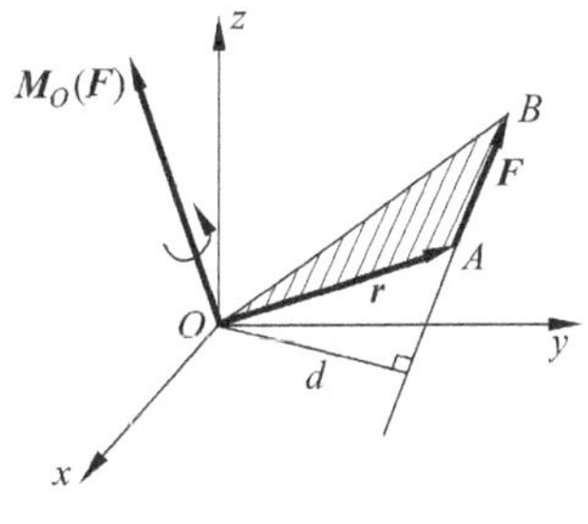

图 2-1 力对点之矩

定义：力对 O 点之矩等于矢径 $\boldsymbol{r}$ 与力 $\boldsymbol{F}$ 的矢积，即

$$M_O(F) = r \times F = \begin{vmatrix} i & j & k \\ x & y & z \\ F_x & F_y & F_z \end{vmatrix} = M_{Ox}i + M_{Oy}j + M_{Oz}k \quad (2\text{-}1)$$

其中：M_{Ox}、M_{Oy}、M_{Oz}分别是$\boldsymbol{M}_O(\boldsymbol{F})$在过$O$点的$x$、$y$、$z$轴上的投影。

根据式(2-1)，得

$$M_{Ox} = yF_z - zF_y,\quad M_{Oy} = zF_x - xF_z,\quad M_{Oz} = xF_y - yF_x \quad (2\text{-}2)$$

2.1.2 力对轴之矩

力对轴之矩(moment of a force about an axis)也是力作用效应的一种量度。图 2-2(a)所示可绕轴转动的门，在其上A点作用有任意方向的力$\boldsymbol{F}$。将$\boldsymbol{F}$分解为$\boldsymbol{F}=\boldsymbol{F}_z+\boldsymbol{F}_{xy}$，其中，$\boldsymbol{F}_z$平行于$Oz$轴，$\boldsymbol{F}_{xy}$垂直于$Oz$轴。力$\boldsymbol{F}$对门所产生的绕$Oz$轴转动的效应可用其两个分力($\boldsymbol{F}_z$，$\boldsymbol{F}_{xy}$)所产生的效应代替$\boldsymbol{F}_z$对门不能产生绕$Oz$轴的转动效应，只有分力$\boldsymbol{F}_{xy}$对门产生绕$Oz$轴转动的效应。这个转动效应可用垂直于轴$Oz$平面上的分力$\boldsymbol{F}_{xy}$对$O$点之矩$\boldsymbol{M}_{Oz}(\boldsymbol{F}_{xy})$度量，如图 2-2(b)所示。

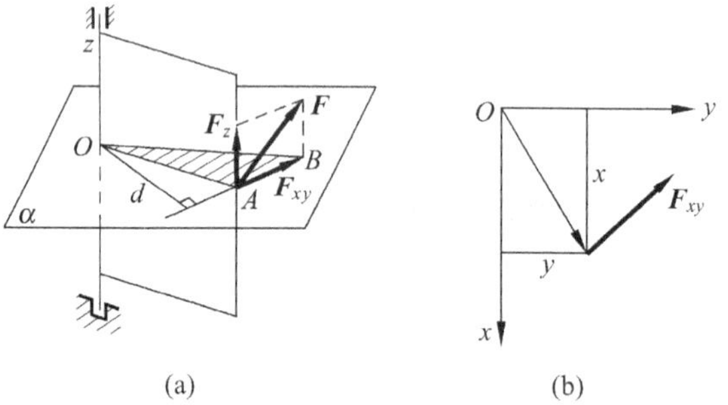

图 2-2 力对轴之矩

由图 2-2，有

$$M_{Oz}(\boldsymbol{F}) = M_{Oz}(\boldsymbol{F}_{xy}) = xF_y - yF_x \quad (2\text{-}3)$$

比较式(2-2)与式(2-3)，有

$$M_z(\boldsymbol{F}) = M_{Oz} = [\boldsymbol{M}_O(\boldsymbol{F})]_z$$

同理还可以得到$M_x(\boldsymbol{F})$和$M_y(\boldsymbol{F})$。于是，有

$$\left.\begin{aligned} M_x(\boldsymbol{F}) &= M_{Ox} = [\boldsymbol{M}_O(\boldsymbol{F})]_x \\ M_y(\boldsymbol{F}) &= M_{Oy} = [\boldsymbol{M}_O(\boldsymbol{F})]_y \\ M_z(\boldsymbol{F}) &= M_{Oz} = [\boldsymbol{M}_O(\boldsymbol{F})]_z \end{aligned}\right\} \quad (2\text{-}4)$$

这表明，力对点之矩在过该点的轴上的投影等于力对该轴之矩(代数量)，此即

力矩关系定理，如图 2-3 所示。

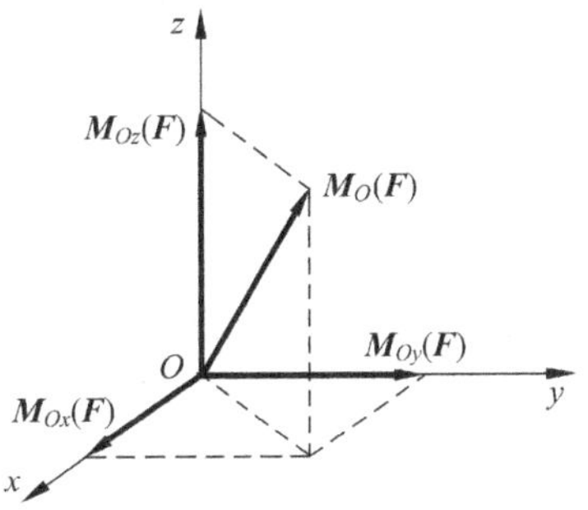

图 2-3　力矩关系

力对轴之矩为代数量，按右手定则：四指握拳方向与力对轴之矩方向一致，拇指指向与坐标轴正向一致者为正，反之为负。

例题 2-1　折杆 $ABCE$ 在平面 Axy 内，在 D 处作用一个力 $\boldsymbol{F}$，如图 2-4 所示，$\boldsymbol{F}$ 在垂直于 y 轴的平面内，偏离铅直线的角度为 α。若 $CD=a$，杆 BC 平行于 x 轴，杆 CE 平行于 y 轴，AB 和 BC 的长度都等于 l。试求力 $\boldsymbol{F}$ 对 x、y 和 z 三轴之矩。

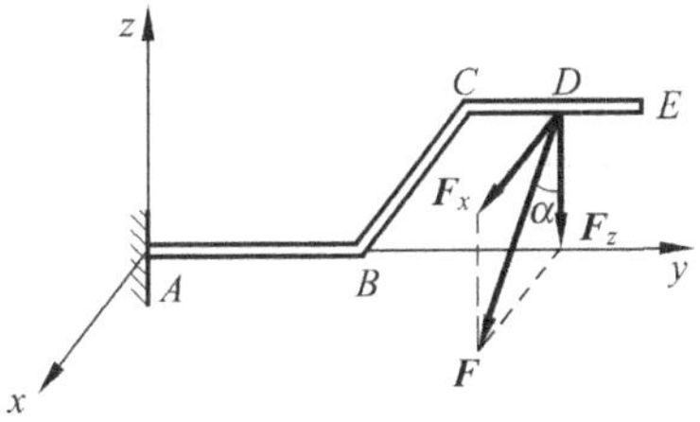

图 2-4　例题 2-1 图

解：先求力 $\boldsymbol{F}$ 对 A 点之矩：将力 $\boldsymbol{F}$ 沿坐标轴分解为 $\boldsymbol{F}_x$ 和 $\boldsymbol{F}_z$ 两个分力，即

$$\boldsymbol{F} = \boldsymbol{F}_x + \boldsymbol{F}_z = F\sin\alpha\boldsymbol{i} - F\cos\alpha\boldsymbol{k}$$

力作用点 D 的矢径为

$$\boldsymbol{r}_D = -l\boldsymbol{i} + (l+a)\boldsymbol{j}$$

由式(2-1)得

$$\boldsymbol{M}_A(\boldsymbol{F}) = \begin{vmatrix} \boldsymbol{i} & \boldsymbol{j} & \boldsymbol{k} \\ -l & l+a & 0 \\ F\sin\alpha & 0 & -F\cos\alpha \end{vmatrix} = -F\cos\alpha(l+a)\boldsymbol{i}$$

$$-Fl\cos\alpha\boldsymbol{j}-F\sin\alpha(l+a)\boldsymbol{k}$$

应用力矩关系定理,可得力 $\boldsymbol{F}$ 对 x、y 和 z 三轴之矩为

$$M_x(\boldsymbol{F})=-F\cos\alpha(l+a)$$

$$M_y(\boldsymbol{F})=-Fl\cos\alpha$$

$$M_z(\boldsymbol{F})=-F\sin\alpha(l+a)$$

本例讨论:上述结果也可以通过下列方法加以校核:先分别计算力 $\boldsymbol{F}_x$ 和 $\boldsymbol{F}_z$ 对于 x、y 和 z 三轴之矩的代数值,然后将这两个力对于三轴之矩的代数值相加。建议读者自行完成这一校核过程。

2.1.3 合力矩定理

若力系存在合力,由力系等效原理不难理解:合力对某一点之矩,等于力系中所有力对同一点之矩的矢量和,此即**合力矩定理**(theorem of the moment of a resultant),即

$$\boldsymbol{M}_O(\boldsymbol{F})=\sum_{i=1}^{n}\boldsymbol{M}_O(\boldsymbol{F}_i) \tag{2-5}$$

其中

$$\boldsymbol{F}=\sum_{i=1}^{n}\boldsymbol{F}_i$$

需要指出的是,对于力对轴之矩,合力矩定理则为:合力对某一轴之矩,等于力系中所有力对同一轴之矩的代数和,即

$$\left.\begin{aligned}M_{Ox}(\boldsymbol{F})&=\sum_{i=1}^{n}M_{Ox}(\boldsymbol{F}_i)\\M_{Oy}(\boldsymbol{F})&=\sum_{i=1}^{n}M_{Oy}(\boldsymbol{F}_i)\\M_{Oz}(\boldsymbol{F})&=\sum_{i=1}^{n}M_{Oz}(\boldsymbol{F}_i)\end{aligned}\right\} \tag{2-6}$$

例题 2-2 支架受力 $\boldsymbol{F}$ 作用,如图 2-5 所示,图中 l_1、l_2、l_3 与 α 角均为已知。求:$\boldsymbol{M}_O(\boldsymbol{F})$。

解:若直接由力 $\boldsymbol{F}$ 对 O 点取矩,即 $|\boldsymbol{M}_O(\boldsymbol{F})|=Fd$,其中 d 为力臂,显然,在图示情形下,确定 d 的过程比较复杂。

若先将力 $\boldsymbol{F}$ 分解为两个分力 $\boldsymbol{F}_x=(F\sin\alpha)\boldsymbol{i}$ 和 $\boldsymbol{F}_y=(F\cos\alpha)\boldsymbol{j}$,再应用合力之矩定理,则较为方便。于是,有

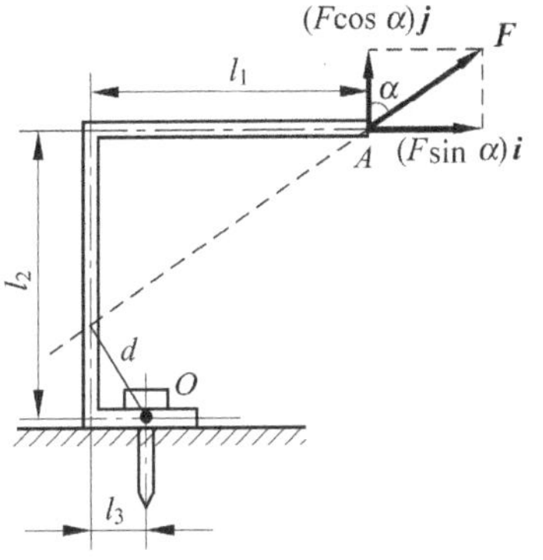

图 2-5　例题 2-2 图

$$\begin{aligned}\boldsymbol{M}_O(\boldsymbol{F}) &= \boldsymbol{M}_O(\boldsymbol{F}_x)+\boldsymbol{M}_O(\boldsymbol{F}_y)\\ &= -(F\sin\alpha)l_2\boldsymbol{k}+(F\cos\alpha)(l_1-l_3)\boldsymbol{k}\\ &= F[(l_1-l_3)\cos\alpha-l_2\sin\alpha]\boldsymbol{k}\end{aligned}$$

显然，根据这一结果，还可计算力 $\boldsymbol{F}$ 对 O 点的力臂为

$$d=|(l_1-l_3)\cos\alpha-l_2\sin\alpha|$$

本例讨论：上述分析与计算结果表明，应用合力之矩定理，在某些情形下将使计算过程简化。

2.2　力偶与力偶系

2.2.1　力偶与力偶系

大小相等、方向相反、作用线互相平行但不重合的两个力所组成的力系，称为**力偶**(couple)。力偶是一种最基本的力系，也是一种特殊力系。

力偶中两个力所组成的平面称为**力偶作用面**(acting plane of a couple)，两个力作用线之间的垂直距离称为**力偶臂**(arm of a couple)。

工程中力偶的实例是很多的。

驾驶汽车时，双手施加在方向盘上的两个力，若大小相等、方向相反、作用线互相平行，则二者组成一力偶。这一力偶通过传动机构，使前轮转向。

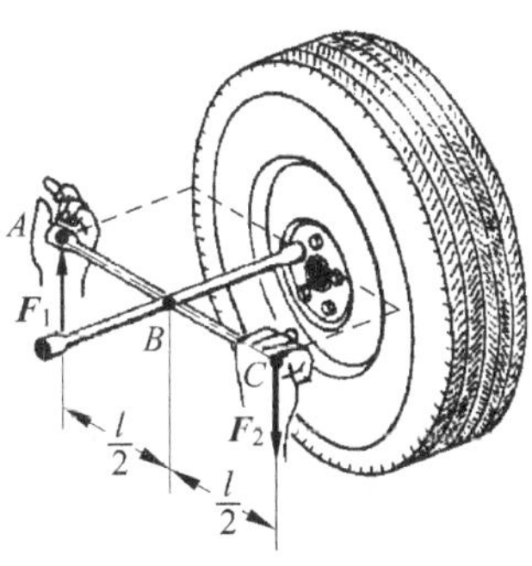

图 2-6　力偶实例

图 2-6 所示为专用拧紧汽车车轮上螺母的工具。加在其上的两个力 $\boldsymbol{F}_1$ 和 $\boldsymbol{F}_2$，方向相反、作用线互相平行，如果大小相等，则二者组成一力偶。这一力偶通过工具施加在螺母上，使螺母拧紧。

由两个或者两个以上的力偶所组成的力系，称为**力偶系**(system of the couples)。

2.2.2 力偶的性质

作用在物体上的力偶将使物体产生什么样的效应？这些效应又如何量度？回答这些问题，首先要看所研究的物体的性质，或物体的模型是刚体还是弹性体。本章仅研究作用在刚体上的力偶的基本性质。

性质Ⅰ 力偶没有合力。

力偶虽然是由两个力所组成的力系，但这种力系没有合力。这是因为力偶中两个力的矢量和为零。因为力偶没有合力，所以力偶不能与单个力平衡，力偶只能与力偶平衡。

力偶对刚体的作用效应，只取决于力偶矩矢量。

图 2-7 所示的力偶$(\boldsymbol{F},\boldsymbol{F}')$由 $\boldsymbol{F}$ 和 $\boldsymbol{F}'$ 组成，$\boldsymbol{F}'=-\boldsymbol{F}$。$O$ 点为空间的任意点。力偶$(\boldsymbol{F},\boldsymbol{F}')$对 O 点之矩定义为

$$\begin{aligned}\boldsymbol{M}_O &= \sum_{i=1}^{2}\boldsymbol{M}_O(\boldsymbol{F}_i) = \boldsymbol{r}_A \times \boldsymbol{F} + \boldsymbol{r}_B \times \boldsymbol{F}' \\ &= (\boldsymbol{r}_A - \boldsymbol{r}_B) \times \boldsymbol{F} = \boldsymbol{r}_{BA} \times \boldsymbol{F}\end{aligned} \tag{2-7}$$

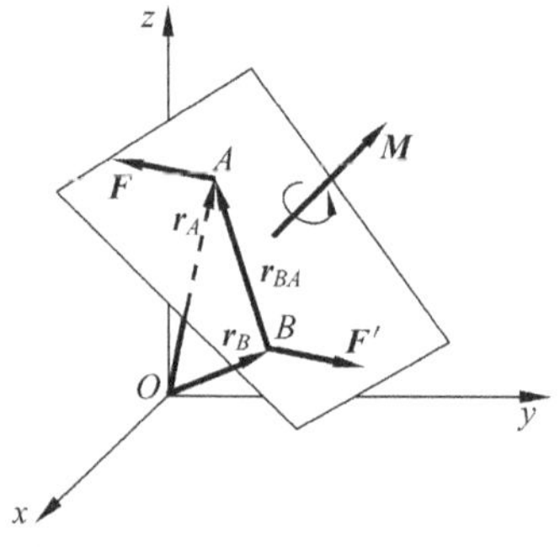

图 2-7 力偶矩矢量

其中 $\boldsymbol{r}_{BA}$ 为自 B 至 A 的矢径。

读者可以任取其他各点，也可以得到同样结果。这表明：力偶对点之矩与点的位置无关。于是，不失一般性，式(2-7)可表示为

$$\boldsymbol{M} = \boldsymbol{r}_{BA} \times \boldsymbol{F} \tag{2-8}$$

其中 $\boldsymbol{M}$ 称为**力偶矩矢量**（moment vector of a couple）。

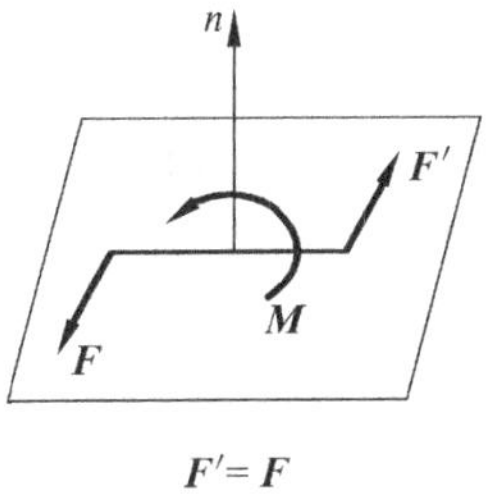

图 2-8　力偶在平面内的符号

不难看出，力偶矩矢量只有大小和方向，与力矩中心 O 点无关，故为自由矢。

根据力偶对刚体的转动效应，除了用两个力（$\boldsymbol{F},\boldsymbol{F}'$）和力偶矩矢量 $\boldsymbol{M}$ 表示外，还可以用力偶作用面内的旋转箭头表示，如图 2-8 所示。

根据力偶的基本性质，可以得到两个推论：

性质Ⅱ　只要保持力偶矩矢量不变，力偶（图 2-9(a)）可在其作用面内任意移动和转动（图 2-9(b)、(c)），也可以连同其作用面一起、沿着力偶矩矢量作用线方向平行移动（图 2-9(d)），而不会改变力偶对刚体的作用效应。

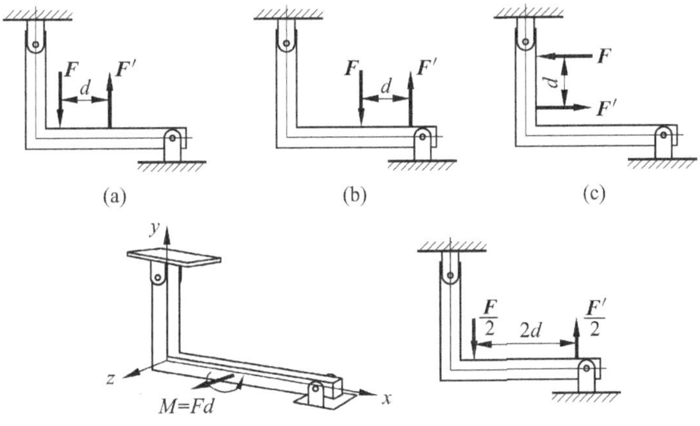

图 2-9　由力偶基本性质得到的推论

性质Ⅲ　只要保持力偶矩矢量不变，可以同时改变组成力偶的力和力偶臂的大小，而不会改变力偶对刚体的作用效应（图 2-9(e)）。

2.2.3　力偶系的合成

由于对刚体而言，力偶矩矢为自由矢量，因此对于力偶系中每个力偶矩矢，总可以平移至空间某一点。从而形成一共点矢量系，对该共点矢量系利用矢量的平行四边形法则，两两合成，最终得一矢量，此即该力偶系的合力偶矩矢，用矢量式表示为

$$\boldsymbol{M}_{\mathrm{R}} = \boldsymbol{M}_1 + \boldsymbol{M}_2 + \cdots + \boldsymbol{M}_n = \sum_{i=1}^{n} \boldsymbol{M}_i \tag{2-9}$$

例题 2-3 齿轮箱有三个轴，其中轴 A 水平，轴 B 和轴 C 位于 xz 铅垂平面内，轴上力偶如图 2-10 所示。试求其合力偶。

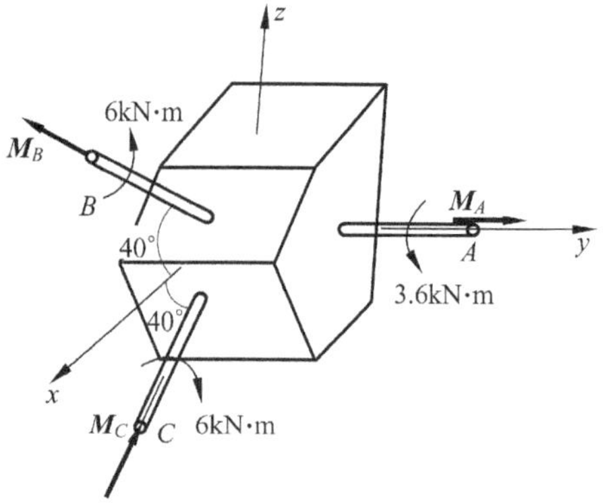

图 2-10 例题 2-3 图

解：首先根据各个力偶的力偶矩及其矢量的方向角，写出各力偶的矢量表达式，即

$$\boldsymbol{M}_A = 3.6\boldsymbol{j}(\mathrm{kN \cdot m})$$

$$\begin{aligned}\boldsymbol{M}_B &= (6\cos 40^\circ \boldsymbol{i} + 6\sin 40^\circ \boldsymbol{k})(\mathrm{kN \cdot m}) \\ &= (4.60\boldsymbol{i} + 3.86\boldsymbol{k})(\mathrm{kN \cdot m})\end{aligned}$$

$$\begin{aligned}\boldsymbol{M}_C &= (-6\cos 40^\circ \boldsymbol{i} + 6\sin 40^\circ \boldsymbol{k})(\mathrm{kN \cdot m}) \\ &= (-4.60\boldsymbol{i} + 3.86\boldsymbol{k})(\mathrm{kN \cdot m})\end{aligned}$$

然后应用矢量求和的方法，得到合力偶矩矢 $\boldsymbol{M}$ 的矢量表达式为，

$$\boldsymbol{M} = \boldsymbol{M}_A + \boldsymbol{M}_B + \boldsymbol{M}_C = (3.6\boldsymbol{j} + 7.72\boldsymbol{k})(\mathrm{kN \cdot m})$$

2.3 力系等效定理

在物理学中，关于质点系运动特征量已有明确论述，这就是：质点系的线动量和对某一点的角动量。

物理学中还指明线动量对时间的变化率等于作用在质点系上外力的矢量和；角动量对时间的变化率等于作用在质点系上外力对同一点之矩的矢量和。

2.3.1　力系的主矢和主矩

主矢：一般力系($\boldsymbol{F}_1,\boldsymbol{F}_2,\cdots,\boldsymbol{F}_n$)中所有力的矢量和(图 2-11)，称为力系的主矢量，简称为**主矢**(principal vector)，即

$$\boldsymbol{F}_{\mathrm{R}}=\sum_{i=1}^{n}\boldsymbol{F}_i \tag{2-10}$$

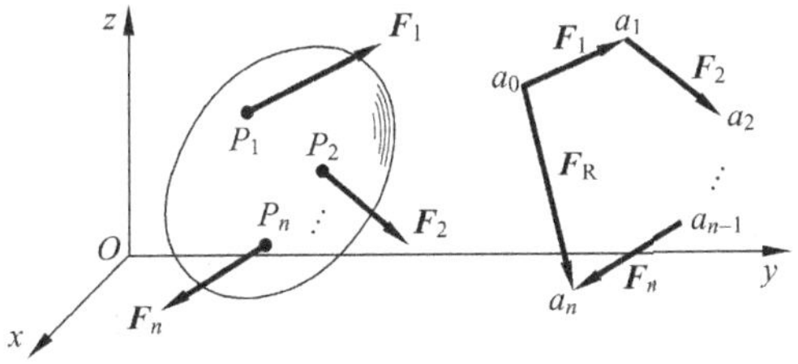

(a)　　(b)

图 2-11　力系中所有力的矢量和

其中 $\boldsymbol{F}_{\mathrm{R}}$ 为力系主矢；$\boldsymbol{F}_i$ 为力系中的各个力。式(2-10)的分量表达式为

$$\left.\begin{aligned}F_{\mathrm{R}x}&=\sum_{i=1}^{n}F_{ix}\\F_{\mathrm{R}y}&=\sum_{i=1}^{n}F_{iy}\\F_{\mathrm{R}y}&=\sum_{i=1}^{n}F_{iy}\end{aligned}\right\} \tag{2-11}$$

主矩：力系中所有力对于同一点之矩的矢量和(图 2-12)，称为力系对这一点的主矩(principal moment)，即

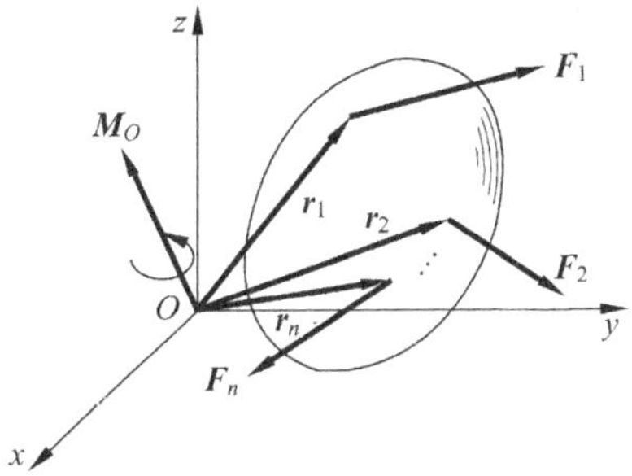

图 2-12　力系的主矩

$$\boldsymbol{M}_O = \sum_{i=1}^{n} \boldsymbol{M}_O(\boldsymbol{F}_i) = \sum_{i=1}^{n} \boldsymbol{r}_i \times \boldsymbol{F}_i \tag{2-12}$$

主矩的分量表达式为

$$\left.\begin{aligned} M_{Ox} &= \sum_{i=1}^{n} M_{Ox}(\boldsymbol{F}_i) \\ M_{Oy} &= \sum_{i=1}^{n} M_{Oy}(\boldsymbol{F}_i) \\ M_{Oz} &= \sum_{i=1}^{n} M_{Oz}(\boldsymbol{F}_i) \end{aligned}\right\} \tag{2-13}$$

力系的主矢不涉及作用点，为自由矢；力系的主矩与所选的矩心有关，这是因为同一个力对于不同矩心之矩各不相同，主矩为定位矢。

2.3.2 力系等效定理

前面已指出，所谓力系等效是指不同的力系对于同一物体所产生的运动效应是相同的，即不同的力系使物体所产生的线动量对时间的变化率以及角动量对时间的变化率分别对应相等；亦即不同力系的主矢以及对于同一矩心的主矩对应相等。据此，得到如下的重要定理：

等效力系定理(theorem of equivalent force systems) 不同的力系对刚体运动效应相同的条件是不同力系的主矢以及对于同一点的主矩对应相等。

2.4 力系的简化

所谓力系的简化，就是将由若干力和力偶所组成的一般力系，等效变为一个力，或一个力偶，或者一个力和一个力偶。这一过程称为**力系简化**(reduction of a force system)。力系简化的基础是**力向一点平移定理**。

2.4.1 力向一点平移定理

作用在刚体上的力如果沿其作用线移动，并不会改变力对刚体的作用效应。但是，如果将作用在刚体上的力从其作用点平行移动到另一点，对刚体的运动效应将会发生改变。

能不能使作用在刚体上的力从一点平移至另一点，而使其对刚体的运动效应保持不变？答案是肯定的。

考察图2-13(a)中作用在刚体上A点的力$\boldsymbol{F}_A$，为使这一力等效地从A点平移至B点，先在B点施加平行于力$\boldsymbol{F}_A$的一对大小相等、方向相反、沿同一直线作用的平衡力$\boldsymbol{F}''_A$和$\boldsymbol{F}'_A$，如图2-13(b)所示。根据加减平衡力系原理，由$\boldsymbol{F}_A$、$\boldsymbol{F}'_A$、$\boldsymbol{F}''_A$三个力组成的力系与原来作用在A点的一个力$\boldsymbol{F}_A$等效。

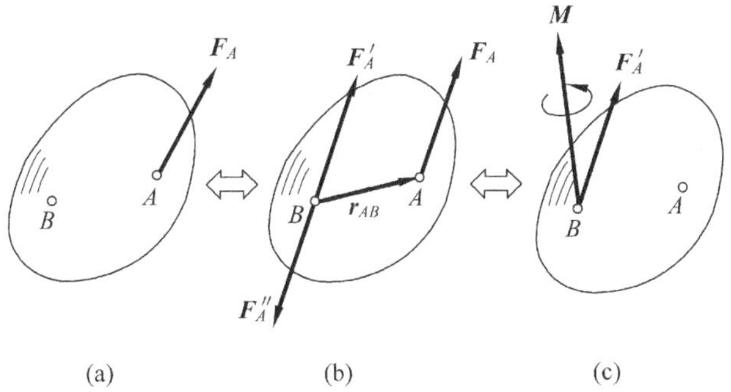

图2-13　力向一点平移定理

图2-13(b)中作用在A点的力$\boldsymbol{F}_A$与作用在B点的力$\boldsymbol{F}''_A$组成一力偶，其力偶矩矢量为$\boldsymbol{M}=\boldsymbol{r}_{BA}\times\boldsymbol{F}_A$，如图2-13(c)所示。

于是，作用在B点的力$\boldsymbol{F}'_A$和力偶$\boldsymbol{M}$与原来作用在A点的一个力$\boldsymbol{F}_A$等效。

读者不难发现，这一力偶的力偶矩等于原来作用在A点的力$\boldsymbol{F}_A$对B点之矩。

上述分析结果表明：作用在刚体上的力可以向任意点平移，平移后应为这一力与一力偶所替代，这一力偶的力偶矩等于平移前的力对平移点之矩。这一结论称为**力向一点平移定理**(theorem of translation of a force)。

2.4.2　空间一般力系的简化

考察作用在刚体上的**空间任意力系**($\boldsymbol{F}_1,\boldsymbol{F}_2,\cdots,\boldsymbol{F}_n$)(three dimensional forces system)，如图2-14(a)所示。现在刚体上任取一点，例如O点，这一点称为**简化中心**(reduction center)。

应用力向一点平移定理，将力系中所有的力$\boldsymbol{F}_1,\boldsymbol{F}_2,\cdots,\boldsymbol{F}_n$逐个向简化中心平移，最后得到汇交于$O$点的，由$\boldsymbol{F}_1,\boldsymbol{F}_2,\cdots,\boldsymbol{F}_n$组成的汇交力系，以及由所有附加力偶$\boldsymbol{M}_1,\boldsymbol{M}_2,\cdots,\boldsymbol{M}_n$组成的力偶系，如图2-14(b)所示。

平移后得到的汇交力系和力偶系，可以分别合成一个作用于O点的力$\boldsymbol{F}_{\mathrm{R}}$，以及一个力偶$\boldsymbol{M}_O$，如图2-14(c)所示。其中

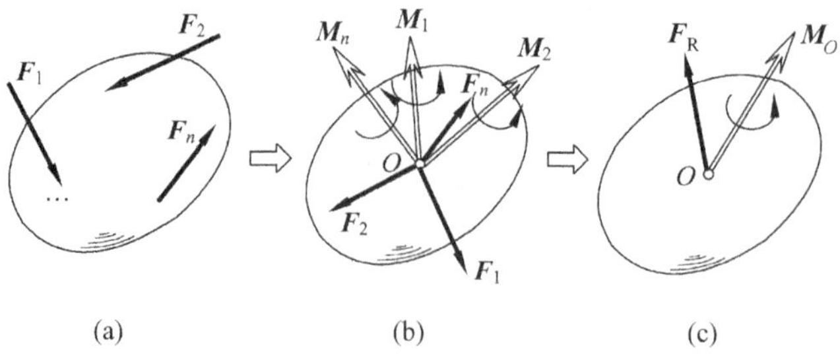

图 2-14 任意力系简化

$$\left.\begin{aligned} \boldsymbol{F}_R &= \sum_{i=1}^{n} \boldsymbol{F}_i \\ \boldsymbol{M}_O &= \sum_{i=1}^{n} \boldsymbol{M}_i = \sum_{i=1}^{n} \boldsymbol{M}_O(\boldsymbol{F}_i) \end{aligned}\right\} \tag{2-14}$$

其中 $\boldsymbol{M}_O(\boldsymbol{F}_i)$为平移前力 $\boldsymbol{F}_i$ 对简化中心 O 点之矩。

上述结果表明：空间任意力系向任一点简化，得到一个力和一个力偶。简化所得力 $\boldsymbol{F}_R$ 通过简化中心，该力的矢量等于力系的**主矢**，并与简化中心的选择无关；简化所得力偶的力偶矩 $\boldsymbol{M}_O$ 等于力系中所有的力对简化中心的主矩，且与简化中心的选择有关。

有兴趣的读者可以证明，力系对不同点(例如 O 点和 A 点)的主矩存在下列关系：

$$\boldsymbol{M}_O(\boldsymbol{F}) = \boldsymbol{M}_A(\boldsymbol{F}) + \boldsymbol{r}_{OA} \times \boldsymbol{F}_R \tag{2-15}$$

例题 2-4 图 2-15 中所示为 $\boldsymbol{F}_1$、$\boldsymbol{F}_2$ 组成的空间力系，已知 $F_1 = F_2 = F$，试求力系的主矢 $\boldsymbol{F}_R$ 以及力系对 O、A、E 三点的主矩。

解：令 $\boldsymbol{i}$、$\boldsymbol{j}$、$\boldsymbol{k}$ 为 x、y、z 方向的单位矢量，则力系中的二力可写为

$$\boldsymbol{F}_1 = \frac{F}{5}(3\boldsymbol{i} + 4\boldsymbol{j}), \quad \boldsymbol{F}_2 = \frac{F}{5}(3\boldsymbol{i} - 4\boldsymbol{j})$$

于是，力系的主矢为

$$\boldsymbol{F}_R = \sum_{i=1}^{2} \boldsymbol{F}_i = \boldsymbol{F}_1 + \boldsymbol{F}_2 = \frac{6F}{5}\boldsymbol{i}$$

应用式(2-14)以及矢量叉乘方法，力系对 O、A、E 三点的主矩分别为

$$\boldsymbol{M}_O = \sum_{i=1}^{2} \boldsymbol{M}_O(\boldsymbol{F}_i)$$

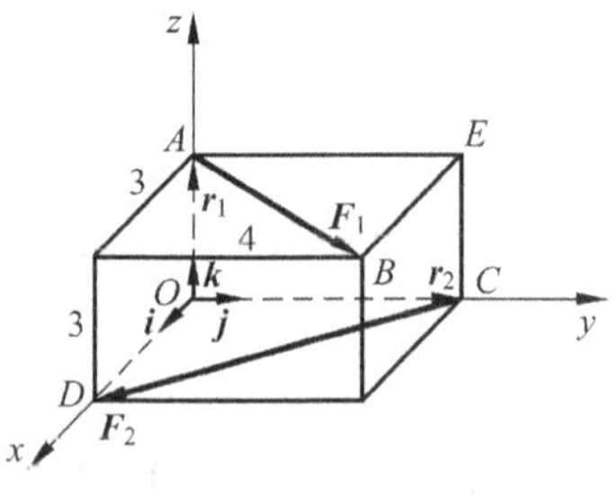

图 2-15 例题 2-4 图

$$= \sum_{i=1}^{2} \boldsymbol{r}_i \times \boldsymbol{F}_i = \boldsymbol{r}_1 \times \boldsymbol{F}_1 + \boldsymbol{r}_2 \times \boldsymbol{F}_2$$

$$= 3\boldsymbol{k} \times \frac{F}{5}(3\boldsymbol{i} + 4\boldsymbol{j}) + 4\boldsymbol{j} \times \frac{F}{5}(3\boldsymbol{i} - 4\boldsymbol{j}) = \frac{F}{5}(-12\boldsymbol{i} + 9\boldsymbol{j} - 12\boldsymbol{k})$$

$$\boldsymbol{M}_A = \sum_{i=1}^{2} \boldsymbol{r}_i \times \boldsymbol{F}_i = 0 + \boldsymbol{r}_{AC} \times \boldsymbol{F}_2 = (4\boldsymbol{j} - 3\boldsymbol{k}) \times \frac{F}{5}(3\boldsymbol{i} - 4\boldsymbol{j})$$

$$= \frac{F}{5}(-12\boldsymbol{i} - 9\boldsymbol{j} - 12\boldsymbol{k})$$

$$\boldsymbol{M}_E = \sum_{i=1}^{2} \boldsymbol{r}_i \times \boldsymbol{F}_i = \boldsymbol{r}_{EA} \times \boldsymbol{F}_1 + \boldsymbol{r}_{EC} \times \boldsymbol{F}_2$$

$$= -4\boldsymbol{j} \times \frac{F}{5}(3\boldsymbol{i} + 4\boldsymbol{j}) - 3\boldsymbol{k} \times \frac{F}{5}(3\boldsymbol{i} - 4\boldsymbol{j}) = \frac{F}{5}(-12\boldsymbol{i} - 9\boldsymbol{j} + 12\boldsymbol{k})$$

平面力系(所有力的作用线位于同一平面内)作为空间力系的特殊情形，向平面内的任意一点简化，同样得到一主矢和一主矩，主矢位于平面力系所在平面，主矩则与平面力系作用平面垂直。

例题 2-5 图 2-16(a)所示一铁路桥墩顶部受到两边桥梁传来的铅垂力 $F_1=1940\text{kN}$，$F_2=800\text{kN}$，以及机车传递的制动力 $F_3=193\text{kN}$。桥墩自重 $G=5280\text{kN}$，风力 $F_4=140\text{kN}$。各力作用线位置如图所示。试求：①力系向基础中心 O 简化的结果；②如能简化为一个力，试确定合力作用线的位置。

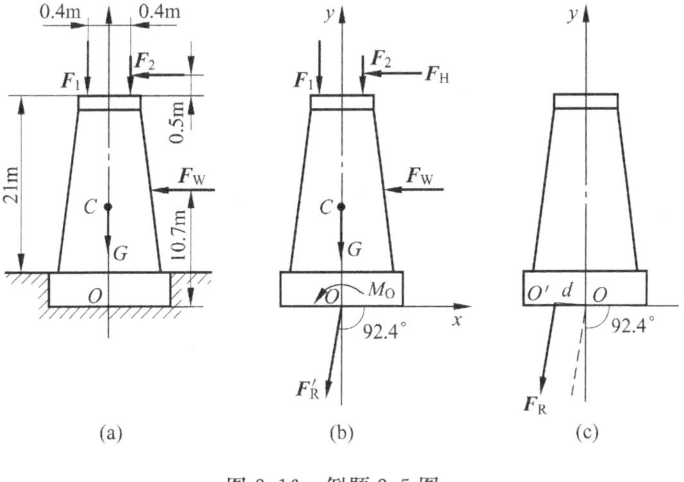

图 2-16 例题 2-5 图

解：(1) 以桥墩基础中心 O 为简化中心

以点 O 为原点建立坐标系，如图 2-16(b)所示，则主矢 $\boldsymbol{F}'_R$ 的大小为

$$F'_{Rx} = -F_3 - F_4 = -333(\text{kN})$$

$$F'_{Ry}=-F_1-F_2-G=-8020(\text{kN})$$

$$F'_R=\sqrt{F'_{Rx}+F'_{Ry}}=8027(\text{kN})$$

$\boldsymbol{F}'_R$ 的方向用主矢与 x 轴正向夹角$\angle(\boldsymbol{F}'_R,\boldsymbol{i})$表示，即

$$\cos(\boldsymbol{F}'_R,\boldsymbol{i})=\frac{F'_{Rx}}{\boldsymbol{F}'_R}=-0.0415$$

$$\angle(\boldsymbol{F}'_R,\boldsymbol{i})=92.4°$$

由于 F'_{Rx}、F'_{Ry}均为负值，所以 $\boldsymbol{F}'_R$ 应在第三象限。

力系对 O 点的主矩：

$$M_O=\sum M_O(\boldsymbol{F}_i)=0.4F_1-0.4F_2+21.5F_3+10.7F_4$$

$$=6103.5(\text{kN}\cdot\text{m})$$

$\boldsymbol{F}'_R$、M_O 如图 2-16(b)所示。

(2) 进一步简化

将主矢 $\boldsymbol{F}'_R$ 向 O 点左侧平移至 O'点，力系还可进一步简化成一个力即合力 $\boldsymbol{F}_R$，其大小和方向与主矢 $\boldsymbol{F}'_R$ 相同，作用点 O'到 O 点的垂直距离为

$$d=\frac{|M_O|}{\boldsymbol{F}'_R}=\frac{6103.5}{8027}=0.76(\text{m})$$

此时主矢 $\boldsymbol{F}'_R$ 平移后产生的附加力偶恰与主矩 M_O 等值、反向，最后力系简化为作用在 O'点的合力 $\boldsymbol{F}_R$，如图 2-16(c)所示。

(3) 本例讨论

请读者思考，若合力 $\boldsymbol{F}_R$ 全部由桥墩基础承担，还可对桥墩进行哪些计算？力学模型是否要进行修正？

2.4.3 力系简化在固定端约束力分析中的应用

如果约束物体既限制了被约束物体的移动(平面问题为 2 个方向；空间问题为 3 个方向)，又限制了被约束物体的转动(平面问题为 1 个方向；空间问题为 3 个方向)，这种约束则称为**固定端或插入端**(fixed end support)。

工程中的固定端约束是很常见的，诸如：机床上装卡加工工件的卡盘对工件的约束(图 2-17(a))；大型机器(例如摇臂钻床)中立柱对横梁的约束(图 2-17(b))；房屋建筑中墙壁对雨罩的约束(图 2-17(c))；飞机机身对机翼和水平尾翼的约束(图 2-17(d))等。

固定端约束与铰链约束不同的是约束物与被约束物之间是线接触(平面问题)和面接触(空间问题)，因而约束力为作用在接触面上的分布力系，而且在很多情形下为复杂的分布力系。

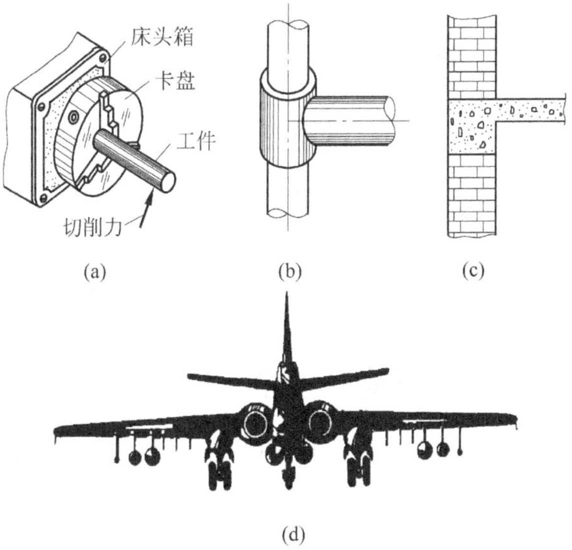

图 2-17　工程中的固定端约束

在大多数工程问题中，为了使分析计算过程简化，需对固定端复杂分布的约束力系加以简化。

应用力系简化理论，固定端的约束力都可以简化为作用在约束处的一个约束力和一个约束力偶。在平面问题中，可用约束力的两个分量和一个约束力偶表示（图 2-18(a)）；在空间问题中，用约束力的三个分量和约束力偶矩的三个分量表示（图 2-18(b)）。

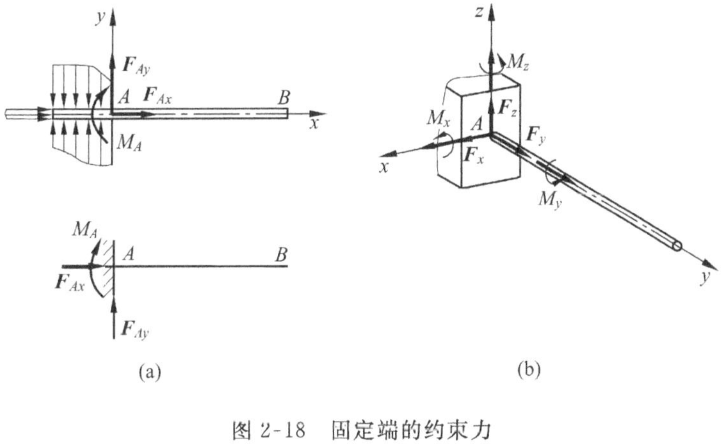

图 2-18　固定端的约束力

2.5 结论与讨论

2.5.1 几个不同力学矢量的性质

本章所涉及的力学矢量比较多，如果概念不清楚，容易混淆。

根据这些矢量对刚体所产生的运动效应，以及这些矢量的大小、方向、作用点或作用线，可以将其归纳为三类：**定位矢**、**滑动矢**、**自由矢**。

请读者判断力、主矢、力偶、力偶矩以及主矩分别属于哪一类矢量。

2.5.2 合力之矩定理及其应用

应用力系等效定理以及主矢与主矩的概念可以证明，合力之矩定理对于任意有合力的力系均成立，有兴趣的读者不妨一试。

应用合力之矩定理以及微积分方法，可以确定工程中一些复杂载荷的合力。例如，图 2-19 为单位厚度水坝承受侧向静水压力的模型，侧向静水压力自水面起为 0 至坝基处取最大值，中间呈线性分布。

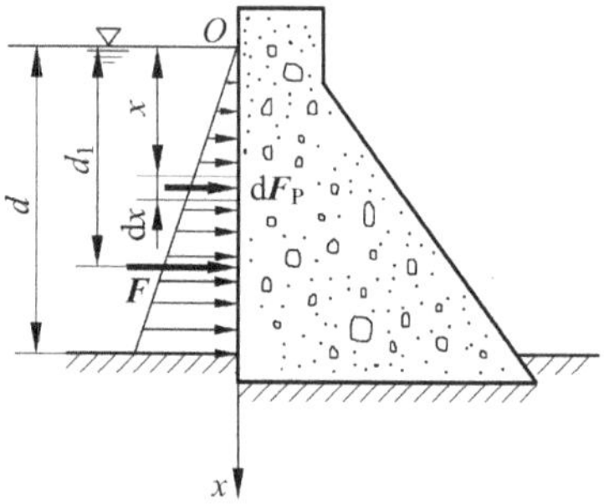

图 2-19 合力之矩定理的工程应用

应用合力之矩定理不难求得其合力 $\boldsymbol{F}$ 的大小及作用点位置：

$$F = \frac{1}{2}\rho g d^2 \tag{2-16}$$

$$d_1 = \frac{2}{3}d \tag{2-17}$$

其中：ρ 为水的密度；g 为重力加速度；d 为水深；d_1 为合力作用点至水面的距离。

2.5.3 力系简化的几种最后结果

本章介绍了力系简化的理论以及一般力系向某一确定点的简化结果。但在很多情形下，这并不是力系简化的最后结果。

所谓力系简化的最后结果，是指力系在向某一确定点简化所得到的一个力和一个力偶，还可以进一步简化(确定点以外的点)

空间一般力系的最后的简化结果有以下 4 种情形：

(1) **平衡**。这时 $\boldsymbol{F}_R=0, \boldsymbol{M}_O=0$。这表明原力系为平衡力系。这种结果将在下一章详细讨论。

(2) **力偶**。这时 $\boldsymbol{F}_R=0, \boldsymbol{M}_O\neq 0$。力偶矩等于力系对 O 点的主矩。

(3) **合力**。这时可能有两种情形，一种是：$\boldsymbol{F}_R\neq 0, \boldsymbol{M}_O=0$，合力的作用线通过 O 点，大小、方向决定于力系的主矢；另一种情形是：$\boldsymbol{F}_R\neq 0, \boldsymbol{M}_O\neq 0$，但是 $\boldsymbol{F}_R\cdot\boldsymbol{M}_O=0$，即 $\boldsymbol{F}_R$ 与 $\boldsymbol{M}_O$ 互相垂直，根据力向一点平移定理的逆推理，$\boldsymbol{F}_R$ 和 $\boldsymbol{M}_O$ 最终可简化为一个合力，如图 2-20(a)所示。合力的作用线通过另一简化中心 O'。O' 相对 O 的矢径 $\boldsymbol{r}_{OO'}$ 由下式确定：

$$\boldsymbol{r}_{OO'}=\frac{\boldsymbol{F}_R\times\boldsymbol{M}_O}{|\boldsymbol{F}_R|^2} \tag{2-18}$$

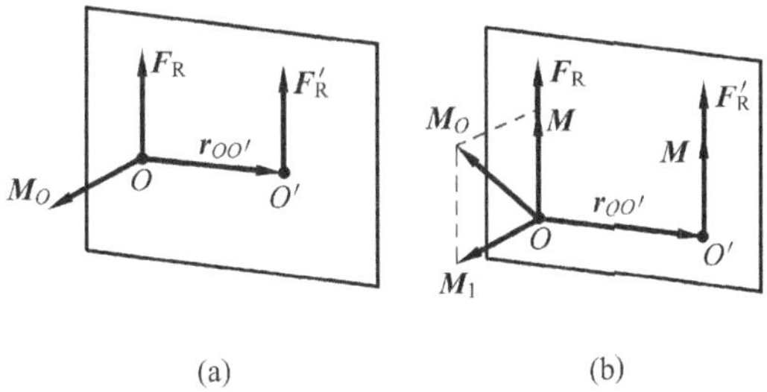

图 2-20　力系简化的最后结果

(4) **力螺旋**。这时 $\boldsymbol{F}_R\neq 0, \boldsymbol{M}_O\neq 0$，而且 $\boldsymbol{F}_R\cdot\boldsymbol{M}_O\neq 0$。此时可将主矩 $\boldsymbol{M}_O$ 分解为沿力作用线方向的 $\boldsymbol{M}$ 和垂直于力作用线方向的 $\boldsymbol{M}_1$。

这时，可以进一步将 $\boldsymbol{M}_1$ 和 $\boldsymbol{F}_R$ 简化为作用线通过 O' 的力 $\boldsymbol{F}'_R$。

最终，将原力系简化为一个力 $\boldsymbol{F}'_R$ 和与这一力共线的力偶 $\boldsymbol{M}$，如图 2-20(b)所示。这种由共线的力 $\boldsymbol{F}'_R$ 和力偶 $\boldsymbol{M}$ 组成的特殊力系称为**力螺旋**(wrench of force system)。

用螺丝刀拧紧螺钉(图 2-21)，以及用钻头钻孔时，作用在螺丝刀及钻头上的力系都是力螺旋。

平面力系与空间力系简化的最后结果的差别之一在于平面力系不可能产生力螺旋。这一结论读者自己是可以证明的。

2.5.4 实际约束的简化模型

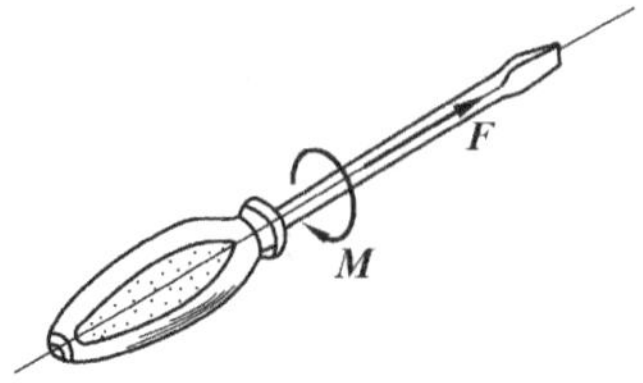

图 2-21 力螺旋实例

第 1 章和本章中分别介绍了铰链约束与固定端约束。这两种约束的差别就在于前者允许被约束物体转动,后者则不允许。因此,固定端约束与铰链约束相比,增加了一个约束力偶。实际结构中的约束,有时可能既不属于铰链,也不属于固定端。

实际结构中构件之间的相互连接,其连接方式以及连接处刚度决定了它们属于哪一种约束,但很难一次确定,有时还需要经过实验验证。

例如,桥梁和房屋的桁架结构中的杆件与杆件的连接处,大都通过垫板采用铆接或焊接。如果连接处刚度不太大,则可以简化为铰链约束;如果刚度比较大,连接处则简化为固定端。实际上,这些结构中杆件连接处的约束介于铰链和固定端之间,工程上为了方便计算,一般都简化为铰链。对于杆件的实际测量结果表明,这种简化基本上是合理的。

2.5.5 力偶性质推论的应用限制

本章中关于力偶性质及其推论,在力系简化以及平衡问题研究中都是非常重要的。但是,这些推论仅适用于刚体。将其应用于变形体时则有一定的限制。

请读者结合图 2-22(a)、(b)中的实例,分析力偶性质的推论在弹性体中应用时,将会受到什么限制。

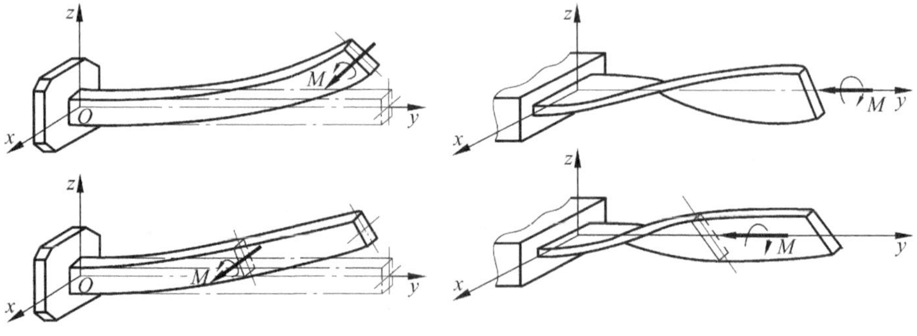

(a) (b)

图 2-22 力偶性质推论的限制性

习题

2-1 试求图中力 $\boldsymbol{F}$ 对 O 点的矩。

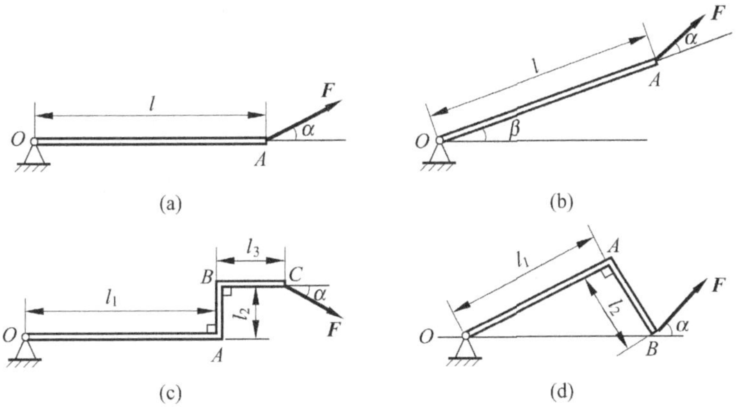

习题 2-1 图

2-2 图中正方体的边长 $a=0.5\text{m}$，其上作用的力 $F=100\text{N}$，求力 $\boldsymbol{F}$ 对 O 点的矩及对 x 轴的力矩。

2-3 曲拐手柄如图所示，已知作用于手柄上的力 $F=100\text{N}$，$AB=100\text{mm}$，$BC=400\text{mm}$，$CD=200\text{mm}$，$\alpha=30°$，试求力 $\boldsymbol{F}$ 对 x、y、z 轴之矩。

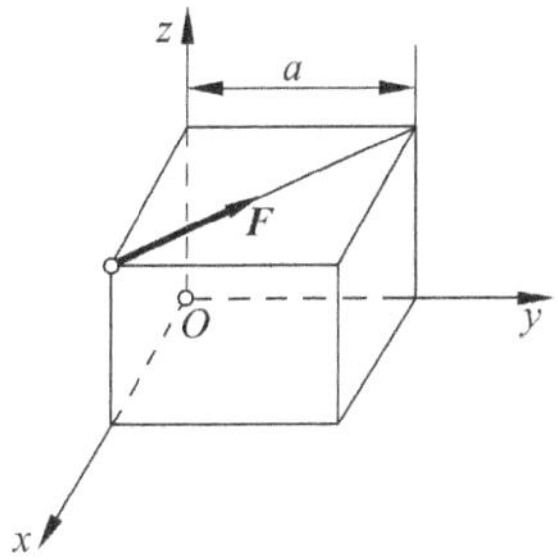

习题 2-2 图

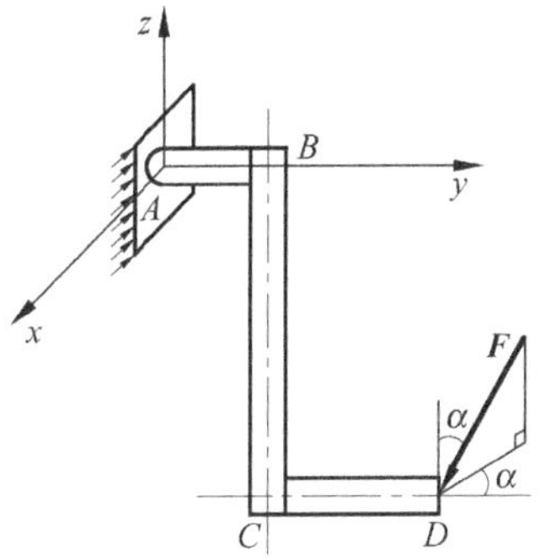

习题 2-3 图

2-4 正三棱柱的底面为等腰三角形，已知 $OA=OB=a$，在平面 $ABED$ 内沿对角线 AE 有一个力 $\boldsymbol{F}$，图中 $\theta=30°$，试求此力对各坐标轴之矩。

2-5 如图所示，试求力 $\boldsymbol{F}$ 对 A 点之矩及对 x、y、z 轴之矩。

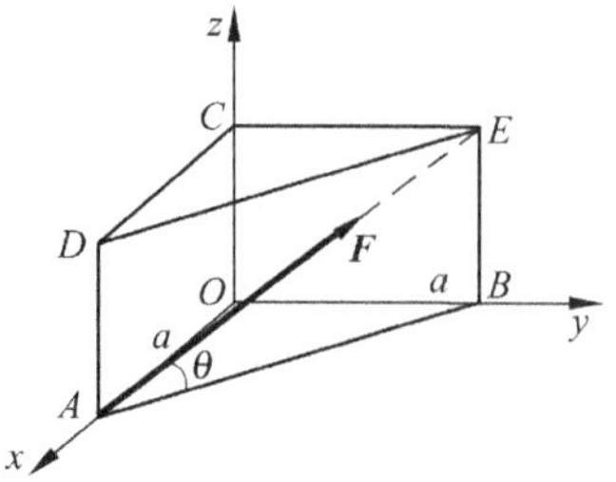

习题 2-4 图

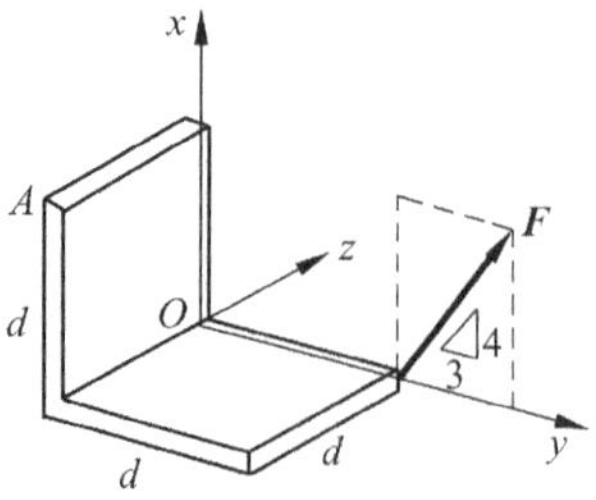

习题 2-5 图

2-6 在图示工件上同时钻 4 个孔，每个孔所受的切削力偶矩均为 8N·m，每个孔的轴线垂直于相应的平面，求这四个力偶的合力偶。

2-7 已知一平面力系对 $A(3,0)$，$B(0,4)$ 和 $C(-4.5,2)$ 三点的主矩分别为：$M_A=20\text{kN}\cdot\text{m}$，$M_B=0$，$M_C=-10\text{kN}\cdot\text{m}$，试求该力系合力的大小、方向和作用线。

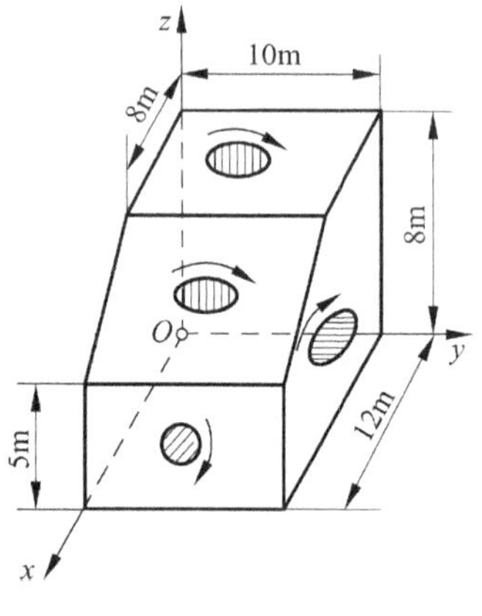

习题 2-6 图

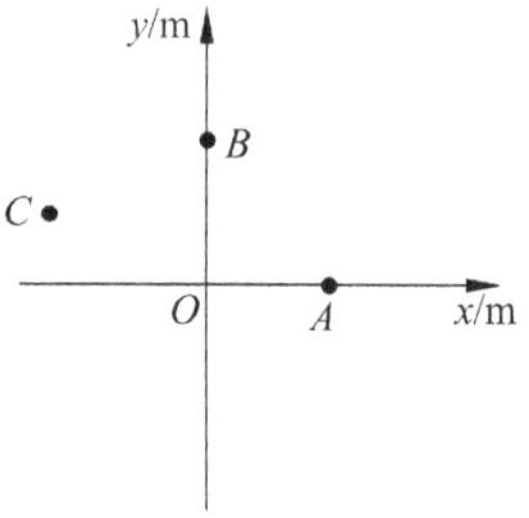

习题 2-7 图

2-8 已知 $F_1=150\text{N}$，$F_2=200\text{N}$，$F_3=300\text{N}$，$F=F'=200\text{N}$，求力系向点 O 的简化结果，并求力系合力的大小及其与原点 O 的距离 d。

2-9 图示平面任意力系中 $F_1=40\sqrt{2}\text{N}$，$F_2=80\text{N}$，$F_3=40\text{N}$，$F_4=110\text{M}$，$M=2000\text{N}\cdot\text{mm}$，各力作用位置如图所示，图中尺寸的单位为 mm。求：①力系向 O 点简化的结果；②力系的合力的大小、方向及合力作用线方程。

2-10 图中等边三角形板 ABC，边长 a，今沿其边缘作用大小均为 F_P 的力，方向如图(a)所示，求三力的合成结果。若三力的方向改变成如图(b)所示，其合成结果如何？

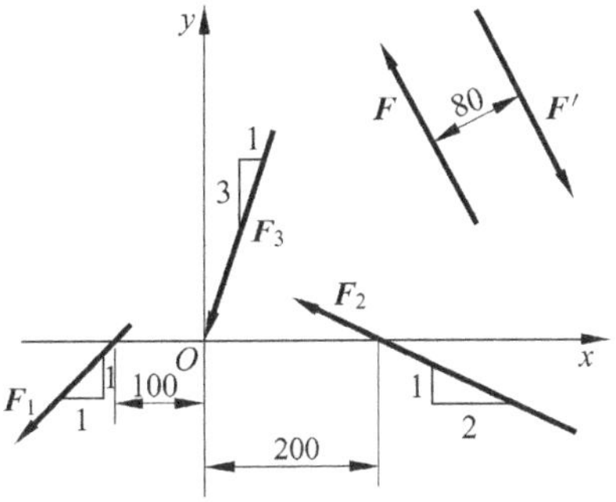

习题 2-8 图

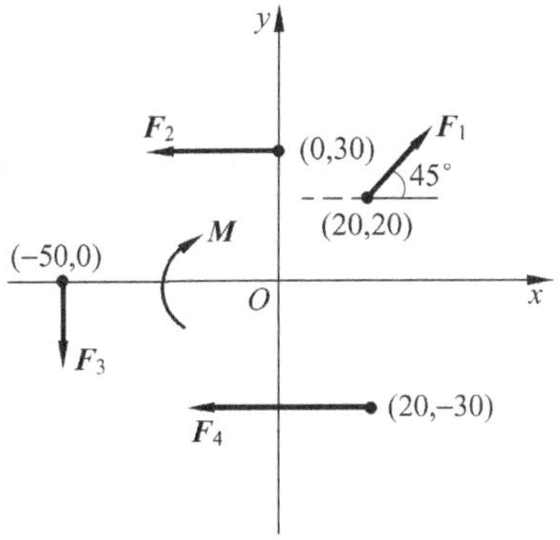

习题 2-9 图

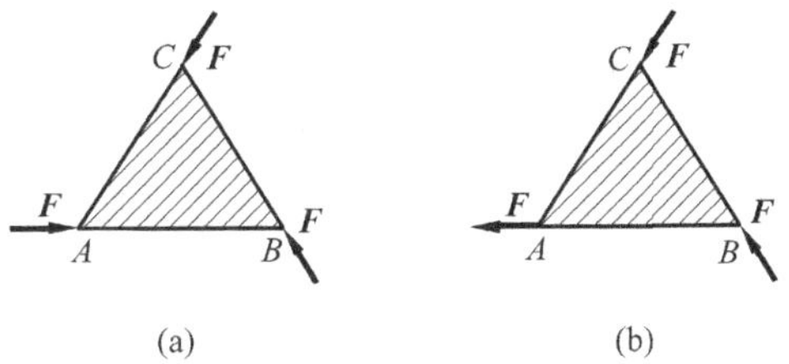

习题 2-10 图

2-11　图中力 $F_1=25\text{kN}$，$F_2=35\text{kN}$，$F_3=20\text{kN}$，力偶矩 $m=50\text{kN}\cdot\text{m}$，各力作用点坐标如图所示。试计算：①力系向 O 点简化的结果；②力系的合力。

2-12　图示载荷 $F_P=100\sqrt{2}\text{N}$，$F_Q=200\sqrt{2}\text{N}$，分别作用在正方形的顶点 A 和 B 处。试将此力系向 O 点简化，并求其简化的最后结果。

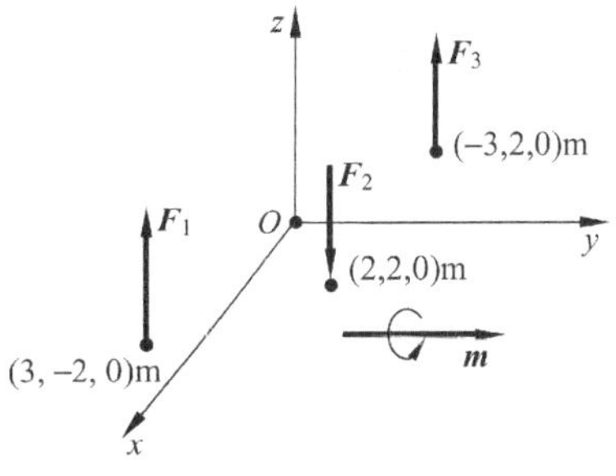

习题 2-11 图

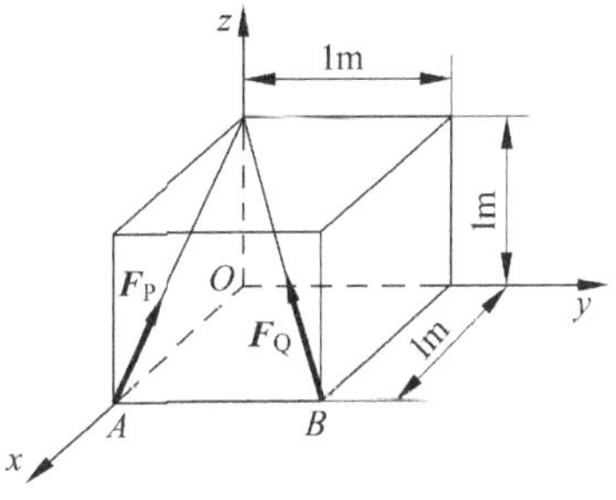

习题 2-12 图

2-13　图示三力 $\boldsymbol{F}_1$、$\boldsymbol{F}_2$ 和 $\boldsymbol{F}_3$ 的大小均等于 F，作用在正方体的棱边上，边长为 a。求力系简化的最后结果。

2-14　某平面力系如图所示，且 $F_1=F_2=F_3=F_4=F$，问力系向点 A 和 B 简化的结果是什么？二者是否等效？

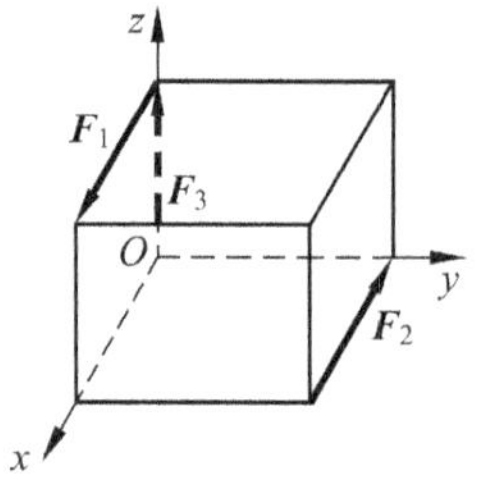

习题 2-13 图

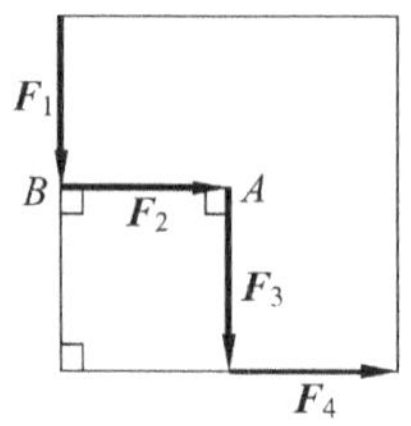

习题 2-14 图

2-15　某平面力系向两点简化的主矩皆为 0，此力系简化的最终结果可能是一个力吗？可能是一个力偶吗？可能平衡吗？

2-16　平面汇交力系向汇交点以外一点简化，其结果可能是一个力吗？可能是一个力和一个力偶吗？

第3章 静力学平衡问题

基于平衡概念,应用力系等效与力系简化理论,本章讨论力系平衡的充分与必要条件,在此基础上导出一般情形下力系的平衡方程。并且将力系的平衡方程应用于各种特殊情形,特别是各力作用线均位于同一平面被称为平面力系的情形。平面力系平衡方程及其在刚体与简单刚体系统中的应用,是本章的重点。

刚体系统的平衡问题是所有机械和结构静力学设计的基础。分析和解决刚体系统的平衡问题,必须综合应用第1章、第2章中的基本概念、原理与基本方法,包括:约束、等效、简化、平衡以及受力分析等。

本章还将对桁架杆件的受力分析以及考虑摩擦时的平衡问题作简单介绍。

3.1 平衡与平衡条件

3.1.1 平衡的概念

物体相对惯性参考系静止或作等速直线运动,这种状态称为平衡。平衡是运动的一种特殊情形。

平衡是相对于确定的参考系而言的。例如,地球上平衡的物体是相对于地球上固定参考系的,相对于太阳系的参考系则是不平衡的。本章所讨论的平衡问题都是以地球作为固定参考系(若将固联于地球的参考系视为惯性参考系)。

工程静力学所讨论的平衡问题,可以是单个刚体,也可以是由若干个刚体组成的系统,这种系统称为刚体系统。

刚体或刚体系统平衡与否,取决于作用在其上的力系。

3.1.2 平衡的充要条件

力系的平衡是刚体和刚体系统平衡的充要条件。

力系平衡的条件是,力系的主矢和力系对任一点的主矩都等于0。因此,如果刚体或刚体系统保持平衡，则作用在刚体或刚体系统的力系主矢和力系对任一点的主矩都等于 0。

$$\left.\begin{aligned} \boldsymbol{F}_{\mathrm{R}} &= \sum_{i=1}^{n} \boldsymbol{F}_i = 0 \\ \boldsymbol{M}_O &= \sum_{i=1}^{n} \boldsymbol{M}_O(\boldsymbol{F}_i) = 0 \end{aligned}\right\} \tag{3-1}$$

3.2 任意力系的平衡方程

3.2.1 平衡方程的一般形式

对于作用在刚体或刚体系统上的任意力系，平衡的充要条件式(3-1)的投影形式为

$$F_{\mathrm{R}x} = \sum F_{ix} = 0, \quad M_{Ox} = \sum M_{Ox}(\boldsymbol{F}_i) = 0$$
$$F_{\mathrm{R}y} = \sum F_{iy} = 0, \quad M_{Oy} = \sum M_{Oy}(\boldsymbol{F}_i) = 0$$
$$F_{\mathrm{R}z} = \sum F_{iz} = 0, \quad M_{Oz} = \sum M_{Oz}(\boldsymbol{F}_i) = 0$$

略去所有表达式中的下标 i，上述方程可以简写为

$$\left.\begin{aligned} &\sum F_x = 0 \\ &\sum F_y = 0 \\ &\sum F_z = 0 \\ &\sum M_x(\boldsymbol{F}) = 0 \\ &\sum M_y(\boldsymbol{F}) = 0 \\ &\sum M_z(\boldsymbol{F}) = 0 \end{aligned}\right\} \tag{3-2}$$

上述方程称为空间任意力系作用下刚体的平衡方程，简称为**空间任意力系平衡方程**。

上述方程表明，平衡力系中的所有力在直角坐标系各轴上投影的代数和都等于 0；同时，平衡力系中的所有力对各轴之矩的代数和也分别等于 0。

上述 6 个平衡方程都是互相独立的，这些平衡方程适用于任意力系。对于不同的特殊情形，例如包括平面力系、力偶系以及其他特殊力系，其中某些平衡方程是自然满足的，因此，独立的平衡方程数目会有所不同。

3.2.2　空间力系的特殊情形

对于力系中所有力的作用线都汇交于一点 O 的空间汇交力系，如图 3-1所示，上述平衡方程中三个力矩方程自然满足，因此，平衡方程为

$$\left.\begin{aligned}\sum F_x &= 0\\ \sum F_y &= 0\\ \sum F_z &= 0\end{aligned}\right\} \tag{3-3}$$

对于力偶作用面位于不同平面的空间力偶系，平衡方程中三个力的投影方程自然满足，其平衡方程为

$$\left.\begin{aligned}\sum M_x(\boldsymbol{F}) &= 0\\ \sum M_y(\boldsymbol{F}) &= 0\\ \sum M_z(\boldsymbol{F}) &= 0\end{aligned}\right\} \tag{3-4}$$

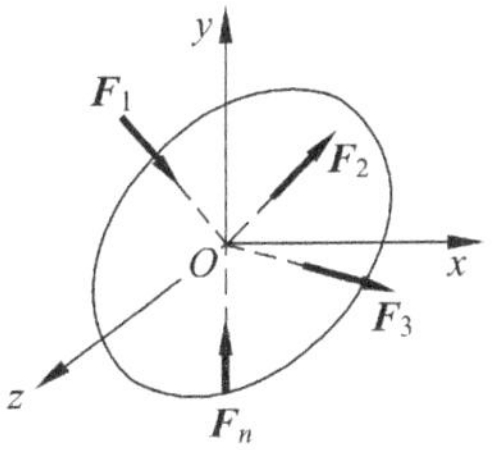

图 3-1　空间汇交力系

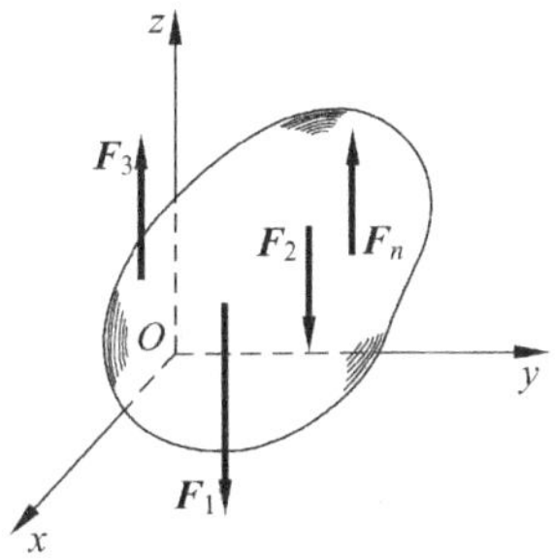

图 3-2　空间平行力系

对于力系中所有力的作用线相互平行的空间平行力系(图 3-2)，若坐标系 $Oxyz$ 的轴 Oz 与各力平行，则上述 6 个平衡方程中，

$$\sum F_x = 0,\quad \sum F_y = 0,\quad \sum M_z(\boldsymbol{F}) = 0$$

自然满足。于是，平衡方程为

$$\left.\begin{aligned}\sum F_z &= 0\\ \sum M_x(\boldsymbol{F}) &= 0\\ \sum M_y(\boldsymbol{F}) &= 0\end{aligned}\right\} \tag{3-5}$$

3.3 平面力系的平衡方程

3.3.1 平面力系平衡方程的一般形式

所有力的作用线都位于同一平面的力系称为**平面任意力系**(arbitrary force system in a plane)。这时,若 Oxy 坐标平面与力系的作用面相一致(图 3-3),则任意力系的 6 个平衡方程中,

$$\sum F_z = 0,\quad \sum M_x(\boldsymbol{F}) = 0,\quad \sum M_y(\boldsymbol{F}) = 0$$

自然满足,且

$$\sum M_z(\boldsymbol{F}) = 0$$

变为

$$\sum M_O(\boldsymbol{F}) = 0$$

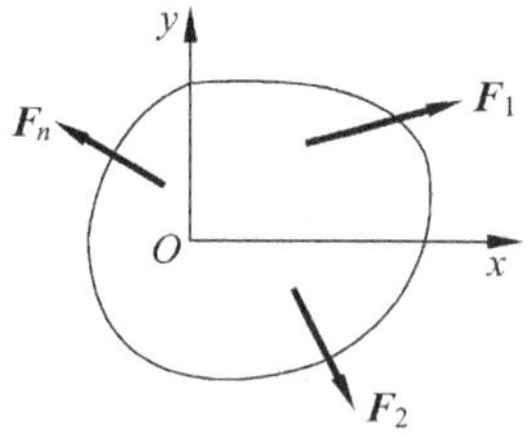

图 3-3 平面任意力系

于是,平面力系平衡方程的一般形式为

$$\left.\begin{aligned}&\sum F_x = 0\\&\sum F_y = 0\\&\sum M_O(\boldsymbol{F}) = 0\end{aligned}\right\}\tag{3-6}$$

其中矩心 O 为力系作用面内的任意点。

3.3.2 平面力系平衡方程的其他形式

上述平面力系的 3 个平衡方程中的 $\sum F_x = 0$ 和 $\sum F_y = 0$,还可以部分或全部地用力矩式代替,但所选的投影轴与取矩点之间应满足一定的条件。例如可以写成:

$$\left.\begin{aligned}&\sum F_x = 0\\&\sum M_A(\boldsymbol{F}) = 0\\&\sum M_B(\boldsymbol{F}) = 0\end{aligned}\right\}\tag{3-7}$$

但是 A、B 两点的连线不能与 x 轴垂直(图 3-4)。这是因为,当上述 3 个方程中的第二式和第三式同时满足时,力系不可能简化为一力偶,只可能简化为通过 AB 两点的一合力或者是平衡力系。但是,当第一式同时成立,而且 AB 与 x 轴不垂直时,力系便不可能简化为一合力 $\boldsymbol{F}_R$,否则,力系中所有的力在 x 轴上投影的代数和不可能等于 0。因此原力系必然为平衡力系。

此外，平面力系的平衡方程可以写成：

$$\left.\begin{aligned}\sum M_A(\boldsymbol{F}) &= 0\\ \sum M_B(\boldsymbol{F}) &= 0\\ \sum M_C(\boldsymbol{F}) &= 0\end{aligned}\right\}\tag{3-8}$$

但是 A、B、C 三点不能共线。

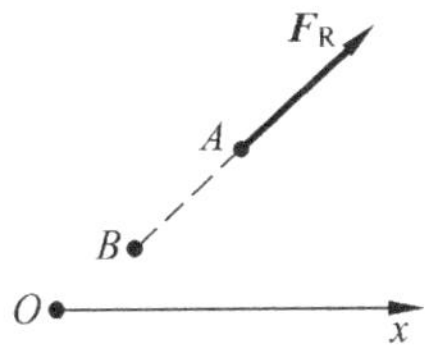

图 3-4　式(3-7)证明

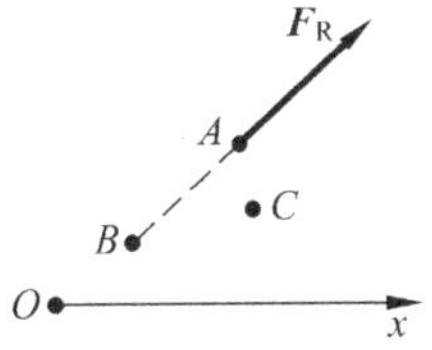

图 3-5　式(3-8)证明

因为，当式(3-8)中的第一式满足时，力系不可能简化为一力偶，只可能简化为通过 A 点的一个合力 $\boldsymbol{F}_R$。同样，如果第二、三式也同时满足，则这一合力也必须通过 B、C 两点。但是，由于 A、B、C 三点不共线(图 3-5)，所以力系也不可能简化为一合力，因此，满足上述方程的平面力系只可能是一平衡力系。

对于平面力系中的汇交力系以及力偶系，根据平面力系平衡方程的一般形式，其平衡方程分别为

$$\left.\begin{aligned}\sum F_x &= 0\\ \sum F_y &= 0\end{aligned}\right\}\tag{3-9}$$

和

$$\sum M = 0\tag{3-10}$$

3.4　平衡方程的应用

例题 3-1　图 3-6(a)所示为曲柄连杆活塞机构，曲柄 OA 长为 r，连杆 AB 长为 l，活塞受力 $F=400\text{N}$，$\angle AOB=\theta$。不计所有构件的自重，试问在曲柄上应施加多大的力偶矩 M 才能使机构在图示位置平衡？

解：(1) 受力分析，选择研究对象

连杆 AB 是二力构件，设杆 AB 受压，$\boldsymbol{F}_{AB}$、$\boldsymbol{F}_{BA}$ 等值、反向、共线。取曲柄 OA 为研究对象，受力如图 3-6(b)所示。

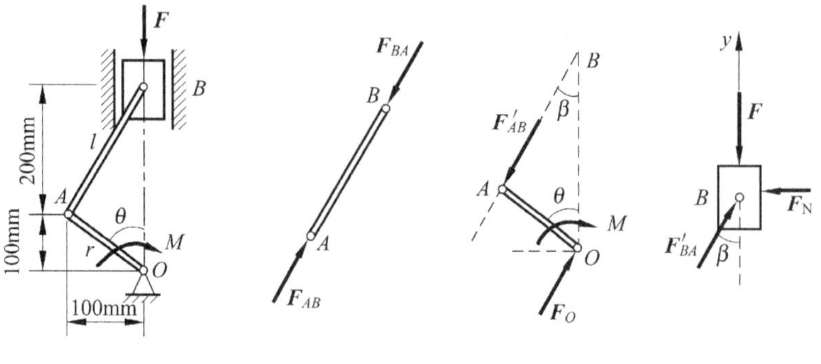

(a) (b) (c)

图 3-6 例题 3-1 图

(2) 应用力偶平衡的概念,确定作用在曲柄 OA 上的力

由于力偶必须与力偶平衡,故 $\boldsymbol{F}_O$ 必定和 $\boldsymbol{F}'_{AB}$ 组成一力偶并与矩为 M 的力偶平衡。由图示尺寸,得 $\theta=45°$,设$\angle OBA=\beta$,有 $\sin\beta=1/\sqrt{5}$,$\cos\beta=2/\sqrt{5}$。由力偶平衡条件,有

$$\sum M = 0,\quad F'_{AB} r \sin(\theta+\beta) - M = 0$$

得
$$F'_{AB} = M/(r\sin(\theta+\beta)) = 2\sqrt{5}M/0.3$$

(3) 以活塞 B 为研究对象

活塞受力如图 3-6(c)所示,其中 $F'_{BA}=F'_{AB}$,可列出平衡方程

$$\sum F_y = 0,\quad F'_{BA}\cos\beta - F = 0$$

由此解出

$$F = F'_{BA}\cos\beta = 2M/0.3$$

因此,机构在图示位置平衡时,作用在曲柄上的力偶矩 M 的大小为

$$M = 60\text{N}\cdot\text{m}$$

例题 3-2 在图 3-7(a)所示结构中,C 处为铰链连接,各构件的自重略去不计,在直角杆 BEC 上作用有矩为 M 的力偶,尺寸如图所示。试求支座 A 的约束反力。

解:(1) 受力分析,选择研究对象

在 A、B、D 处分别有 2 个、1 个、1 个约束力。如果以整体作为研究对象,因为是平面力系,用 3 个独立的平衡方程无法求解 4 个未知约束力,所以,必须首先从中间铰 C 处拆开。

以直角杆 BEC 为研究对象,受力如图 3-7(b)所示。由于力偶必须由力

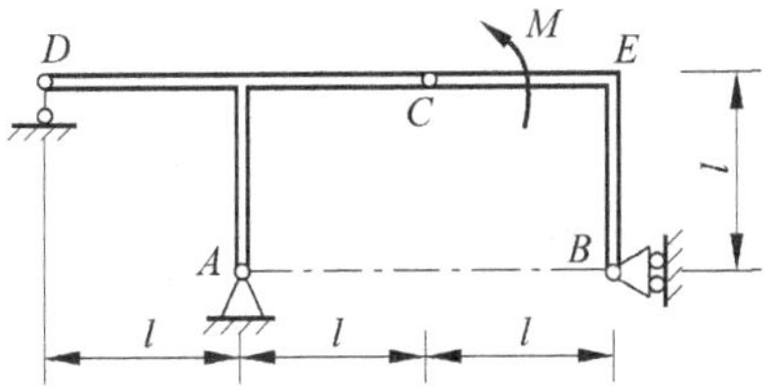

(a)

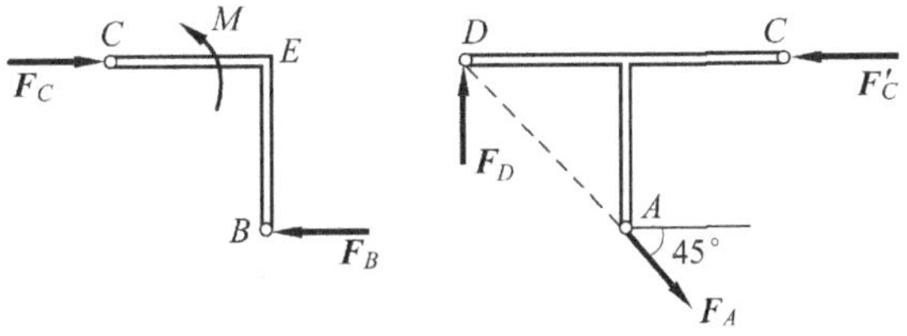

(b)　　(c)

图 3-7　例题 3-2 图

偶来平衡，故 $\boldsymbol{F}_C$ 与 $\boldsymbol{F}_B$ 等值、反向并组成一力偶（平面力偶系）。

再以丁字杆 ADC 为研究对象，受力如图 3-7(c) 所示（平面汇交力系）。

(2) 对研究对象分别应用平衡方程，求解所要求的未知量

对 BCE 杆，由力偶平衡方程

$$\sum M = 0,\quad M - F_C l = 0$$

得

$$F_C = \frac{M}{l}$$

对 ADC 杆，由平面汇交力系的平衡方程

$$\sum F_x = 0,\quad F_A \cos 45^\circ - F'_C = 0$$

由此得出支座 A 的约束力为

$$F_A = \frac{\sqrt{2}M}{l}$$

例题 3-3　在图 3-8(a)所示结构中，A、C、D 三处均为铰链约束。横杆 AB 在 B 处承受集中载荷 $\boldsymbol{F}_P$。结构各部分尺寸均示于图中，已知 $\boldsymbol{F}_P$ 和 l。试求撑杆 CD 的受力以及 A 处的约束力。

解：(1) 选择研究对象

根据 A、B 二处的约束性质，共有 4 个未知约束力，因此，以整体为研究对象，用 3 个独立的平衡方程不足以求解全部约束力。

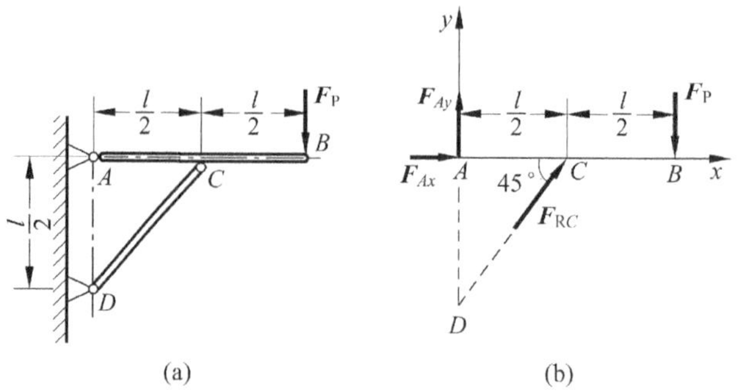

图 3-8 例题 3-3 图

本例所要求的是杆 CD 的受力和 A 处的约束力，若以撑杆 CD 为研究对象，其两端均为铰链约束，中间无其他力作用，故为二力杆。据此，只能确定两端约束力大小相等、方向相反，不能得到所要求的结果。

考虑到横梁 ACB 上既作用有已知载荷，又在 A、C 二处作用有所要求的未知约束力，因此，本例应以横梁 ACB 作为研究对象。

(2) 受力分析

因为 CD 为二力杆，横杆 AB 在 C 处的约束力与撑杆在 C 处的受力互为作用与反作用力，其方向已确定。此外，横杆在 A 处为固定铰支座，可提供一个大小和方向均未知的约束力。于是横杆 AB 承受三个力作用。根据三力平衡条件，用汇交力系平衡方程 $\left(\sum F_x = 0, \sum F_y = 0\right)$，不难确定 A、C 二处的约束力。

为了应用平面力系的平衡方程，现将 A 处的约束力分解为相互垂直的两个分力 $\boldsymbol{F}_{Ax}$ 和 $\boldsymbol{F}_{Ay}$。C 处的约束力 $\boldsymbol{F}_{RC}$ 沿着 CD 杆的方向。于是，横杆的受力如图 3-8(b)所示(注意：约束已经由约束力所代替，故不必画出)。

(3) 对研究对象应用平衡方程，求解所要求的未知量

横梁 ACB 上作用有 $\boldsymbol{F}_P$、$\boldsymbol{F}_{Ax}$、$\boldsymbol{F}_{Ay}$、$\boldsymbol{F}_{RC}$。应用平面力系的 3 个独立平衡方程可以求得全部未知量。

为了避免求解联立方程，应用对 A、C、D 三点的力矩平衡方程，使每个平衡方程只包含一个未知量：

$$\sum M_A(\boldsymbol{F}) = 0$$

$$\sum M_C(\boldsymbol{F}) = 0$$

$$\sum M_D(\boldsymbol{F}) = 0$$

可以写出

$$-F_{P}l+F_{RC}\times\frac{l}{2}\sin45^{\circ}=0$$

$$-F_{Ay}\times\frac{l}{2}-F_{P}\times\frac{l}{2}=0$$

$$-F_{Ax}\times\frac{l}{2}-F_{P}\times l=0$$

因此解得

$F_{RC}=2\sqrt{2}F_{P}$， $F_{Ax}=-2F_{P}$， $F_{Ay}=-F_{P}$(负值表示实际方向与图设方向相反)

(4) 本例讨论

① 怎样校核上述结果的正确性？有兴趣的读者，不妨采用汇交力系平衡方程或平面力系平衡方程其余两种形式验证所得结果是否正确。

② 本例中的 AB 和 CD 杆在 C 处如果不是铰链，而是二者固结形成一个整体，这时 CD 部分还是不是二力杆？

例题 3-4　平面刚架的受力及各部分尺寸如图 3-9(a)所示，所有外力的作用线都位于刚架平面内。A 处为固定端约束。若图中 q、F_P、M、l 等均为已知，试求 A 处的约束力。

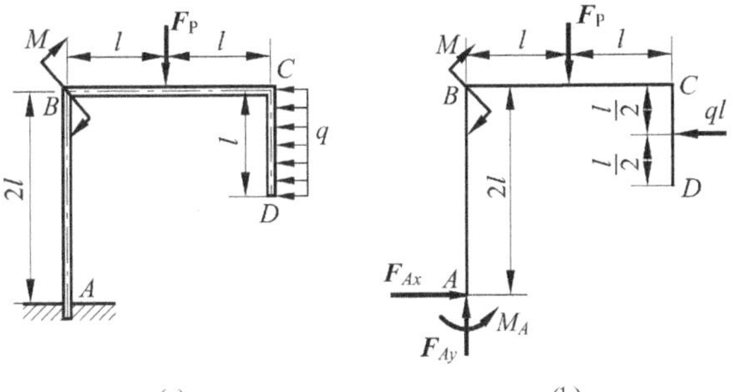

图 3-9　例题 3-4 图

解：(1) 选择研究对象

本例中只有平面刚架 $ABCD$ 一个刚体(折杆)，因而是惟一的研究对象。

(2) 受力分析

刚架 A 处为固定端约束，乂因为是平面受力，故有 3 个同处于刚架平面内的约束力 $\boldsymbol{F}_{Ax}$、$\boldsymbol{F}_{Ay}$ 和 M_A。

刚架的隔离体受力图如图 3-9(b)所示。其中作用在 CD 部分的均布载荷已简化为一集中力 ql 并作用在 CD 杆的中点。

(3) 建立平衡方程,求解未知力

应用平衡方程

$$\sum F_x = 0, \quad \sum F_y = 0, \quad \sum M_A(\boldsymbol{F}) = 0$$

可以写出

$$F_{Ax} - ql = 0$$
$$F_{Ay} - F_P = 0$$
$$M_A - M - F_P l + ql \times \frac{3l}{2} = 0$$

由此解得

$$F_{Ax} = ql, \quad F_{Ay} = F_P, \quad M_A = M + F_P l - \frac{3}{2}ql$$

(4) 本例讨论

为了验证上述结果的正确性,可以将作用在平衡对象上的所有力(包括已经求得的约束力),对任意点(包括刚架上的点和刚架外的点)取矩。若这些力矩的代数和为0,则表示所得结果是正确的,否则就是不正确的。

例题 3-5 塔式起重机(如图3-10所示)的机身总重力的大小 $P_1 = 220\text{kN}$,作用线过塔架的中心,最大起重力的大小 $P_2 = 50\text{kN}$,平衡块重力的大小 $P_3 = 30\text{kN}$,试求满载和空载时轨道 A、B 的约束力,并问此起重机在使用过程中有无翻倒的危险?

解:(1) 选择研究对象

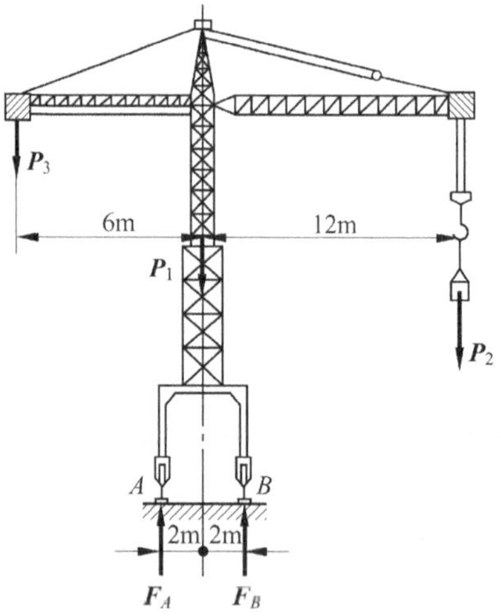

图 3-10 例题 3-5 图

以起重机整体为研究对象，其受力如图 3-10 所示，其中 $\boldsymbol{P}_1$、$\boldsymbol{P}_2$、$\boldsymbol{P}_3$、$\boldsymbol{F}_A$、$\boldsymbol{F}_B$ 组成一平面平行力系。

（2）列出平衡方程

$$\sum M_B(\boldsymbol{F}) = 0,\quad 8P_3 + 2P_1 - 10P_2 - 4F_A = 0$$

$$\sum M_A(\boldsymbol{F}) = 0,\quad 4P_3 + 4F_B - 2P_1 - 14P_2 = 0$$

解得

$$\left.\begin{aligned} F_A &= 2P_3 + 0.5P_1 - 2.5P_2 \\ F_B &= -P_3 + 0.5P_1 + 3.5P_2 \end{aligned}\right\} \tag{a}$$

满载时，$P_2=50\text{kN}$，代入式(a)得

$$F_A = 45\text{kN},\quad F_B = 255\text{kN}$$

空载时，$P_2=0$，代入式(a)得

$$F_A = 170\text{kN},\quad F_B = 80\text{kN}$$

（3）本例讨论

如果要求起重机工作时无翻倒的危险，则要求满载时，起重机不绕点 B 翻倒，此时必须使 $F_A>0$。同理，空载时，起重机也不能绕点 A 翻倒，即要求 $F_B>0$。由上述计算结果可知，满载时 $F_A=45\text{kN}>0$，空载时 $F_B=80\text{kN}>0$，所以，此起重机工作时是安全的。

例题 3-6　一边长为 1m 的正方体上作用有 $\boldsymbol{M}_1$、$\boldsymbol{M}_2$ 两个力偶，如图 3-11(a)所示，若 $M_1=M_2=M$，试求平衡时，1、2 两杆所受的力。

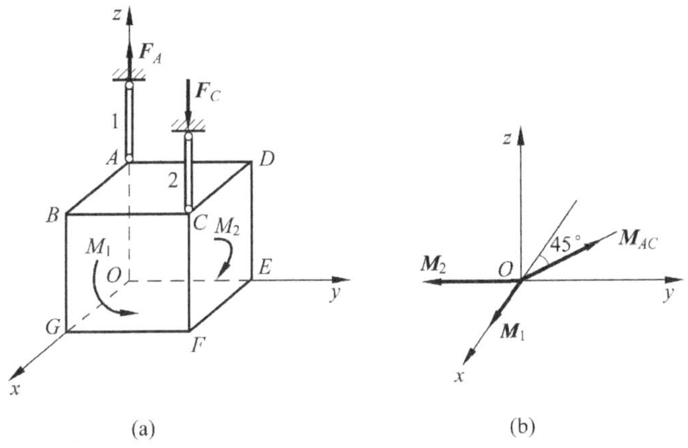

图 3-11　例题 3-6 图

解：(1) 应用力偶平衡的概念

对立方体进行受力分析可知，所给力系为空间力偶系，由力偶系平衡的特点可知，1、2两杆所受力也必构成一力偶，且与$\boldsymbol{M}_1$、$\boldsymbol{M}_2$构成一空间的平衡力偶系。

如图3-11(b)所示，M_1、M_2在xOy平面，故力偶$\boldsymbol{M}_{AC}$也必在此面上，并且力偶$\boldsymbol{M}_{AC}$由约束力$\boldsymbol{F}_A$、$\boldsymbol{F}_C$(等值、反向、平行且不共线)构成。由力偶系的平衡方程可得

$$\sum M_x(\boldsymbol{F}) = 0, \quad M_1 = M_{AC}\sin45^\circ = 0$$

得 $$M_{AC} = \sqrt{2}M_1 = \sqrt{2}M$$

由于 $$F_A\sqrt{2}l = M_{AC}$$

所以有 $$F_A = F_C = \frac{M_{AC}}{\sqrt{2}l} = \frac{M}{l}$$

(2) 本例讨论

由方向可判断出，1杆受拉，2杆受压。若$M_1 \neq M_2$，系统能否平衡？如果要维持系统平衡，需附加什么条件？

例题 3-7 均质等厚矩形板$ABCD$重力的大小为$G=200$N，用球铰A和蝶铰B与固定面连接，并用绳索CE拉住，于水平位置保持平衡，如图3-12(a)所示。已知A、E两点同在一铅直线上，且$\angle ECA=\angle BAC=30^\circ$，试求绳索$CE$、球铰$A$和蝶铰$B$所受力。

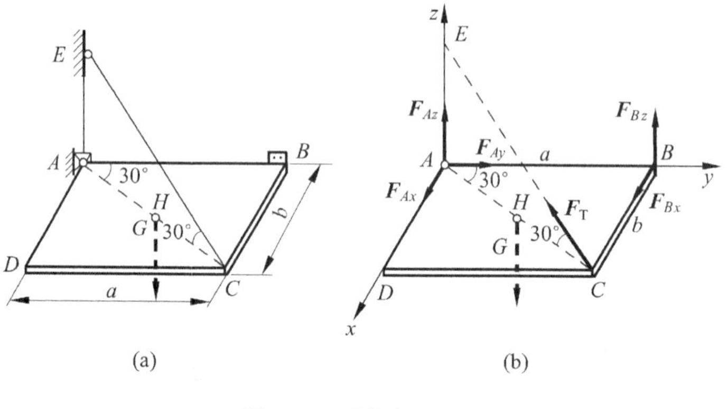

图 3-12 例题 3-7 图

解：(1) 选择研究对象

取矩形板$ABCD$为研究对象。分析受力如图3-12(b)所示，重力$\boldsymbol{G}$，绳索CE的拉力$\boldsymbol{F}_T$，球铰A的约束力为三个相互垂直的分力$\boldsymbol{F}_{Ax}$、$\boldsymbol{F}_{Ay}$、$\boldsymbol{F}_{Az}$，蝶铰

B 的约束力为两个相互垂直的分力 $\boldsymbol{F}_{Bz}$、$\boldsymbol{F}_{By}$；它们组成了一个平衡的空间一般力系。

(2) 建立坐标系，写出平衡方程

建立直角坐标系 $Axyz$ 如图 3-12(b)所示。写出力系对于 x、y、z 轴和 BC 边的力矩平衡方程以及 x、y 轴力的投影平衡方程并求解(设 $AD=BC=b$，$AB=DC=a$)：

$$\sum M_y(\boldsymbol{F})=0,\quad G\frac{b}{2}-F_T\sin30^\circ b=0$$

得
$$F_T=G=200(\text{N})$$

$$\sum M_x(\boldsymbol{F})=0,\quad F_{Bz}a+F_T\sin30^\circ a-G\frac{a}{2}=0$$

得
$$F_{Bz}=0$$

$$\sum M_z(\boldsymbol{F})=0,\quad F_{Bx}a=0$$

得
$$F_{Bx}=0$$

$$\sum M_{BC}(\boldsymbol{F})=0,\quad -F_{Az}a+G\frac{a}{2}=0$$

得
$$F_{Az}=\frac{G}{2}=100(\text{N})$$

$$\sum F_x=0,\quad F_{Ax}-F_T\cos30^\circ\sin30^\circ=0$$

得
$$F_{Ax}=86.6(\text{N})$$

$$\sum F_y=0,\quad F_{Ay}-F_T\cos30^\circ\cos30^\circ=0$$

得
$$F_{Ay}=150(\text{N})$$

3.5 刚体系统平衡问题

3.5.1 静定和超静定的概念

前面几节所讨论的平衡问题中，未知力的个数正好等于独立平衡方程的数目，由平衡方程可以解出全部未知数。这类问题，称为**静定问题**(statically determinate problems)，相应的结构称为**静定结构**(statically determinate structures)。

工程上，为了提高结构的强度和刚度，或者为了满足其他工程要求，常常在静定结构上再附加一个或几个约束，从而使未知约束力的个数大于独立平衡方程的数目。这时，仅仅由静力学平衡方程无法求得全部未知约束力。这类问题称为**静不定问题或超静定问题**(statically indeterminate problems),相应的结构称为**静不定结构**或**超静定结构**(statically indeterminate structures)。

在超静定问题中,未知量的个数 N_r 与独立的平衡方程数目 N_e 之差,称为**超静定次数**(degree of statically indeterminate problem)。与超静定次数对应的约束对于结构保持静定是多余的,因而称为**多余约束**。

超静定次数或多余约束个数用 i 表示,由下式确定:

$$i = N_r - N_e \tag{3-11}$$

关于超静定问题的基本解法将在材料力学中介绍。

3.5.2 刚体系统平衡问题的解法

由两个或两个以上的刚体所组成的系统,称为**刚体系统**(rigid multibody system)。工程中的各类机构或结构,当研究其运动效应时,其中的各个构件或部件均被视为刚体,这时的结构或机构即属于刚体系统。

刚体系统平衡问题的特点是:仅仅考察系统的整体或某个局部(单个刚体或局部刚体系统),不能确定全部未知力。

为了解决刚体系统的平衡问题,需将平衡的概念加以扩展,即系统若整体是平衡的,则组成系统的每一个局部以及每一个刚体也必然是平衡的。

根据这一重要概念,应用平衡方程,可求解刚体系统的平衡问题。下面举例说明。

例题 3-8 图 3-13(a)所示结构由杆 AB 与杆 BC 在 B 处铰接而成。结构 A 处为固定端,C 处为辊轴支座。结构在 DE 段承受均布载荷作用,载荷集度为 q;E 处作用有外加力偶,其力偶矩为 M。若 q、M、l 等均为已知,试求 A、C 二处的约束力。

解:(1) 受力分析,选择研究对象

考察结构整体,在固定端 A 处有 3 个约束力,设为 $\boldsymbol{F}_{Ax}$、$\boldsymbol{F}_{Ay}$ 和 M_A;在辊轴支座 C 处有 1 个竖直方向的约束力 $\boldsymbol{F}_{RC}$。这些约束力称为系统的**外约束力**(external constraint force)。仅仅根据系统整体的 3 个平衡方程,无法确定所要求的 4 个未知约束力。因而,除了系统整体外,还需要其他的平衡对象,为此,必须将系统拆开。

B 处的铰链,是系统内部的约束,称为**内约束**(internal constraint)。

将结构从 B 处拆开,则铰链 B 处的约束力可以用相互垂直的两个分量表示,但作用在两个刚体 AB 和 BC 上同一处 B 的约束力,互为作用力与反作用力。这种约束力称为系统的**内约束力**(internal constraint force)。内约束力

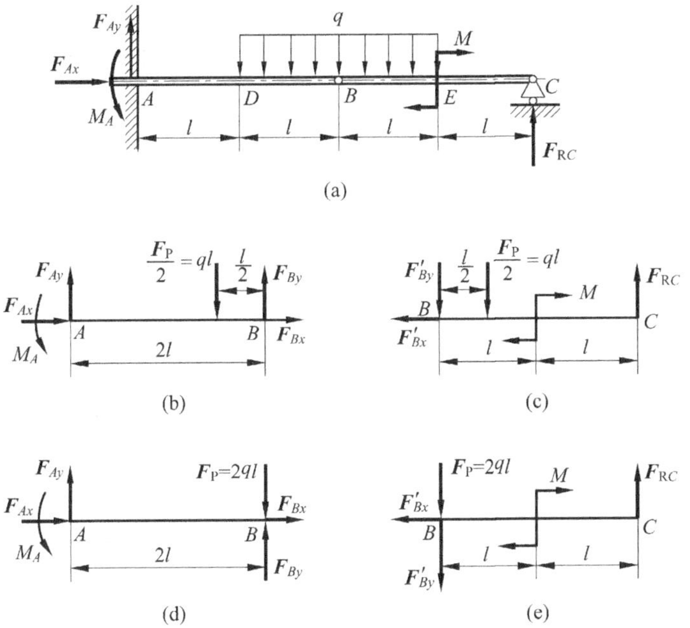

图 3-13　例题 3-8 图

在考察结构整体平衡时并不出现。

因此，系统整体受力如图 3-13(a)所示；刚体 AB 和 BC 的受力如图 3-13(b)和(c)所示。其中 $\frac{F_P}{2}=ql$ 为均布载荷简化的结果。

(2) 考虑整体平衡

根据整体结构的受力图(图 3-13(a))(为了简便起见，当取整体为研究对象时，可以在原图上画受力图)，由平衡方程 $\sum F_x=0$，可以确定 $F_{Ax}=0$。

(3) 考察局部平衡

杆 AB 的 A、B 二处作用有 5 个约束力，其中已求得 $F_{Ax}=0$，尚有 4 个未知，故杆 AB 不宜最先选作研究对象。杆 BC 的 B、C 二处共有 3 个未知约束力，可由 3 个独立平衡方程确定。因此，先以杆 BC 为研究对象(图 3-13(c))，求得其上的约束力后，再应用 B 处两部分约束力互为作用与反作用关系，考察杆 AB 的平衡(图 3-13(b))，即可求得 A 处的约束力。也可以在确定了 C 处的约束力之后再考察整体平衡，求得 A 处的约束力。

先考察杆 BC 的平衡，由

$$\sum M_B(\boldsymbol{F})=0,\quad F_{RC}\times 2l-M-ql\times\frac{l}{2}=0$$

求得
$$F_{RC}=\frac{M}{2l}+\frac{ql}{4} \tag{a}$$

再考察整体平衡，将 DE 段的分布载荷简化为作用于 B 处的集中力，其值为 $2ql$，由平衡方程

$$\sum F_y=0,\quad F_{Ay}-2ql+F_{RC}=0$$
$$\sum M_A(\boldsymbol{F})=0,\quad M_A-2ql\times 2l-M+F_{RC}\times 4l=0$$

将式(a)代入后，解得
$$F_{Ay}=\frac{7}{4}ql-\frac{M}{2l},\quad M_A=3ql^2-M \tag{b}$$

(4) 本例讨论

上述分析过程表明，考察刚体系统的平衡问题，局部研究对象的选择并不是惟一的。正确选择研究对象，取决于正确的受力分析与正确地比较独立的平衡方程数 N_e 和未知量数 N_r。对这一问题，建议读者结合本例自行研究。

此外，本例中，主动力系的简化极为重要，处理不当，容易出错。例如，考察局部平衡时，即系统拆开之前，先将均匀分布载荷简化为一集中力 $\boldsymbol{F}_P$，$F_P=2ql$。系统拆开之后，再将力 $\boldsymbol{F}_P$ 按图 3-13(d)或(e)所示分别加在两部分杆件上。请读者自行分析，图 3-13(d)、3-13(e)中的受力分析错在哪里？

例题 3-9 平面构架如图 3-14(a)所示。已知物块重力 $\boldsymbol{W}$，$DC=CE=AC=CB=2l$，$R=2r=l$。试求支座 A、E 处的约束力及 BD 杆所受力。

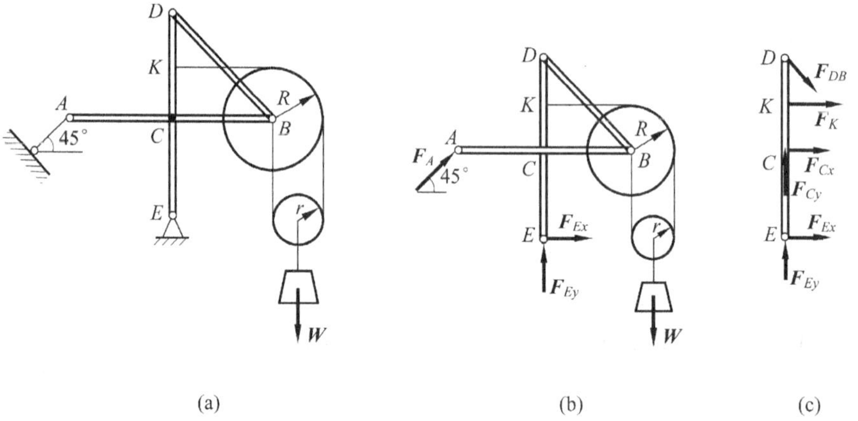

图 3-14 例题 3-9 图

解：(1) 考察整体平衡

先取整体为研究对象，受力如图 3-14(b)所示。写出平衡方程：

$$\sum M_E(\boldsymbol{F}) = 0, \quad -2\sqrt{2}lF_A - \frac{5}{2}lW = 0$$

$$\sum F_x = 0, \quad F_A\cos45° + F_{Ex} = 0$$

$$\sum F_y = 0, \quad F_A\sin45° + F_{Ey} - W = 0$$

由此解得

$$F_A = -\frac{5\sqrt{2}}{8}W$$

$$F_{Ex} = \frac{5}{8}W$$

$$F_{Ey} = \frac{13}{8}W$$

(2) 考察局部平衡

取杆 DE 为研究对象，其受力如图 3-14(c)所示。列出平衡方程：

$$\sum M_C(\boldsymbol{F}) = 0, -F_{DB}\cos45° \times 2l - F_K l + F_{Ex} \times 2l = 0$$

其中

$$F_K = \frac{W}{2}, \quad F_{Ex} = \frac{5}{8}W$$

代入上式，解得

$$F_{DB} = \frac{3\sqrt{2}}{8}W$$

3.6　平面静定桁架的静力分析

3.6.1　工程结构中的桁架

平面静定桁架的静力分析是桁架设计的基本程序之一。关于桁架的静力学分析，在“结构力学”课程中有专门而且更为详尽的论述，本书着重讨论桁架的力学模型以及应用刚体系统平衡问题的基本解法进行其静力学分析。

桁架是一种常见的工程结构，特别是大跨度建筑物或大型机械中，诸如房屋、铁路桥梁、油田井架、起重设备、飞机结构、雷达天线、导弹发射架、输电线路铁塔以及某些电视发射塔等均属于桁架结构。图 3-15 与图 3-16 所示分别为屋顶桁架和桥梁桁架。

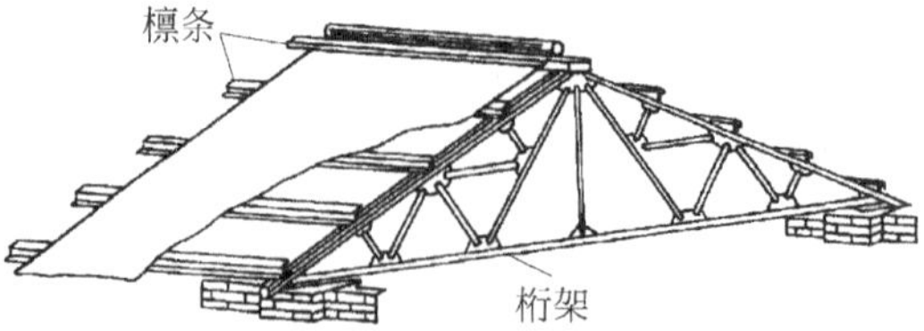

图 3-15 钢结构的屋顶桁架

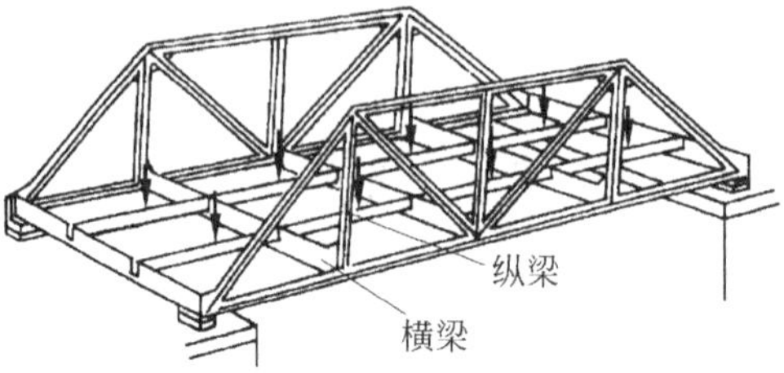

图 3-16 钢结构的桥梁桁架

桁架是由若干直杆在两端按一定的方式连接所组成的工程结构。

若组成桁架的所有杆件均处在同一平面内，且载荷作用在相同的平面内，则称为**平面桁架**(plane truss)。

如果这些杆件不在同一平面内，或者载荷不作用在桁架所在的平面内，则称为**空间桁架**(space truss)。

某些具有对称平面的空间结构，当载荷均作用在对称面内时，对称面两侧的结构也可以视为平面桁架加以分析。图 3-15 所示为房屋结构中的平面桁架；图 3-16 所示则为桥梁结构中的空间桁架，当载荷作用在对称面内时，可视为平面桁架。

工程中桁架结构的设计涉及结构形式的选择、杆件几何尺寸的确定以及材料的选用等。所有这些，都与桁架杆件的受力有关。本章主要研究简单的平面静定桁架杆件的受力分析。若将组成桁架的杆件视为弹性体，则这种分析又可称为桁架杆件的内力分析。

3.6.2 桁架的力学模型

桁架中各杆连接处的实际结构比较复杂，需要加以简化，才能进行受力或内力分析。

1. 杆件连接处的简化模型

桁架杆件端连接方式一般有铆接(图 3-17(a))、焊接(图 3-17(b))或螺栓连接等,即将有关的杆件连接在一角撑板上。或者简单地在相关杆件端部用螺栓直接连接(图 3-17(c))。

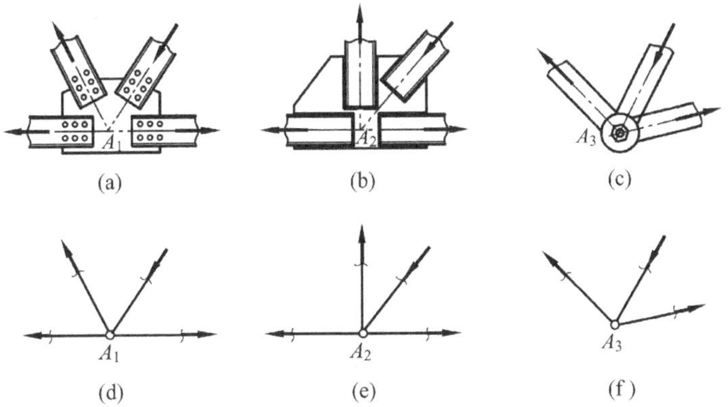

图 3-17 桁架节点及其简化模型

实际上,桁架杆件端部并不能完全自由转动,因此每根杆的杆端均作用有约束力偶。这将使桁架分析过程复杂化。

理论分析和实测结果表明,如果连接处的角撑板刚度不大,而且各杆轴线又汇交于一点(见图 3-17 中的点 A_1、A_2、A_3),则连接处的约束力偶很小。这时,可以将连接处的约束简化为光滑铰链(图 3-17(d)、(e)、(f)),从而使分析和计算过程大大简化。当要求更加精确地分析桁架杆件的内力时,才需要考虑杆端约束力偶的影响。这时,桁架将不再是静定的,而变为超静定的。但是,如果采用计算机分析,这类问题也不难解决。

2. 节点与非节点载荷的简化模型

理想桁架模型要求载荷都必须作用在节点上,这一要求对于某些屋顶和桥梁结构是能够满足的。图 3-15 所示屋顶的载荷通过檩条(梁)作用在桁架节点上;图 3-16 所示桥板上的载荷先施加于纵梁上,然后再通过纵梁对横梁的作用,由后者施加在两侧桁架上。这两种桁架简化模型分别如图 3-18、图 3-19 所示。

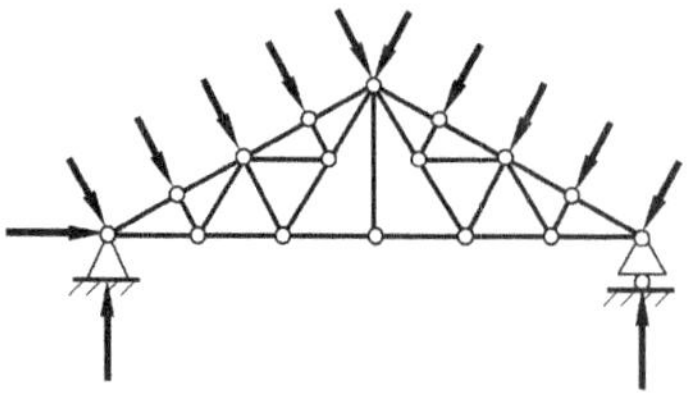

图 3-18 屋顶桁架的力学模型

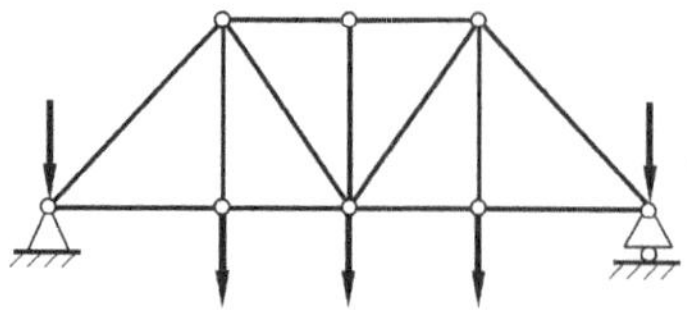

图 3-19 桥梁桁架的力学模型

对于载荷不直接作用在节点上的情形(图 3-20),可以对承载杆作受力分析,确定杆端受力,再将其作为等效节点载荷施加于节点上。

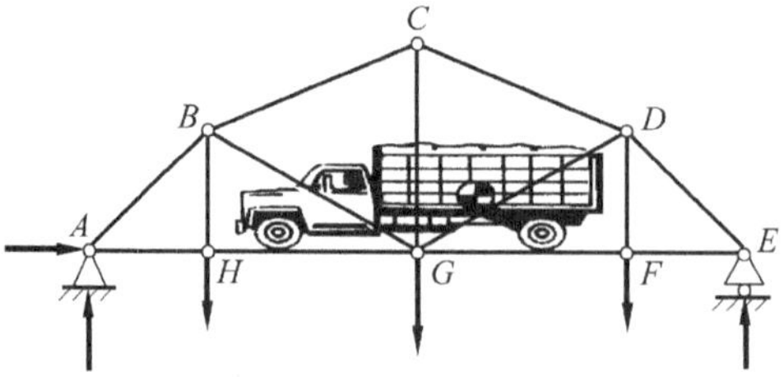

图 3-20 载荷不直接作用在节点上的桁架

此外,对于桁架杆件自重,一般情形下由于其引起的杆件受力要比载荷引起的小得多,因而可以忽略不计。在特殊情形下,亦可采用非节点载荷的简化方法。

根据上述简化模型,桁架所有杆件都是二力构件,或者二力杆,即桁架杆件内力或者为**拉力**(tensile force),或者为**压力**(compressive force),如图 3-21(a)、(b)所示。

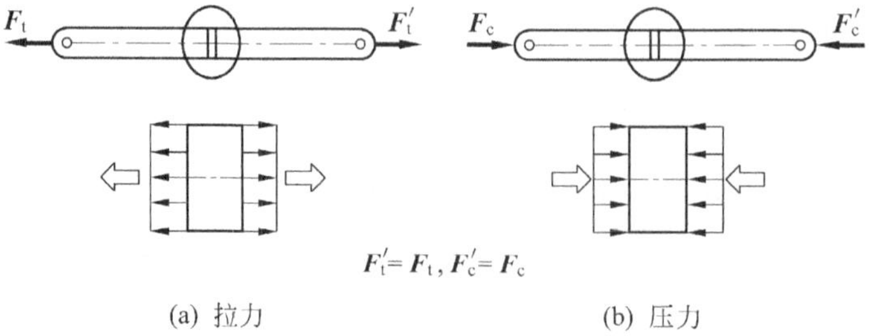

图 3-21 桁架杆件的受力或内力分析

3.6.3 桁架静力分析的两种方法

若桁架处于平衡,则它的任何一局部,包括节点、杆,以及用假想截面截出的任意局部都必须是平衡的。据此,产生分析桁架内力的“节点法”和“截面法”。

1. 节点法(method of joints, or pins)

以节点为研究对象,逐个考察其受力与平衡,从而求得全部杆件的受力的方法称为节点法。由于作用在节点上各力的作用线汇交于一点,故为平面汇交力系。因此,每个节点只有两个独立的平衡方程。通过求解平衡方程,可以求得所有杆的内力。

2. 截面法(method of sections)

用假想截面将桁架截开,考察其中任一部分平衡,应用平衡方程,可以求出被截杆件的内力,这种方法称为**截面法**。截面法对于只需要确定部分杆件内力的情形,显得更加简便。

例题 3-10 平面桁架受力如图 3-22(a)所示。若尺寸 d 和载荷 $\boldsymbol{F}_{\mathrm{P}}$ 均为已知,试求各杆的受力。

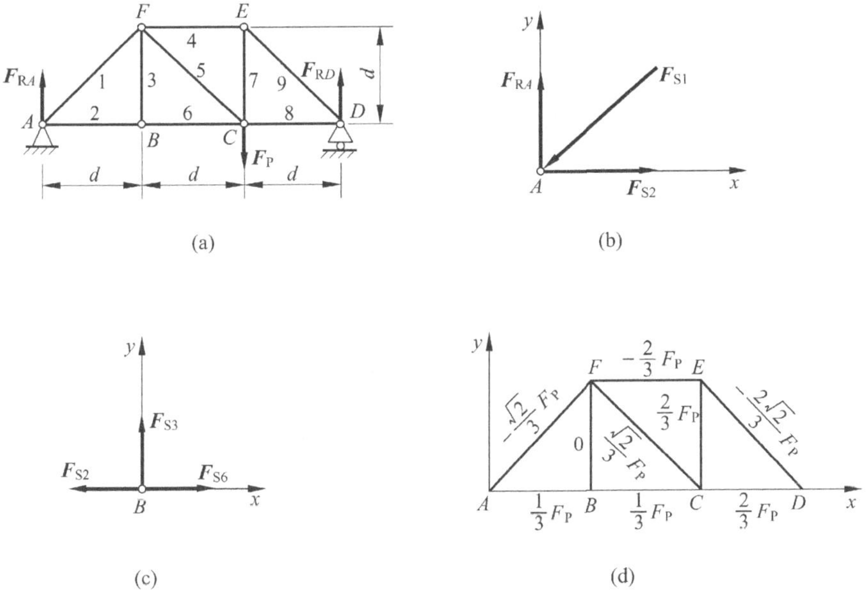

图 3-22 例题 3-10 图

解：首先考察整体平衡，求出支座 A、D 二处的约束力。桁架整体受力如图 3-22(a)所示。根据整体平衡，由平衡方程

$$\sum M_D(\boldsymbol{F}) = 0, \quad \sum F_y = 0$$

求得

$$F_{RA} = \frac{1}{3}F_P, \quad F_{RD} = \frac{2}{3}F_P$$

再以节点 A 为研究对象，其受力如图 3-22(b)所示。由平衡方程

$$\sum F_y = 0, \quad \sum F_x = 0$$

解得

$$F_{S1} = \frac{\sqrt{2}}{3}F_P(\text{压}), \quad F_{S2} = \frac{1}{3}F_P(\text{拉})$$

考察节点 B 的平衡，其受力图如图 3-22(c)所示。由平衡方程：$\sum F_y=0$，得到

$$F_{S3} = 0$$

这表明，杆 3 的内力为 0。工程上将桁架中不受力的杆称为**零力杆**或**零杆**(zero-force member)。

以下可继续从左向右，也可从右向左，或者二者同时进行，考察有关节点的平衡，求出各杆内力。现将最后计算结果标注于图 3-22(d)中。其中，"+"表示受拉(拉杆)；"−"表示受压(压杆)；"0"表示零杆。

本例讨论：读者可以注意到，本例所考察的节点是从 A 或 B 开始的，那么能否从考察节点 C 开始呢？这个问题留给读者去思考，并从中归纳出"节点法"的要点。

例题 3-11 试用截面法求例题 3-10 中杆 4、5、6 的内力。

解：首先用图 3-23 所示的假想截面将桁架截为两部分，假设截开的所有杆件均受拉力。考察左边部分的受力与平衡。写出平面力系的 3 个平衡方程，有

$$\sum M_F(\boldsymbol{F}) = 0, \quad F_{RA}d - F_{S6}d = 0$$

$$\sum M_C(\boldsymbol{F}) = 0, \quad F_{RA} \times 2d + F_{S4}d = 0$$

$$\sum F_y = 0, \quad F_{RA} - F_{S5} \times \frac{\sqrt{2}}{2} = 0$$

由此解得

$$F_{S6} = F_{RA} = \frac{1}{3}F_P(\text{拉}), \quad F_{S4} = -2F_{RA} = -\frac{2}{3}F_P(\text{压}), \quad F_{S5} = \frac{\sqrt{2}}{3}F_P(\text{拉})$$

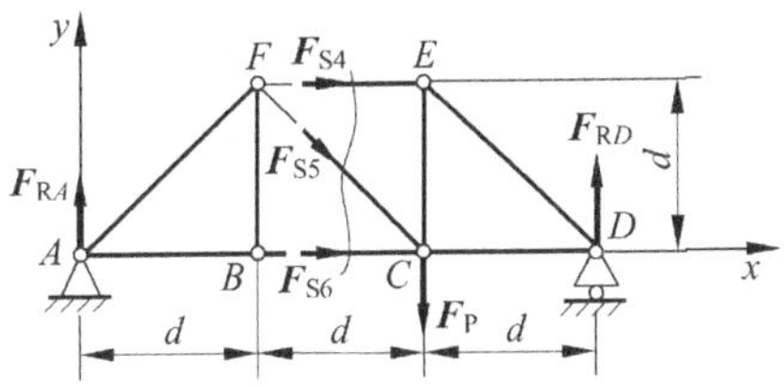

图 3-23　例题 3-11 图

3.7　考虑摩擦时的平衡问题

关于摩擦问题，本书主要讨论工程中常见的一类摩擦——干摩擦。重点是根据库仑定律，分析具有滑动摩擦或滚动阻碍时的平衡问题。

3.7.1　工程中的摩擦问题

在此之前所涉及的平衡问题，均没有考虑摩擦力，这实际上是一种简化。这种简化，对于那些摩擦力较小(接触面光滑或有润滑剂)的情形，是合理的。

工程中有一类问题，摩擦力不能忽略。例如车辆的制动、螺旋连接与锁紧装置、楔紧装置、缆索滑轮传动系统等。这类平衡问题统称为摩擦平衡问题。

相互接触的物体或介质在相对运动(包括滑动与滚动)或有相对运动趋势的情形下，接触表面(或层)会产生阻碍运动趋势的机械作用，这种现象称为**摩擦**(friction)，相应的阻碍运动的力称为**摩擦力**(friction force)。

本书只讨论考虑摩擦时的平衡问题。

3.7.2　滑动摩擦力　库仑定律

考察质量为 m 静止地置于水平面上的物块，设接触面为**非光滑面**(rough contacting surface)。现在物块上施加水平力 $\boldsymbol{F}_P$，如图 3-24(a)所示，并令其自 0 开始逐渐增大，物块的受力图如图 3-24(b)所示。因为是非光滑面接触，所以作用在物块上的约束力除**法向力**(normal force)$\boldsymbol{F}_N$ 外，还有**切向力**(tangential force)$\boldsymbol{F}$，此即摩擦力。

当 $F_P=0$ 时，由于二者无相对滑动趋势，故静滑动摩擦力 $F=0$。当 F_P 增加时，静摩擦力 F 随之增加，物块仍然保持静止，这一阶段始终有 $F=F_P$。当 F_P 增加到某一临界值时，摩擦力达到最大值，$F=F_{max}$(即 $F_{S\,max}$，因为主要研究静滑动摩擦，故简记为 F_{max})，物块开始沿力 $\boldsymbol{F}_P$ 方向滑动。与此同时，F_{max}突变至动滑动摩擦力 $\boldsymbol{F}_d$(即 $F_{d\,max}$略低于 F_{max})。此后，F_P 值若再增加，则

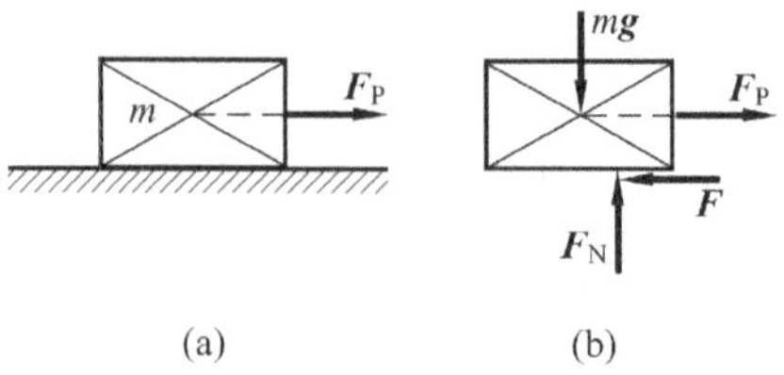

图 3-24 非光滑面约束及其约束力

F 基本上保持为常值。若速度更高，则 F_d 值下降。上述过程中 F_P-F 关系曲线如图 3-25 所示。

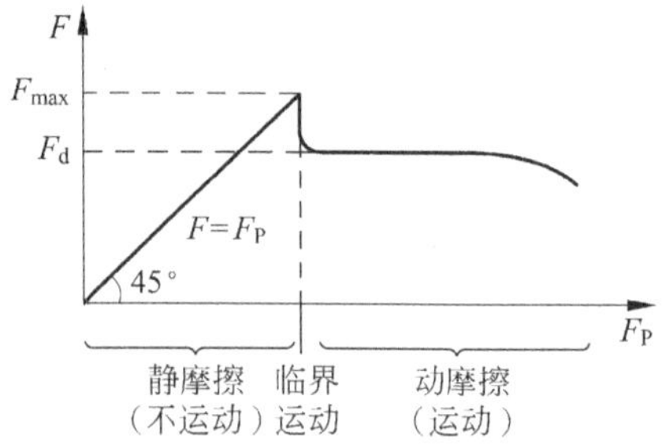

图 3-25 滑动摩擦力随外力增加而变化

F_{max}称为**最大静摩擦力**(maximum static friction force)，其方向与相对滑动趋势的方向相反，其大小与正压力成正比，而与接触面积的大小无关，即

$$F_{max} = f_s F_N \tag{3-12}$$

这一关系称为**库仑摩擦定律**(Coulomb law of friction)，式中，f_s 称为**静摩擦因数**(static friction factor)；F_N 为法向约束力。

静摩擦因数 f_s 主要与材料和接触面的粗糙程度有关，可以在机械工程手册中查到，但由于影响静摩擦因数的因素比较复杂，所以如需较准确的 f_s 数值，则应由实验测定。

上述分析过程表明，通常所讲的静摩擦力并不是定值，而是有一定的取值范围，其数值介于 0 与最大静摩擦力之间，即

$$0 \leqslant F \leqslant F_{max} \tag{3-13}$$

上述分析过程还表明，静滑动摩擦力也是一种约束力。静滑动摩擦力与法向约束力 $\boldsymbol{F}_N$ 组成非光滑接触面的总约束力。

动滑动摩擦力，简称**动摩擦力**(dynamic friction force)，其方向与两接触面的相对速度方向相反，其大小与正压力成正比，即

$$F_d = fF_N \tag{3-14}$$

式中，f 称为动滑动摩擦因数，简称**动摩擦因数**(dynamic friction factor)。根据经典摩擦理论，f 与 f_s 均只与接触物体的材料和表面粗糙程度有关。

3.7.3　摩擦角与自锁现象

1. 摩擦角(angle of friction)

考察图 3-26 所示的物块受力，当 $F_P < F_{P\max}$ 时，静滑动摩擦力与法向约束力的合力

$$\boldsymbol{F}_N + \boldsymbol{F} = \boldsymbol{F}_R \tag{3-15}$$

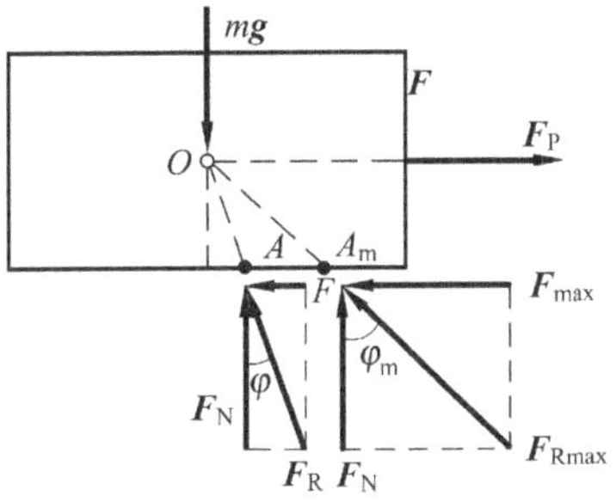

图 3-26　摩擦角的形成

称为总约束力或全反作用力，简称为全反力。这时$\angle\varphi = \angle(\boldsymbol{F}_N, \boldsymbol{F}_R)$。由于法向约束力 $\boldsymbol{F}_N = -m\boldsymbol{g}$，其值为常量，故全反力 $\boldsymbol{F}_R$ 与角度 φ 将随着静摩擦力 $\boldsymbol{F}$ 的增大而增大，同时由于三力($\boldsymbol{F}_P$、$m\boldsymbol{g}$、$\boldsymbol{F}_R$)应汇交于点 O，因而随着静摩擦力的增加，全反力 $\boldsymbol{F}_R$ 的作用点 A 将向右移动。当 $\boldsymbol{F} = \boldsymbol{F}_{\max}$ 时，$\boldsymbol{F}_R = \boldsymbol{F}_{R\max}$，点 A 移至点 A_m。这时角度 $\varphi = \varphi_m$，称为**摩擦角**。一般情形下

$$0 \leqslant \varphi \leqslant \varphi_m \tag{3-16}$$

这一关系式表明了全反力 $\boldsymbol{F}_R$ 在平面内的作用范围，式(3-13)为静滑动摩擦力的取值范围的解析表达式；式(3-16)则是几何表达式。因而，二者等价。

当 $\boldsymbol{F} = \boldsymbol{F}_{\max}$ 时，得到静摩擦因数与摩擦角的关系式，即

$$\tan\varphi_m = \frac{F_{\max}}{F_N} = f_s$$

据此，有

$$\varphi_m = \arctan f_s \tag{3-17}$$

这表明，摩擦角的正切等于静摩擦因数。因此，φ_m 与 f_s 都是表示两物体间干摩擦性质的物理量。

如果将作用线过点 O 的主动力 $\boldsymbol{F}_P$ 在水平面内连续改变方向，则全反力

$\boldsymbol{F}_R$ 的方向也随之改变。假设两物体接触面沿任意方向的静摩擦因数均相同，这样，在两物体处于临界平衡状态时，全反力 $\boldsymbol{F}_R$ 的作用线将在空间组成一个顶角为 $2\varphi_m$ 的正圆锥面。这一圆锥面称为**摩擦锥**(cone of static friction)(图 3-27)。摩擦锥是全反力 $\boldsymbol{F}_R$ 在三维空间内的作用范围。

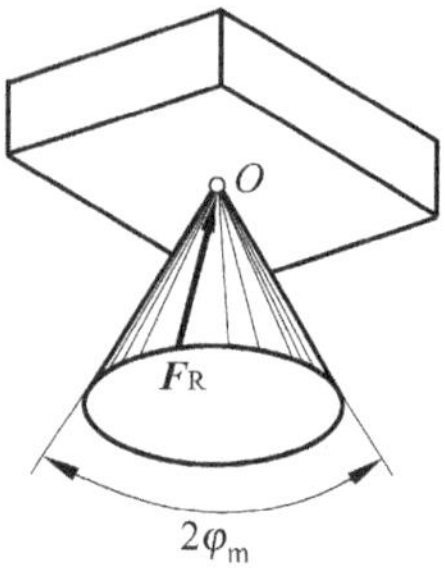

图 3-27　摩擦锥的形成

2. 自锁

考察图 3-28 中所示物块，当存在摩擦力时其运动与平衡的可能性。设主动力合力 $\boldsymbol{F}_Q=m\boldsymbol{g}+\boldsymbol{F}_P$，其中 $\boldsymbol{F}_P$ 为物块受到的推力。采用几何法不难证明，当 $\boldsymbol{F}_Q$ 的作用线与接触面法线矢量 $\boldsymbol{n}$ 的夹角 α 取不同值时，物块将存在三种可能运动状态。

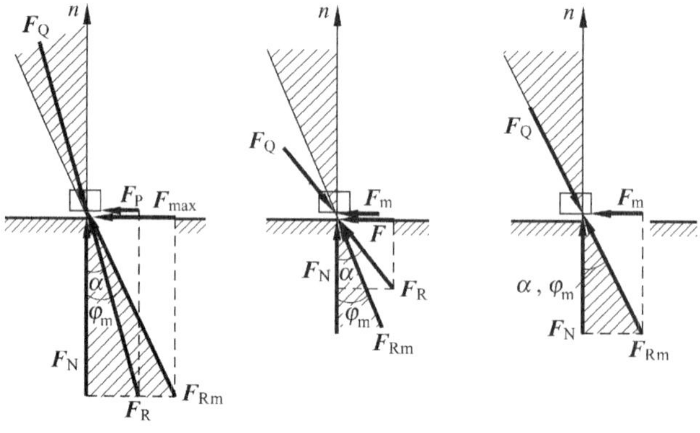

(a) $\alpha<\varphi_m$　(b) $\alpha>\varphi_m$　(c) $\alpha=\varphi_m$

图 3-28　自锁现象的力学分析

$\alpha<\varphi_m$ 时，物块保持静止(图 3-28(a))。

$\alpha>\varphi_m$ 时，物块发生运动(图 3-28(b))。

$\alpha=\varphi_m$ 时，物块处于平衡与运动的临界状态(图 3-28(c))。

读者不难看出，在以上的分析中，只涉及了主动力合力 $\boldsymbol{F}_Q$ 的作用线方向，而与其大小无关。

这表明，当主动力合力的作用线处于摩擦角（或锥）的范围以内时，无论主动力有多大，物体一定保持平衡。这种力学现象称为**自锁**（self-lock）。反之，当主动力合力的作用线处于摩擦角（或锥）的范围以外时，无论主动力有多小，物体一定不能保持平衡。这种力学现象称为不自锁。

注意：在滑动摩擦力已达到最大值的所有问题中，都存在自锁（或不自锁）问题。

如图 3-29 所示，对于存在摩擦力的物块-斜面系统，在斜面坡度小到一定程度后，物块总能在主动力 $\boldsymbol{F}_Q$ 与全反力 $\boldsymbol{F}_R$ 二力作用下保持平衡；而在坡度增大到一定程度后，则得到相反结果。读者应用几何法，不难得出自锁时斜面倾角 α 必须满足

$$\alpha \leqslant \varphi_m \tag{3-18}$$

这一关系式称为斜面-物块系统的自锁条件。

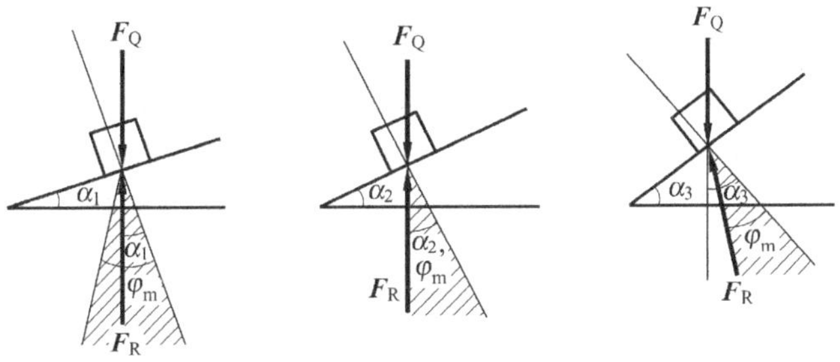

(a) $\alpha < \varphi_m$　(b) $\alpha = \varphi_m$　(c) $\alpha > \varphi_m$

图 3-29　变化的斜面倾角 α 与摩擦角 φ_m 的关系

3. 螺旋器械的自锁条件

螺旋器械实际上是由斜面-物块系统演变而成的。以图 3-30(a)所示的螺旋夹紧器为例，其支架上的阴螺纹在平面上展开后，即为一斜面。具有阳螺纹的螺杆，即可视为物块，如图 3-30(b)所示。工程上对这种器械的要求是：当作用在螺杆上使其上升的主动力矩撤去时，螺杆必须保持静止，使所举重物能够停留在此时的高度上，而不致反向转动使重物下降，这就是自锁要求。为此，要求螺纹的螺旋角 α 必须满足自锁条件式(3-18)，于是有

$$\alpha = \arctan \frac{l}{2\pi r} \leqslant \varphi_m \tag{3-19}$$

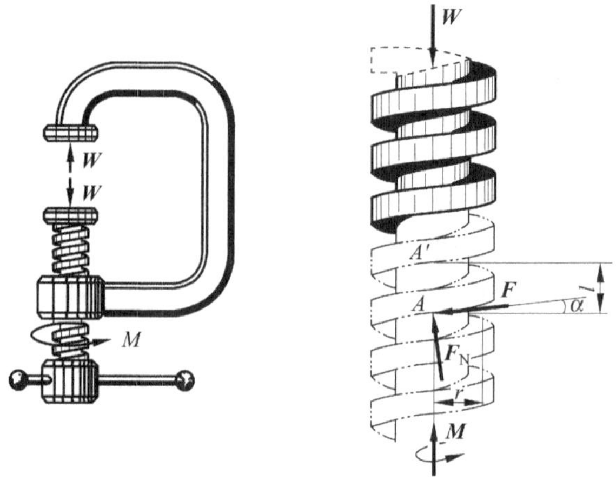

(a) (b)

图 3-30 螺旋器械及其简化模型

4. 楔块与尖劈的自锁条件

楔块与**尖劈**(wedges)也是一种类似斜面-物块系统的简单器械,可以用于将较小的主动力 $\boldsymbol{F}_P$ 变为更大的力 $\boldsymbol{F}_Q$,同时改变力的方向(图 3-31(a));可以通过它输出较小的位移,以调整重载荷 $\boldsymbol{W}_1$、$\boldsymbol{W}_2$、$\boldsymbol{W}_3$ 的位置(图 3-31(b));还可以用于连接两个有孔的零件(图 3-31(c))。此外,桩和钉子的尖端也大都作成楔块或尖劈状。

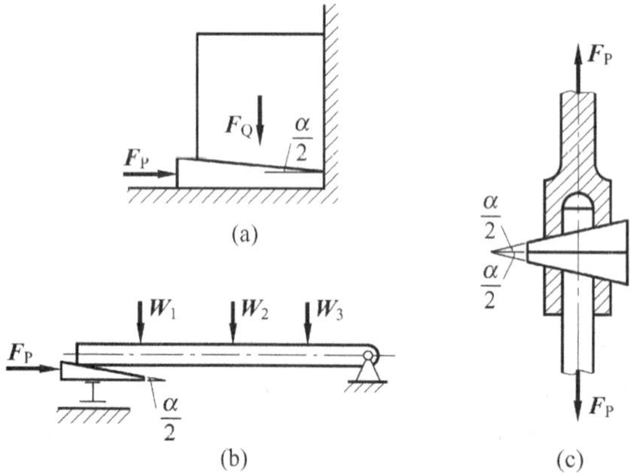

图 3-31 楔块与尖劈及其应用

楔块被楔入两物体后,要求当外加力除去时楔块不被挤压出来,亦即要求自锁。图 3-32(a)所示为楔块受力的一般情形,其上两个侧面受有分布的法向约束力和摩擦力，全反力为 $\boldsymbol{F}_R$。临界状态下，两侧的全反力构成二力平衡，即楔块为二力构件。根据图中几何关系，得到自锁条件为

$$\alpha \leqslant 2\varphi_m \tag{3-20}$$

显然，当 $\alpha > 2\varphi_m$ 时(图 3-32(b))，楔块将不能保持平衡，在施加于其上的主动力除去后，楔块将从被楔入的物体中退出，或者根本无法楔入。

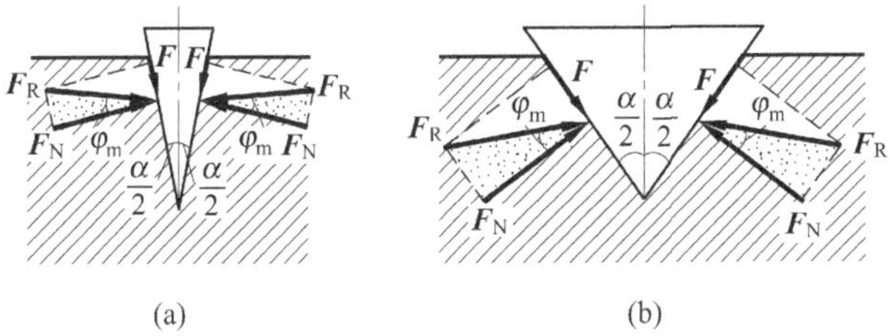

图 3-32　楔块与尖劈的自锁

3.7.4　考虑滑动摩擦时的平衡问题

与无摩擦平衡问题相似，求解摩擦平衡问题，依然是从受力分析入手，画出研究对象的受力图，然后根据力系的特点建立平衡方程，并与式(3-12)和式(3-13)联立求解所要求的未知量。

例题 3-12　图 3-33(a)所示梯子 AB 一端靠在铅垂的墙壁上，另一端搁置在水平地面上。假设梯子与墙壁间为光滑约束，而梯子与地面之间存在摩擦。已知：摩擦因数为 f_s，梯子长度 $AB=l$，梯子重力为 $\boldsymbol{W}$。求：①若梯子在倾角 α_1 的位置保持平衡，求梯子与地面之间的摩擦力 $\boldsymbol{F}_A$ 和其余约束力；②为使梯子不致滑倒，求倾角 α 的取值范围。

解：为简化计算，梯子可视为均质杆。

(1) 梯子在倾角 α_1 的位置保持平衡时的摩擦力和约束力

这种情形下，梯子的受力如图 3-33(b)所示，其中 $\boldsymbol{F}_{NA}$ 和 $\boldsymbol{F}_{NB}$ 分别为 A、B 二处的法向约束力；$\boldsymbol{F}_A$ 为摩擦力，其方向是假设的。于是可列出平衡方程

$$\sum M_A(\boldsymbol{F}) = 0,\quad W \times \frac{l}{2}\cos\alpha_1 - F_{NB} \cdot l\sin\alpha_1 = 0$$

$$\sum F_y = 0,\quad F_{NA} - W = 0$$

$$\sum F_x = 0,\quad F_A + F_{NB} = 0$$

据此解得

$$F_{NB} = \frac{W\cos\alpha_1}{2\sin\alpha_1} \tag{a}$$

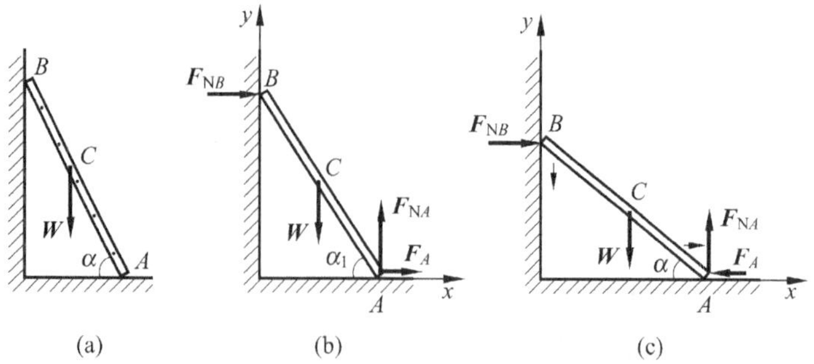

图 3-33 例题 3-12 图

$$F_{NA} = W \tag{b}$$

$$F_A = -\frac{W}{2}\cot\alpha_1 \tag{c}$$

与前面求约束力相类似，$F_A<0$ 表明图 3-33(b)中所设的 $\boldsymbol{F}_A$ 方向与实际方向相反。

(2) 梯子不滑倒，倾角 α 的取值范围

这种情形下，可以根据梯子在地面上的滑动趋势，确定摩擦力的方向。梯子的受力如图 3-33(c)所示，于是平衡方程和物理条件分别为

$$\sum M_A(\boldsymbol{F}) = 0,\quad W \times \frac{l}{2}\cos\alpha - F_{NB}\cdot l\sin\alpha = 0 \tag{d}$$

$$\sum F_y = 0,\quad F_{NA} - W = 0 \tag{e}$$

$$\sum F_x = 0,\quad F_A - F_{NB} = 0 \tag{f}$$

$$F_A = f_s F_{NA} \tag{g}$$

据此不仅可以解出 A、B 二处的约束力，而且可以确定保持平衡时梯子的临界倾角

$$\alpha = \operatorname{arccot}(2f_s) \tag{h}$$

由常识可知，α 越大，梯子越容易保持平衡，故平衡时梯子对地面的倾角范围为

$$\alpha \geqslant \operatorname{arccot}(2f_s) \tag{i}$$

例题 3-13 在图 3-34(a)所示结构中，已知：B 处光滑，杆 AC 与墙壁间的静摩擦因数 $f_s=1$，$\theta=60°$，$BC=2AB$，杆重不计。试问在垂直于杆 AC 的力 $\boldsymbol{F}$ 作用下，杆能否平衡？为什么？

解：本例已知静摩擦因数以及外加力方向，求保持静止的条件，因此需用

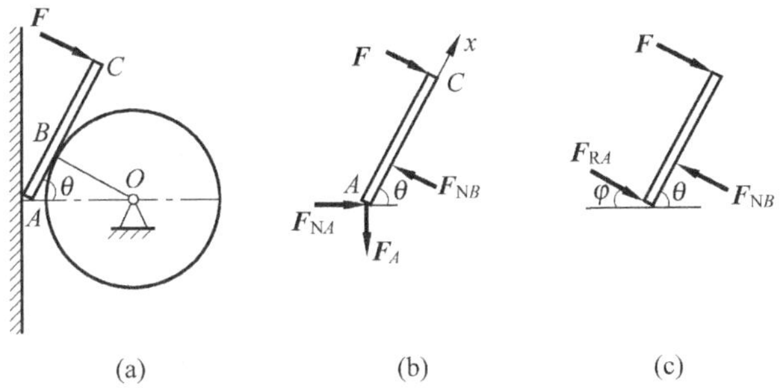

图 3-34 例题 3-13 图

平衡方程与物理条件联合求解，现用解析法与几何法分别求解。

(1) 解析法

以杆 AC 为研究对象，其受力图如图 3-34(b)所示。注意到杆在 A 处有摩擦，B 处光滑。应用平面力系平衡方程和 A 处摩擦力的物理条件，有

$$\sum F_x = 0,\quad F_{NA}\cos60^\circ - F_A\sin60^\circ = 0 \tag{a}$$

$$F_A \leqslant f_s F_{NA} \tag{b}$$

由式(a)得

$$\frac{F_A}{F_{NA}} = \frac{\cos60^\circ}{\sin60^\circ} = \cot60^\circ = 0.577 \tag{c}$$

由式(b)得

$$\frac{F_A}{F_{NA}} \leqslant f_s = 1 \tag{d}$$

比较式(c)和(d)，满足平衡条件，所以系统平衡。

(2) 几何法

因为杆 AC 在 C、B 两处的约束力均垂直于杆，杆若平衡，A 处的全反力 $\boldsymbol{F}_{RA}$必与杆垂直(图 3-34(c))，其中 $\boldsymbol{F}_{RA}=\boldsymbol{F}_A+\boldsymbol{F}_{NA}$。由于 $\boldsymbol{F}_{RA}$与 $\boldsymbol{F}_{NA}$的夹角 $\varphi=30^\circ$，而 A 处的摩擦角为

$$\varphi_m = \arctan f_s = \arctan 1 = 45^\circ$$

由此可得

$$\varphi < \varphi_m$$

满足自锁条件，所以系统平衡。

例题 3-14 一棱柱体重力的大小 $W=480\text{N}$，置于水平面上，接触面间的摩擦因数 $f=\frac{1}{3}$，棱柱体上作用有力 $\boldsymbol{F}_P$ 如图 3-35 所示。若 $\boldsymbol{F}_P$ 逐渐增加，问

棱柱体是先滑动还是先翻倒？并求出使其运动的最小值 F_{Pmin}。

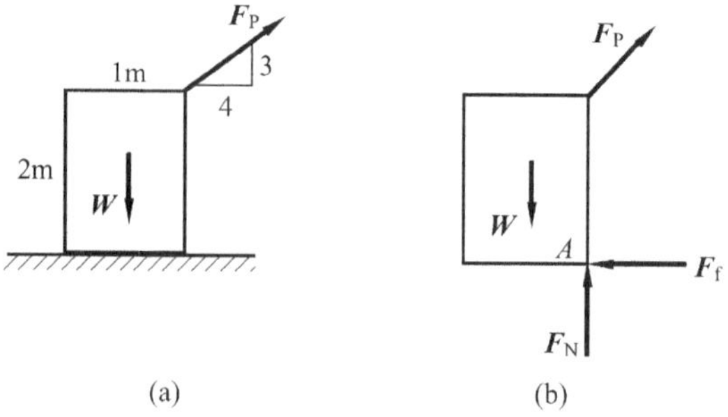

图 3-35　例题 3-14 图

解：本题属于判断存在摩擦时物体是否翻倒的问题，可首先假定处于翻倒的临界状态，然后根据结果进行分析。

取棱柱体为研究对象，当棱柱体处于刚要翻倒的临界状态，其受力如图 3-35(b)所示。列出平衡方程有

$$\sum M_A(\boldsymbol{F}) = 0,\quad \frac{1}{2}W - 2\times\frac{4}{5}F_P = 0$$

$$\sum F_y = 0,\quad -W + F_N + \frac{3}{5}F_P = 0$$

$$\sum F_x = 0,\quad \frac{4}{5}F_P - F_f = 0$$

所以得到

$$F_P = \frac{5}{16}W = 150(\mathrm{N})$$

$$F_f = \frac{4}{5}F_P = 120(\mathrm{N})$$

$$F_N = W - \frac{3}{5}F_P = 390(\mathrm{N})$$

而

$$F_{max} = F_N f = \frac{1}{3}\times 390 = 130(\mathrm{N})$$

因为，$F_f < F_{max}$，所以棱柱体不会滑动，而是先翻倒，并且 $F_{Pmin} = 150(\mathrm{N})$。

3.7.5　滚动阻碍

用滚动代替滑动，可以明显地提高效率，因而被广泛地采用。搬运沉重的物体，可在重物下安放一些小滚子(图 3-36(a))；轴在轴承中转动，用滚动轴承要比滑动轴承好(图 3-36(b))等。阻碍轮子滚动的机械作用是什么？滚动

代替滑动为什么会省力？要解决这一问题，就需要建立滚动时轮子与路轨之间约束的合理力学模型。

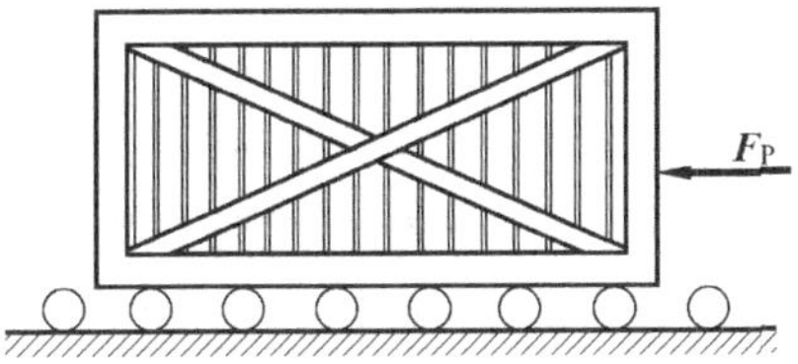

(a) 用滚子搬运重物

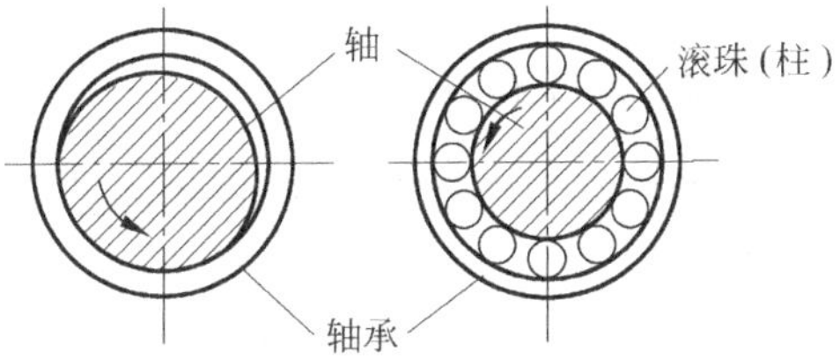

(b) 滑动轴承与滚动轴承

图 3-36　滚动代替滑动的实例

1. 绝对刚性约束模型的局限性

考察置于路轨(或地面)上的轮子，如图 3-37 所示，轮重力为 $\boldsymbol{W}$。如将轮子与路轨之间约束视为绝对刚性约束，则二者仅在点 A 接触。现在轮心 C 处施加拉力 $\boldsymbol{F}_T$。轮子除受到法向约束力 $\boldsymbol{F}_N$ 外，还受到因阻碍轮缘上点 A 与轨发生相对滑动而产生的摩擦力 $\boldsymbol{F}$。不难看出，轮上作用的力系为不平衡力系，因为，只要施加微小的拉力 $\boldsymbol{F}_T$，不管轮重 $\boldsymbol{W}$ 多大，轮都会在力偶$(\boldsymbol{F}_T, \boldsymbol{F})$作用下发生滚动。这显然是不正确的。

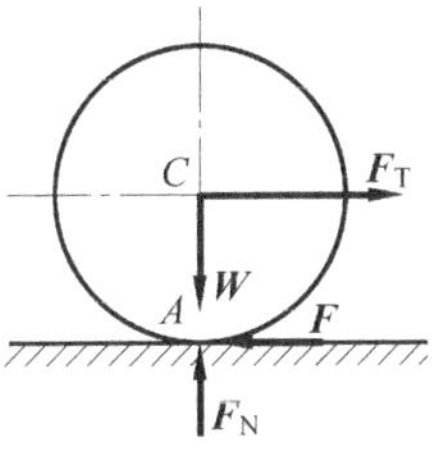

图 3-37　轮-轨的绝对刚性模型

事实是,只有当拉力 $\boldsymbol{F}_{\mathrm{T}}$ 达到一定数值时,轮子才开始滚动,否则仍保持静止。

产生这一矛盾的原因是,实际上轮子与路轨并不是绝对刚体,二者在重力 $\boldsymbol{W}$ 作用下,一般会产生小量的接触变形,二者接触面的尺度扩大了,从而影响改变了接触面处的约束力分布,产生阻碍滚动的约束力。

需要注意的是,有些情形下,即使是刚体与刚体接触,只要接触面的尺度扩大了,也会产生阻碍滚动的约束力,例如棱柱体在刚性平面上滚动时,当由棱边与刚性平面接触变为棱柱面与刚性平面接触时,接触面的尺度扩大了,同样也会产生阻碍的约束力。

2. 考虑接触变形的柔性约束模型

作为一种简化,仍将轮子视为绝对刚体,而将路轨视为具有接触变形的柔性约束,如图 3-38(a)所示。

当轮子受到较小的水平拉力 $\boldsymbol{F}_{\mathrm{T}}$ 作用后,轮与轨在接触面上约束力是非均匀分布的(图 3-38(b))。假设分布约束力系的合力为 $\boldsymbol{F}_{\mathrm{R}}$(其作用线通过 C 点),将 $\boldsymbol{F}_{\mathrm{R}}$ 分解为 $\boldsymbol{F}_{\mathrm{N}}$ 和 $\boldsymbol{F}$。这时 $\boldsymbol{F}_{\mathrm{N}}$ 已偏离线 AC 一微小距离 δ_1(图 3-38(c)),连续增加拉力 $\boldsymbol{F}_{\mathrm{T}}$,$\boldsymbol{F}_{\mathrm{N}}$ 的作用点与线 AC 之间的距离也随之增加,当增加到某一 δ 值时,轮子开始滚动。

将 $\boldsymbol{F}_{\mathrm{N}}$、$\boldsymbol{F}$ 向点 A 简化(图 3-38(d)),得 $\boldsymbol{F}_{\mathrm{N}}$、$\boldsymbol{F}$ 以及一力偶,这一力偶的力偶矩为

$$M_{\mathrm{f}} \leqslant M_{\max} = F_{\mathrm{N}}\delta \tag{3-21}$$

式(3-21)描述了滚动时力的相互作用关系,称为**滚动阻碍定律**,其中,M_{f} 称为**滚动阻碍**(rolling resistance)或**滚动阻力偶**。

所谓**滚动阻碍**是由于轮与轨接触变形而形成的一个阻力偶 M_{f}。这种力

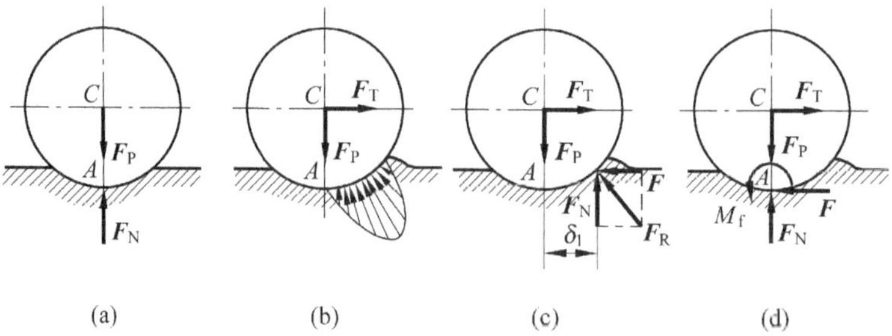

图 3-38 柔性约束模型与滚动阻碍分析

偶是有最大限定值($0\leqslant M_f\leqslant M_{max}=F_N\delta$)的约束力偶，也是一种约束力。式(3-21)中的 δ 称为**滚动阻碍系数**(coefficient of rolling resistance)，具有长度量纲。例如，低碳钢车轮在钢轨上滚动时，$\delta\approx0.5$mm；硬质合金钢球轴承在钢轨上滚动时，$\delta\approx0.1$mm。

滚动阻力偶 M_f 数值与滚动阻碍系数 δ 的大小有关。火车车轮必须在钢轨上行驶；骑自行车时要把轮胎充足气；同样的自行车在柏油路上、一般土路上或沙滩上骑行的感觉大不相同，都与此有关。

3. 滑动摩擦力在滚动运动中的作用

物体在主动力作用下克服滚动阻力偶产生滚动时，其滑动摩擦力远远小于最大摩擦力，即

$$F \ll F_{max}$$

这表明轮子可以在较小的主动力作用下滚动而不滑动，因而滚动比滑动省力。如图 3-39(a)所示，欲使重力为 $\boldsymbol{W}$ 的物块滑动所需拉力为

$$F_{T1}=F_{max}=f_sF_N=f_sW \tag{3-22}$$

而在图 3-39(b)中，使重力同样是 $\boldsymbol{W}$ 的轮子滚动所需拉力则为

$$F_{T2}=F=\frac{F_N\delta}{r}=W\frac{\delta}{r} \tag{3-23}$$

一般情形下，$\delta/r\ll f_s$，故有

$$\left.\begin{array}{l} F_{T2}\ll F_{T1} \\ F\ll F_{max} \end{array}\right\} \tag{3-24}$$

以半径为 450mm 的充气橡胶轮胎在混凝土路面上的滚动为例，若 $\delta\approx 3.15$mm，而 $f_s=0.7$，则有

$$\frac{F_{T1}}{F_{T2}}=\frac{F_{max}}{F}=\frac{f_s}{\delta/r}\approx100$$

这表明，使轮子滑动的力比滚动的力约大 100 倍。

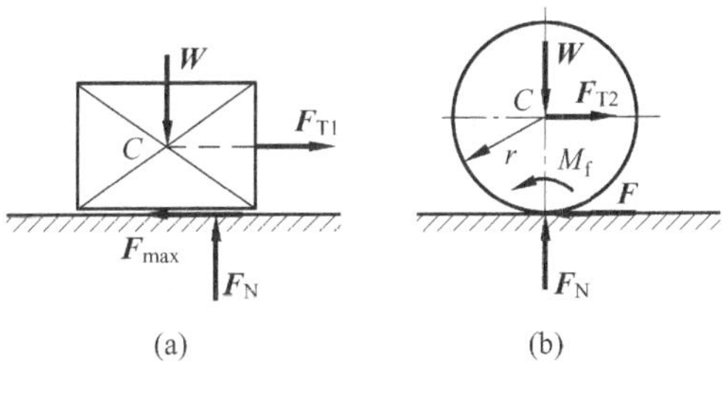

图 3-39　滑动与滚动受力比较

例题 3-15 总重力为 $\boldsymbol{F}_Q$ 的拖车，沿倾斜角为 θ 的斜坡上行。车轮半径为 r，轮胎与路面的滚动阻碍系数 δ 以及 $\boldsymbol{F}_Q$、θ 等均为已知，其他尺寸如图 3-40(a) 所示。试求拖车等速上行时所需的牵引力。

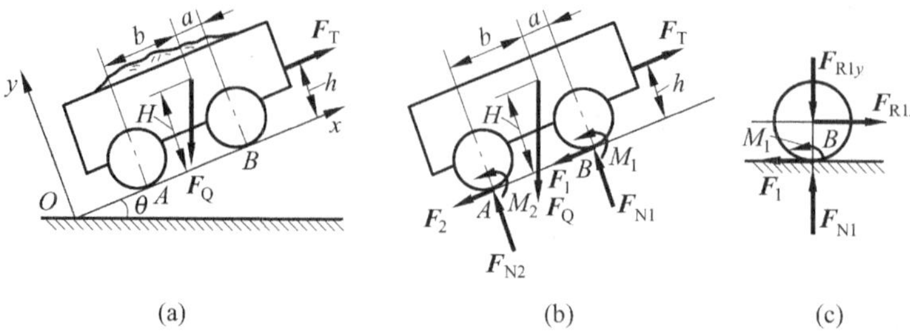

图 3-40 例题 3-15 图

解：(1) 以拖车整体为研究对象

拖车除受到主动力 $\boldsymbol{F}_Q$、$\boldsymbol{F}_T$ 外，前后轮分别受到法向力 $\boldsymbol{F}_{N1}$、$\boldsymbol{F}_{N2}$；滑动摩擦力因为二轮均为从动轮，故 $\boldsymbol{F}_1$ 和 $\boldsymbol{F}_2$ 方向均与运动方向相反；此外，前后轮所受的滚动阻力偶矩分别为 M_1 和 M_2，转向与轮子转动方向相反。于是整个拖车的受力如图 3-40(b)所示。

因为拖车等速上行可视为平衡状态，故由平面力系的平衡方程有

$$\sum M_A(\boldsymbol{F})=0,\quad F_{N1}(a+b)-F_Q b\cos\theta+F_Q H\sin\theta-F_T h+M_1+M_2=0$$

$$\sum F_x=0,\quad F_T-F_1-F_2-F_Q\sin\theta=0$$

$$\sum F_y=0,\quad F_{N1}+F_{N2}-F_Q\cos\theta=0$$

这三个方程有 F_T、F_{N1}、F_{N2}、F_1、F_2、M_1 和 M_2 共 7 个未知力，无法求解，故仍需考虑别的研究对象。

(2) 以前轮为研究对象

前轮 B 受力图如图 3-40(c)所示，对轮心的力矩平衡方程为

$$\sum M(\boldsymbol{F})=0,\quad M_1-F_1 r=0$$

同样，还可以后轮为研究对象，由平衡方程得

$$M_2-F_2 r=0$$

(3) 应用滚动阻碍定律

要解出 7 个未知力尚需两个方程，这就要借助滚动阻碍定律，即

$$M_1=F_{N1}\delta,\quad M_2-F_{N2}\delta$$

(4) 解联立方程

解上述 7 个方程，求得牵引力

$$F_T = F_Q\left(\sin\theta + \frac{\delta}{r}\cos\theta\right) \tag{a}$$

其中，第一项 $F_Q\sin\theta$ 为用来克服重力的牵引力；第二项 $F_Q\cos\theta(\delta/r)$ 为用来克服滚动阻碍的牵引力。

(5) 本例讨论

① 如将式(a)代入具体数值，可以发现后一项在牵引力中所占的比例是很小的。例如，当 $\delta=2.40\text{mm}, r=440\text{mm}, \theta=15^\circ$ 时，则有

$$\frac{F_Q\dfrac{\delta}{r}\cos\theta}{F_T} = \frac{F_Q\left(\dfrac{\delta}{r}\right)\cos\theta}{F_Q\left(\sin\theta + \dfrac{\delta}{r}\cos\theta\right)} = 0.02$$

即克服滚动摩擦阻力所需的牵引力，只占整个牵引力的 2%。

② $\theta=0^\circ$ 时，即在水平路面上，则有

$$F_T = F_Q \times \frac{\delta}{r} = \frac{2.40}{440}F_Q < \frac{F_Q}{100}$$

3.8 结论与讨论

3.8.1 正确进行受力分析的重要性

读者从本章关于单个刚体与简单刚体系统平衡问题的分析中可以看出，受力分析是分析平衡问题的重要内容，只有当受力分析正确无误时，其后的分析才能取得正确的结果。

初学者常常不习惯根据约束的性质分析约束力，而是根据不正确的直观判断确定约束力。

例如“根据主动力的方向确定约束力及其方向”就是初学者最容易采用的错误判断方法。对于图 3-41(a)所示承受水平载荷 $\boldsymbol{F}_P$ 的平面刚架 ABC，根据上述错误判断方法，得到图 3-41(b)所示的受力图。请读者分析这一受力图

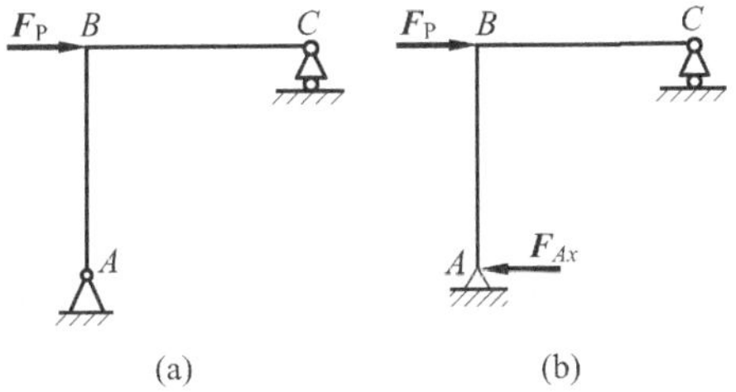

图 3-41 错误的受力分析之一

错在哪里？

又如，对于图 3-42(a)所示三铰拱，当考察其总体平衡时，得到如图 3-42(b)所示受力图，似乎是平衡的，但却是错误的。请读者分析这一受力图又错在哪里？

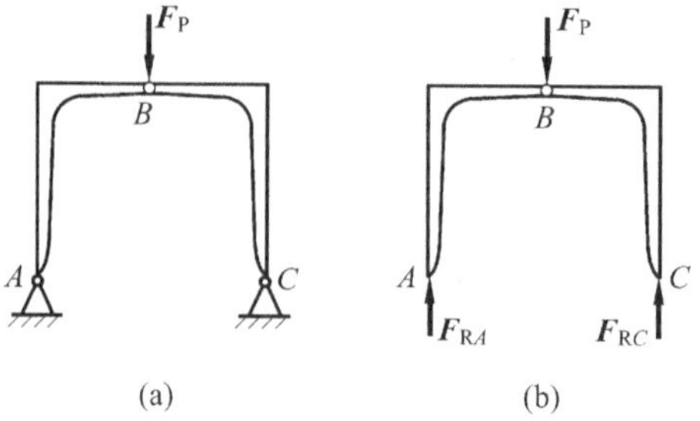

图 3-42 错误的受力分析之二

3.8.2 分析和处理刚体系统平衡问题要点

根据刚体系统的特点，分析和处理刚体系统平衡问题时，注意以下要点是很重要的。

(1) 认真理解、掌握并能灵活运用"系统整体平衡，组成系统的每个局部必然平衡"的重要概念

某些受力分析，从整体上看，可以使整体保持平衡，似乎是正确的。但却不能保证每一个局部都是平衡的，因而是不正确的。图 3-42(b)所示受力即属此例。

(2) 要灵活选择研究对象

所谓研究对象包括系统整体、单个刚体以及由两个或两个以上刚体组成的子系统。灵活选择其中之一或之二作为研究对象，一般应遵循的原则是：尽量使一个平衡方程中只包含一个未知约束力，不解或少解联立方程。

(3) 注意区分内约束力与外约束力、作用力与反作用力

内约束力只有在系统拆开时才会出现，故而在考察整体平衡时，无需考虑内约束力，也无需画出内约束力。

当同一约束处有两个或两个以上刚体相互连接时，为了区分作用在不同刚体上的约束力是否互为作用力与反作用力，必须对相关的刚体逐个分析，分清哪一个刚体是施力体，哪一个刚体是受力体。

(4) 注意对主动分布载荷进行等效简化

考察局部平衡时，分布载荷可以在拆开之前简化，也可以在拆开之后简

化。要注意的是,先简化、后拆开时,简化后合力加在何处才能满足力系等效的要求。这一问题请读者结合例题 3-8 中图 3-14(d)、(e)所示的受力图,加以分析。

3.8.3 正确地运用基本概念和基本原理进行直观判断以提高定性分析能力

正确地进行直观判断,根据平衡的基本原理,可以不通过建立平衡方程,而直接确定某些未知力,甚至全部约束力。这在工程中,特别是现场工程分析中,是很重要的。同时,正确的直观判断,有利于保证理论分析与计算结果的正确性。

正确的直观判断,必须以平衡概念为基础,同时正确应用对称结构受力的对称性和反对称性。

所谓对称结构,是指如果结构存在对称轴(平面问题)或对称面(空间问题),结构的几何形状、几何尺寸以及结构的约束,都对称于对称轴(平面问题)或对称面(空间问题)。

对称结构若承受对称载荷,则其约束力必然对称于对称轴;对称结构若承受反对称载荷,则其约束力必然是反对称的。

以图 3-43 中的三种结构为例。图 3-43(a)所示为静定平面刚架,固定铰支座 A 处有铅垂和水平方向两个约束力 $\boldsymbol{F}_{Ax}$ 和 $\boldsymbol{F}_{Ay}$;D 处为辊轴支座,只有铅垂方向的约束力 $\boldsymbol{F}_{Dy}$。根据 x 方向的平衡条件 $\boldsymbol{F}_{Ax}=0$,于是由对称性得到 $F_{Ay}=F_{Dy}=F_{P}$。

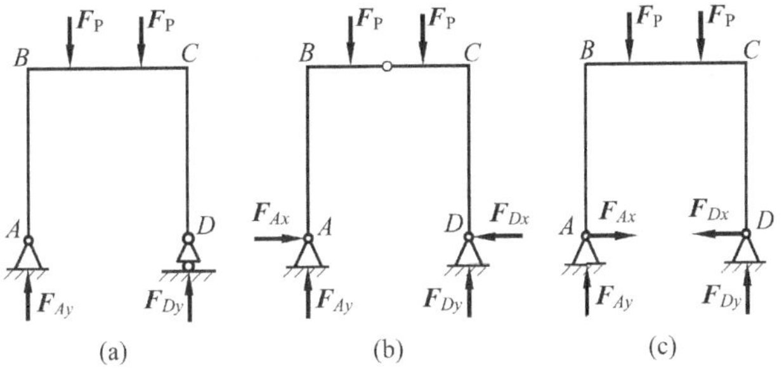

图 3-43 对称性分析

对于图 3-43(b)、(c)所示三铰拱和超静定刚架,也都可以作出类似的分析:A、D 二处的水平约束力也是对称的,但二者都不等于 0。

有兴趣的读者,可以将图 3-43(a)、(b)所示静定结构上的对称载荷改为反对称载荷，再分析其约束力是否具有反对称性。

3.8.4 关于桁架分析的几点结论与讨论

1. 结论

(1) 由若干直杆在两端按一定方式彼此连接所组成的工程结构称为桁架。

(2) 桁架的力学模型：各杆件用光滑铰链彼此连接；所有载荷都作用在节点上。因此，桁架杆件均为二力杆，或者为拉力，或者为压力。非节点载荷需根据等效的原理向节点简化。

(3) 桁架内力分析有节点法与截面法，前者用于求解各杆力，后者适于只需确定某几根杆的内力的情形。

2. 讨论

(1) 关于桁架的坚固性条件和静定性条件

桁架在确定载荷作用下，保持初始几何形状不变的特性，称为坚固性。这不仅仅是因为组成桁架的每根杆件均被视为刚体，而且还因为结构的几何组成，在载荷作用下不能发生变化(坍塌是这种变化的特殊情形)。图 3-44(a)、(b) 所示分别为几何可变的**机构**(mechanism)和几何不可变的**结构**(structure)。前者不具有坚固性，后者则是坚固的。

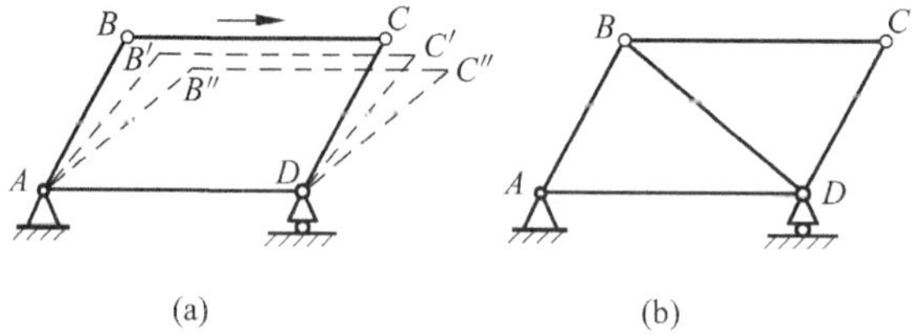

图 3-44 机构与结构

设桁架杆件总数为 m，铰节点数为 n。平面桁架基本单位由 3 根杆和 3 个铰节点组成，每增加 2 根杆和 1 个铰节点，即增加 1 个单元。这表明，在所有新增单元中，杆数均为铰节点数的 2 倍。于是桁架静定性条件可写成

$$m-3=2(n-3)$$

即

$$m=2n-3 \tag{3-25}$$

这种情形下，桁架不仅是坚固的，而且是静定的。

读者可自行分析，当 $m<2n-3$ 或 $m>2n-3$ 时，问题的性质将会发生怎样改变。

(2) 关于零力杆

桁架中的零力杆虽然不受力，但却是保持结构坚固性所必需的。

分析桁架内力时，如有可能应该首先确定其中的零力杆，这对后续分析有利。确定零力杆的方法是，观察桁架中的每个节点。若在一个节点上有两根不共线的杆件，且无载荷或约束力作用，则此二杆均为零力杆(图 3-45(a))；若一个节点上有三根杆件，且其中有两杆共线，在节点上同样无载荷或约束力作用，则不共线的杆必为零力杆(图 3-45(b))。

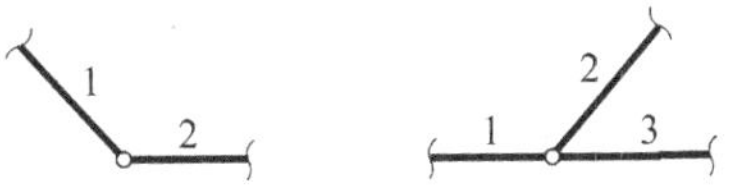

(a) $\boldsymbol{F}_{S1}=\boldsymbol{F}_{S2}=0$　　(b) $\boldsymbol{F}_{S2}=0$

图 3-45　存在零力杆的两种节点

(3) 关于桁架内力的计算机分析

读者不难发现，在桁架结构比较复杂，杆件总数和节点总数都比较大的情形下，若采用本书所介绍的节点法或截面法，计算特别繁杂。而采用计算机分析方法，则要简单得多。目前在一些工程力学应用软件中，都包含有分析静定和超静定桁架内力的程序。

3.8.5　考虑摩擦时平衡问题的几个重要概念

1. 滑动摩擦力性质

静滑动摩擦力是在一定范围内取值($0\leqslant F\leqslant F_{max}=f_s F_N$)的约束力。它既是约束力的一部分，又不同于一般的约束力。

2. 摩擦角(锥)与自锁概念

角度 $\varphi=\angle(\boldsymbol{F}_R, \boldsymbol{F}_N)$ 的取值范围($0\leqslant\varphi\leqslant\varphi_m$)是摩擦力取值范围($0\leqslant F\leqslant F_{max}$)的几何表示。摩擦角 $\varphi_m=\arctan f_s$，φ_m 与 f_s 二者等价表示两接触面的干摩擦性质。

当主动力合力的作用线处于摩擦角(或锥)的范围内(或外)时，无论主动力有多大(或多小)，物体必定(或一定不)保持平衡。这种力学现象称为自锁

(或不自锁)。不自锁是与自锁概念紧密相关的。

3. 滚动阻碍性质

滚动阻碍是在一定范围内取值($0\leqslant M_f\leqslant M_{max}=F_N\delta$)的约束力偶,同样它既是约束力的一部分,又不同于一般的约束力偶。

4. 为什么滑动摩擦力的方向不能任意假设

摩擦力不仅要与作用在物体上的其他力共同满足平衡方程,而且还要满足与摩擦有关的物理条件。

注意:在物理条件($F=f_sF_N$)中,由于正压力 F_N 一般都沿真实方向,故 $F_N>0$,而摩擦因数 $f_s>0$,所以必有 $F>0$。而在平衡方程中,若将摩擦力 $\boldsymbol{F}$ 任意假设方向时,即可能出现 $F<0$ 的情形。这样,包含同一摩擦力的平衡方程和物理条件便不相容,从而导致最后计算结果错误,而不仅仅是正负号的差异。这一问题请读者结合例题 3-12 中的第二问题,分析:如果梯子与地面之间的摩擦力方向假设反了,将会产生怎样的结果?

习题

3-1 图示两种正方形结构所受荷载 $\boldsymbol{F}$ 均已知。试求其中 1、2、3 各杆受力。

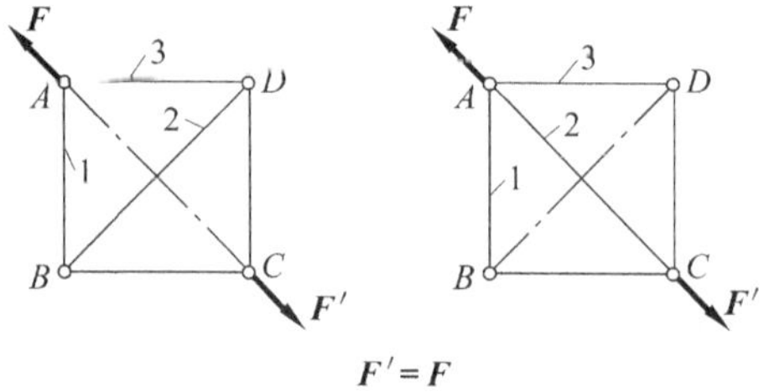

习题 3-1 图

3-2 图示为一绳索拔桩装置。绳索的 E、C 两点拴在架子上,点 B 与拴在桩 A 上的绳索 AB 连接,在点 D 加一铅垂向下的力 $\boldsymbol{F}$,AB 可视为铅垂,DB 可视为水平。已知 $\alpha=0.1\text{rad}$,力 $F=800\text{N}$。试求绳 AB 中产生的拔桩力(当 α 很小时,$\tan\alpha\approx\alpha$)。

3-3 起重机由固定塔 AC 与活动桁架 BC 组成,绞车 D 和 E 分别控制桁

架 BC 和重物 W 的运动。桁架 BC 用铰链连接于点 C，并由钢索 AB 维持其平衡。重物 $W=40\text{kN}$ 悬挂在链索上，链索绕过点 B 的滑轮，并沿直线 BC 引向绞盘。长度 $AC=BC$，不计桁架重量和滑轮摩擦。试用角 $\varphi=\angle ACB$ 的函数来表示钢索 AB 的张力 $\boldsymbol{F}_{AB}$ 以及桁架上沿直线 BC 的压力 $\boldsymbol{F}_{BC}$。

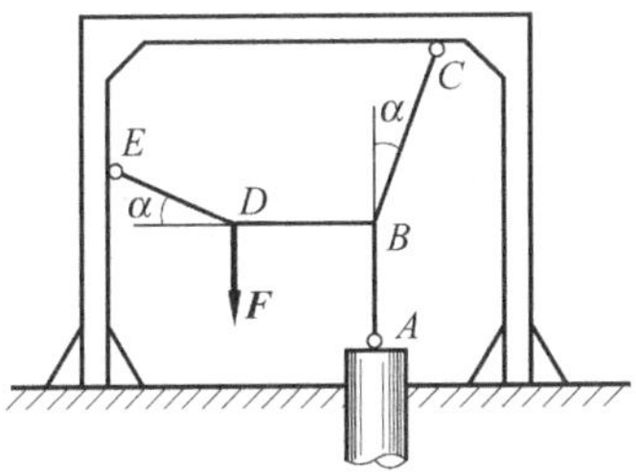

习题 3-2 图

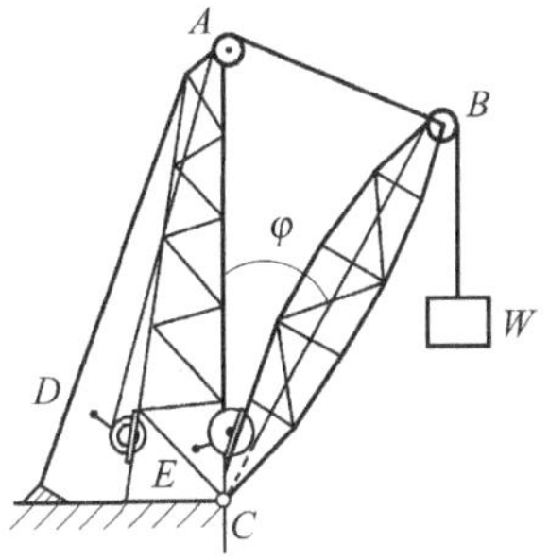

习题 3-3 图

3-4　杆 AB 及其两端滚子的整体重心在 G 点，滚子搁置在倾斜的光滑刚性平面上，如图所示。给定 θ 角，试求平衡时的 β 角。

3-5　起重架可借绕过滑轮 A 的绳索将重力的大小 $G=20\text{kN}$ 的物体吊起，滑轮 A 用不计自重的杆 AB 和 AC 支承，不计滑轮的自重和轴承处的摩擦。求系统平衡时杆 AB、AC 所受力（忽略滑轮的尺寸）。

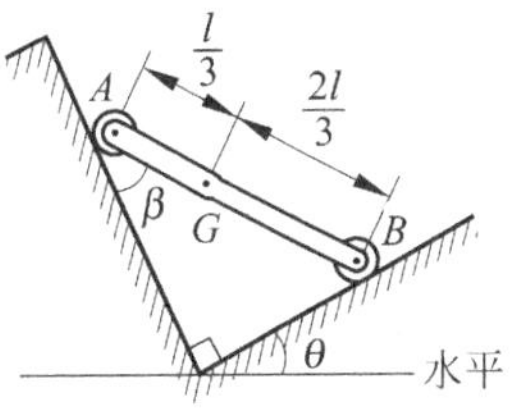

习题 3-4 图

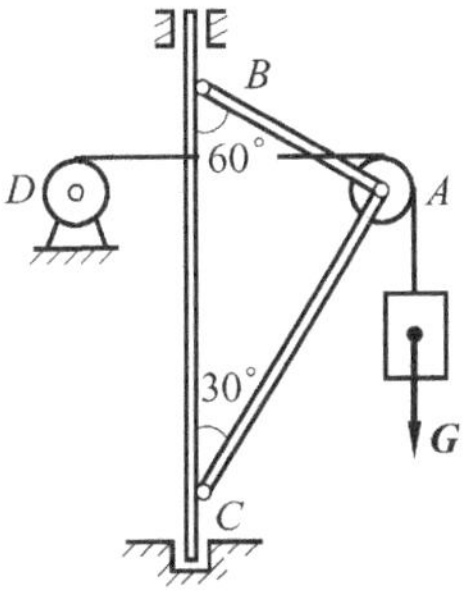

习题 3-5 图

3-6　图示液压夹紧机构中，D 为固定铰链，B、C、E 为铰链。已知力 $\boldsymbol{F}$，机构平衡时角度如图所示，求此时工件 H 所受的压紧力。

3-7　三个半拱相互铰接，其尺寸、支承和受力情况如图所示。设各拱自重均不计，试计算支座 B 的约束力。

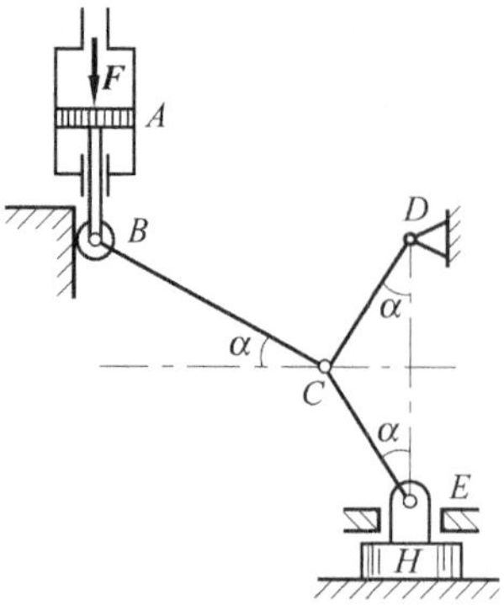

习题 3-6 图

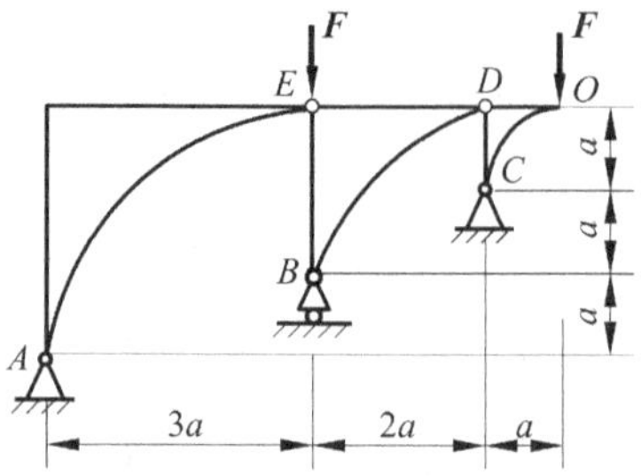

习题 3-7 图

3-8 折杆 AB 的三种支承方式如图所示，设有一力偶矩数值为 M 的力偶作用在折杆 AB 上。试求支承处的约束力。

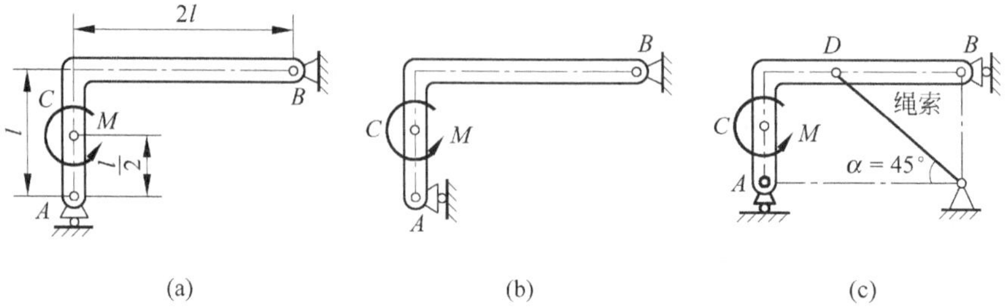

习题 3-8 图

3-9 齿轮箱两个外伸轴上作用的力偶如图所示。为保持齿轮箱平衡，试求螺栓 A、B 处所提供的约束力的铅垂分力。

3-10 试求图示结构中杆 1、2、3 所受的力。

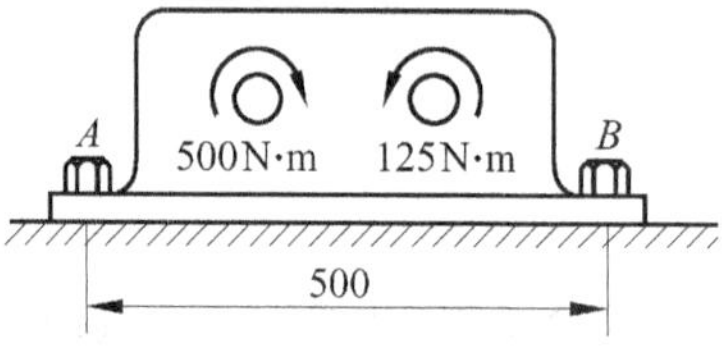

习题 3-9 图

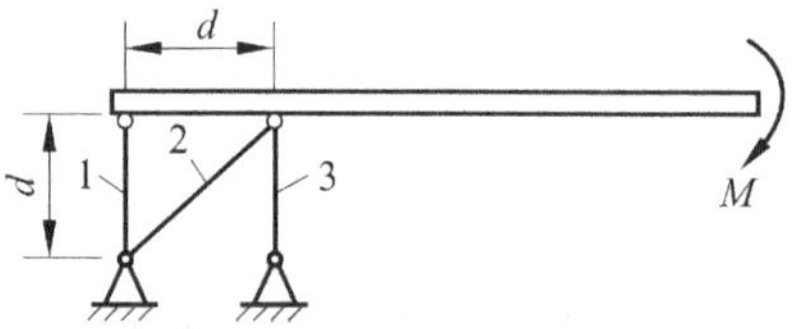

习题 3-10 图

3-11 图示空间构架由三根不计自重的杆组成，在 D 端用球铰链连接，A、B 和 C 端则用球铰链固定在水平地板上，若拴在 D 端的重物 $P=10\text{kN}$，试求铰链 A、B、C 的反力。

3-12　图示空间构架由三根不计自重的杆组成，在 O 端用球铰链连接，A、B 和 C 端则用球铰链固定在垂直板上，若拴在 O 端的重物 $P=10\text{kN}$，试求铰链 A、B、C 的反力。

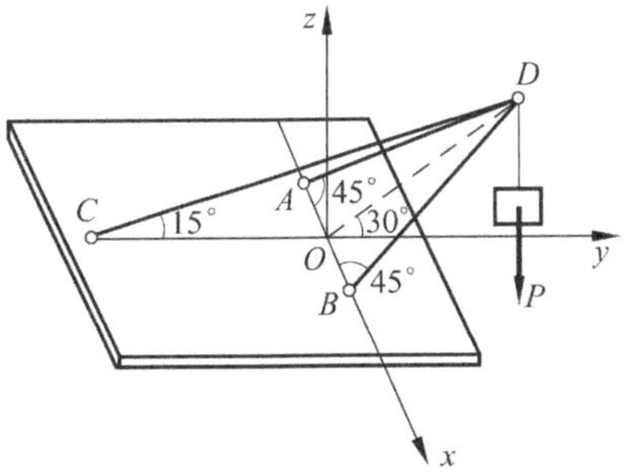

习题 3-11 图

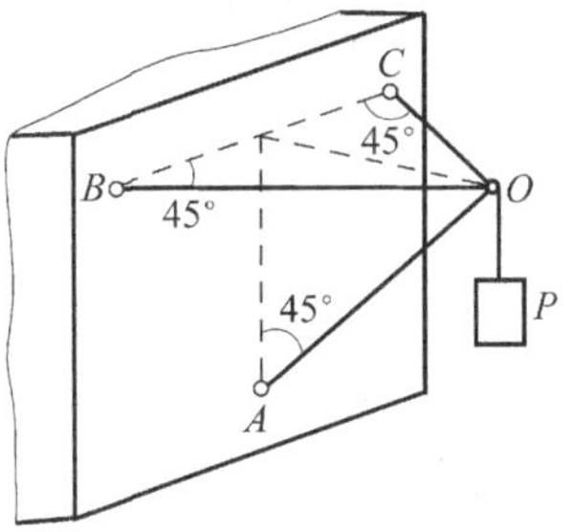

习题 3-12 图

3-13　梁 AB 用三根杆支承，如图所示。已知 $F_1=30\text{kN}$，$F_2=40\text{kN}$，$M=30\text{kN}\cdot\text{m}$，$q=20\text{N/m}$，试求三杆的约束力。

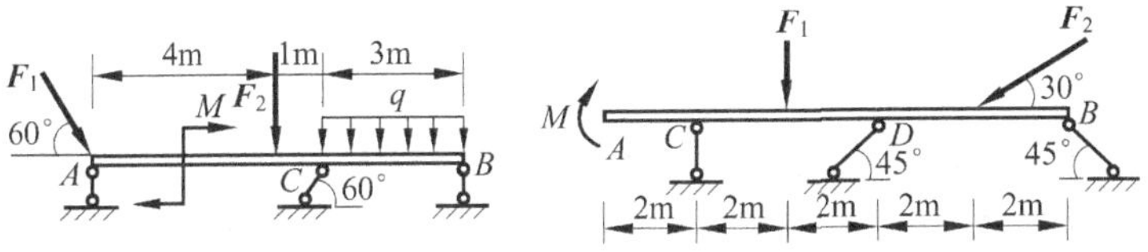

(a)　　　　(b)

习题 3-13 图

3-14　一便桥自由放置在支座 C 和 D 上，支座间的距离 $CD=2d=6\text{m}$。桥面重 $1\dfrac{2}{3}\text{kN/m}$。试求当汽车从桥上面驶过而不致使桥面翻转时桥的悬臂部分的最大长度 l。设汽车的前后轮的负重分别为 20kN 和 40kN，两轮间的距离为 3m。

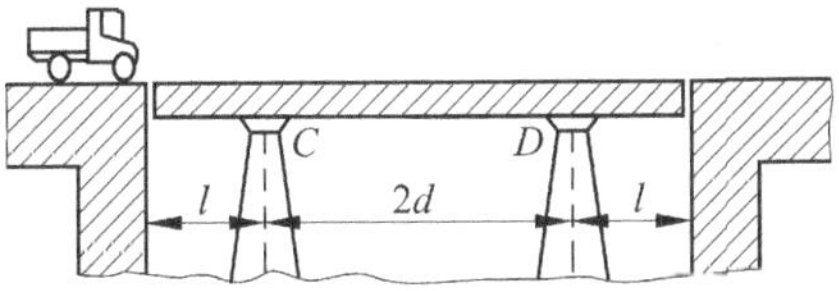

习题 3-14 图

3-15　图示构架由杆 AB、CD、EF 和滑轮、绳索等组成，H，G，E 处为铰

链连接，固连在杆 EF 上的销钉 K 放在杆 CD 的光滑直槽上。已知物块 M 重力 $\boldsymbol{P}$ 和水平力 $\boldsymbol{Q}$，尺寸如图所示，若不计其余构件的自重和摩擦，试求固定铰支座 A 和 C 的反力以及杆 EF 上销钉 K 的约束力。

3-16 滑轮支架系统如图所示。滑轮与支架 ABC 相连，AB 和 BC 均为折杆，B 为销钉。设滑轮上绳的拉力 $P=500\text{N}$，不计各构件的自重。求各构件给销钉 B 的力。

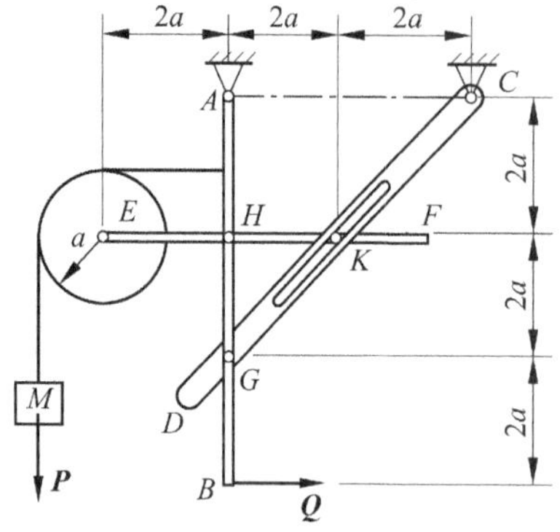

习题 3-15 图

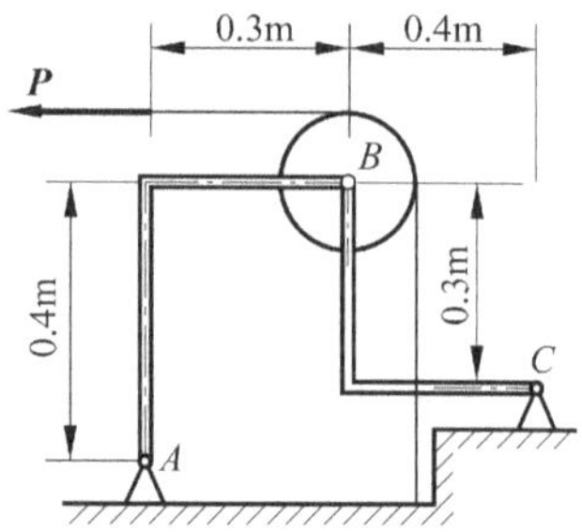

习题 3-16 图

3-17 图示结构，由曲梁 $ABCD$ 和杆 CE、BE、GE 构成。A、B、C、E、G 均为光滑铰链。已知 $F=20\text{kN}$，$q=10\text{kN/m}$，$M=20\text{kN}\cdot\text{m}$，$a=2\text{m}$，假设各构件自重不计，求 A、G 处反力及杆 BE、CE 所受力。

3-18 刚架的支承和载荷如图所示。已知均布载荷的集度 $q_1=4\text{kN/m}$，$q_2=1\text{kN/m}$，求支座 A、B、C 三处的约束力。

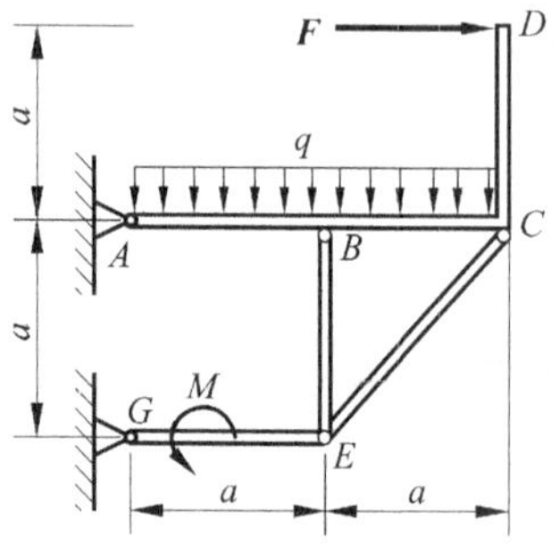

习题 3-17 图

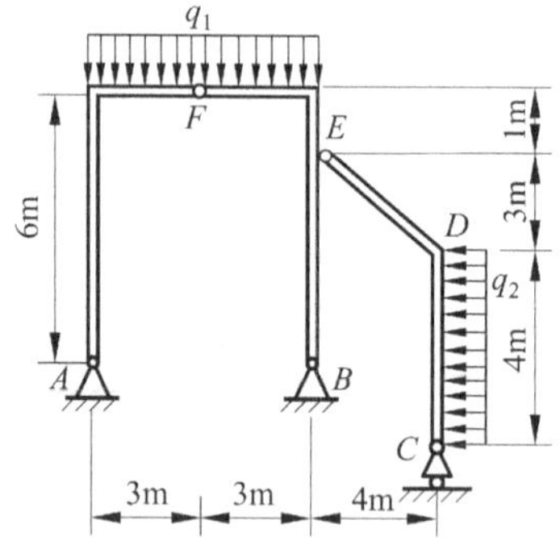

习题 3-18 图

3-19 试求图示多跨梁的支座反力。已知：(a)$M=8\text{kN}\cdot\text{m}$，$q=4\text{kN/m}$；(b)$M=40\text{kN}\cdot\text{m}$，$q=10\text{kN/m}$。

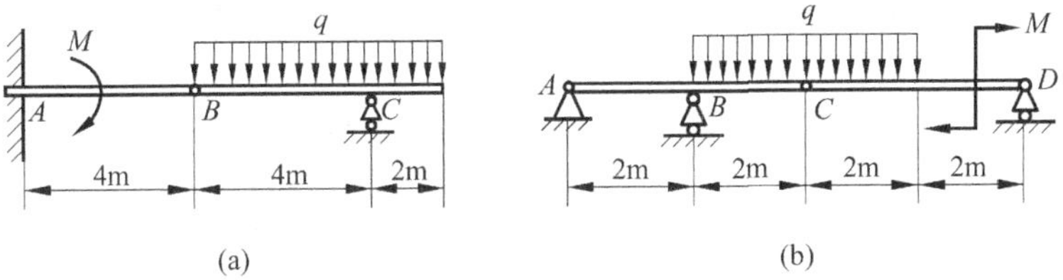

习题 3-19 图

3-20 厂房构架为三铰拱架。桥式吊车顺着厂房(垂直于纸面方向)沿轨道行驶，吊车梁重 $W_1=20\text{kN}$，其重心在梁的中点。吊车和起吊重物重 $W_2=60\text{kN}$。每个拱架重 $W_3=60\text{kN}$，其重心在点 D、E，正好与吊车梁的轨道在同一铅垂线上。风压合力为 10kN，方向水平。试求当吊车位于离左边轨道的距离等于 2m 时，铰支承 A、B 二处的约束力。

3-21 图示为汽车台秤简图，BCF 为整体台面，杠杆 AB 可绕轴 O 转动，B、C、D 三处均为铰链，杆 DC 处于水平位置。试求平衡时砝码重 $\boldsymbol{W}_1$ 与汽车重 $\boldsymbol{W}_2$ 的关系。

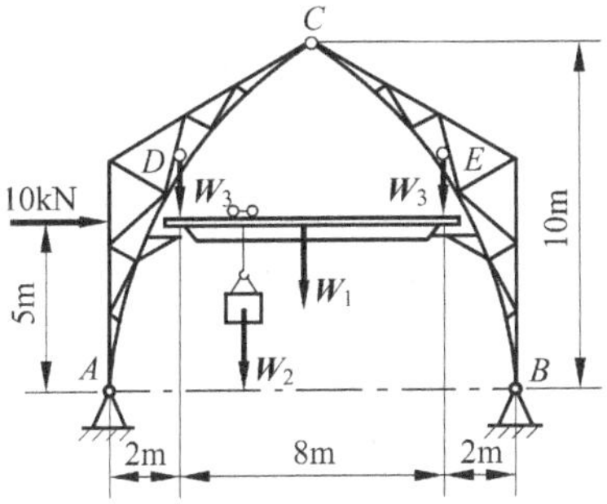

习题 3-20 图

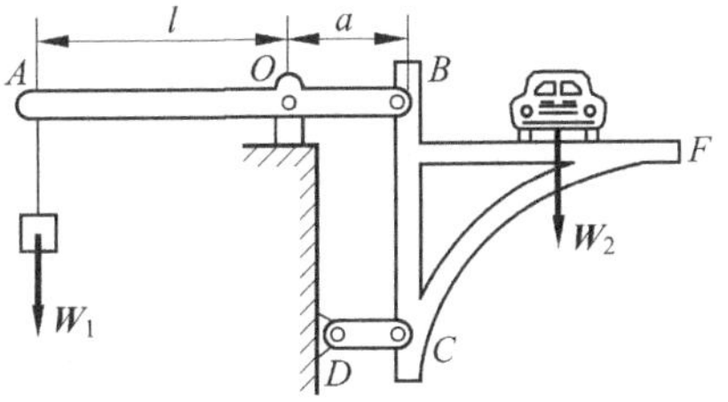

习题 3-21 图

3-22 立柱 AB 以球铰支承于点 A，并用绳 BH、BG 拉住；D 处铅垂方向作用力 $\boldsymbol{P}$ 的大小为 20kN，杆 CD 在绳 BH 和 BG 的对称铅直平面内(如图所示)。求系统平衡时两绳的拉力以及球铰 A 处的约束力。

3-23 正方形板 $ABCD$ 用六根杆支撑，如图所示，在 A 点沿 AD 边作用一水平力 $\boldsymbol{F}$。若不计板的自重，求各支撑杆之内力。

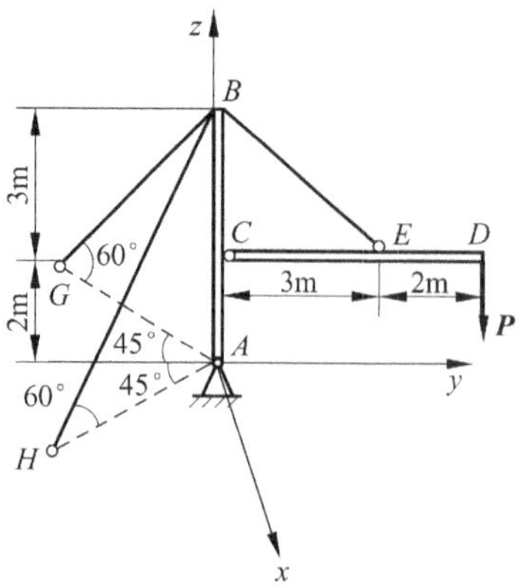

习题 3-22 图

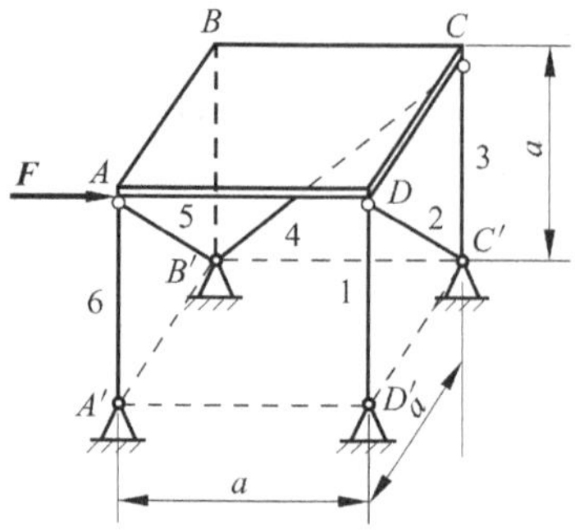

习题 3-23 图

3-24 作用在齿轮上的啮合力 $\boldsymbol{F}$ 推动胶带轮绕水平轴 AB 作匀速转动。已知胶带紧边的拉力为 200N，松边的拉力为 100N，尺寸如图所示。试求力 $\boldsymbol{F}$ 的大小和轴承 A、B 的约束力。

3-25 水平轴上装有两个凸轮，凸轮上分别作用已知力 $\boldsymbol{F}_1$ 的(大小为 800N)和未知力 $\boldsymbol{F}$。如轴保持平衡，求力 $\boldsymbol{F}$ 的大小和轴承 A、B 的约束力。

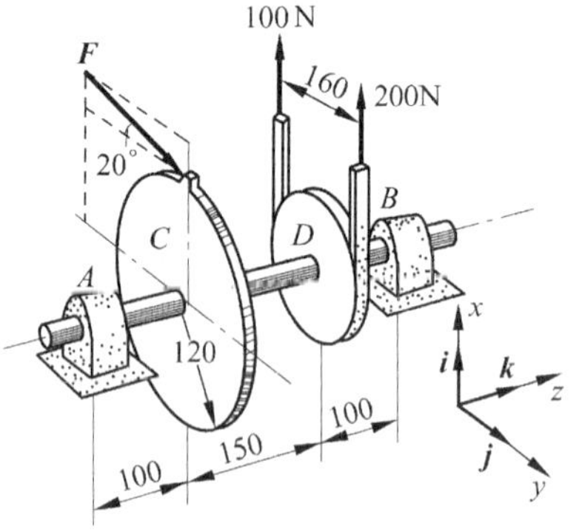

习题 3-24 图

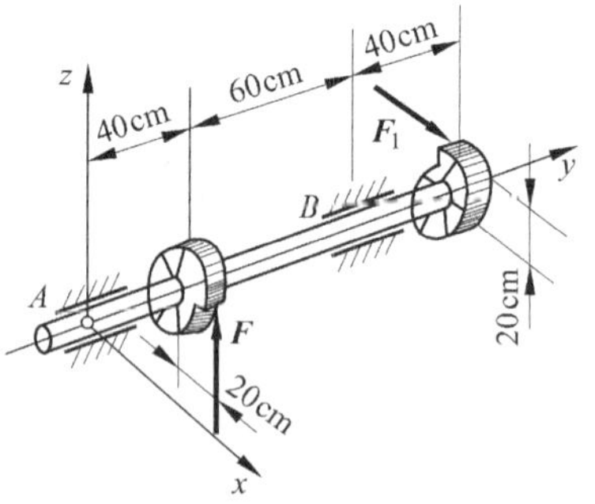

习题 3-25 图

3-26 图示折杆 $ABCD$ 中，ABC 段组成的平面为水平，而 BCD 段组成的平面为铅垂，且 $\angle ABC=\angle BCD=90°$。杆端 D 用球铰，端 A 用滑动轴承支承，杆上作用有力偶矩数值为 M_1、M_2 和 M_3 的三个力偶，其作用面分别垂直于 AB、BC 和 CD。假定 M_2、M_3 大小已知，试求 M_1 及约束力 $\boldsymbol{F}_{RA}$、$\boldsymbol{F}_{RD}$ 的各分量。已知 $AB=a$、$BC=b$、$CD=c$，杆重不计。

3-27 如图所示，组合梁由 AC 和 DC 两段铰接构成，起重机放在梁上。

已知起重机重力的大小 $P_1 = 50\text{kN}$，重心在铅直线 EC 上，起重载荷 $P_2 = 10\text{kN}$。如不计梁自重，求支座 A、B 和 D 三处的约束反力。

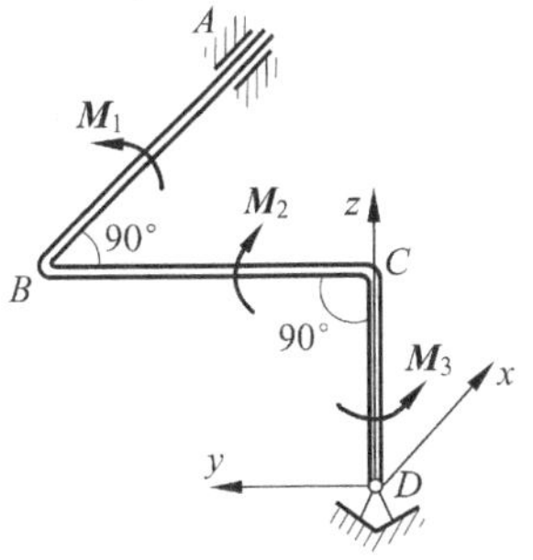

习题 3-26 图

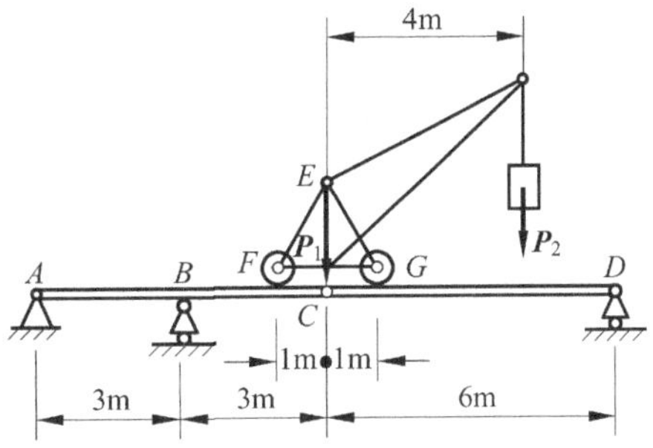

习题 3-27 图

3-28　图示构架中，物体 W 重 1200N，由细绳跨过滑轮 E 而水平系于墙上，尺寸如图所示。不计杆和滑轮的自重，求支承 A 和 B 处的约束力，以及杆 BC 的内力 F_{BC}。

3-29　在图示构架中，A、C、D、E 处为铰链连接，BD 杆上的销钉 B 置于 AC 杆光滑槽内，力 $F = 200\text{N}$，力偶矩 $M = 100\text{N}\cdot\text{m}$，各尺寸如图所示，不计各构件自重，求 A、B、C 处所受力。

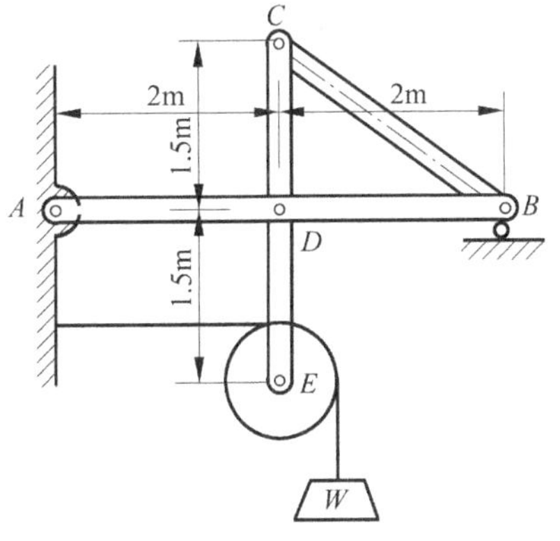

习题 3-28 图

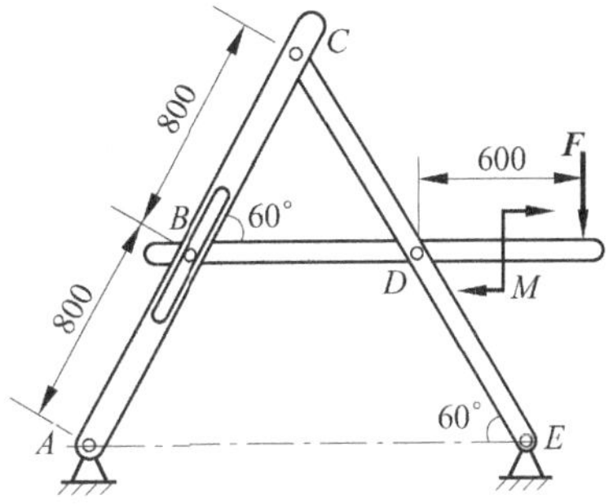

习题 3-29 图

3-30　平面桁架的尺寸和支座如图所示，试求各杆之内力。

3-31　求图示平面桁架中 1、2、3 杆之内力。

3-32　桁架的尺寸以及所受的载荷如图所示，试求杆 BH、CD 和 GD 的受力。

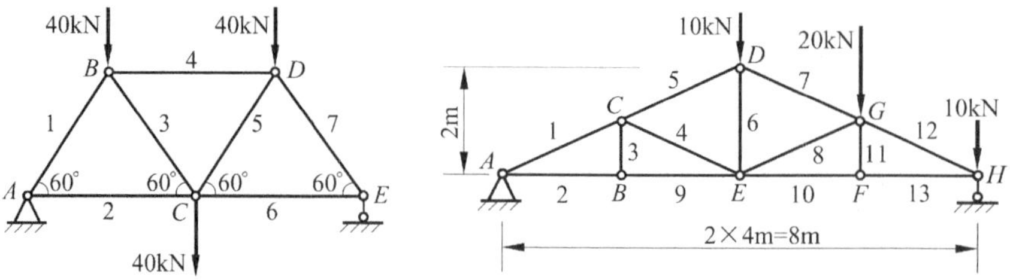

(a) (b)

习题 3-30 图

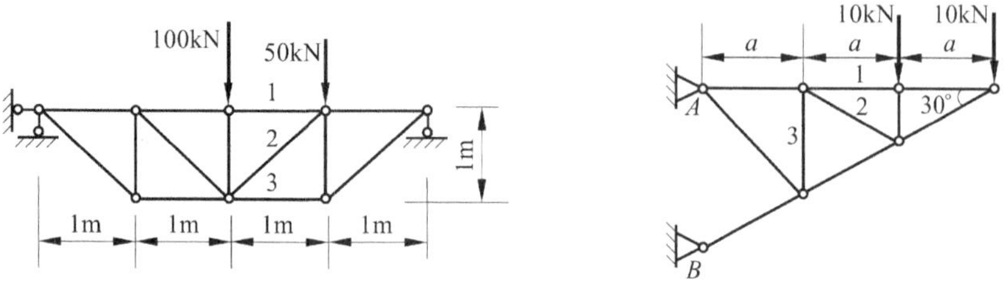

(a) (b)

习题 3-31 图

3-33 图示桁架所受载荷 $F_1=F$，$F_2=2F$，尺寸 a 为已知，试求杆件 CD、GF 和 GD 的内力。

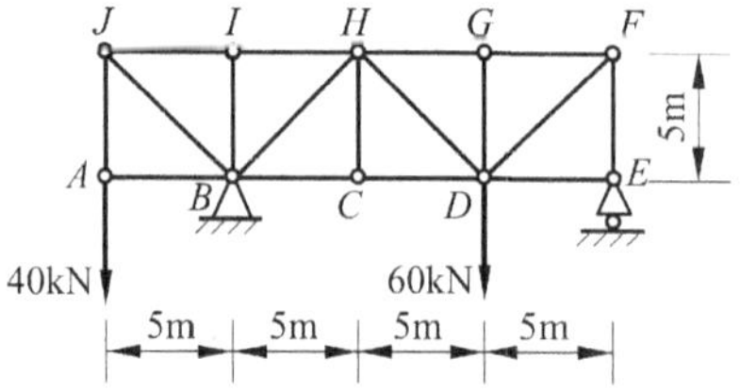

习题 3-32 图

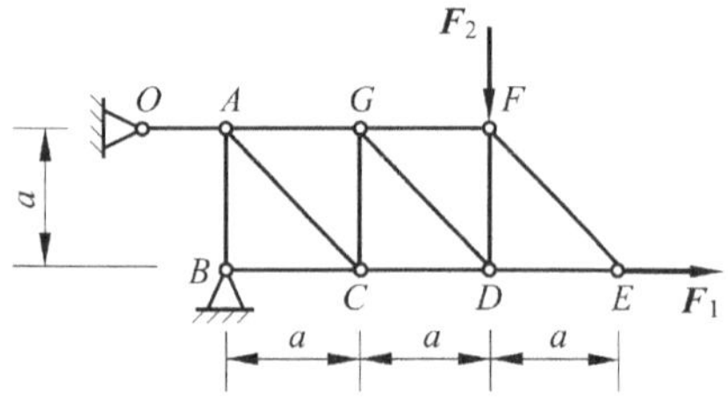

习题 3-33 图

3-34 两物块 A、B 放置如图所示，物块 A 重力大小 $P_1=5\text{kN}$。物块 B 重力大小 $P_2=2\text{kN}$，A、B 之间的静摩擦因数 $f_{s1}=0.25$，B 与固定水平面之间的静摩擦因数 $f_{s2}=0.20$，求拉动物块 B 所需力 $\boldsymbol{F}$ 的最小值。

3-35 起重绞车的制动装置由带动制动块的手柄和制动轮组成。已知制动轮半径 $R=50\text{cm}$，鼓轮半径 $r=30\text{cm}$，制动轮与制动块间的摩擦因数

$f_s=0.4$，被提升的重物重力大小 $G=1000\text{N}$，手柄长 $l=300\text{cm}$，$a=60\text{cm}$，$b=10\text{cm}$，不计手柄和制动轮的自重，求能够制动所需力 $\boldsymbol{F}$ 的最小值。

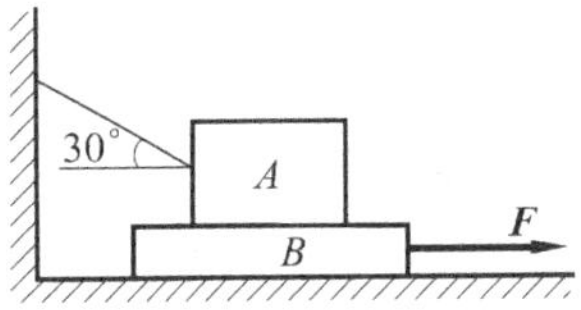

习题 3-34 图

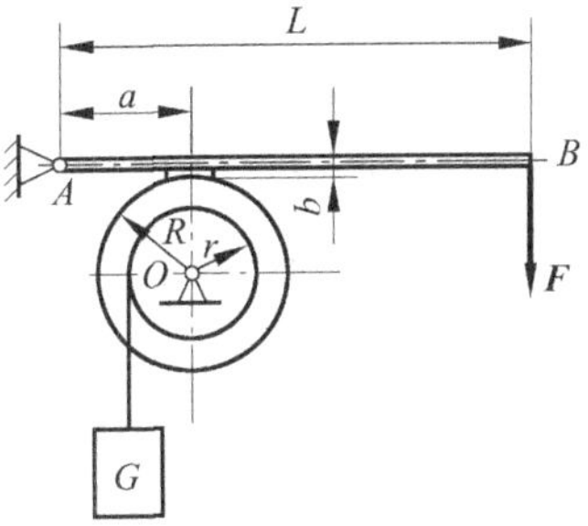

习题 3-35 图

3-36 尖劈起重装置如图所示。尖劈 A 的顶角为 α，B 块受到力 $\boldsymbol{F}_Q$ 的作用。A 块与 B 块之间的静摩擦因数为 f_s（有滚珠处摩擦力忽略不计）。如不计 A 块和 B 块的自重，试求保持平衡时主动力 $\boldsymbol{F}_P$ 的范围。

3-37 砖夹的宽度为 250mm，杆件 AGB 和 $GCED$ 在点 G 铰接。砖重为 $\boldsymbol{W}$，提砖的合力 $\boldsymbol{F}_P$ 作用在砖夹的对称中心线上，尺寸如图所示。如砖夹与砖之间的静摩擦因数 $f_s=0.5$，试问 d 应为多大才能将砖夹起（d 是点 G 至砖块上所受正压力作用线的距离）？

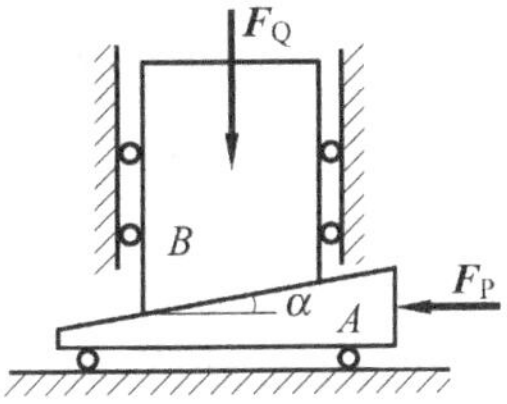

习题 3-36 图

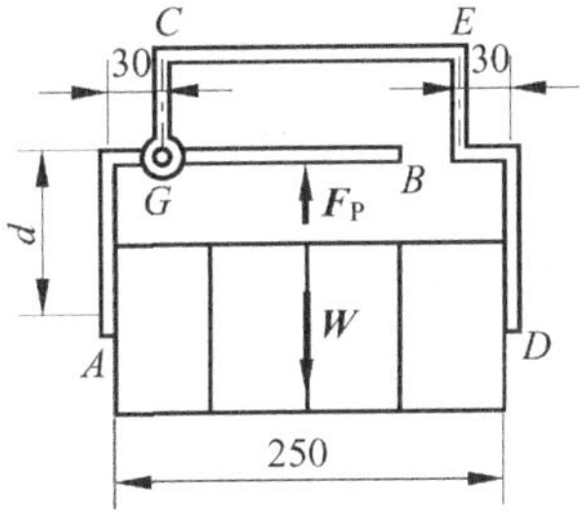

习题 3-37 图

3-38 图示为凸轮顶杆机构，在凸轮上作用有力偶，其力偶矩为 M，顶杆上作用有力 $\boldsymbol{F}_Q$。已知顶杆与导轨之间的静摩擦因数为 f_s，偏心距为 e，凸轮与顶杆之间的摩擦可忽略不计。要使顶杆在导轨中向上运动而不致被卡住，试问滑道的长度 l 应为多少？

3-39 为轻便拉动重物 P，将其放在滚轮 O 上，如图所示。考虑接触处 A、B 的滚动摩阻，则作用在滚轮上的滚动阻力偶的转向是__________。

(A) M_{fA} 为顺时针转向，M_{fB} 为逆时针转向；

(B) M_{fA}为逆时针转向，M_{fB}为顺时针转向；

(C) M_{fA}、M_{fB}均为逆时针转向；

(D) M_{fA}、M_{fB}均为顺时针转向。

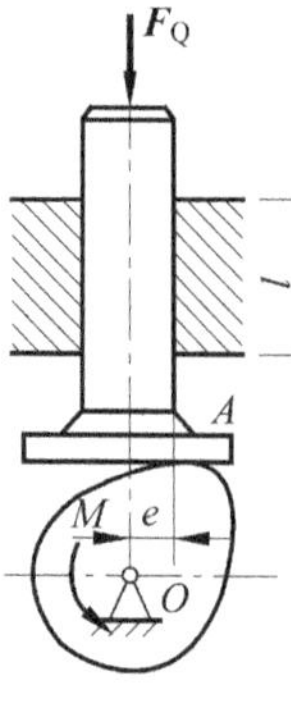

习题 3-38 图

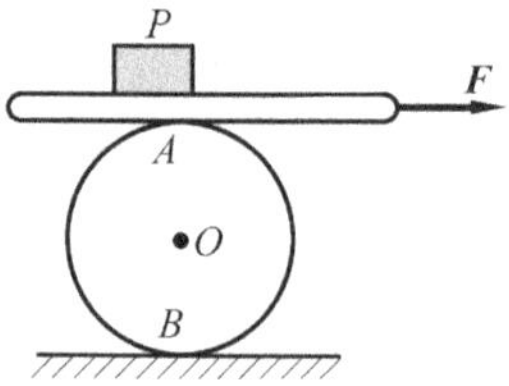

习题 3-39 图

3-40 图示物块重 5kN，与水平面间的摩擦角 $\varphi_m=35°$，今欲用力 $\boldsymbol{F}$ 推动物块，$F=5$kN，则物块将__________。

(A) 不动；

(B) 滑动；

(C) 处于临界平衡状态；

(D) 滑动与否不能确定。

3-41 在平面曲柄连杆滑块机构中，曲柄 OA 长为 r，作用有力偶矩为 M 的力偶，小滑块 B 与水平面之间的摩擦因数为 f。OA 水平。连杆与铅垂线的夹角为 θ，力与水平面成 β 角，求机构在图示位置保持平衡时力 $\boldsymbol{P}$ 的值。（不计机构自重，$\theta>\varphi_m=\arctan f$）

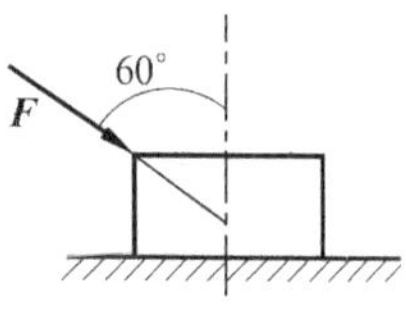

习题 3-40 图

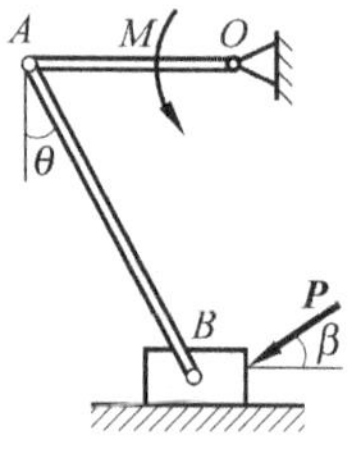

习题 3-41 图

*3-42 某人骑自行车匀速上一坡度为 5% 的斜坡，如图所示。人与自行车总重力大小为 820N，重心在点 G。若不计前轮的摩擦，且后轮处于滑动的

临界状态,求后轮与路面静摩擦因数为多大?若静摩擦因数加倍,加在后轮上的摩擦力为多大?为什么可忽略前轮的摩擦力?

*3-43 匀质杆 AB 和 BC 在 B 端铰接,A 端铰接在墙上,C 端靠在墙上,如图所示。墙与 C 端接触处的摩擦因数 $f=0.5$,两杆长度相等并重力相同,试确定平衡时的最大角 θ。铰链中的摩擦忽略不计。

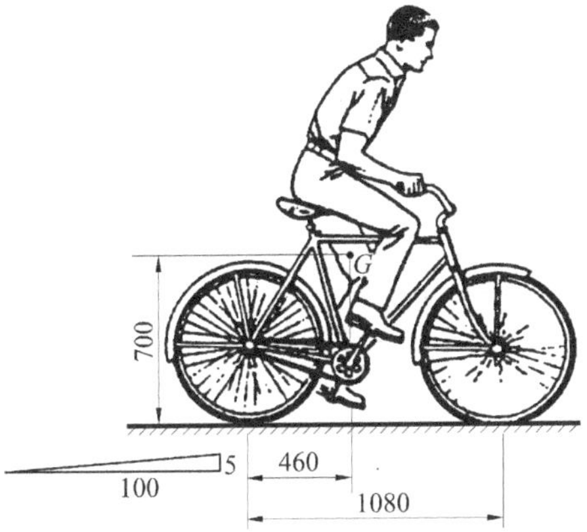

习题 3-42 图

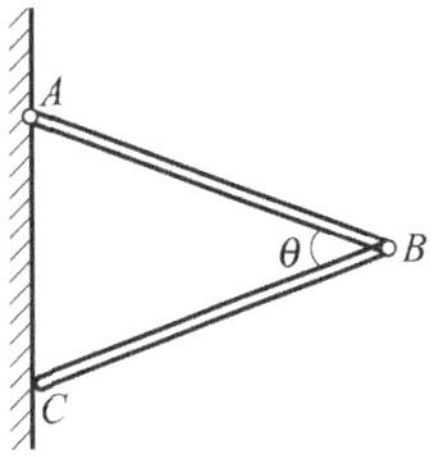

习题 3-43 图

3-44 如图所示,圆柱体 A 与方块 B 均重 100N,置于倾角为 30°的斜面上,若所有接触处的摩擦因数相同,$f_s=0.5$,试求保持系统平衡所需的力 $\boldsymbol{F}_1$ 的最小值。

*3-45 如图所示,均质圆柱重 W,半径为 r,搁在不计自重的水平杆和固定斜面之间。杆 A 端为光滑铰链,D 端受一铅垂向上的力 $\boldsymbol{F}$ 作用,圆柱上作用一力偶,已知 $F=W$,圆柱与杆和斜面间的静滑动摩擦因数 f_s 皆为 0.3,不计滚动阻碍。当 $\alpha=45°$时,$AB=BD$,试求此时能保持系统静止的力偶矩 M 的最小值。

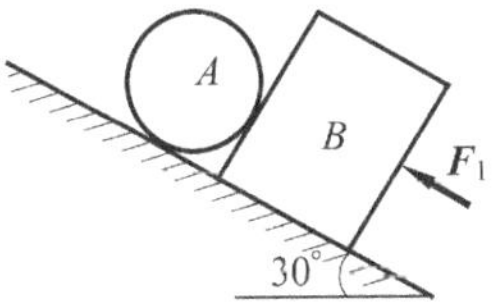

习题 3-44 图

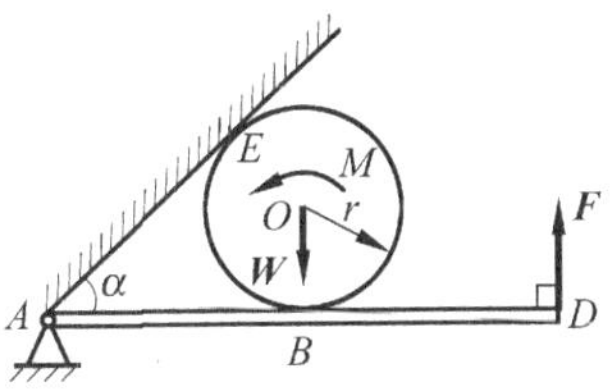

习题 3-45 图

*3-46 如图所示，靠摩擦力抓取重物的抓具由弯杆 ABC 和 DEF 组成，两根弯杆由 BE 杆的 B、E 两处用铰链连接，抓具各部分的尺寸如图示。试求为了抓取重物，抓具与重物之间的静摩擦因数应为多大(BE 的尺寸不计)?

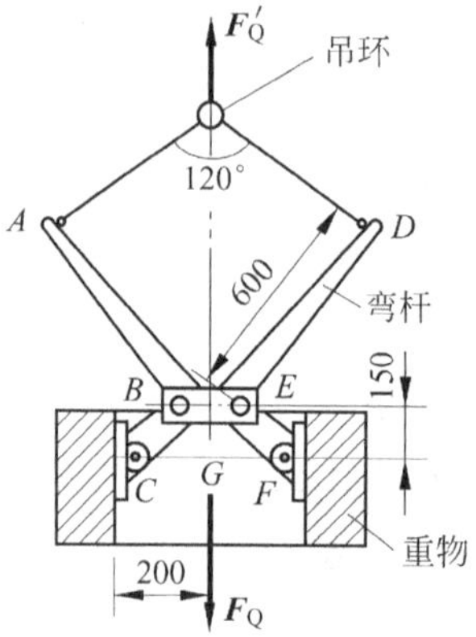

习题 3-46 图

第2篇　工程运动学基础

工程运动学涉及工程运动分析的基本概念、基本理论和基本方法。这些内容不仅是工程运动学的基础，而且也是工程动力学(dynamics)的基础。

运动学的研究对象是点和刚体。工程运动学的分析方法主要是矢量方法。

第4章 运动分析基础

运动学(kinematics)研究物体在空间的位置随时间的变化,即物体的运动,但是不涉及引起运动的原因。

物体的运动都是相对的,因此研究物体的运动必须指明参考体和参考系。

物体运动的位移、速度和加速度都是矢量,因此研究运动学采用矢量方法。一般情形下,这些矢量的大小和方向会随着时间的变化而变化,因而称为变矢量。变矢量运算与常矢量运算有相同之处,也有不同之处,这是学习运动学的难点。

4.1 点的运动学

点的运动学是研究一般物体运动的基础,本节将研究点相对于某一参考系的几何位置随时间变化的规律,包括点的运动方程、运动轨迹、速度和加速度等。

4.1.1 参考系

根据运动的相对性,研究物体的运动,必须选取另一个物体作为参考,这一物体称为**参考体**(reference body),与参考体固连的坐标系称为**参考系**(reference system)。参考体总是一个大小有限的物体,而参考系则应理解为与参考体固连的整个坐标空间。例如,若以地球作为参考体,研究行星的运动,对于所研究的行星而言,地球是遥远而不可及的,但是与地球固连的参考系却可以延伸到所研究的行星处。

4.1.2 位矢、速度和加速度

点(point)的运动主要有**直线运动**(rectilinear motion)和**曲线运动**(curvilinear motion)两种。后者又有平面曲线运动和空间曲线运动之分。

1. 描述点运动的矢量法

(1) 运动方程

考察定参考系中,沿空间曲线运动的点 M(图 4-1)。自坐标原点 O 向点 M 作矢量 $\boldsymbol{r}$,称为点 M 对于原点 O 的**位置矢量**(position vector),简称**位矢**。当点 M 运动时,位矢 $\boldsymbol{r}$ 也随该点一起运动,且为时间 t 的单值函数:

$$\boldsymbol{r} = \boldsymbol{r}(t) \tag{4-1}$$

因此,位矢为变矢量。

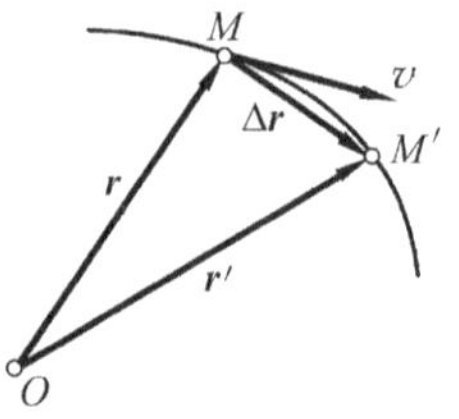

图 4-1 点的运动

$\boldsymbol{r}=\boldsymbol{r}(t)$是用变矢量表示的点的运动方程。点 M 在运动过程中,其位置矢量的端点描绘出一条连续曲线,称为**位矢端图**(hodograph of position vector)。显然,位矢端图就是点 M 的运动**轨迹**(trajectory)。

(2) 速度

在时间间隔 Δt 内,点由位置 M 运动到 M',其位矢的改变量称为点的**位移**(displacement),即

$$\Delta\boldsymbol{r} = \boldsymbol{r}' - \boldsymbol{r}$$

点 M 的**速度**(velocity)为

$$\boldsymbol{v} = \lim_{\Delta t\to 0}\frac{\Delta\boldsymbol{r}}{\Delta t} = \frac{\mathrm{d}\boldsymbol{r}}{\mathrm{d}t} = \dot{\boldsymbol{r}} \tag{4-2}$$

其方向沿轨迹切线方向,指向点的运动方向。

(3) 加速度

由式(4-2)得点 M 的**加速度**(acceleration)为

$$\boldsymbol{a} = \dot{\boldsymbol{v}} = \ddot{\boldsymbol{r}} \tag{4-3}$$

显然,速度$\boldsymbol{v}$ 和加速度 $\boldsymbol{a}$ 也都是变矢量。

2. 描述点运动的直角坐标法

(1) 运动方程

考察直角坐标系 $Oxyz$ 中的动点 M,如图 4-2 所示,其在空间的位置既可用相对于坐标原点 O 的位矢 $\boldsymbol{r}$ 表示,也可用点 M 在直角坐标系中的三个坐标 x,y,z 表示。

位矢 $\boldsymbol{r}$ 与直角坐标 x,y,z 有如下关系:

$$\boldsymbol{r} = x\boldsymbol{i} + y\boldsymbol{j} + z\boldsymbol{k} \tag{4-4}$$

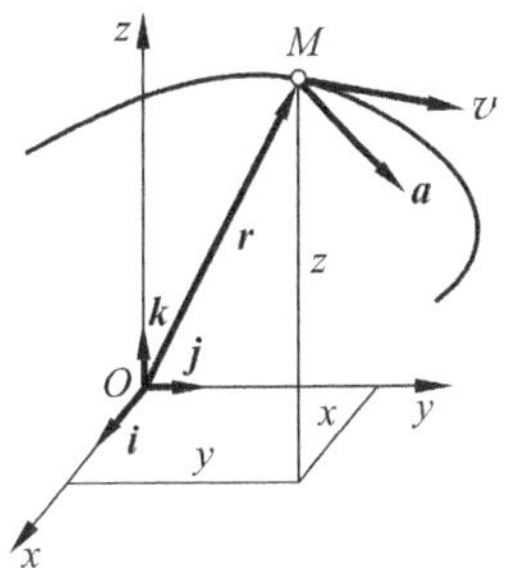

图 4-2　用直角坐标表示点的运动

由于 $\boldsymbol{r}$ 为时间的单值连续函数，所以 x,y,z 也是时间的单值连续函数。即

$$\left.\begin{aligned} x &= f_1(t) \\ y &= f_2(t) \\ z &= f_3(t) \end{aligned}\right\} \tag{4-5}$$

式(4-5)是以时间 t 为参数的方程，称为动点**以直角坐标表示的运动方程**。它确定了任一瞬时点 M 在空间的位置，若消去参数 t，得到的关于 x,y,z 的函数方程

$$\left.\begin{aligned} f_1(x,z) &= 0 \\ f_2(y,z) &= 0 \end{aligned}\right\} \tag{4-6}$$

即为动点的**轨迹方程**。

(2) 速度

将式(4-4)代入式(4-2)，由于三个沿定坐标轴的单位矢量 $\boldsymbol{i},\boldsymbol{j},\boldsymbol{k}$ 为常矢量，故有

$$\boldsymbol{v} = \frac{\mathrm{d}\boldsymbol{r}}{\mathrm{d}t} = \frac{\mathrm{d}x}{\mathrm{d}t}\boldsymbol{i} + \frac{\mathrm{d}y}{\mathrm{d}t}\boldsymbol{j} + \frac{\mathrm{d}z}{\mathrm{d}t}\boldsymbol{k} \tag{4-7}$$

设速度 $\boldsymbol{v}$ 在直角坐标轴上的投影为 v_x,v_y,v_z，分别表示沿 x,y,z 方向的速度分量，则

$$\boldsymbol{v} = v_x\boldsymbol{i} + v_y\boldsymbol{j} + v_z\boldsymbol{k} \tag{4-8}$$

比较式(4-7)和式(4-8)，得

$$\left.\begin{aligned} v_x &= \frac{\mathrm{d}x}{\mathrm{d}t} = \dot{x} \\ v_y &= \frac{\mathrm{d}y}{\mathrm{d}t} = \dot{y} \\ v_z &= \frac{\mathrm{d}z}{\mathrm{d}t} = \dot{z} \end{aligned}\right\} \tag{4-9}$$

因此，速度在各直角坐标轴上的投影等于动点的各坐标对时间的一阶导数。

(3) 加速度

同理，将式(4-8)代入式(4-3)，并设 a_x, a_y, a_z 为加速度在直角坐标轴上的投影，则

$$\boldsymbol{a}=\frac{\mathrm{d}\boldsymbol{v}}{\mathrm{d}t}=\frac{\mathrm{d}v_x}{\mathrm{d}t}\boldsymbol{i}+\frac{\mathrm{d}v_y}{\mathrm{d}t}\boldsymbol{j}+\frac{\mathrm{d}v_z}{\mathrm{d}t}\boldsymbol{k}=a_x\boldsymbol{i}+a_y\boldsymbol{j}+a_z\boldsymbol{k} \tag{4-10}$$

且

$$\left.\begin{aligned} a_x&=\frac{\mathrm{d}v_x}{\mathrm{d}t}=\frac{\mathrm{d}^2x}{\mathrm{d}t}=\ddot{x}\\ a_y&=\frac{\mathrm{d}v_y}{\mathrm{d}t}=\frac{\mathrm{d}^2y}{\mathrm{d}t}=\ddot{y}\\ a_z&=\frac{\mathrm{d}v_z}{\mathrm{d}t}=\frac{\mathrm{d}^2z}{\mathrm{d}t}=\ddot{z}\end{aligned}\right\} \tag{4-11}$$

因此，加速度在各直角坐标轴上的投影等于动点的各坐标对时间的二阶导数。

例题 4-1 在如图 4-3 所示机构中，曲柄 OB 沿逆时针方向转动，并带动杆 AC 上点 A 在水平滑槽内运动。已知：$AB=OB=20\text{cm}$，$BC=40\text{cm}$，曲柄 OB 与铅直线的夹角 $\varphi=\omega t$(t 以 s 计)。试分析杆 AC 上点 C 的运动轨迹，并计算当 $\varphi=\frac{\pi}{2}$ 时，点 C 的速度和加速度。

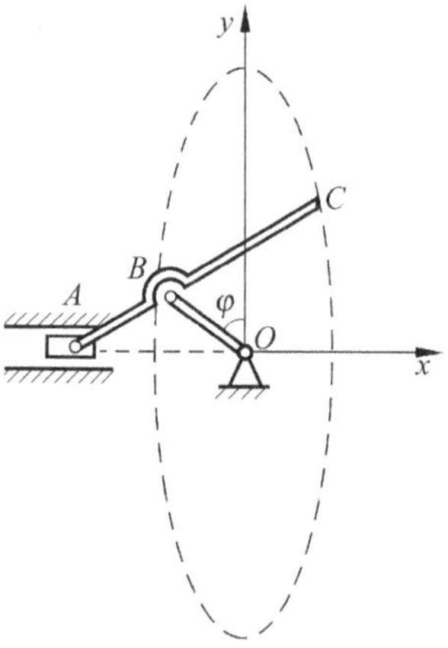

图 4-3 例题 4-1 图

解：因为点 C 的运动轨迹未知，故宜采用直角坐标法。

以点 C 为研究对象，建立图示直角坐标系 Oxy。依题意可知：在任意瞬时 t，曲柄 OB 与 y 轴间的夹角 $\varphi=\omega t$，且△OBA 为等腰三角形，$\angle BAO=\angle BOA=\frac{\pi}{2}-\varphi$。于是，由几何关系可得点 C 的运动方程为

$$\begin{cases} x=AC\cos\left(\dfrac{\pi}{2}-\varphi\right)-(AB+OB)\cos\left(\dfrac{\pi}{2}-\varphi\right)=20\sin\omega t\\ y=AC\sin\left(\dfrac{\pi}{2}-\varphi\right)=60\cos\omega t\end{cases}$$

消去时间 t 便得到其轨迹方程：

$$\frac{x^2}{(20)^2}+\frac{y^2}{(60)^2}=1$$

这是标准的椭圆方程，可见点 C 的轨迹为椭圆(图 4-2 中虚线所示)。

将运动方程对时间求导，可得 C 点速度为

$$\begin{cases}v_x=\dot{x}=20\omega\cos\omega t\\ v_y=\dot{y}=-60\omega\sin\omega t\end{cases}$$

将速度对时间求导，可得 C 点的加速度为

$$\begin{cases}a_x=\ddot{x}=-20\omega^2\sin\omega t\\ a_y=\ddot{y}=-60\omega^2\cos\omega t\end{cases}$$

当 $\varphi=\omega t=\frac{\pi}{2}$ 时，

$$v_x=0,\quad v_y=-60\omega(\mathrm{cm/s})$$

$$a_x=-20\omega^2(\mathrm{cm/s^2}),\quad a_y=0$$

即当 $\varphi=\frac{\pi}{2}$ 时，点 C 的速度为

$$v=\sqrt{v_x^2+v_y^2}=60\omega(\mathrm{cm/s})\quad (\text{沿 } y \text{ 轴负向})$$

加速度为

$$a=\sqrt{a_x^2+a_y^2}=20\omega^2(\mathrm{cm/s^2})\quad (\text{沿 } x \text{ 轴负向})$$

本例讨论：在建立运动方程时，应将动点放在任意位置，使所建立的运动方程在动点的整个运动过程中都适用。坐标系的坐标原点应为固定不动的点。

3. 描述点运动的弧坐标法

在实际工程及现实生活中，动点的轨迹往往是已知的，如运行的列车、运转机件上的某一点等。此时可利用点的运动轨迹建立弧坐标及自然轴坐标系，并以此来描述和分析点的运动。

(1) 运动方程

设动点 M 沿已知轨迹运动，如图 4-4 所示。在曲线轨迹上任选一参考点 O 作为原点，并设原点 O 的某一侧为正向，另一侧为负向，则动点 M 在轨迹上任一瞬时的位置就可以用弧长$\overset{\frown}{OM}$加正负号来确定。规定了正负号的弧长称为动点 M 的**弧坐标**(arc coordinate of a directed curve)，以 s 表示。显然，动点 M 运动时弧坐标 s 是时间 t 的单值连续函数，即

$$s=f(t) \tag{4-12}$$

上式表示动点沿已知轨迹的运动规律，称为**动点以弧坐标**表示的运动方程。

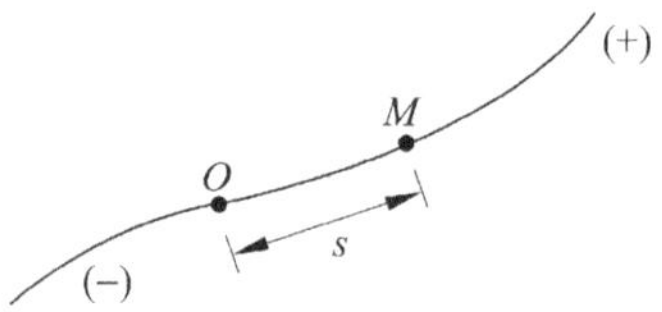

图 4-4 点运动的弧坐标

(2) 速度

如图 4-5 所示，设动点在瞬时 t 位于曲线的 M 点，其弧坐标为 s，经过时间间隔 Δt 后，动点运动到曲线的 M'点，弧坐标的增量为 Δs，其弧坐标为 $s'=s+\Delta s$，位矢的增量为 $\Delta \boldsymbol{r}$。根据式(4-2)，并注意到当 $\Delta t\to 0$ 时，$\Delta s\to 0$，则动点的速度为

$$\boldsymbol{v}=\lim_{\Delta t\to 0}\frac{\Delta \boldsymbol{r}}{\Delta t}=\lim_{\Delta t\to 0}\frac{\Delta s}{\Delta t}\cdot\lim_{\Delta s\to 0}\frac{\Delta \boldsymbol{r}}{\Delta s}=\frac{\mathrm{d}s}{\mathrm{d}t}\cdot\lim_{\Delta s\to 0}\frac{\Delta \boldsymbol{r}}{\Delta s} \tag{4-13}$$

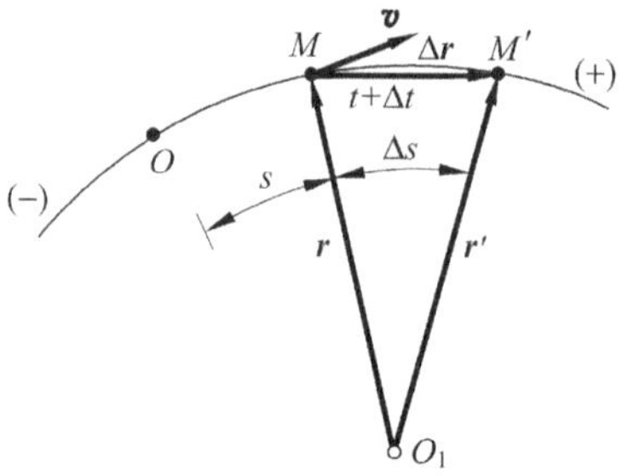

图 4-5 弧坐标下点的速度

当 $\Delta t\to 0$(M'点趋近于 M 点)时，$\lim\limits_{\Delta s\to 0}\left|\frac{\Delta \boldsymbol{r}}{\Delta s}\right|=1$，$\Delta \boldsymbol{r}$ 的方向则趋近于轨迹在 M 点的切线方向。若记切线方向的单位矢量为 $\boldsymbol{\tau}$，则有

$$\lim_{\Delta s\to 0}\frac{\Delta \boldsymbol{r}}{\Delta s}=\boldsymbol{\tau} \tag{4-14}$$

$\boldsymbol{\tau}$ 指向弧坐标 s 增加的方向，代入式(4-13)得动点的速度为

$$\boldsymbol{v}=v\boldsymbol{\tau}=\frac{\mathrm{d}s}{\mathrm{d}t}\boldsymbol{\tau} \tag{4-15}$$

上式表明：动点的速度是一个矢量，其在切向量 $\boldsymbol{\tau}$ 上的投影 v 等于弧坐标对时间的一阶导数，方向沿曲线的切线方向，用单位向量 $\boldsymbol{\tau}$ 表示。

(3) 加速度

将式(4-15)代入式(4-3)，得动点的加速度为

$$\boldsymbol{a}=\frac{\mathrm{d}\boldsymbol{v}}{\mathrm{d}t}=\frac{\mathrm{d}}{\mathrm{d}t}(v\boldsymbol{\tau})=\frac{\mathrm{d}v}{\mathrm{d}t}\boldsymbol{\tau}+v\frac{\mathrm{d}\boldsymbol{\tau}}{\mathrm{d}t} \tag{4-16}$$

由式(4-16)可知，速度的变化率由其大小(代数值 v)的变化率和方向(单位向量 $\boldsymbol{\tau}$)的变化率两部分组成。

若动点的轨迹为曲线，在瞬时 t，点 M 的切向单位矢量为 $\boldsymbol{\tau}$，经时间间隔 Δt，动点运动至 M' 点，该点的切向单位矢量为 $\boldsymbol{\tau}'$，如图 4-6(a)所示，切线方向转动了 $\Delta\varphi$ 角。在式(4-16)中

$$\frac{\mathrm{d}\boldsymbol{\tau}}{\mathrm{d}t}=\lim_{\Delta t\to 0}\frac{\Delta\boldsymbol{\tau}}{\Delta t}=\lim_{\Delta t\to 0}\frac{\boldsymbol{\tau}'-\boldsymbol{\tau}}{\Delta t}$$

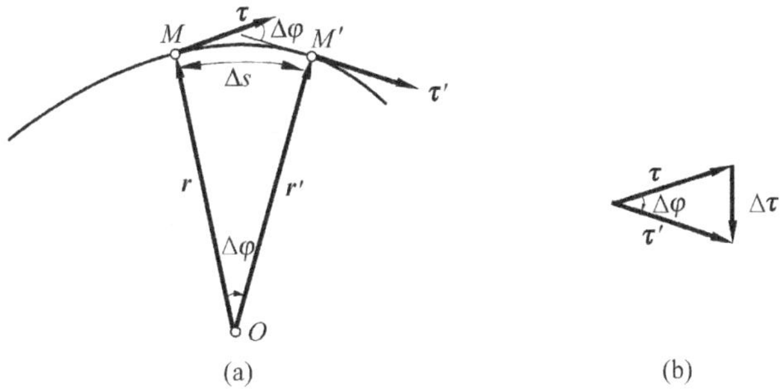

图 4-6　切向基矢量对时间的变化率

由图 4-6(b)知，$\Delta\boldsymbol{\tau}$ 的模为

$$|\Delta\boldsymbol{\tau}|=2|\boldsymbol{\tau}|\sin\frac{\Delta\varphi}{2}$$

则

$$\left|\frac{\mathrm{d}\boldsymbol{\tau}}{\mathrm{d}t}\right|=\lim_{\Delta t\to 0}\frac{2\sin\dfrac{\Delta\varphi}{2}}{\Delta t}=\lim_{\Delta t\to 0}\left[\frac{\Delta s}{\Delta t}\cdot\frac{\Delta\varphi}{\Delta s}\cdot\frac{\sin\dfrac{\Delta\varphi}{2}}{\dfrac{\Delta\varphi}{2}}\right]$$

$$=\lim_{\Delta t\to 0}\left|\frac{\Delta s}{\Delta t}\right|\cdot\lim_{\Delta s\to 0}\left|\frac{\Delta\varphi}{\Delta s}\right|\cdot\lim_{\Delta\varphi\to 0}\frac{\sin\dfrac{\Delta\varphi}{2}}{\dfrac{\Delta\varphi}{2}}$$

$$=|v|\cdot\frac{1}{\rho}\cdot 1=\frac{|v|}{\rho}$$

式中 $\dfrac{1}{\rho}=\lim\limits_{\Delta s\to 0}\left|\dfrac{\Delta\varphi}{\Delta s}\right|$，为轨迹在 M 点的曲率，ρ 为曲率半径。当 $\Delta t\to 0$ 时，

$\Delta\varphi\to0$，$\Delta\boldsymbol{\tau}$ 的方向趋近于轨迹在 M 点的法线方向，指向曲率中心。若指向曲率中心的法线方向单位矢量为 $\boldsymbol{n}$，则有

$$\frac{\mathrm{d}\boldsymbol{\tau}}{\mathrm{d}t}=\frac{v}{\rho}\boldsymbol{n} \tag{4-17}$$

于是

$$\boldsymbol{a}=\frac{\mathrm{d}v}{\mathrm{d}t}\boldsymbol{\tau}+\frac{v^2}{\rho}\boldsymbol{n} \tag{4-18}$$

上式右端第一项是反映速度大小变化的加速度，记为 $\boldsymbol{a}_t$；第二项是反映速度方向变化的加速度，记为 $\boldsymbol{a}_n$。

因为

$$\boldsymbol{a}_t=\frac{\mathrm{d}v}{\mathrm{d}t}\boldsymbol{\tau}=\dot{v}\boldsymbol{\tau}=\ddot{s}\boldsymbol{\tau} \tag{4-19}$$

是一沿轨迹切线的矢量，因此称为**切向加速度**(tangential acceleration)。若 $\frac{\mathrm{d}v}{\mathrm{d}t}\geqslant0$，则 $\boldsymbol{a}_t$ 指向轨迹的正向；若 $\frac{\mathrm{d}v}{\mathrm{d}t}<0$，$\boldsymbol{a}_t$ 指向轨迹的负向。令

$$a_t=\frac{\mathrm{d}v}{\mathrm{d}t}=\ddot{s} \tag{4-20}$$

a_t 为一代数量，是加速度 $\boldsymbol{a}$ 沿轨迹切向的投影。

因为

$$\boldsymbol{a}_n=\frac{v^2}{\rho}\boldsymbol{n} \tag{4-21}$$

是一沿轨迹法线指向曲率中心的矢量，因此称为**法向加速度**(normal acceleration)。令

$$a_n=\frac{v^2}{\rho} \tag{4-22}$$

a_n 为一代数量，是加速度 $\boldsymbol{a}$ 沿轨迹法向的投影，如图 4-7 所示。由 $\boldsymbol{a}$ 的两个正交分量 $\boldsymbol{a}_t$、$\boldsymbol{a}_n$，可求出 $\boldsymbol{a}$ 的大小和方向为

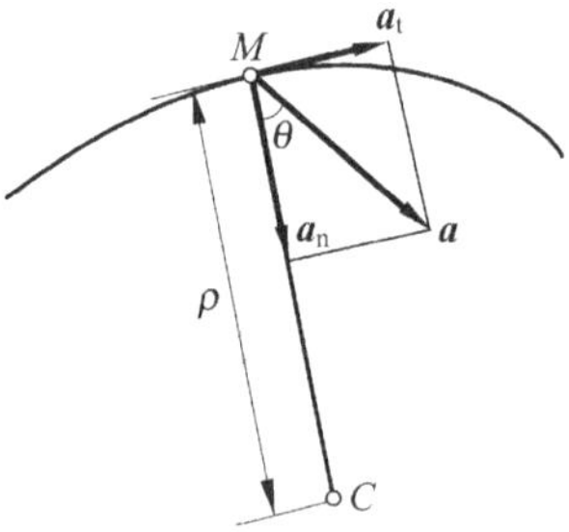

图 4-7 弧坐标下点的加速

$$\left.\begin{aligned}a&=\sqrt{a_t^2+a_n^2}=\sqrt{(\ddot{s})^2+\left(\frac{\dot{s}^2}{\rho}\right)^2}\\ \tan\theta&=\frac{|a_t|}{a_n}\end{aligned}\right\} \tag{4-23}$$

其中 θ 为 $(\boldsymbol{a},\boldsymbol{n})$ 的夹角。

4. 自然轴系

当运动轨迹为空间曲线时，弧坐标系中所得到的结论同样成立，只需将弧

坐标系扩展为自然轴系，并且注意到$\frac{\Delta\boldsymbol{\tau}}{\Delta t}$的极限位置位于在 P 点与运动轨迹相切的平面内，这一平面称为**密切面**(osculating plane)。通过 P 点可以作出相互垂直的三条直线：轨迹的**切线**(tangential)与**主法线**(normal)(二者均位于密切面内)以及**副法线**(binormal)(垂直于密切面)。沿切线、主法线和副法线三个方向的单位矢分别记为 $\boldsymbol{\tau}$、$\boldsymbol{n}$ 和 $\boldsymbol{b}$，如图 4-8 所示。$\boldsymbol{\tau}$ 指向弧坐标增加的方向；$\boldsymbol{n}$ 指向曲率中心；$\boldsymbol{b}$ 的方向由 $\boldsymbol{b}=\boldsymbol{\tau}\times\boldsymbol{n}$ 确定。上述三个相互正交的轴线构成了随时间变化的直角坐标系，称为**自然轴系**(trihedral axes of a space curve)。在自然轴系中上述关于速度和加速度的公式和结论均成立。而且，

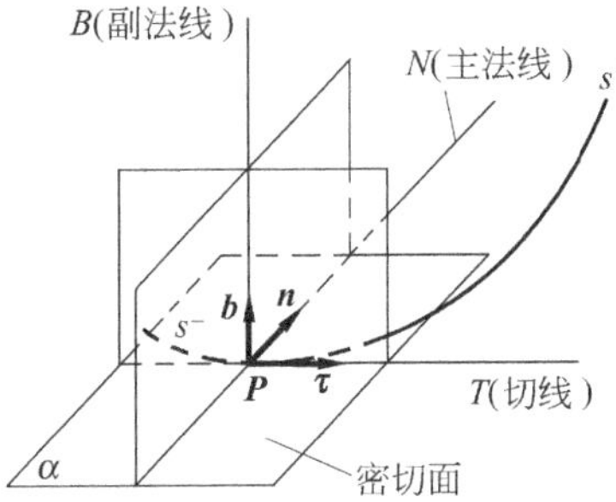

图 4-8　自然轴系及其基矢量

加速度在副法线方向的投影恒为零。

例题 4-2　确定例题 4-1 中 C 点的切向加速度、法向加速度的大小及轨迹的曲率半径。

解：由例题 4-1 得知点 C 的速度、加速度的大小分别为

$$v = 20\omega\sqrt{1+8\sin^2\omega t}$$

$$a = 20\omega^2\sqrt{1+8\cos^2\omega t}$$

由式(4-20)、式(4-23)可得切向加速度和法向加速度的大小分别为

$$a_t = \frac{\mathrm{d}v}{\mathrm{d}t} = 80\omega^2\frac{\sin 2\omega t}{\sqrt{1+8\sin^2\omega t}}$$

$$a_n = \sqrt{a^2-a_t^2} = 20\omega^2\sqrt{(1+8\cos^2\omega t)-\frac{16\sin^2 2\omega t}{1+8\sin^2\omega t}}$$

$$= \frac{60\omega^2}{\sqrt{1+8\sin^2\omega t}}$$

由式(4-22)得轨迹的曲率半径为

$$\rho=\frac{v^2}{a_n}=\frac{400\omega^2(1+8\sin^2\omega t)}{\frac{60\omega^2}{\sqrt{1+8\sin^2\omega t}}}=\frac{20(1+8\sin^2\omega t)^{\frac{3}{2}}}{3}$$

当 $\varphi=\omega t=\frac{\pi}{2}$时，$\rho=180\text{cm}$。

例题 4-3 动点 M 由 A 点开始沿以 R 为半径的圆弧运动，动点到 A 点的距离 AM 以匀速 u 增加，求 M 点沿轨迹的运动方程和以 u,φ 表示的加速度。φ 为连线 AM 与直径 AB 间的夹角(图 4-9)。

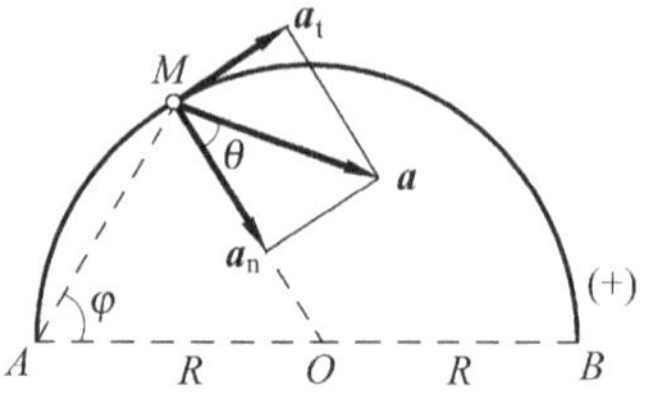

图 4-9 例题 4-3 图

解：因为点沿已知轨迹作曲线运动，故应用弧坐标法。

选 A 为弧坐标原点，并规定其正向如图所示。则 M 点的弧坐标为

$$s=R(\pi-2\varphi)$$

因为 $AM=2R\cos\varphi=ut$，故所求运动方程为

$$s=R\left(\pi-2\arccos\frac{ut}{2R}\right)$$

且有

$$\dot{\varphi}=-\frac{u}{2R\sin\varphi}$$

其中$\dot{\varphi}$为 M 点运动时，φ 角对时间的变化率。从而有

$$v=\dot{s}=-2R\dot{\varphi}=\frac{u}{\sin\varphi}$$

$$a_t=\dot{v}=-u\frac{\cos\varphi}{\sin^2\varphi}\dot{\varphi}=u\frac{\cos\varphi}{\sin^2\varphi}\cdot\frac{u}{2R\sin\varphi}=\frac{u^2\cos\varphi}{2R\sin^3\varphi}$$

$$a_n=\frac{v^2}{R}=\frac{u^2}{R\sin^2\varphi}$$

M 点加速度 $\boldsymbol{a}$ 的大小和方向为

$$a=\sqrt{a_t^2+a_n^2}=\frac{u^2}{2R\sin^3\varphi}\sqrt{\cos^2\varphi+4\sin^2\varphi}$$

$$\tan\theta=\frac{|a_t|}{a_n}=\frac{1}{2}\cot\varphi$$

式中，θ 为 $\boldsymbol{a}$ 与法向加速度的夹角。

例题 4-4 如图 4-10 所示，点 P 沿螺线自外向内运动，它走过的弧长与

时间的一次方成正比。关于该点的运动，有以下 4 种答案，请判断哪一个答案是正确的：

(A) 速度越来越快；

(B) 速度越来越慢；

(C) 加速度越来越大；

(D) 加速度越来越小。

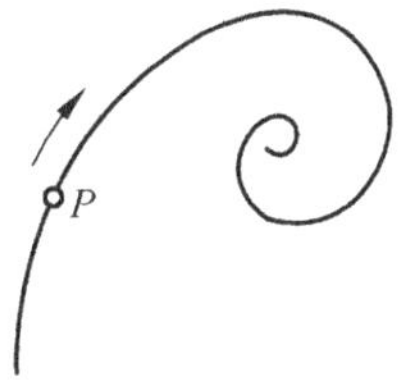

图 4-10 例题 4-4 图

解：因为运动轨迹的弧长与时间的一次方成正比，所以有

$$s = kt$$

其中 k 为比例常数。对时间求一次导数后得到

$$v = \dot{s} = k = \text{const}$$

可见该点作匀速运动，但这只是指速度的大小。由于运动的轨迹为曲线，速度的方向不断改变，所以，还需要作加速度分析。于是，有

$$a_{\mathrm{t}} = \frac{\mathrm{d}v}{\mathrm{d}t} = 0$$

$$a_{\mathrm{n}} = \frac{v^2}{\rho}$$

总加速度

$$a = \sqrt{(a_{\mathrm{t}})^2 + (a_{\mathrm{n}})^2} = a_{\mathrm{n}} = \frac{v^2}{\rho}$$

当点由外向内运动时，运动轨迹的曲率半径 ρ 逐渐变小，所以加速度 a 越来越大，正确的答案是(C)。

4.2 刚体的简单运动

4.2.1 平移

刚体运动时，如果其上任意直线永远平行于其初始位置，这种运动称为刚体的**平行移动**(translation)，简称**平移**或**平动**。如图 4-11 所示的摆式筛砂机筛子 AB 的运动。

若在平移刚体内任选两点 A、B(图 4-12)，令点 A、B 的位矢分别为 $\boldsymbol{r}_A$ 和 $\boldsymbol{r}_B$，则两条位矢端图就是这两点的运动轨迹。根据图中的几何关系，有

$$\boldsymbol{r}_A = \boldsymbol{r}_B + \boldsymbol{r}_{BA}$$

根据刚体平移的定义，$\boldsymbol{r}_{BA}$ 为常矢量，即

$$\frac{\mathrm{d}\boldsymbol{r}_{BA}}{\mathrm{d}t} = 0$$

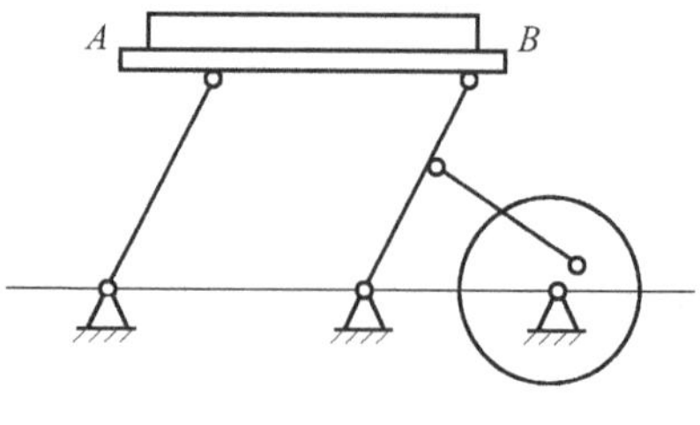

图 4-11 摆式筛砂机

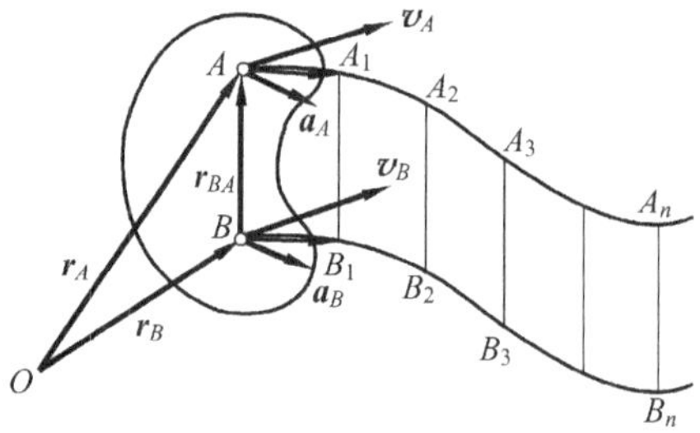

图 4-12 刚体平移

故有

$$\dot{\boldsymbol{r}}_A = \dot{\boldsymbol{r}}_B$$

即

$$\boldsymbol{v}_A = \boldsymbol{v}_B \tag{4-24}$$

类似地，有

$$\dot{\boldsymbol{v}}_A = \dot{\boldsymbol{v}}_B$$

即

$$\boldsymbol{a}_A = \boldsymbol{a}_B \tag{4-25}$$

式(4-24)和式(4-25)表明：平移时，同一瞬时，刚体上各点的速度相同，各点的加速度也相同。因此刚体平移时，可以用刚体上任一点(例如质心)的运动表示刚体的运动。于是，研究平移刚体的运动可归结为研究点的运动。

4.2.2 定轴转动

刚体运动时，若其上(或其扩展部分)有一条直线始终保持不动，则称这种运动为**定轴转动**(fixed-axis rotation)，这条固定的直线称为**转轴**(图 4-13)。轴线上各点的速度和加速度均恒为零，其他各点均围绕轴线作圆周运动。例如，电机转子、机床主轴、传动轴等的运动都是定轴转动。

1. 转动方程

设有一刚体绕定轴 z 转动，如图 4-13 所示，为确定刚体在任一瞬时的位置，可通过转轴 z 作两个平面：平面Ⅰ固定不动，称为定平面；平面Ⅱ与刚体固连，随刚体一起转动，称为动平面。

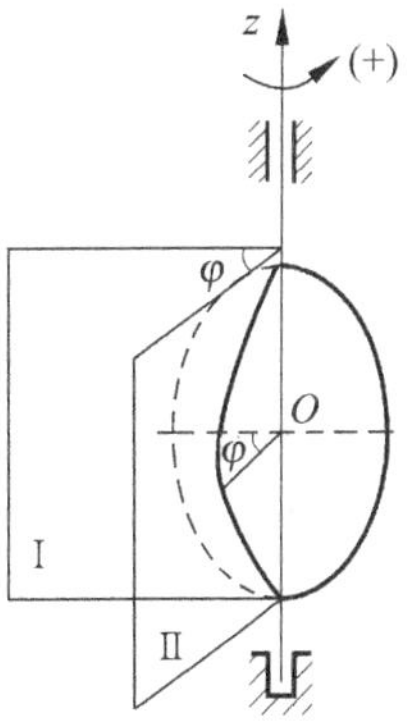

图 4-13　刚体定轴转动

任一瞬时刚体的位置，可以由动平面Ⅱ与定平面Ⅰ的夹角 φ 确定。角 φ 称为**转角**，单位是弧度(rad)，为代数量，其正负号的规定如下：从转轴的正向向负向看，逆时针方向为正；反之为负。当刚体转动时，转角 φ 随时间 t 变化，它是时间的单值连续函数，即

$$\varphi = f(t) \tag{4-26}$$

上式称为刚体的**转动方程**，它反映了刚体绕定轴转动的规律，如果已知函数 $f(t)$，则刚体任一瞬时的位置可以确定。

2. 角速度(angular velocity)

为度量刚体转动的快慢和转动方向，引入角速度的概念。设在时间间隔 Δt 内，刚体转角的改变量为 $\Delta\varphi$，则刚体的瞬时角速度定义为

$$\omega = \lim_{\Delta t \to 0} \frac{\Delta\varphi}{\Delta t} = \frac{\mathrm{d}\varphi}{\mathrm{d}t} = \dot{\varphi} \tag{4-27}$$

即刚体的角速度等于转角对时间的一阶导数。

定轴转动刚体的角速度是一个代数量，其正、负号分别对应于刚体沿转角 φ 增大、减小的方向转动，角速度的单位是 rad/s(弧度/秒)，在工程中很多情况经常用转速 n(r/min)来表示刚体转动的快慢，ω 与 n 之间的换算关系为

$$\omega = \frac{2n\pi}{60} = \frac{n\pi}{30} \tag{4-28}$$

3. 角加速度(angular acceleration)

为度量定轴转动刚体角速度变化的快慢和转向，引入角加速度的概念。在时间间隔 Δt 内，转动刚体角速度的变化量是 $\Delta\omega$，则刚体的瞬时角加速度定义为

$$\alpha = \lim_{\Delta t \to 0} \frac{\Delta\omega}{\Delta t} = \frac{\mathrm{d}\omega}{\mathrm{d}t} = \dot{\omega} = \ddot{\varphi} \tag{4-29}$$

即刚体的角加速度等于角速度对时间的一阶导数，也等于转角对时间的二阶

导数。角加速度 α 的单位为 rad/s^2。

角加速度，同样是代数量，但它的方向并不代表刚体的转动方向。当 α 与 ω 同号时，表示角速度绝对值增大，刚体作加速转动；反之，当 α 与 ω 异号时，刚体作减速转动。

角速度和角加速度都是描述刚体整体运动的物理量。

例题 4-5 计算机硬盘驱动器的马达以匀变速转动，启动后为了能尽快达到最大工作转速，要求在 3s 内转速从 0 增加到 3000r/min，求马达的角加速度及转过的转数。

解：马达的初始角速度为 $\omega_0=0$，3s 后角速度为

$$\omega=\frac{\pi n}{30}=\frac{3000\pi}{30}=100\pi(\mathrm{rad/s})$$

根据式(4-29)，得

$$\alpha=\frac{\mathrm{d}\omega}{\mathrm{d}t}=\mathrm{const}$$

对上式积分后有

$$\int_0^3\alpha\mathrm{d}t=\int_0^{100\pi}\mathrm{d}\omega$$

$$\alpha=\frac{100\pi}{3}(\mathrm{rad/s^2})$$

因为

$$\alpha=\frac{\mathrm{d}\omega}{\mathrm{d}t}=\frac{\mathrm{d}\omega}{\mathrm{d}\varphi}\cdot\frac{\mathrm{d}\varphi}{\mathrm{d}t}=\omega\cdot\frac{\mathrm{d}\omega}{\mathrm{d}\varphi}$$

所以有

$$\int_0^{\varphi}\alpha\mathrm{d}\varphi=\int_0^{100\pi}\omega\mathrm{d}\omega$$

积分上式，得

$$\alpha\varphi=\frac{1}{2}\omega^2\Big|_0^{100\pi}$$

$$\varphi=\frac{1}{2}\times\frac{3}{100\pi}\times(100\pi)^2=150\pi(\mathrm{rad})$$

转过的转数 N 为

$$N=\frac{\varphi}{2\pi}=\frac{150\pi}{2\pi}=75(\text{转})$$

所以，要求马达启动后 3s 内达到 3000r/min，就必须有 $\alpha=\frac{100\pi}{3}\mathrm{rad/s^2}$ 的角加速度，在这段时间内马达共转过 75 转。

4. 定轴转动刚体上各点的速度和加速度

刚体作定轴转动时，其上各点都在垂直于转轴的平面内作圆周运动。在转动刚体上任取一点 M，设其到转轴 O 的垂直距离为 r，如图 4-14 所示，显然，点 M 的运动是以 O 为圆心、r 为半径的圆周运动。若转动刚体的角速度为 ω，角加速度为 α，且与此时 M 点重合的固定位置为弧坐标原点，则当刚体转过角度 φ，M 点转动到 M' 点时，点 M 的弧坐标为

$$s = r\varphi \tag{4-30}$$

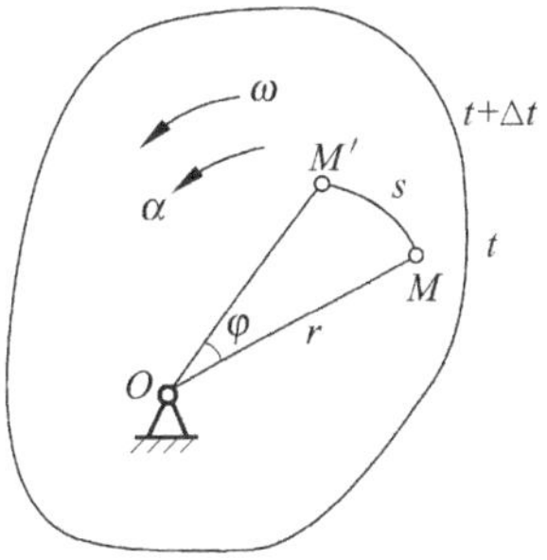

图 4-14　转动刚体上 M 点的运动分析

由式(4-15)可得点 M 速度的大小为

$$v = \frac{\mathrm{d}s}{\mathrm{d}t} = \frac{\mathrm{d}}{\mathrm{d}t}(r\varphi) = r\frac{\mathrm{d}\varphi}{\mathrm{d}t} = r\omega \tag{4-31}$$

这表明：某瞬时转动刚体内任一点的速度大小等于该点的转动半径与该瞬时刚体角速度的乘积，速度方向沿着圆周的切线方向，指向刚体的转动方向。

根据式(4-20)、式(4-22)，可得 M 点的切向加速度和法向加速度：

$$a_{\mathrm{t}} = \frac{\mathrm{d}v}{\mathrm{d}t} = \frac{\mathrm{d}}{\mathrm{d}t}(r\omega) = r\frac{\mathrm{d}\omega}{\mathrm{d}t} = r\alpha \tag{4-32}$$

$$a_{\mathrm{n}} = \frac{v^2}{\rho} = \frac{(r\omega)^2}{r} = r\omega^2 \tag{4-33}$$

上述结果表明，转动刚体上任一点切向加速度的大小，等于该点的转动半径与该瞬时刚体角加速度的乘积，方向与转动半径垂直，指向与角加速度的转向一致；法向加速度的大小等于该点的转动半径与该瞬时刚体角速度平方的乘积，方向指向转动中心。

所以刚体上任一 M 点的加速度为

$$\left.\begin{aligned} a &= \sqrt{a_{\mathrm{t}}^2 + a_{\mathrm{n}}^2} = r\sqrt{\alpha^2 + \omega^4} \\ \text{方向}\quad \tan\theta &= \frac{|a_{\mathrm{t}}|}{a_{\mathrm{n}}} = \frac{|\alpha|}{\omega^2} \end{aligned}\right\} \tag{4-34}$$

式中 θ 为加速度与法向加速度的夹角。

根据公式(4-31)与式(4-34)可得以下结论：

① 在任意瞬时，转动刚体内各点的速度、切向加速度、法向加速度和加速度的大小与各点的转动半径成正比。

② 在任意瞬时，转动刚体内各点的速度方向与各点的转动半径垂直，各点的加速度方向与各点转动半径的夹角全部相同。所以，刚体内任一条通过且垂直于轴的直线上各点的速度和加速度呈线性分布，如图 4-15 所示。

例题 4-6 长为 a、宽为 b 的矩形平板 $ABDE$ 悬挂在两根长为 l，且相互平行的直杆上，如图 4-16 所示，板与杆之间用铰链 A、B 连接，二杆又分别用铰链 O_1、O_2 与固定的水平平面连接。已知杆 O_1A 的角速度与角加速度分别为 ω 和 α，试求板中心点 C 的运动轨迹、速度和加速度。

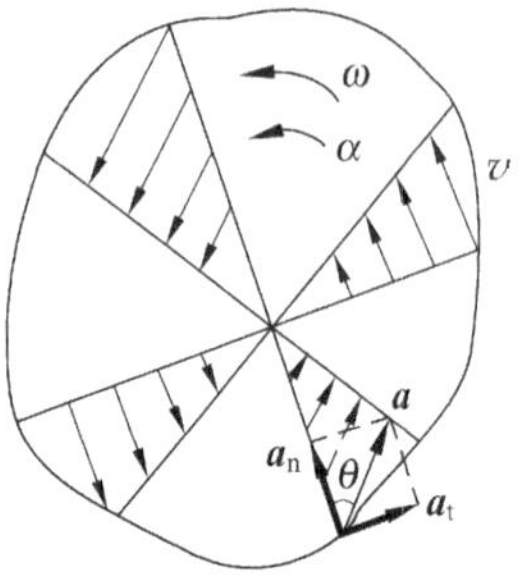

图 4-15 转动刚体上各点速度加速度分布

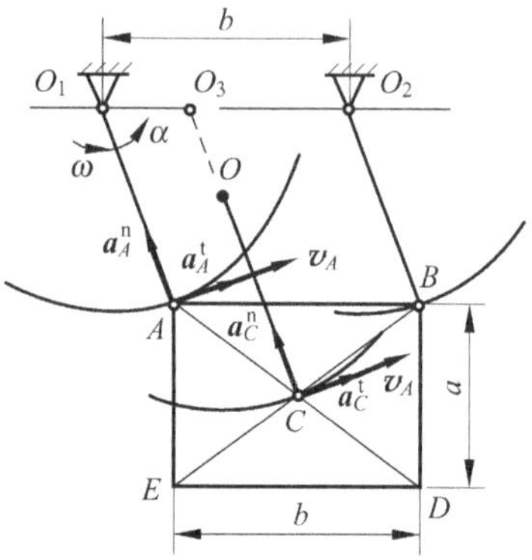

图 4-16 例题 4-6 图

解：分析杆与板的运动形式：二杆作定轴转动，板作平面平移。因此，点 C 与点 A 运动轨迹的形状、同一瞬时的速度与加速度均相同。

点 A 的运动轨迹为以点 O_1 为圆心、l 为半径的圆弧。为此，过点 C 作线段 CO，使 $CO /\!/ AO_1 = l$，点 C 的轨迹即为以点 O 为圆心，l 为半径的圆弧。而不是以点 O_1 为圆心或以点 O_3 为圆心的圆弧。

点 C 的速度与加速度大小分别为

$$v_C = v_A = \omega l$$

$$a_C = \sqrt{(a_C^t)^2 + (a_C^n)^2} = \sqrt{(\alpha l)^2 + (\omega^2 l)^2} = l\sqrt{\alpha^2 + \omega^4}$$

二者的方向分别如图 4-16 所示。

本例讨论：虽然平板上各点的运动轨迹均为圆，但是，平板并不作转动，而是作平移。因此,在分析中,需要注意刚体运动与刚体上点的运动的区别。

例题 4-7　如图 4-17 所示,杆 AC 以匀速 v_0 沿水平导槽向右运动,通过滑块 A 使长为 l 的杆 OB 绕 O 轴转动。已知 O 轴与导槽相距 h,试求杆 OB 的角速度、角加速度及 B 点的速度和加速度(设开始时杆 OB 处于铅垂位置)。

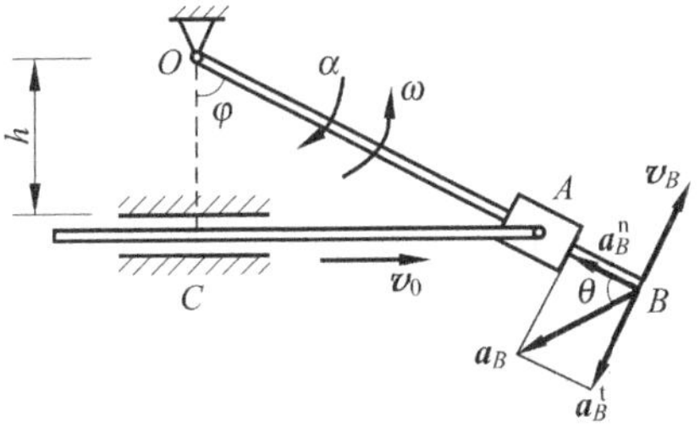

图 4-17　例题 4-7 图

解:此题为已知运动规律,求速度和加速度(微分问题),而运动方程须由已知条件建立。

由图可知,A 点到 C 点的距离与 AC 杆的速度和时间有关:

$$AC = v_0 t$$

设杆与铅垂线夹角为 φ,则

$$\tan\varphi = \frac{AC}{OC} = \frac{v_0 t}{h}$$

$$\varphi = \arctan\frac{v_0 t}{h} \tag{a}$$

将式(a)对时间 t 求导,得到

$$\omega = \dot{\varphi} = \frac{\frac{v_0}{h}}{1 + \frac{v_0^2 t^2}{h^2}} = \frac{v_0 h}{h^2 + v_0^2 t^2} \tag{b}$$

$$\alpha = \dot{\omega} = -\frac{2hv_0^3 t}{(h^2 + v_0^2 t^2)^2} \tag{c}$$

此为杆 OB 的角速度和角加速度方程,据此可以确定任一时刻杆 OB 的角速度和角加速度。应用式(4-31)、式(4-32)、式(4-33)、式(4-34),得到 B 点的速度、加速度分别为

$$v_B = l\omega = \frac{v_0 hl}{h^2 + v_0^2 t^2} \tag{d}$$

$$a_B^t = l\alpha = -\frac{2hv_0^3tl}{(h^2+v_0^2t^2)^2} \tag{e}$$

$$a_B^n = l\omega^2 = \frac{v_0^2h^2l}{(h^2+v_0^2t^2)^2} \tag{f}$$

$$\theta = \arctan\frac{|\alpha|}{\omega^2} = \arctan\frac{2v_0t}{h} \tag{g}$$

杆 OB 的角速度、角加速度的转向及 B 点的速度、加速度的方向如图 4-17 所示。

5. 用矢量表示角速度与角加速度

研究如图 4-18 所示的刚体定轴转动。图中，$Oxyz$ 为定参考系，轴 Oz 为刚体的转动轴。设转轴 Oz 的单位矢量为 $\boldsymbol{k}$，则刚体角速度与角加速度可以分

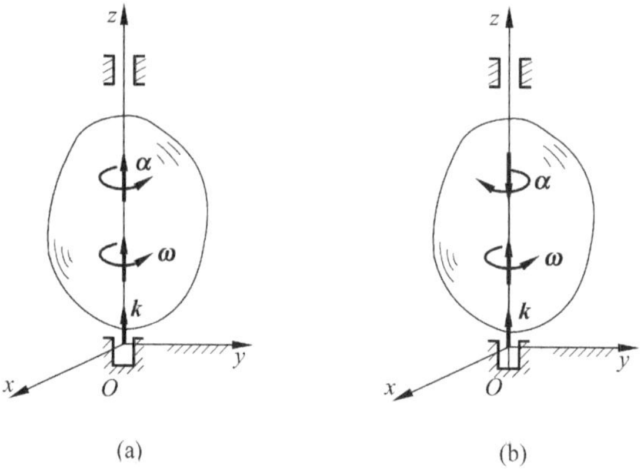

图 4-18　用矢量表示角速度和角加速度

别表示为矢量 $\boldsymbol{\omega}$ 和 $\boldsymbol{\alpha}$，称为**角速度矢量**和**角加速度矢量**。

$$\left.\begin{aligned}\boldsymbol{\omega} &= \omega\boldsymbol{k}\\ \boldsymbol{\alpha} &= \alpha\boldsymbol{k}\end{aligned}\right\} \tag{4-35}$$

若刚体加速转动，则 $\boldsymbol{\alpha}$ 与 $\boldsymbol{\omega}$ 同向(图 4-18(a))，若减速转动，则 $\boldsymbol{\alpha}$ 与 $\boldsymbol{\omega}$ 反向(图 4-18(b))。

6. 用矢积表示点的速度与加速度

刚体上某一点 P 的速度可以表示为角速度矢量与位矢的矢积(图 4-19)：

$$\boldsymbol{v}_P = \boldsymbol{\omega} \times \boldsymbol{r}_P \tag{4-36}$$

式中，$\boldsymbol{r}_P$ 为点 P 的位矢。可以验证，该式中速度 $\boldsymbol{v}_P$ 的模与式(4-31)相同。

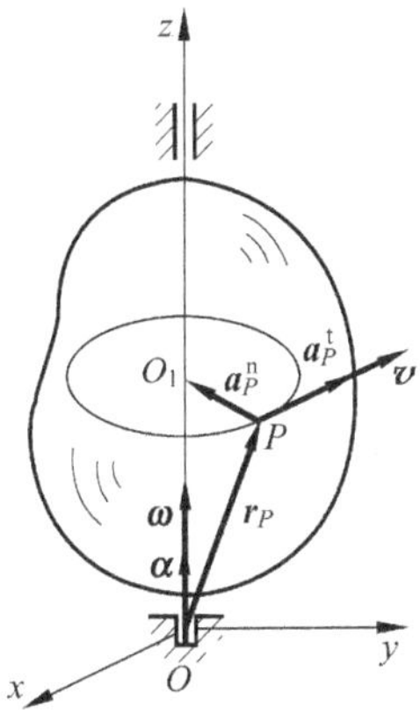

图 4-19　用矢积表示点的速度和加速度

将式(4-36)对时间求一次导数,得到点 P 的加速度:

$$\begin{aligned}\boldsymbol{a}_P &= \dot{\boldsymbol{v}}_P = \dot{\boldsymbol{\omega}} \times \boldsymbol{r}_P + \boldsymbol{\omega} \times \dot{\boldsymbol{r}}_P = \boldsymbol{\alpha} \times \boldsymbol{r}_P + \boldsymbol{\omega} \times \boldsymbol{v}_P \\ &= \boldsymbol{\alpha} \times \boldsymbol{r}_P + \boldsymbol{\omega} \times (\boldsymbol{\omega} \times \boldsymbol{r}_P) = \boldsymbol{a}_P^{t} + \boldsymbol{a}_P^{n} \end{aligned} \tag{4-37}$$

这表明,定轴转动刚体上某一点的加速度由两部分组成,即切向加速度 $\boldsymbol{a}_P^{t}$ 和法向加速度 $\boldsymbol{a}_P^{n}$。$\boldsymbol{a}_P^{t}$ 和 $\boldsymbol{a}_P^{n}$ 的模分别对应式(4-32)、式(4-33)中加速度的大小。

*7. 泊松公式

考察固连在刚体上的动系 $O_1x'y'z'$ 的单位矢量 $\boldsymbol{i}'$、$\boldsymbol{j}'$、$\boldsymbol{k}'$,其端点分别为 P_1、P_2、P_3(图 4-20 中未示出),根据式(4-2)得

$$\left.\begin{aligned} \boldsymbol{v}_{P1} &= \frac{\mathrm{d}\boldsymbol{i}'}{\mathrm{d}t} \\ \boldsymbol{v}_{P2} &= \frac{\mathrm{d}\boldsymbol{j}'}{\mathrm{d}t} \\ \boldsymbol{v}_{P3} &= \frac{\mathrm{d}\boldsymbol{k}'}{\mathrm{d}t} \end{aligned}\right\} \tag{a}$$

再由式(4-36)得

$$\left.\begin{aligned} \boldsymbol{v}_{P1} &= \boldsymbol{\omega} \times \boldsymbol{i}' \\ \boldsymbol{v}_{P2} &= \boldsymbol{\omega} \times \boldsymbol{j}' \\ \boldsymbol{v}_{P3} &= \boldsymbol{\omega} \times \boldsymbol{k}' \end{aligned}\right\} \tag{b}$$

于是,由式(a)和式(b),得到

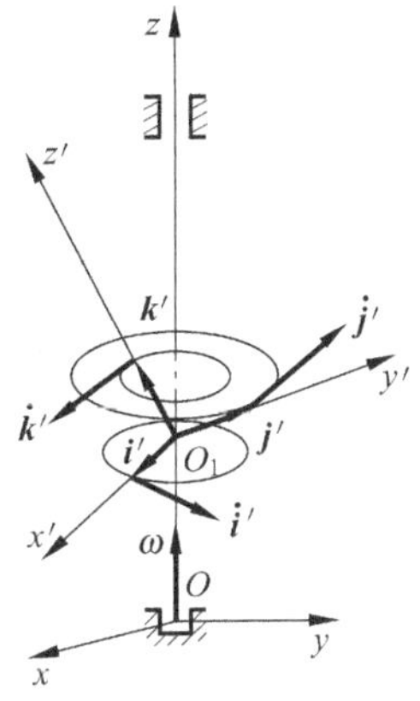

图 4-20　泊松公式推证

$$\left.\begin{aligned}\frac{\mathrm{d}\boldsymbol{i}'}{\mathrm{d}t} &= \boldsymbol{\omega}\times\boldsymbol{i}'\\ \frac{\mathrm{d}\boldsymbol{j}'}{\mathrm{d}t} &= \boldsymbol{\omega}\times\boldsymbol{j}'\\ \frac{\mathrm{d}\boldsymbol{k}'}{\mathrm{d}t} &= \boldsymbol{\omega}\times\boldsymbol{k}'\end{aligned}\right\} \tag{4-38}$$

上式称为**泊松公式**(Poisson formula)。

4.3 结论与讨论

4.3.1 点的运动学的两类应用问题

第一类是已知点的运动方程,确定点的速度和加速度,或者给出约束条件,确定点的运动方程,进而确定点的速度和加速度。第二类是已知点的加速度和运动初始条件,通过积分,确定点的速度和运动方程(轨迹)。

4.3.2 描述点的运动的不同方法

本章在物理学基础上对点的运动和刚体的简单运动作了进一步分析。着重讨论了点的运动轨迹、速度、加速度及其在直角坐标和弧坐标系中的表示方法。

工程中,对于某些问题,采用极坐标形式的运动学方程更方便些。例如,在图 4-21 中,(ρ,φ)为极坐标,$(\boldsymbol{e}_\rho,\boldsymbol{e}_\varphi)$为极坐标的单位矢量。其运动方程为

$$\rho = f_1(t), \quad \varphi = f_2(t) \tag{4-39}$$

速度为

$$\boldsymbol{v}_P = \dot{\rho}\boldsymbol{e}_\rho + \rho\dot{\varphi}\boldsymbol{e}_\varphi \tag{4-40}$$

加速度为

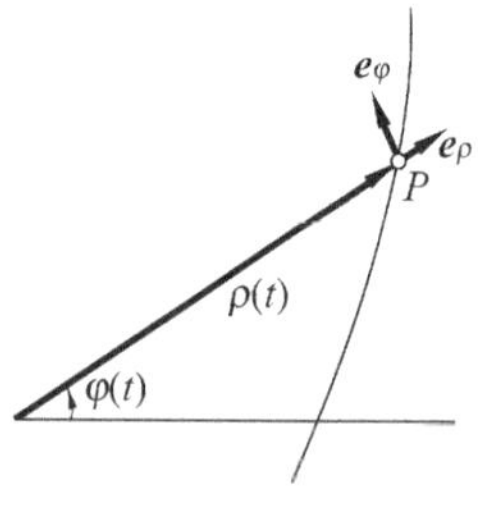

图 4-21 用极坐标描述点的运动

$$\boldsymbol{a}_P = (\ddot{\rho} - \rho\dot{\varphi}^2)\boldsymbol{e}_\rho + (\rho\ddot{\varphi} + 2\dot{\rho}\dot{\varphi})\boldsymbol{e}_\varphi \tag{4-41}$$

有兴趣的读者可以尝试应用矢量导数方法论证上述公式。

4.3.3　刚体简单运动分析中要注意的几个问题

① 根据刚体平移(包括直线平移和曲线平移)的特点,刚体平移运动分析可归结为其上一点的运动分析,因此点的运动分析是刚体平移运动分析的基础。

② 应该特别注意点的运动与刚体运动(注意刚体运动分类、定义及其特点)概念上的区别和联系,特别是定轴转动刚体的角速度、角加速度与刚体上任一点的速度和加速度含义的区别以及数值关系,并能熟练计算刚体上任一点的速度和加速度瞬时值。

③ 要将计算结果与点的运动性质联系起来。例如,对于如图 4-22 所示的瞬时点的运动,请读者判断: 在这 5 种速度与加速度的情形下,瞬时点的运动性质。这些运动是否都可实现?

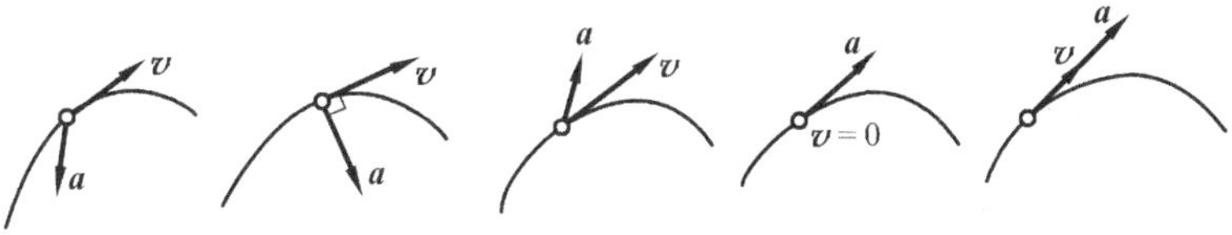

图 4-22　点的运动性质的判断

习题

4-1　小环 A 套在光滑的钢丝圈上运动,钢丝圈半径为 R(如图所示)。已知小环的初速度为 v_0,在运动过程中小环的速度和加速度成定角 θ,且 $0<\theta<\dfrac{\pi}{2}$,试确定小环 A 的运动规律。

4-2　已知运动方程如下,试画出轨迹曲线、不同瞬时点的 $\boldsymbol{v}$ 、$\boldsymbol{a}$ 图像,说明运动性质。

(1) $\begin{cases} x = 4t - 2t^2 \\ y = 3t - 1.5t^2 \end{cases}$,　(2) $\begin{cases} x = 3\sin t \\ y = 2\cos 2t \end{cases}$

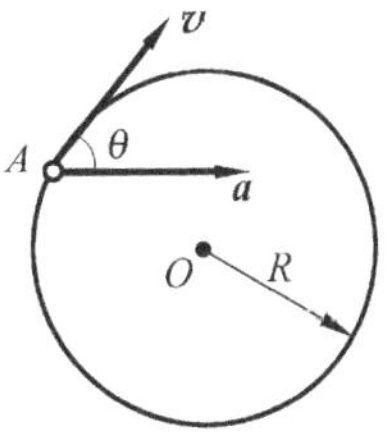

习题 4-1 图

4-3　点作圆周运动,弧坐标的原点在 O 点,顺时针方向为弧坐标的正方向,运动方程为 $s=\dfrac{1}{2}\pi Rt^2$,式中 s

以 cm 计，t 以 s 计。轨迹图形和直角坐标的关系如图所示。当点第一次到达 y 坐标值最大的位置时，求点的加速度在 x 和 y 轴上的投影。

4-4 滑块 A，用绳索牵引沿水平导轨滑动，绳的另一端绕在半径为 r 的鼓轮上，鼓轮以匀角速度 ω 转动，如图所示，试求滑块的速度随距离 x 的变化规律。

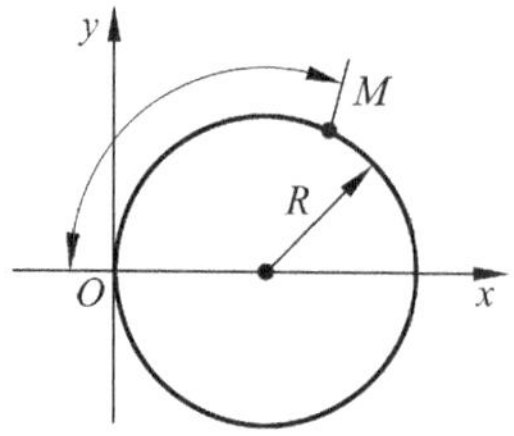

习题 4-3 图

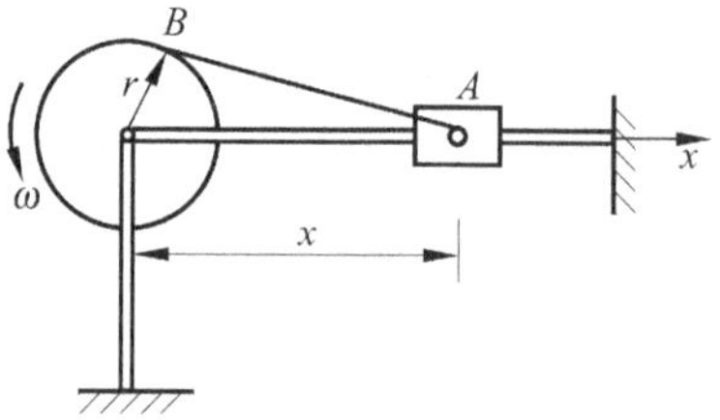

习题 4-4 图

4-5 凸轮顶板机构中，偏心凸轮的半径为 R，偏心距 $OC=e$，绕轴 O 以等角速转动，从而带动顶板 A 作平移。试列出顶板的运动方程，求其速度和加速度，并作三者的曲线图像。

4-6 绳的一端连在小车的点 A 上，另一端跨过点 B 的小滑车绕在鼓轮 C 上，滑车离地面的高度为 h。若小车以匀速度 $\boldsymbol{v}$ 沿水平方向向右运动，试求当 $\theta=45°$ 时，点 B、C 之间绳上一点 P 的速度、加速度和绳 AB 与铅垂线夹角对时间的二阶导数 $\ddot{\theta}$。

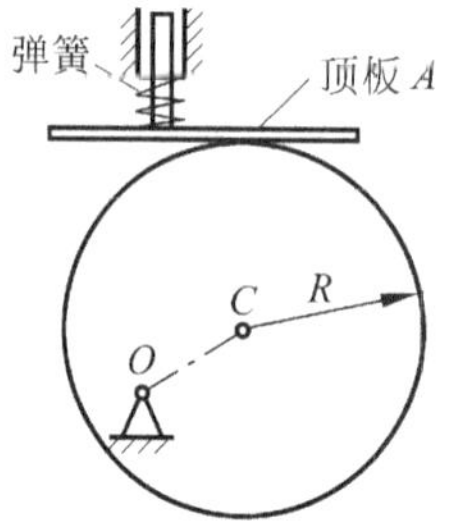

习题 4-5 图

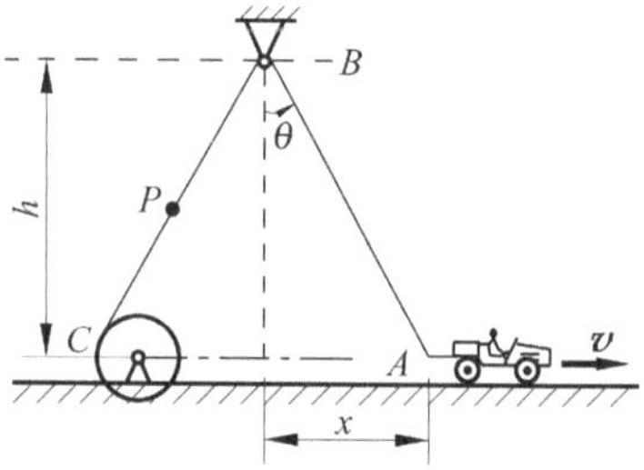

习题 4-6 图

4-7 图示位矢 $\boldsymbol{r}$ 绕轴 z 转动，其角速度为 $\boldsymbol{\omega}$，角加速度为 $\boldsymbol{\alpha}$，试用矢量表示此位矢端点 M 的速度、法向加速度和切向加速度。

4-8 摩擦传动机构的主动轮Ⅰ的转速为 $n=600\mathrm{r/min}$，它与轮Ⅱ的接触点按箭头所示的方向移动，距离 d 按规律 $d=10-0.5t$ 变化，单位为 cm，t 以

s 计。摩擦轮的半径 $r=5\text{cm}$，$R=15\text{cm}$。求：①以距离 d 表示轮Ⅱ的角加速度；②当 $d=r$ 时，轮Ⅱ边缘上一点的加速度的大小。

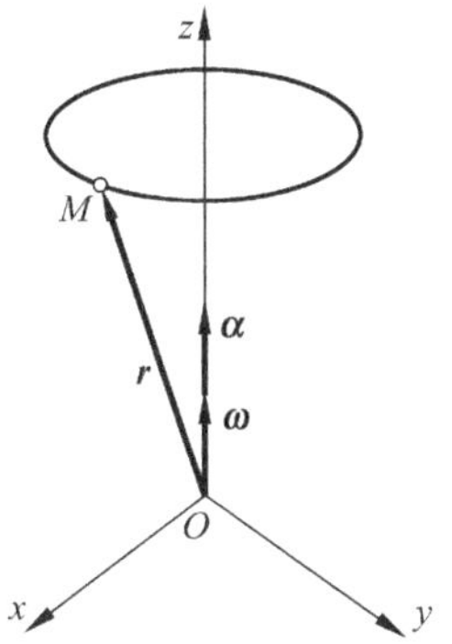

习题 4-7 图

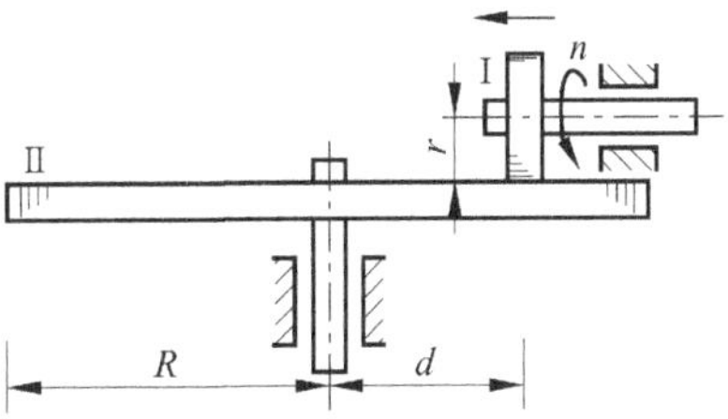

习题 4-8 图

4-9　飞机的高度为 h，以匀速度 $\boldsymbol{v}$ 沿水平直线飞行。一雷达与飞机在同一铅垂平面内，雷达发射的电波与铅垂线成 θ 角，如图所示。求雷达跟踪时转动的角速度 ω、角加速度 α 与 h、v、θ 的关系。

4-10　滑座 B 沿水平面以匀速度 $\boldsymbol{v}_0$ 向右移动，滑块 C 和滑座 B 由销钉固定，带动槽杆 OA 绕 O 轴转动。开始时槽杆 OA 恰在铅垂位置，即 $\varphi=0$；销钉 C 位于 C_0，$OC_0=b$。试求槽杆的转动方程、角速度和角加速度。

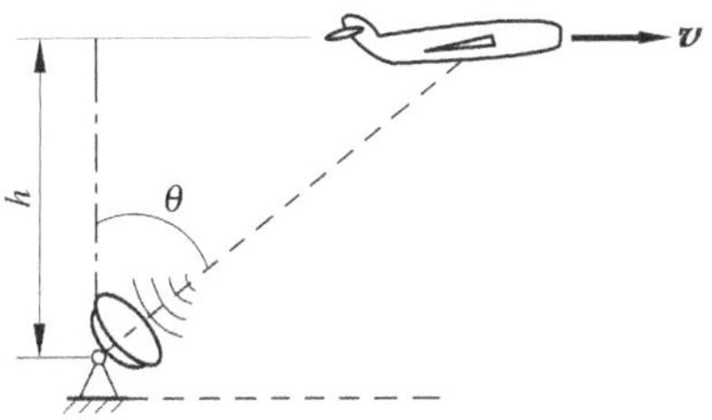

习题 4-9 图

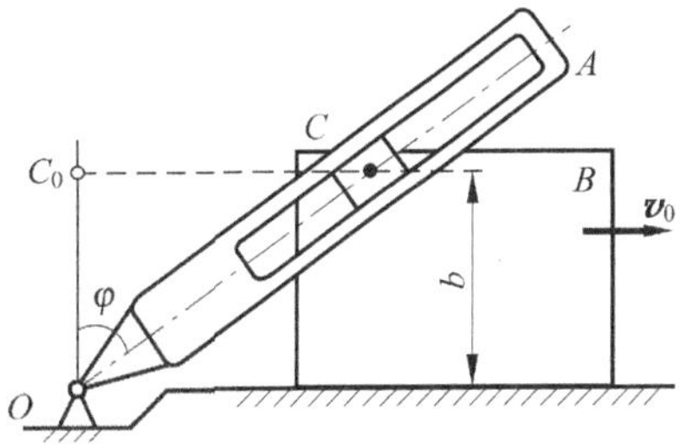

习题 4-10 图

4-11　设 $\boldsymbol{\omega}$ 为转动坐标系 $Axyz$ 的角速度矢量，$\boldsymbol{i}$、$\boldsymbol{j}$、$\boldsymbol{k}$ 为动坐标系的单位矢量。试证明：

$$\boldsymbol{\omega}=\left(\frac{\mathrm{d}\boldsymbol{j}}{\mathrm{d}t}\cdot\boldsymbol{k}\right)\boldsymbol{i}+\left(\frac{\mathrm{d}\boldsymbol{k}}{\mathrm{d}t}\cdot\boldsymbol{i}\right)\boldsymbol{j}+\left(\frac{\mathrm{d}\boldsymbol{i}}{\mathrm{d}t}\cdot\boldsymbol{j}\right)\boldsymbol{k}$$

第5章 点的复合运动分析

在不同的参考系中，对于同一动点，其运动方程、速度和加速度是不相同的，这就是运动的相对性。许多力学问题中，常常需要研究同一点在不同参考系中的速度、加速度的相互关系。

本章采用定、动两种参考系，描述同一动点的运动；分析两种结果之间的相互关系，建立点的速度合成定理和加速度合成定理。

点的复合运动是运动分析方法的重要内容，在工程运动分析中有着广泛的应用；同时可为相对运动动力学提供运动分析的理论基础；点的复合运动的分析方法还可推广应用于分析刚体的复合运动。

本章的内容，是"工程运动学基础"篇的重点。

5.1 点的复合运动的基本概念

5.1.1 两种参考系

一般工程问题中，通常将固连在地球或相对地球不动的机架上的坐标系，称为**定参考系**(fixed reference system)，简称**定系**，以 $Oxyz$ 坐标系表示；固定在其他相对于地球运动的参考体上的坐标系称为**动参考系**(moving reference system)，简称**动系**，以 $O'x'y'z'$ 坐标系表示。例如，如图 5-1 所示，

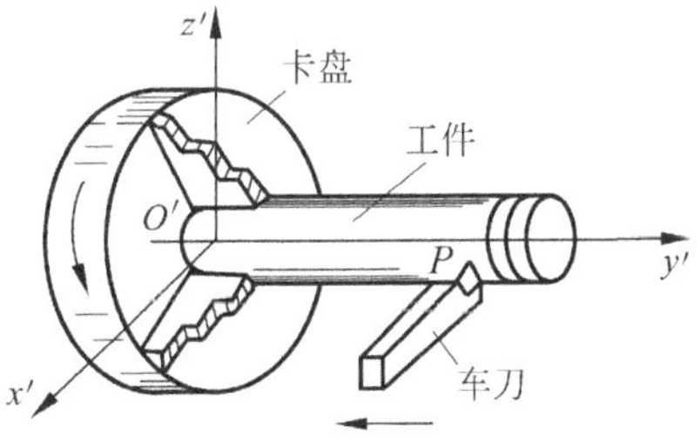

图 5-1 车刀刀尖点 P 的运动分析

夹持在车床三爪卡盘上的圆柱体工件绕轴 y' 转动，切削车刀向左作直线平移，运动方向如图所示。若以刀尖 P 点为**动点**，作为研究对象，则可以卡盘工件为动系（$O'x'y'z'$），以车床床身（固连于地球）为定系（$Oxyz$）分析动点 P 的运动。

5.1.2 三种运动与三种速度和加速度

动点（研究对象）相对于定系的运动，称为动点的**绝对运动**（absolute motion）。图 5-1 中动点刀尖 P 点的绝对运动为水平直线（绝对轨迹）运动。动点相对于定系的运动速度和加速度，分别称为动点的**绝对速度**（absolute velocity）和**绝对加速度**（absolute acceleration），分别用符号 $\boldsymbol{v}_a$ 和 $\boldsymbol{a}_a$ 来表示。

动点相对于动系的运动，称为动点的**相对运动**（relative motion）。图 5-1中动点刀尖 P 点的相对运动是在工件圆柱面上的螺旋线（相对轨迹）运动。动点相对于动系的运动速度和加速度，分别称为动点的**相对速度**（relative velocity）和**相对加速度**（relative acceleration），分别用符号 $\boldsymbol{v}_r$ 和 $\boldsymbol{a}_r$ 来表示。

动系相对于定系的运动，称为**牵连运动**（convected motion）。图 5-1 中，牵连运动为绕 Oy' 轴的定轴转动。

除了刚体平移以外，一般情形下，刚体上各点的运动并不相同。动系上每一瞬时与动点相重合的那一点，称为瞬时**重合点**（又称**牵连点**）。由于动点相对于动系是运动的，因此，在不同的瞬时，牵连点是动系上的不同点。

动系上牵连点相对定系的运动速度和加速度，分别称为动点的**牵连速度**（convected velocity）和**牵连加速度**（convected acceleration），分别用符号 $\boldsymbol{v}_e$① 和 $\boldsymbol{a}_e$ 表示。

点的复合运动的问题分为两大类：一是已知点的相对运动及动系的牵连运动，求点的绝对运动，这是**运动合成**问题；二是已知点的绝对运动求相对运动或牵连运动，这是**运动分解**问题。

需要注意的是：

(1) 动点的绝对运动和相对运动都是指点的运动，它可能作直线运动或曲线运动；而牵连运动则是指动系的运动，实际上是动系所固连的参考体——刚体的运动，牵连运动可能是平移、转动或其他较复杂的运动。

(2) 牵连速度（加速度）是指牵连点的绝对速度（加速度），而牵连运动是指动参考体——刚体的运动。这在概念上是不同的，而其联系是牵连点，是动

---

① $\boldsymbol{v}_e$ 的下角标 e 为法文 entraînement 的第一字母。

参考体上的瞬时重合点。

(3) 分析这三种运动时，必须明确：以哪一物体作为参考系。

5.2　点的速度合成定理

在定系 $Oxyz$ 中，设想有刚体金属丝(其形状为一确定的空间任意曲线)，由 t 瞬时的位置Ⅰ，经过时间间隔 Δt 后运动至位置Ⅱ，如图 5-2 所示。金属丝上套一小环 P，在金属丝运动的过程中，小环 P 亦沿金属丝运动，因而小环也在同一时间间隔 Δt 内由 P 运动至 P'。小环 P 即为考察的动点，动系固连于金属丝。点 P 的绝对运动轨迹为 PP'，绝对运动位移为 $\Delta \boldsymbol{r}$；在 t 瞬时，动点 P 与动系上的点 P_1 相重合，在 $t+\Delta t$ 瞬时，重合点 P_1 运动至位置 P_1'。显然，点 P 在同一时间间隔中的相对运动轨迹为 $P_1'P'$，相对运动位移为 $\Delta \boldsymbol{r}'$；而在 t 瞬时，动系上与动点 P 相重合的点即牵连点 P_1 的绝对运动轨迹为 P_1P_1'，即牵连点的绝对位移为 $\Delta \boldsymbol{r}_1$。从几何上不难看出，上述三个位移有以下关系：

$$\Delta \boldsymbol{r} = \Delta \boldsymbol{r}_1 + \Delta \boldsymbol{r}' \tag{5-1}$$

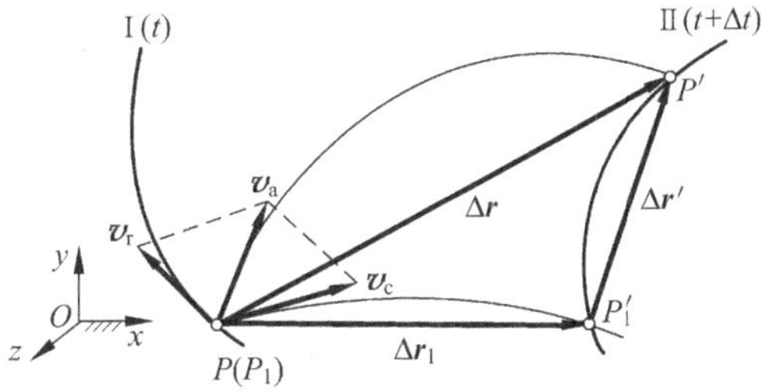

图 5-2　速度合成定理的几何法证明

将此式中各项除以同一时间间隔 Δt，并令 $\Delta t \to 0$，取极限，有

$$\lim_{\Delta t \to 0} \frac{\Delta \boldsymbol{r}}{\Delta t} = \lim_{\Delta t \to 0} \frac{\Delta \boldsymbol{r}_1}{\Delta t} + \lim_{\Delta t \to 0} \frac{\Delta \boldsymbol{r}'}{\Delta t} \tag{5-2}$$

该式等号左侧项为点 P 的绝对速度 $\boldsymbol{v}_a$；等号右侧第二项为点 P 的相对速度 $\boldsymbol{v}_r$；而右侧第一项为在 t 瞬时，动系上与动点相重合的点(牵连点)的绝对速度，即牵连速度。由式(5-2)即有

$$\boldsymbol{v}_a = \boldsymbol{v}_e + \boldsymbol{v}_r \tag{5-3}$$

此为**速度合成定理**(theorem for composition of velocities)，即动点的绝对速度等于其牵连速度与相对速度的矢量和。

由于我们证明时没有对绝对运动和相对运动轨迹形状作任何限制，也没有对牵连运动为何种刚体运动作限制，因此本定理对各种运动都是适用的。

例题 5-1 如图 5-3 所示，在偏心距 e 的圆盘凸轮机构中，圆盘的半径为 r，绕 O 轴做定轴转动，角速度为 ω，轮推动顶杆 AB 沿铅直滑道运动，O 点和 AB 杆在一条直线上。求当 $OC \perp OA$ 时，顶杆 AB 的速度。

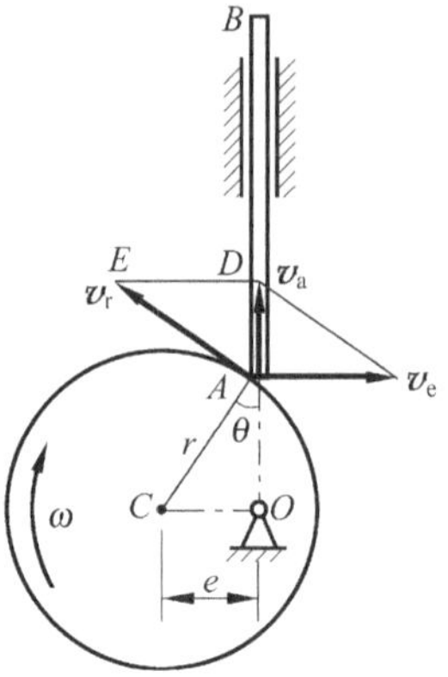

图 5-3 例题 5-1 图

解：(1) 选择动点和动系

由于顶杆 AB 作平移，所以其上 A 点的速度，即为顶杆 AB 的速度。故选 AB 杆上的 A 点为动点；动系就应该固结在圆盘上；定系固结于地面。

(2) 分析三种运动

绝对运动：沿铅垂方向的直线运动。

相对运动：沿圆盘边缘作以 C 为圆心、r 为半径的圆周运动。

牵连运动：圆盘（刚体）绕 O 点的定轴转动。

(3) 速度分析

显然圆盘上（动系）与动点相重合点（牵连点）的速度（牵连速度）大小、方向（垂直于 OA）已知（如图 5-3）；相对速度方向沿圆盘边缘 A 点的切线方向，大小未知；绝对速度的方向沿铅垂方向，但大小未知。现将速度矢量元素分析结果列表如下：

速度	$\boldsymbol{v}_a$	$\boldsymbol{v}_e$	$\boldsymbol{v}_r$
大小	未知	$OA \cdot \omega$	未知
方向	沿 AB	垂直于 OA，指向与 ω 同	垂直于 CA（半径）

作速度矢量的平行四边形，其基本方法是，先画出大小和方向都已知的速度 $\boldsymbol{v}_e$，过 $\boldsymbol{v}_e$ 的矢端作圆盘在 A 点切线（即 $\boldsymbol{v}_r$ 的方向）的平行线交 AB 于 D 点，再过 D 点作 $\boldsymbol{v}_e$ 的平行线，与圆盘在 A 点的切线相交于 E 点。

(4) 确定所要求的未知量

由平行四边形法则求得 A 点的绝对速度，也就是顶杆 AB 的速度为

$$v_a = v_e \tan\theta = OA \cdot \omega \frac{OC}{OA} = e\omega$$

同理，也可计算出动点的相对速度为

$$v_r = \frac{v_e}{\cos\theta} = \frac{OA \cdot \omega}{OA} \cdot r = r\omega$$

例题 5-2 如图 5-4 所示，直角弯杆 OBC 以匀角速度 $\omega = 0.5\text{rad/s}$ 绕 O

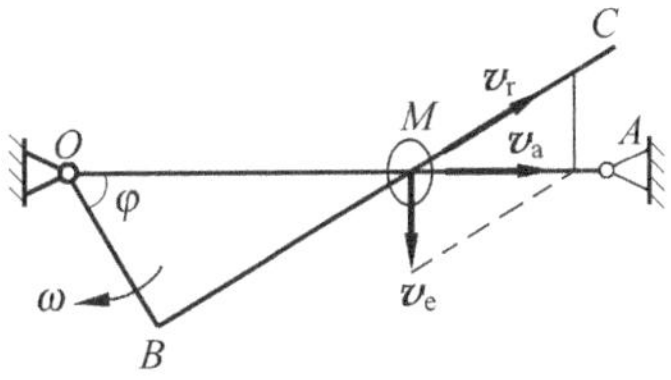

图 5-4 例题 5-2 图

轴转动,使套在其上的小环 M 沿固定直杆 OA 滑动; $OB=0.1\text{m}$,OB 垂直 BC。试求当 $\varphi=60°$时小环 M 点的速度。

解:(1) 运动分析(图 5-4)

动点:小环 M;动系:固连于 OBC;

绝对运动:沿 OA 杆的直线运动;

相对运动:沿 BC 杆的直线运动;

牵连运动:绕 O 点的定轴转动。

(2) 速度分析

利用点的速度合成定理得

$$\boldsymbol{v}_a=\boldsymbol{v}_e+\boldsymbol{v}_r \tag{a}$$

其中$\boldsymbol{v}_a$、$\boldsymbol{v}_e$、$\boldsymbol{v}_r$ 方向如图所示。

$$v_e=OM\cdot\omega=0.2\times0.5=0.1(\text{m/s})$$

于是式(a)中只有$\boldsymbol{v}_a$、$\boldsymbol{v}_r$ 二者大小未知。由速度平行四边形解得小环 M 的速度为

$$v_a=\sqrt{3}v_e=0.173\text{m/s}$$

从而得

$$v_r=2v_e=0.2(\text{m/s})$$

5.3 牵连运动为平移时点的加速度合成定理

点的合成运动中,加速度之间的关系比较复杂,因此,先分析动系作平移的情形。

设 $O'x'y'z'$为平移动参考系,由于 x'、y'、z'各轴方向不变,可使其与定坐标轴 x、y、z 分别平行,如图 5-5 所示。如动点 M 相对于动系的相对坐标为 x'、y'、z',平移动坐标轴的单位常矢量为 $\boldsymbol{i}'$、$\boldsymbol{j}'$、$\boldsymbol{k}'$,则点 M 的相对速度和相对加速度为

$$\boldsymbol{v}_r = \dot{x}'\boldsymbol{i}' + \dot{y}'\boldsymbol{j}' + \dot{z}'\boldsymbol{k}' \tag{5-4}$$

$$\boldsymbol{a}_r = \ddot{x}'\boldsymbol{i}' + \ddot{y}'\boldsymbol{j}' + \ddot{z}'\boldsymbol{k}' \tag{5-5}$$

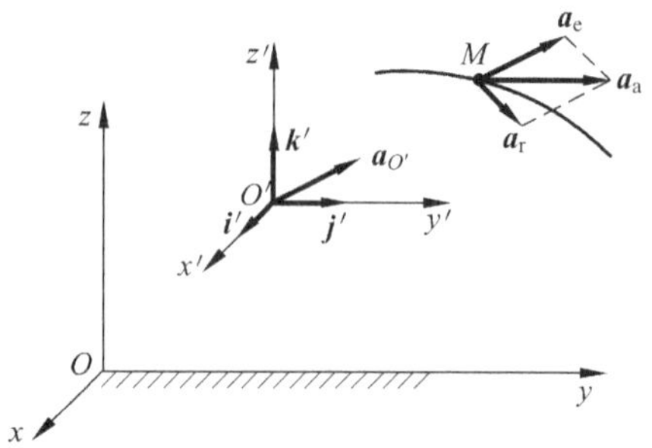

图 5-5 牵连运动为平移时的加速度合成定理证明

利用点的速度合成定理：

$$\boldsymbol{v}_a = \boldsymbol{v}_e + \boldsymbol{v}_r \tag{5-3}$$

因为牵连运动为平移，所以

$$\boldsymbol{v}_{O'} = \boldsymbol{v}_e \tag{5-6}$$

将式(5-4)和式(5-6)代入式(5-3)，得

$$\boldsymbol{v}_a = \boldsymbol{v}_{O'} + \dot{x}'\boldsymbol{i}' + \dot{y}'\boldsymbol{j}' + \dot{z}'\boldsymbol{k}' \tag{5-7}$$

将式(5-7)两边对时间求导，并注意到因动系平移，故 $\boldsymbol{i}'$、$\boldsymbol{j}'$、$\boldsymbol{k}'$ 为常矢量，于是得

$$\boldsymbol{a}_a = \dot{\boldsymbol{v}}_{O'} + \ddot{x}'\boldsymbol{i}' + \ddot{y}'\boldsymbol{j}' + \ddot{z}'\boldsymbol{k}' \tag{5-8}$$

由于 $\dot{\boldsymbol{v}}_{O'} = \boldsymbol{a}_{O'}$，又由于动系平移，故

$$\boldsymbol{a}_{O'} = \boldsymbol{a}_e \tag{5-9}$$

将式(5-5)和式(5-9)代入式(5-8)，得

$$\boldsymbol{a}_a = \boldsymbol{a}_e + \boldsymbol{a}_r \tag{5-10}$$

这一结果表明：当牵连运动为平移时，动点在某瞬时的绝对加速度等于该瞬时的牵连加速度与相对加速度的矢量和。此即为**牵连运动为平移时点的加速度合成定理**。

例题 5-3 如图 5-6 所示，这是一个曲柄导杆机构，滑块在水平滑槽中运动；与滑槽固结在一起的导杆在固定的铅垂滑道中运动。已知：曲柄 OA 转动的角速度为 ω_0，角加速度为 α_0(转向如图)，设曲柄长为 r，试求当曲柄与铅垂线的夹角 $\theta<\frac{\pi}{2}$ 时导杆的加速度。

解：(1) 选择动点和动系

选择滑块 A 为动点，它是曲柄和导杆之间的联系点。由于滑块和曲柄相连，是曲柄上的一个点，所以只能选取导杆为动参考系 $O'x'y'$。定系坐标 Oxy 的原点建立在 O 轴上，如图 5-6 所示。

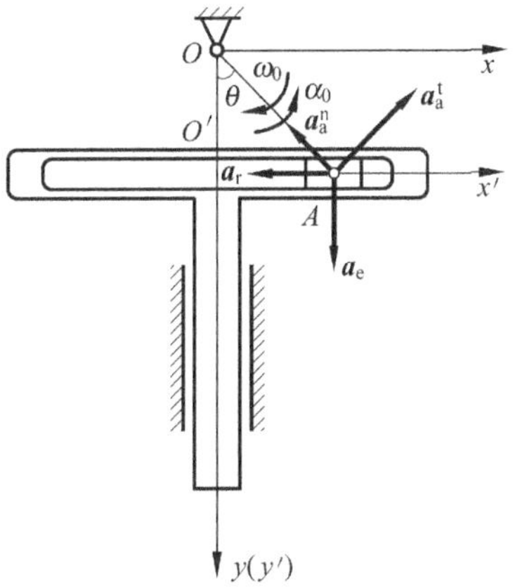

图 5-6　例题 5-3 图

(2) 运动分析

绝对运动：以 O 为圆心的圆周运动。

相对运动：沿导杆的水平运动。

牵连运动：铅垂方向的平移。

(3) 加速度分析

各加速度分析结果列表如下：

加速度	绝对加速度 $\boldsymbol{a}_a$		牵连加速度 $\boldsymbol{a}_e$	相对加速度 $\boldsymbol{a}_r$
	$\boldsymbol{a}_a^t$	$\boldsymbol{a}_a^n$		
大小	$r\alpha_0$	$r\omega_0^2$	未知	未知
方向	与曲柄 OA 垂直	指向 O 点	铅直方向	水平方向

写出加速度合成定理的矢量方程：

$$\boldsymbol{a}_a = \boldsymbol{a}_a^t + \boldsymbol{a}_a^n = \boldsymbol{a}_e + \boldsymbol{a}_r$$

(4) 确定所要求的未知量

应用投影方法，将加速度合成定理的矢量方程沿 y 方向投影，有

$$-a_a^t\sin\theta - a_a^n\cos\theta = a_e$$

$$-r\alpha_0\sin\theta - r\omega_0^2\cos\theta = a_e$$

因此解得 A 点的牵连加速度为

$$a_e = -r(\alpha_0\sin\theta + \omega_0^2\cos\theta)$$

这是动系中与动点重合点的加速度，也就是导杆与水平滑道所组成的系统中水平滑道上与动点 A 重合的点的加速度。因为导杆与水平滑道所组成的系统作平移，所以 $\boldsymbol{a}_e$ 为导杆的加速度。式中的负号说明 $\boldsymbol{a}_e$ 的假设方向与实际指向相反。

5.4 牵连运动为转动时点的加速度合成定理 科氏加速度

当牵连运动为定轴转动时，动点的加速度合成定理与式(5-10)不同。如图 5-7 所示的以等角速度 ω 绕垂直于盘面的固定轴 O 转动的圆盘为例，设动点 M 沿半径为 R 的盘上圆槽以匀速 v_r 相对圆盘运动，若将动系 $O'x'y'$ 建立在圆盘上，则图示瞬时，动点的相对运动为匀速圆周运动，其相对加速度指向圆盘中心，大小为

$$a_r = \frac{v_r^2}{R}$$

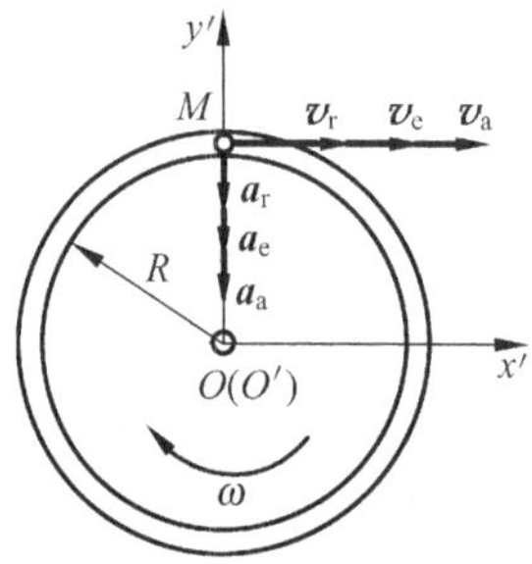

图 5-7 验证加速度关系一例

牵连运动为圆盘绕定轴 O 的匀角速度转动，则牵连点的速度、加速度方向如图，大小分别为

$$v_e = R\omega,\quad a_e = R\omega^2$$

由式(5-3)知 M 点的绝对速度为

$$v_a = v_e + v_r = R\omega + v_r = \text{const}$$

可见，动点 M 的绝对运动也是以 R 为半径的圆周运动，故其绝对加速度的大小为

$$a_a = \frac{v_a^2}{R} = \frac{(R\omega + v_r)^2}{R} = R\omega^2 + \frac{v_r^2}{R} + 2\omega v_r = a_e + a_r + 2\omega v_r$$

显然

$$a_a \neq a_e + a_r$$

故在牵连运动为定轴转动的情况下式(5-10)便不再适用。

5.4.1 牵连运动为转动时点的加速度合成定理

设动系 $O'x'y'z'$ 以角速度 $\boldsymbol{\omega}$ 绕定轴 Oz（$Oxyz$ 为定系）转动，角加速度为 $\boldsymbol{\alpha}$，如图 5-8 所示。动点 M 的相对位矢、相对速度和相对加速度可表示为

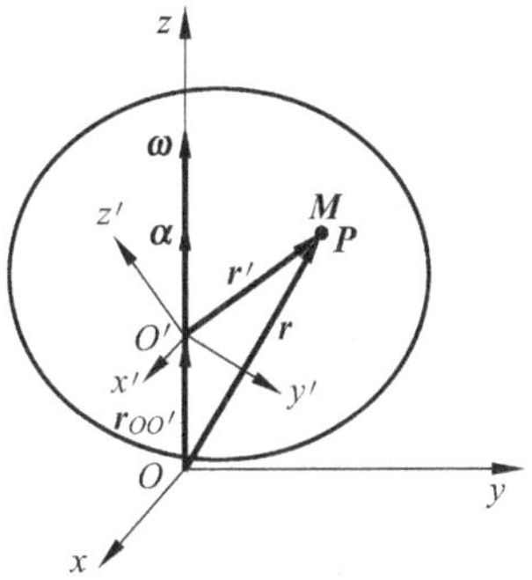

图 5-8　牵连运动为定轴转动时加速度合成定理证明

$$\boldsymbol{r}' = x'\boldsymbol{i}' + y'\boldsymbol{j}' + z'\boldsymbol{k}' \tag{5-11}$$

$$\boldsymbol{v}_r = \dot{x}'\boldsymbol{i}' + \dot{y}'\boldsymbol{j}' + \dot{z}'\boldsymbol{k}' \tag{5-12}$$

$$\boldsymbol{a}_r = \ddot{x}'\boldsymbol{i}' + \ddot{y}'\boldsymbol{j}' + \ddot{z}'\boldsymbol{k}' \tag{5-13}$$

设瞬时重合点为 P，利用第 4 章式(4-36)，得动点 M 的牵连速度即瞬时重合点 P 的速度为

$$\boldsymbol{v}_e = \boldsymbol{v}_P = \boldsymbol{\omega} \times \boldsymbol{r} \tag{5-14}$$

动点 M 的牵连加速度即重合点的加速度，可利用第 4 章式(4-37)表示为

$$\boldsymbol{a}_e = \boldsymbol{a}_P = \boldsymbol{\alpha} \times \boldsymbol{r} + \boldsymbol{\omega} \times \boldsymbol{v}_e \tag{5-15}$$

因为$\dot{\boldsymbol{r}} = \boldsymbol{v}_a$，可得

$$\dot{\boldsymbol{r}} = \boldsymbol{v}_e + \boldsymbol{v}_r \tag{5-16}$$

根据速度合成定理和式(5-12)、式(5-14)，可得

$$\boldsymbol{v}_a = \boldsymbol{v}_e + \boldsymbol{v}_r = \boldsymbol{\omega} \times \boldsymbol{r} + \dot{x}'\boldsymbol{i}' + \dot{y}'\boldsymbol{j}' + \dot{z}'\boldsymbol{k}'$$

将上式对时间求导，可得

$$\boldsymbol{a}_a = \dot{\boldsymbol{v}}_a = \dot{\boldsymbol{\omega}} \times \boldsymbol{r} + \boldsymbol{\omega} \times \dot{\boldsymbol{r}} + \ddot{x}'\boldsymbol{i}' + \ddot{y}'\boldsymbol{j}' + \ddot{z}'\boldsymbol{k}' + (\dot{x}'\dot{\boldsymbol{i}}' + \dot{y}'\dot{\boldsymbol{j}}' + \dot{z}'\dot{\boldsymbol{k}}') \tag{5-17}$$

其中，$\dot{\boldsymbol{\omega}} = \boldsymbol{\alpha}$，利用式(5-16)，上式等号右端前两项可表示为

$$\dot{\boldsymbol{\omega}} \times \boldsymbol{r} + \boldsymbol{\omega} \times \dot{\boldsymbol{r}} = \boldsymbol{\alpha} \times \boldsymbol{r} + \boldsymbol{\omega} \times \boldsymbol{v}_e + \boldsymbol{\omega} \times \boldsymbol{v}_r \tag{5-18}$$

再利用第 4 章式(4-38)，有

$$\begin{aligned}\dot{x}'\dot{\boldsymbol{i}}' + \dot{y}'\dot{\boldsymbol{j}}' + \dot{z}'\dot{\boldsymbol{k}}' &= \dot{x}'\boldsymbol{\omega} \times \boldsymbol{i}' + \dot{y}'\boldsymbol{\omega} \times \boldsymbol{j}' + \dot{z}'\boldsymbol{\omega} \times \boldsymbol{k}' \\ &= \boldsymbol{\omega} \times (\dot{x}'\boldsymbol{i}' + \dot{y}'\boldsymbol{j}' + \dot{z}'\boldsymbol{k}') = \boldsymbol{\omega} \times \boldsymbol{v}_r\end{aligned} \tag{5-19}$$

将式(5-13)、式(5-18)和式(5-19)代入式(5-17)，得

$$\boldsymbol{a}_a = \boldsymbol{\alpha} \times \boldsymbol{r} + \boldsymbol{\omega} \times \boldsymbol{v}_e + \boldsymbol{a}_r + 2\boldsymbol{\omega} \times \boldsymbol{v}_r \tag{5-20}$$

根据式(5-15)可知,上式等号右端的前两项为牵连加速度 $\boldsymbol{a}_e$,令

$$\boldsymbol{a}_C = 2\boldsymbol{\omega} \times \boldsymbol{v}_r \tag{5-21}$$

$\boldsymbol{a}_C$ 称为**科氏加速度**(Coriolis acceleration)。于是式(5-20)表示为

$$\boldsymbol{a}_a = \boldsymbol{a}_e + \boldsymbol{a}_r + \boldsymbol{a}_C \tag{5-22}$$

上式是**牵连运动为转动时点的加速度合成定理**:当动系为定轴转动时,动点在某瞬时的绝对加速度等于该瞬时的牵连加速度、相对加速度与科氏加速度的矢量和。

可以证明,当牵连运动为任意运动时,式(5-22)都成立,它是点的加速度合成定理的普遍形式。

5.4.2 科氏加速度

根据式(5-21)可知,科氏加速度的表达式为

$$\boldsymbol{a}_C = 2\boldsymbol{\omega} \times \boldsymbol{v}_r$$

式中 $\boldsymbol{v}_r$ 为动点的相对速度,$\boldsymbol{\omega}$ 为动系相对静系转动的角速度矢量。即**科氏加速度等于牵连运动的角速度与动点相对速度矢量积的两倍**。科式加速度体现了动坐标系转动时,相对运动与牵连运动的相互影响。

(1) 科氏加速度的大小和方向

设动系转动的角速度 $\boldsymbol{\omega}$ 与动点的相对速度 $\boldsymbol{v}_r$ 间的夹角为 θ,则由矢积运算规则,科氏加速度 $\boldsymbol{a}_C$ 的大小为

$$a_C = 2\omega v_r \sin\theta$$

$\boldsymbol{a}_C$ 的方向由右手定则确定:四指指向 $\boldsymbol{\omega}$ 矢量正向,再转到 $\boldsymbol{v}_r$ 矢量的正向,拇指指向即为矢量的正向,如图 5-9 所示。

(2) 当牵连运动为平移时,$\boldsymbol{\omega}=0$,因此 $\boldsymbol{a}_C=0$,式(5 22)退化为式(5-10)。

例题 5-4 已知条件与例题 5-2 相同,现在要求小环 M 的加速度。

解:(1) 运动分析和速度分析

本例的运动分析与速度分析与例题 5-2 相同。

(2) 加速度分析(图 5-10)

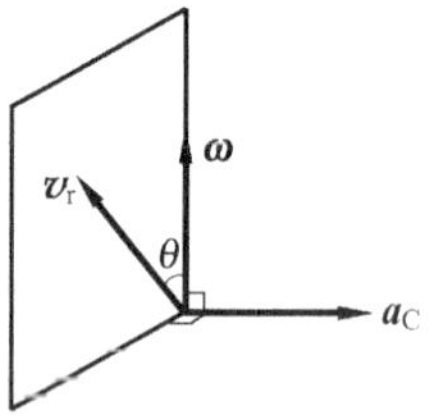

图 5-9 科式加速度的确定

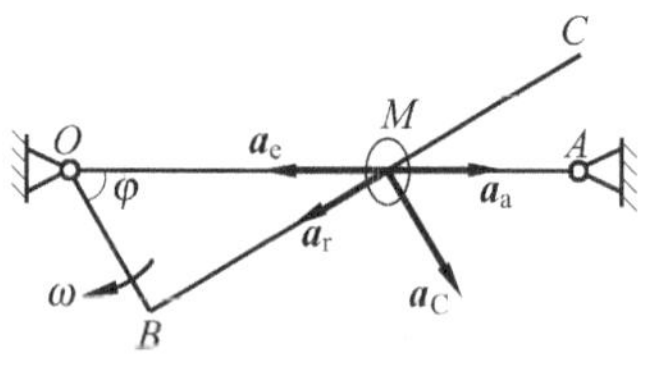

图 5-10 例题 5-4 加速度分析图

各加速度分析结果列表如下：

加速度	绝对加速度 $\boldsymbol{a}_a$	牵连加速度 $\boldsymbol{a}_e$	相对加速度 $\boldsymbol{a}_r$	科氏加速度 $\boldsymbol{a}_C$
大小	未知	$0.2\omega^2$	未知	$2\omega v_r$
方向	沿 OA	指向 O 点	沿 BC	垂直 BC

写出加速度合成定理的矢量方程：

$$\boldsymbol{a}_a = \boldsymbol{a}_e + \boldsymbol{a}_r + \boldsymbol{a}_C$$

应用投影方法，将上式加速度合成定理的矢量方程沿垂直 BC 方向投影，有

$$a_a\cos\varphi = -a_e\cos\varphi + a_C$$

$$a_a = -a_e + 2a_C$$

解得

$$a_M = a_a = 0.35\text{m/s}^2$$

方向如图所示。

例题 5-5　已知圆轮半径为 r，以匀角速度 ω 绕 O 轴转动，如图 5-11(a)所示，试求 AB 杆在图示位置的角速度 ω_{AB} 以及角加速度 α_{AB}。

解：由于本例中两物体的接触点——圆轮上 C 点和 AB 杆上 D 点都随时间而变，相对运动的分析非常困难，故均不宜选作动点。

在机构运动的过程中，圆轮始终与 AB 杆相切，且轮心 O_1 到杆 AB 的距离保持不变。此时，宜选非接触点 O_1 为动点，将动系固结在 AB 杆上，且随 AB 杆作定轴转动。于是，在动系 AB 杆上看动点的运动，就会发现：点 O_1 与 AB 杆距离保持不变，并作与 AB 杆平行的直线运动。这样处理，相对运动简单、明确，因而动点、动系的选择是恰当的。

(1) 运动分析

绝对运动：点 O_1 作以 O 为圆心，r 为半径的圆周运动；

相对运动：点 O_1 沿平行于 AB 的直线运动；

牵连运动：杆 AB 绕轴 A 作定轴转动。

(2) 速度分析——求 ω_{AB}

根据速度合成定理：

$$\boldsymbol{v}_a = \boldsymbol{v}_e + \boldsymbol{v}_r \tag{a}$$

其中，$v_a = r\omega$，$v_e = O_1A \cdot \omega_{AB}$（方向如图 5-11(b)所示）；

将式(a)投影到 x、y 轴上，有

$$v_a\cos60° = v_r\cos30°$$

$$v_a\sin60° = v_e + v_r\sin30°$$

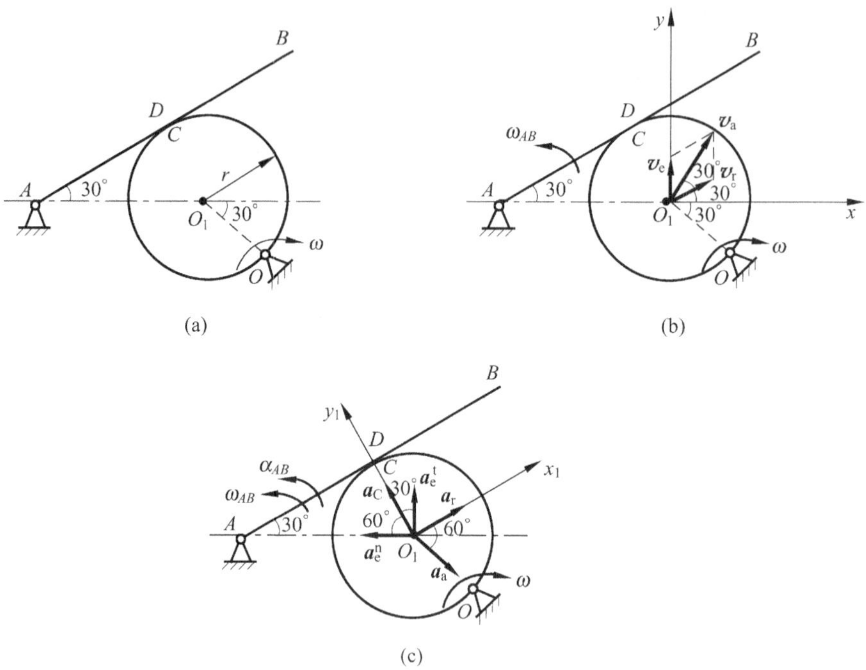

图 5-11 例题 5-5 图

解得

$$v_r = \frac{v_a \cos 60^\circ}{\cos 30^\circ} = \frac{\sqrt{3}}{3} r\omega$$

$$v_e = v_a \left(\sin 60^\circ - \frac{\cos 60^\circ}{\cos 30^\circ} \sin 30^\circ \right) = \frac{\sqrt{3}}{3} r\omega$$

$$\omega_{AB} = \frac{v_e}{O_1A} = \frac{\sqrt{3}}{6}\omega(\smile)$$

(3) 加速度分析——求 α_{AB}

根据牵连运动为转动的加速度合成定理：

$$\boldsymbol{a}_a = \boldsymbol{a}_e^t + \boldsymbol{a}_e^n + \boldsymbol{a}_r + \boldsymbol{a}_C \tag{b}$$

作出相应的加速度分析，如图 5-11(c)和下表所示：

加速度	$\boldsymbol{a}_a(\boldsymbol{a}_a^n)$	$\boldsymbol{a}_e^t$	$\boldsymbol{a}_e^n$	$\boldsymbol{a}_r$	$\boldsymbol{a}_C$
大小	$r\omega^2$	$O_1A \cdot \alpha_{AB}$	$O_1A \cdot \omega_{AB}^2$	未知	$2\omega_{AB}v_r$
方向	未知	$\perp O_1A$	沿 O_1A，指向左	//杆 AB	沿 y_1 轴正向

将式(b)投影至 y_1 轴上,有

$$-a_a\cos30° = a_e^t\cos30° + a_e^n\cos60° + a_C \tag{c}$$

其中

$$a_e^t = O_1A \cdot \alpha_{AB}$$

解得 AB 的角加速度为

$$\alpha_{AB} = -0.74\omega^2(\curvearrowright)$$

(4) 本例讨论

① 当两物体的接触点均随时间而改变时,为使动点相对动系的运动明确、清晰,应选择非接触点为动点。

② 由于 y_1 轴与 $\boldsymbol{a}_r$ 垂直,向 y_1 轴投影即可避免出现与解题无关的相对加速度,使方程只含 α_{AB} 一个未知量,便于方程求解。

③ 因机构中两物体均作定轴转动,出现了两个角速度,所以计算 $\boldsymbol{a}_C$ 时应多加注意,牵连角速度是 ω_{AB} 而非 ω。

例题 5-6 摆杆 AB 与水平杆 DG 以铰链 A 连接,如图 5-12(a)所示,水平杆作平移,摆杆 AB 穿过可绕轴 O 转动的套筒 EF,并在套筒 EF 内滑动。已知:$l=2\text{m}$,在图示位置 $\theta=30°$ 处,DG 杆的速度 $v=2\text{m/s}$,加速度 $a=1\text{m/s}^2$,试求:①图示瞬时 AB 杆的角速度以及 AB 杆在套筒中滑动的速度;②图示瞬时 AB 杆的角加速度以及 AB 杆在套筒中滑动的加速度。

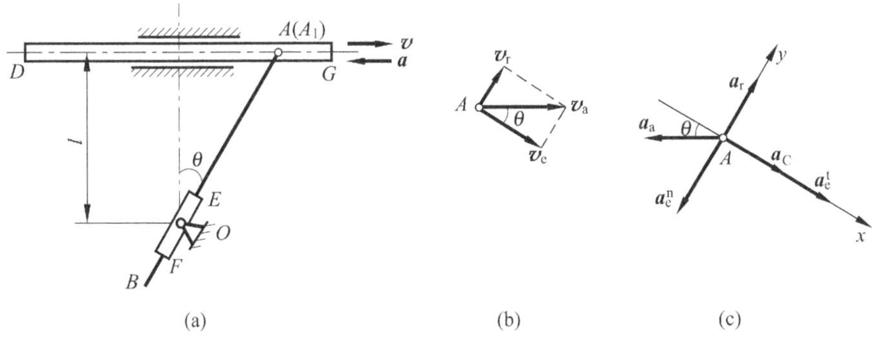

图 5-12 例题 5-6 图

解:套筒摆动机构在工作时,摆杆 AB 相对套筒 EF 作沿套筒轴线的平移运动,因此 AB 杆上各点相对于套筒的相对速度相同,方向沿套筒轴线。由于摆杆 AB 穿过可绕轴 O 转动的套筒 EF,所以摆杆 AB 与套筒 EF 具有相同的角速度和角加速度。若将动坐标系固连于套筒,对水平杆上的铰链 A 进行点的复合运动分析,各项运动的性质就比较清晰,便于未知量的求解。

(1) 选择动点、动系

动点：铰链 A。

动系：固连于套筒。

定系：固连于机架。

(2) 运动分析

动点的绝对运动：水平直线运动。

动点的相对运动：沿套筒轴线的直线运动。

牵连运动：动坐标系随套筒绕 O 轴作定轴转动。

(3) 速度分析

根据速度合成定理：

$$\boldsymbol{v}_a = \boldsymbol{v}_e + \boldsymbol{v}_r$$

作出相应的速度分析如下表：

速度	$\boldsymbol{v}_a$	$\boldsymbol{v}_e(\boldsymbol{v}_{A1})$	$\boldsymbol{v}_r$
大小	$v_a=v$	$OA\cdot\omega$	未知
方向	水平向右	$\perp OA$	沿 AB 直线

作速度平行四边形，如图 5-12(b)所示，有

$$v_e = v_a\cos30° = 1.73(\mathrm{m/s})$$

所以，套筒(即 AB 杆)的角速度为

$$\omega = \omega_{AB} = \frac{v_e}{OA} = \frac{v_a\cos^2\theta}{l} = 0.75(\mathrm{rad/s})(\frown)$$

又

$$v_r - v_a\sin\theta = 1(\mathrm{m/s})$$

此即杆 AB 在套筒中滑动的速度，方向如图 5-12(b)所示。

(4) 加速度分析

根据牵连运动为转动的加速度合成定理：

$$\boldsymbol{a}_a = \boldsymbol{a}_e^n + \boldsymbol{a}_e^t + \boldsymbol{a}_r + \boldsymbol{a}_C \tag{a}$$

作出相应的加速度分析，如图 5-12(c)和下表所示：

加速度	$\boldsymbol{a}_a$	$\boldsymbol{a}_e^t$	$\boldsymbol{a}_e^n$	$\boldsymbol{a}_r$	$\boldsymbol{a}_C$
大小	a	未知	$OA\cdot\omega^2$	未知	$2\omega v_r$
方向	水平向左	$\perp AB$	沿 AB，指向 B	沿 AB	$\perp AB$，同 $\boldsymbol{a}_e^t$

将式(a)向 Ax 轴投影(如图 5-12(c))，得

$$-a_a\cos\theta = a_e^t + a_C$$

解得

$$a_e^t = -a_a\cos30° - a_C = -2.37(\mathrm{m/s^2})$$

所以套筒(即杆 AB)的角加速度为

$$\alpha = \frac{a_e^t}{OA} = -\frac{a_e^t\cos\theta}{l} = -1.03(\mathrm{rad/s^2})(\circlearrowleft)$$

将式(a)向 Ay 轴投影,(如图 5-12(c)所示)得

$$a_r = a_e^n - a_a\sin\theta = 0.8(\mathrm{m/s^2})$$

此即杆 AB 在套筒中滑动的加速度,方向如图 5-12(c)所示。

(5) 本例讨论

① 本题的摆杆机构中含有“套筒”这样的特殊构件,套筒套在某个杆件上并与该杆件之间有相对滑动。对含有套筒的机构进行运动分析时,常采用点的复合运动的方法。请注意动点和动系的选择。

② 从套筒的角速度以及摆杆 AB 相对套筒的速度,可以求出摆杆上任意一点的速度。其中,任意一点的牵连速度与点到转轴 O 的距离成正比,而杆上各点相对于套筒的相对速度是相同的。

例题 5-7 牛头刨床机构如图 5-13(a)所示,已知 $O_1A=r=200\mathrm{mm}$,角速度 $\omega_1=2\mathrm{rad/s}$,角加速度 $\alpha=0$,求图示位置滑枕 CD 的速度和加速度。

解:牛头刨床为典型的曲柄摇杆机构,主、从动件的运动依次通过滑块 A、B 传递。滑块 A 相对摇杆 O_2B 的运动、滑块 B 相对 CD 的运动较为明显且容易确定,所以要求得滑枕 CD 的速度和加速度,需进行两次动点和动系的选择。

(1) 求 $\boldsymbol{v}_{CD}$

① 如图 5-13(b)所示,选滑块 A 为动点,动系固连于摇杆 O_2B 上,定系固连于机架。

绝对运动:滑块 A 相对机架,作以 O_1 为圆心、r 为半径的圆周运动;

相对运动:滑块 A 相对摇杆,沿 O_2B 作直线运动;

牵连运动:动系随摇杆 O_2B 绕 O_2 轴转动。

根据速度合成定理:

$$\boldsymbol{v}_{Aa} = \boldsymbol{v}_{Ae} + \boldsymbol{v}_{Ar}$$

作速度平行四边形,如图 5-13(b)所示,其中

$$v_{Aa} = O_1A\cdot\omega_1 = r\omega_1$$

$$v_{Ae} = v_{Aa}\cos60° = \frac{1}{2}r\omega_1$$

$$v_{Ar} = v_{Aa}\sin60° = \frac{\sqrt{3}}{2}r\omega_1$$

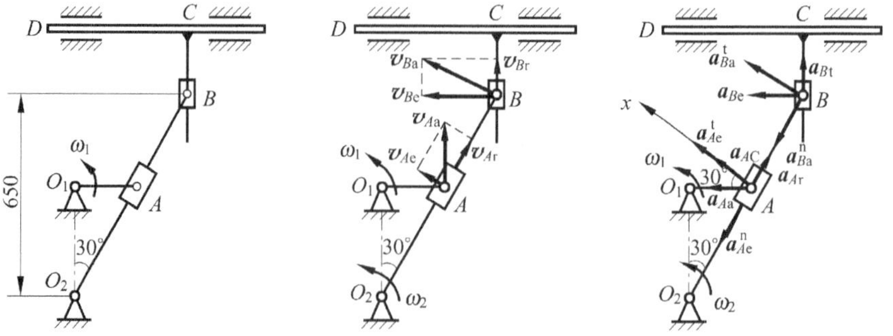

(a)　　(b)　　(c)

图 5-13　例题 5-7 图

解得

$$\omega_2 = \frac{v_{Ae}}{O_2A} = \frac{1}{4}\omega_1$$

② 如图 5-13(b)所示，以滑块 B 为动点，动系固连于滑枕 CD，定系仍固连于机架。

绝对运动：滑块 B 相对机架，作以 O_2 为圆心、O_2B 为半径的圆周运动；

相对运动：滑块 B 相对滑枕 CD，沿铅垂直线运动；

牵连运动：动系随滑枕水平平移。

根据速度合成定理：

$$\boldsymbol{v}_{Ba} = \boldsymbol{v}_{Be} + \boldsymbol{v}_{Br}$$

作动点 B 的速度平行四边形，如图 5-13(b)所示，其中

$$v_{Ba} = O_2B \cdot \omega_2 = \frac{0.65}{\cos30^\circ}\omega_2$$

而

$$v_{Be} = v_{Ba}\cos30^\circ$$

解得滑枕 CD 的速度为

$$v_{CD} = v_{Be} = v_{Ba}\cos30^\circ = 0.65\omega_2 = 0.325(\mathrm{m/s})$$

(2) 求 $\boldsymbol{a}_{CD}$

① 如图 5 13(c)所示，以滑块 A 为动点，动系固连于摇杆 O_2B；运动分析同(1)。

根据牵连运动为转动的加速度合成定理：

$$\boldsymbol{a}_{Aa} = \boldsymbol{a}_{Ae} + \boldsymbol{a}_{Ar} + \boldsymbol{a}_{AC} - \boldsymbol{a}_{Ae}^{t} + \boldsymbol{a}_{Ae}^{n} + \boldsymbol{a}_{Ar} + \boldsymbol{a}_{AC} \tag{a}$$

作出相应的加速度分析，如图 5-13(c)和下表所示：

加速度	$\boldsymbol{a}_{Aa}(\boldsymbol{a}_{Aa}^{n})$	$\boldsymbol{a}_{Ae}^{t}$	$\boldsymbol{a}_{Ae}^{n}$	$\boldsymbol{a}_{Ar}$	$\boldsymbol{a}_{AC}$
大小	$r\omega_1^2$	$O_2A \cdot \alpha_2$	$O_2A \cdot \omega_2^2$	未知	$2\omega_2 v_{Ar}$
方向	沿 $AO_1(\leftarrow)$	$\perp AO_2$	沿 AO_2，指向 O_2	沿 O_2B	$\perp AO_2$，同 $\boldsymbol{a}_{Ae}^{t}$

将式(a)向 x 轴投影并代入上述各值，得

$$a_{Aa}\cos 30° = a_{Ae}^{t} + a_{AC}$$

解得

$$a_{Ae}^{t} = \frac{\sqrt{3}}{4}\omega_1^2 r$$

得

$$\alpha_2 = \frac{a_{Ae}^{t}}{O_2A} = \frac{\sqrt{3}}{8}\omega_1^2$$

② 如图 5-13(c)所示，以滑块 B 为动点，动系固连于滑枕 CD，运动分析同(1)。

根据牵连运动为平移时的加速度合成定理：

$$\boldsymbol{a}_{Ba} = \boldsymbol{a}_{Ba}^{t} + \boldsymbol{a}_{Ba}^{n} + \boldsymbol{a}_{Be} + \boldsymbol{a}_{Br} \tag{b}$$

作出加速度分析，如图 5-13(c)和下表所示：

加速度	$\boldsymbol{a}_{Ba}^{t}$	$\boldsymbol{a}_{Ba}^{n}$	$\boldsymbol{a}_{Be}$	$\boldsymbol{a}_{Br}$
大小	$O_2B \cdot \alpha_2$	$O_2B \cdot \omega_2^2$	未知	未知
方向	$\perp BO_2$	沿 BO_2，指向 O_2	水平向左	铅直向上

将式(b)向 CD 轴投影，得

$$a_{Ba}^{t}\cos 30° + a_{Ba}^{n}\cos 60° = a_{Be} \tag{c}$$

解得滑枕 CD 的加速度为

$$a_{Be} = a_{CD} = 0.657(\mathrm{m/s^2})$$

(3) 本例讨论

① 当机构的运动由主、从动件通过两个滑块依次传递时，需两次选择不同的动点和动系，其原则仍是相对运动明显，便于确定。

② 计算加速度时，要十分注意投影轴的选择，这样能避免解联立方程，使计算简化。

5.5 结论与讨论

正确地进行运动分析、速度分析和加速度分析，需要通过练习掌握以下要点：

(1) 恰当选取动点、动系和定系

所选的参考系应能将动点的运动分解成为相对运动和牵连运动。动点和动系之间必须有相对运动，即**动点和动系不能选在同一个物体上**；要求动点和动系之间一定要有相对运动，因此动点不能取动系上的点；同时为了便于求解，**应使相对运动轨迹简单或直观**以使未知量尽可能少。定系一般不作说明时指固连于机架或地球上。

(2) 分析三种运动

绝对运动指点的运动(直线运动、圆周运动或其他某种曲线运动)；相对运动也是指点的运动(直线运动、圆周运动或其他某种曲线运动)，**正确判断相对运动的要领是观察者在动系上观察时，动点作何种曲线运动**；牵连运动是指动系(所固连的刚体)的运动(平移、定轴转动或其他某种形式刚体运动)。注意不要将点的运动与刚体的运动的概念相混。

(3) 正确分析速度和加速度

一般绝对速度概念容易理解掌握；相对速度、相对加速度分析的关键在于相对运动轨迹的判断；而牵连速度、牵连加速度完全是新概念，它与牵连运动既有联系又有明显区别。牵连运动是动系(刚体)的运动，而牵连速度和牵连加速度分别是动系上**牵连点**(与动点重合点)的(绝对)速度和加速度。要注意动点与牵连点的联系与区别。另外，当动系转动时，若 $\boldsymbol{\omega}_{\mathrm{e}} \times \boldsymbol{v}_{\mathrm{r}} \neq 0$，则有科氏加速度，它可由速度分析完全确定。

(4) 点的速度合成定理为

$$\boldsymbol{v}_{\mathrm{a}} = \boldsymbol{v}_{\mathrm{e}} + \boldsymbol{v}_{\mathrm{r}} \tag{5-3}$$

点的加速度合成定理式(5-22)一般可写成如下形式：

$$\boldsymbol{a}_{\mathrm{a}}^{\mathrm{n}} + \boldsymbol{a}_{\mathrm{a}}^{\mathrm{t}} = \boldsymbol{a}_{\mathrm{e}}^{\mathrm{n}} + \boldsymbol{a}_{\mathrm{e}}^{\mathrm{t}} + \boldsymbol{a}_{\mathrm{r}}^{\mathrm{n}} + \boldsymbol{a}_{\mathrm{r}}^{\mathrm{t}} + \boldsymbol{a}_{\mathrm{C}} \tag{5-23}$$

上式中每一项都有大小和方向两个要素，必须根据上述(1)、(2)、(3)中所述，认真分析每一项，才可能正确地解决问题。

平面问题中，一个矢量方程相当于两个代数方程，因而式(5-3)和式(5-23)一般均能求两个未知量。

式(5-23)中各项法向加速度的方向总是指向相应曲线的曲率中心，它们的大小总是可以根据相应的速度大小和曲率半径求出。因此在应用加速度合成定理时，一般应在运动分析的基础上，先进行速度分析，这样各项法向加速度变为已知量。科氏加速度 $\boldsymbol{a}_{\mathrm{C}}$ 的大小和方向两个要素也是已知的。这样，在加速度合成定理中，只有三项切向加速度的六个要素可能是待求量，若已知其中的四个要素，则余下的两个要素就完全可求了。一般先将式(5-23)向两未知要素之一的垂直方向投影求解(注意：因为此时有些矢量方向是假设的，不要用平行四边形两两合成求解）。

动点、动系选择时之所以一般要求相对运动轨迹简单或直观，目的是希望 $\boldsymbol{v}_r$、$\boldsymbol{a}_r^n$、$\boldsymbol{a}_r^t$ 方向已知，使未知量尽可能少，以便于求解。动点、动系选择恰当时，对平面问题，若未知要素超过两个（对空间问题，未知要素若超过三个），一般应寻求补充方程求解。

(5) 对于例题 5-2、例题 5-3、例题 5-4，由于问题比较简单，也可写出点的绝对运动方程，然后求导。例如，对例题 5-2 和例题 5-4，经运动分析知道，小环 M 作水平直线运动。如果以 O 为坐标原点，Ox 坐标轴向右为正，并令 $OB=r$，则小环 M 的 x 坐标为

$$x_M = \frac{r}{\cos\varphi} \tag{a}$$

对式(a)求导得

$$v_M = \dot{x}_M = \frac{r\sin\varphi \cdot \dot{\varphi}}{\cos^2\varphi} = \frac{\tan\varphi}{\cos\varphi} r\omega \tag{b}$$

$$a_M = \ddot{x}_M = \frac{1+\sin^2\varphi}{\cos^3\varphi} r\omega^2 \tag{c}$$

将 $\varphi=60°$，$r=0.1\text{m}$，$\omega=0.5\text{rad/s}$ 代入式(b)、式(c)，可得例题 5-2 和例题 5-4 的结果。这种方法便于求出各个瞬时的运动情况，特别是用计算机求解时更为方便。请读者考虑 ω 为非常数即有角加速度时的求导结果。

对例题 5-3，也请读者考虑作类似讨论。

需要注意的是：对于较复杂问题，特别是只对某些瞬时运动情况感兴趣时，还是采用点的复合运动方法较方便。

习题

5-1　曲柄 OA 在图示瞬时以 ω_0 的角速度绕轴 O 转动，并带动直角曲杆 O_1BC 在图示平面内运动。若 d 为已知，试求曲杆 O_1BC 的角速度。

5-2　图示曲柄滑杆机构中，滑杆上有圆弧滑道，其半径 $R=10\text{cm}$，圆心 O_1 在导杆 BC 上，曲柄长 $OA=10\text{cm}$，以匀角速度 $\omega=4\pi\text{rad/s}$ 绕 O 轴转动。当机构在图示位置时，曲柄与水平线交角 $\varphi=30°$，求此时滑杆 CB 的速度。

5-3　图示刨床的加速机构由两平行轴 O 和 O_1、曲柄 OA 和滑道摇杆 O_1B 组成，曲柄 OA 的末端与滑块铰接，滑块可沿摇杆 O_1B 上的滑道滑动。已知曲柄 OA 以等角速度 ω 转动，$OA=r$，两轴间的距离 $OO_1=d$，试求：①滑块滑道中的相对运动方程；②摇杆的转动方程。

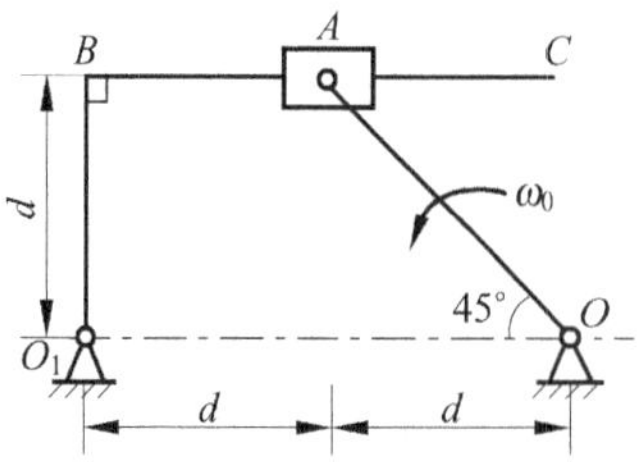

习题 5-1 图

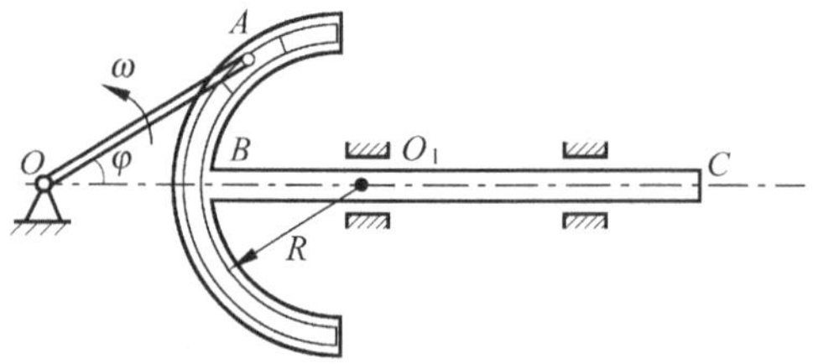

习题 5-2 图

5-4　曲柄摇杆机构如图所示。已知：曲柄 O_1A 以匀角速度 ω_1 绕轴 O_1 转动，$O_1A=R$，$O_1O_2=b$，$O_2O=L$，试求当 O_1A 处于水平位置时，杆 BC 的速度。

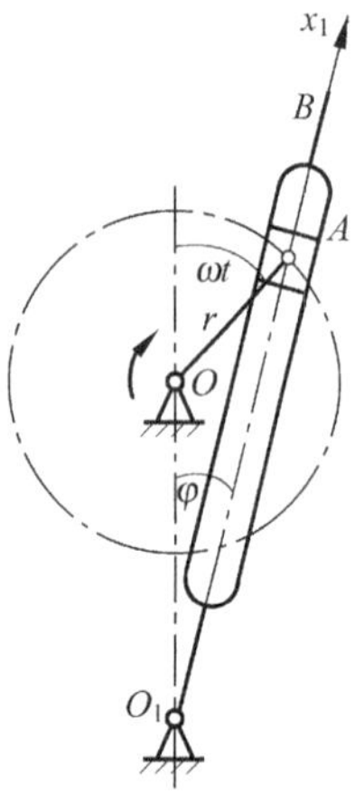

习题 5-3 图

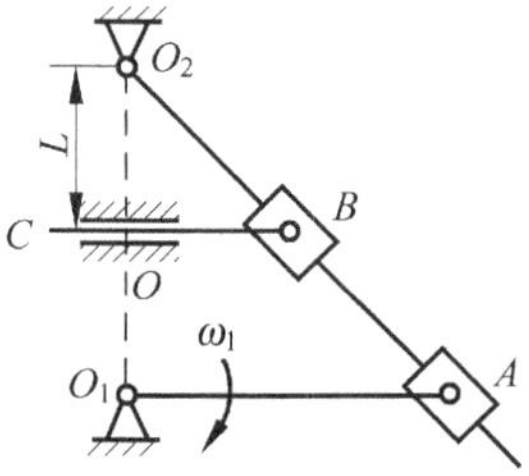

习题 5-4 图

5-5　如图所示，小环 M 套在两个半径为 $\boldsymbol{r}$ 的圆环上，令圆环 O' 固定，圆环 O 绕其圆周上一点 A 以匀角速度 ω 转动，求当 A、O、O' 位于同一直线时，小环 M 的速度。

5-6　图(a)、图(b)所示两种情形下，物块 B 均以速度 $\boldsymbol{v}_B$、加速度 $\boldsymbol{a}_B$ 沿水平直线向左作平移运动，从而推动杆 OA 绕点 O 作定轴转动，$OA=r$，$\varphi=40°$。试问若应用点的复合运动方法求解杆 OA 的角速度与角加速度，其计算方案与步骤应当怎样？将两种情况下的速度与加速度分量标注在图上，并写

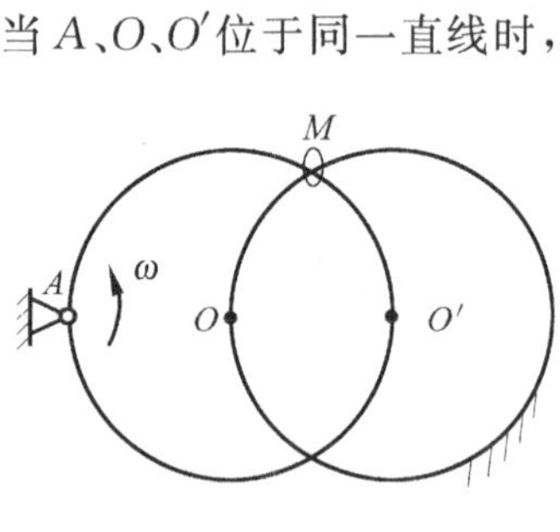

习题 5-5 图

出计算表达式。

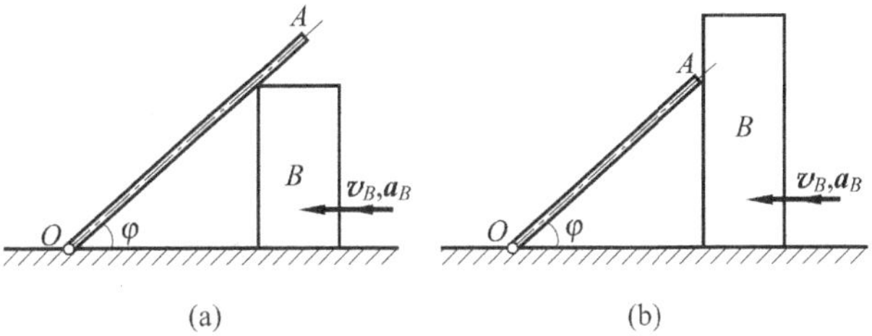

习题 5-6 图

5-7　图示圆环绕 O 点以角速度 $\omega=4\text{rad/s}$、角加速度 $\alpha=2\text{rad/s}^2$ 转动；圆环上的套管 A 在图示瞬时相对圆环有速度 5m/s，速度数值的增长率 8m/s^2。试求套管 A 的绝对速度和加速度。

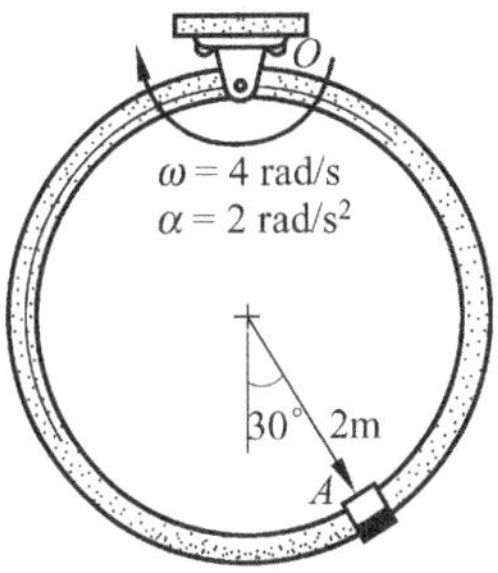

习题 5-7 图

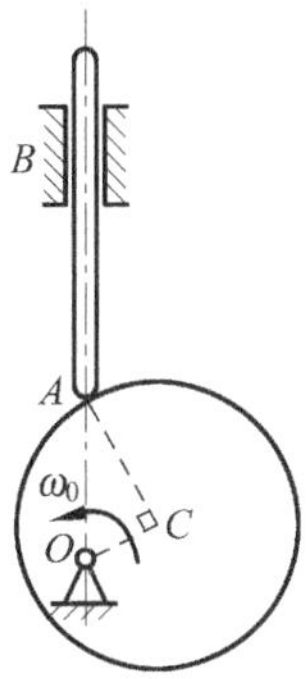

习题 5-8 图

5-8　图示偏心凸轮的偏心距 $OC=e$，轮半径 $r=\sqrt{3}e$，凸轮以匀角速度 ω_0 绕 O 轴转动。设某瞬时 OC 与 CA 成直角，试求此瞬时从动杆 AB 的速度和加速度。

5-9　如图所示，$O_1A=O_2B=r=10\text{cm}$，$O_1O_2=AB=20\text{cm}$。在图示位置时，O_1A 杆的角速度 $\omega=1\text{rad/s}$，角加速度 $\alpha=0.5\text{rad/s}^2$，O_1A 与 EF 两杆位于同一水平线上，EF 杆的 E 端与三角形板 BCD 的 BD 边相接触，求图示瞬时 EF 杆的加速度。

5-10　摇杆 OC 绕 O 轴往复摆动，通过套在其上的套筒 A 带动铅直杆 AB 上下运动。已知 $l=30\text{cm}$，当 $\theta=30°$ 时，$\omega=2\text{rad/s}$，$\alpha=3\text{rad/s}^2$，转向如图所示。试求机构在图示位置时，杆 AB 的速度和加速度。

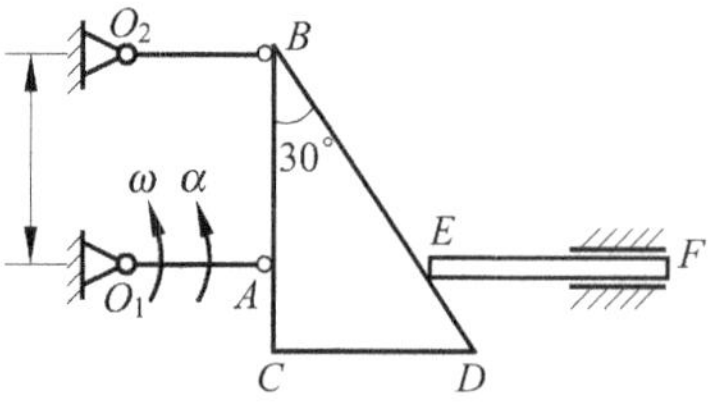

习题 5-9 图

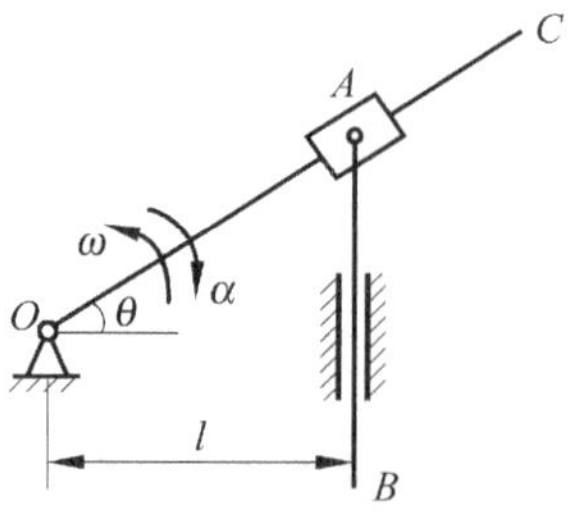

习题 5-10 图

5-11　如图所示，圆盘上 C 点铰接一个套筒，套在摇杆 AB 上，从而带动摇杆运动。已知：$R=0.2\text{m}$，$h=0.4\text{m}$，在图示位置时，$\theta=60°$，$\omega_0=4\text{rad/s}$，$\alpha_0=2\text{rad/s}^2$，试求该瞬时摇杆 AB 的角速度和角加速度。

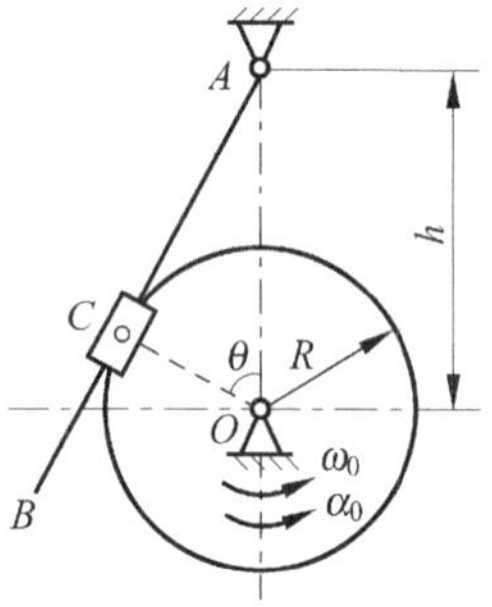

习题 5-11 图

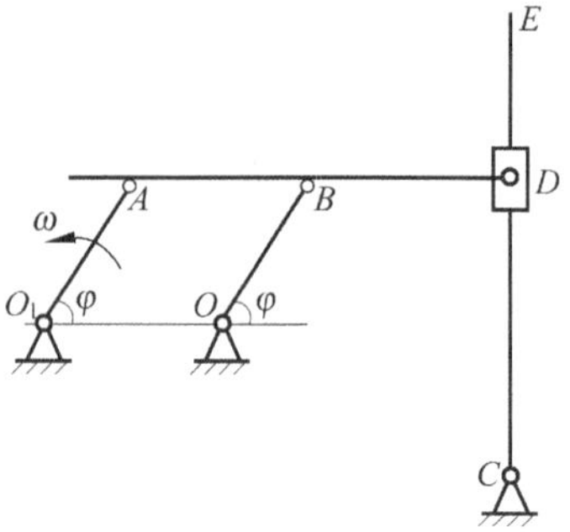

习题 5-12 图

5-12　在图示机构中，已知 $O_1A=OB=r=250\text{mm}$，且 $AB=O_1O$；连杆 O_1A 以匀角速度 $\omega=2\text{rad/s}$ 绕轴 O_1 转动，当 $\varphi=60°$ 时，摆杆 CE 处于铅垂位置，且 $CD=500\text{mm}$。求此时摆杆 CE 的角速度和角加速度。

5-13　图示为偏心凸轮-顶板机构，凸轮以等角速度 ω 绕点 O 转动，其半径为 R，偏心距 $OC=e$，图示瞬时 $\varphi=30°$，试求顶板的速度和加速度。

5-14　平面机构如图所示，已知：$O_1A=O_2B=R=30\text{cm}$，$AB=O_1O_2$，O_1A 按 $\varphi=\dfrac{\pi t^2}{24}$ 绕轴 O_1 转动，动点 M 沿平板上的直槽（$\theta=60°$）运动，$BM=2t+t^3$，式中 φ 以 rad 计，BM 以 cm 计，t 以 s 计。试求 $t=2\text{s}$ 时动点的速度和加速度。

5-15　半径为 R 的圆轮，以匀角速度 ω_0 绕 O 轴沿逆时针转动，并带动 AB 杆绕 A 轴转动。在图示瞬时，OC 与铅直线的夹角为 $60°$，AB 杆水平，圆

轮与 AB 杆的接触点 D 距 A 为$\sqrt{3}R$。求此时 AB 杆的角加速度。

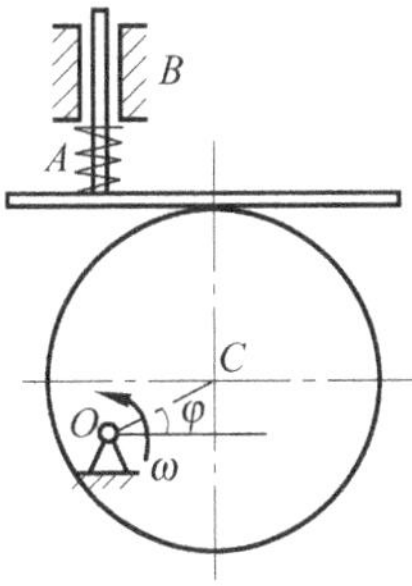

习题 5-13 图

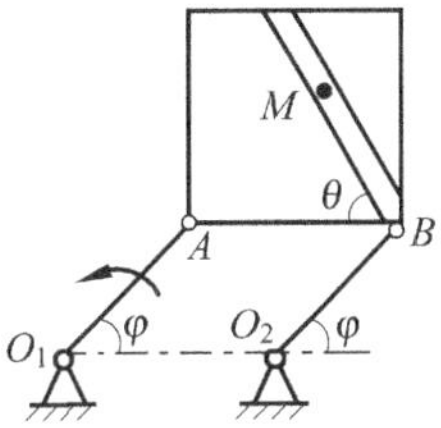

习题 5-14 图

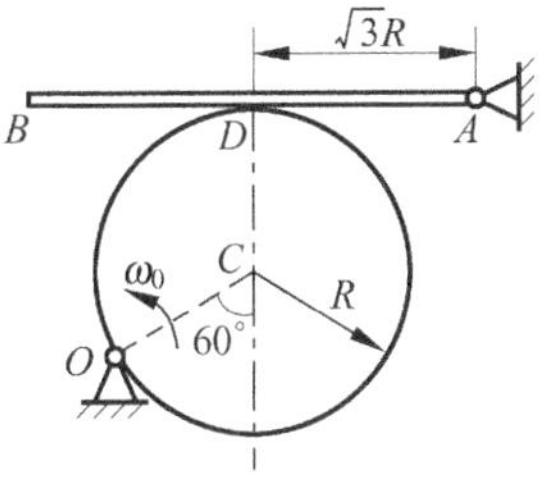

习题 5-15 图

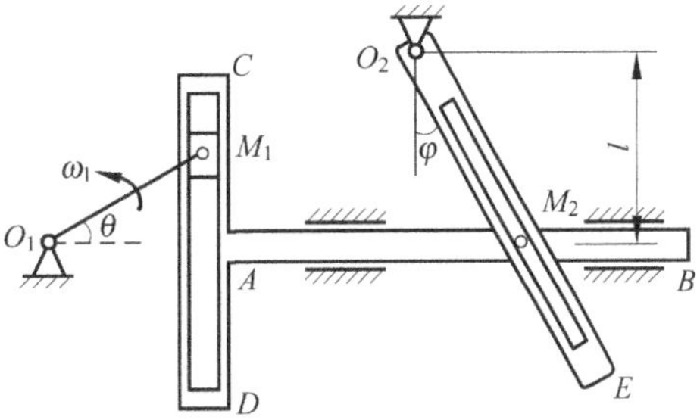

习题 5-16 图

5-16　曲柄 O_1M_1 以匀角速度 $\omega_1=3\text{rad/s}$ 绕 O_1 轴沿逆时针转动，T 形构件作水平往复运动，M_2 为该构件上固连的销钉，槽杆 O_2E 绕 O_2 轴摆动。已知 $O_1M_1=r=20\text{cm}$，$l=30\text{cm}$。当机构运动到如图所示位置时，$\theta=\varphi=30°$，求此时 O_2E 杆的角加速度。

第6章

刚体的平面运动分析

刚体的平面运动分析，是以刚体平移和定轴转动为基础，应用运动分解与合成的方法，分析和研究工程中常见而又比较复杂的运动——刚体的平面运动。这既是工程运动学的重点内容，同时也是工程动力学的基础。

6.1 刚体平面运动方程及运动分解

6.1.1 刚体平面运动力学模型的简化

考察图 6-1 所示的曲柄滑块连杆机构中，OA 杆绕 Oz 轴作定轴转动，滑块 B 作水平直线平移，而连杆 AB 的运动既不是平移，也不是定轴转动，但它运动时具有一个特点，即在运动过程中，刚体 AB 上任意点与某一固定平面（例如 Oxy 平面）的距离始终保持不变，刚体的这种运动称为**平面运动**（planar motion）。刚体平面运动时，其上各点的运动轨迹各不相同，但都是平行于某一固定平面的平面曲线。

设作平面运动的一般刚体上各点至平面 α_1 的距离保持不变，如图 6-2 所示。过刚体上任意点 A，作平面 α_2 平行于平面 α_1，显然，刚体上过点 A 并垂直

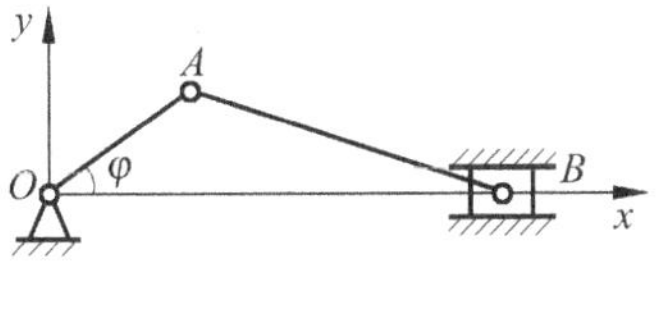

图 6-1 刚体运动

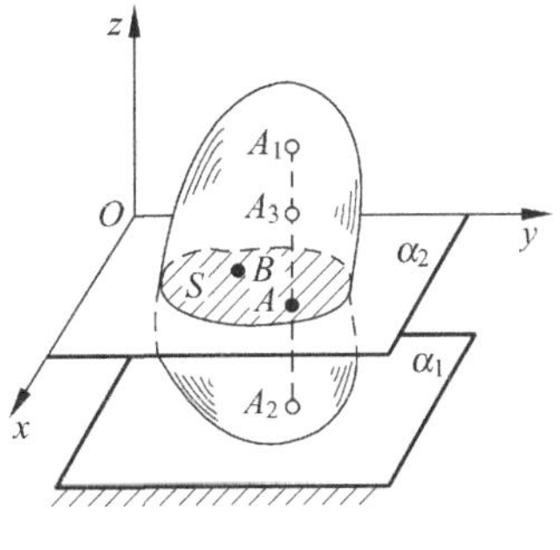

图 6-2 作平面运动的一般刚体

于平面 α_2 的直线上 A_1、A_2、A_3、…各点的运动与点 A 是相同的。因此，平面 α_2 与刚体相交所截取的**平面图形**(section)S，就能完全表示该刚体的运动。又因为平面图形 S 上的任意直线 AB 又能代表该平面图形(即平面运动刚体)的运动(图 6-3)。于是，研究刚体的平面运动可以简化为研究平面图形或其上任一直线 AB 的运动。

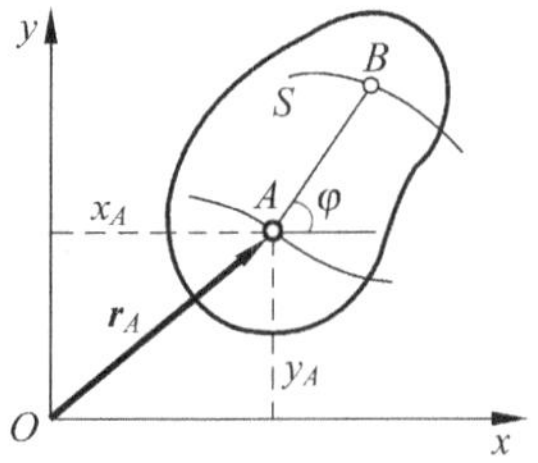

图 6-3 作平面运动的平面图形

6.1.2 刚体平面运动的运动方程

为了确定直线 AB 在平面 Oxy 上的位置，需要三个独立变量，一般选用广义坐标 $q=(x_A, y_A, \varphi)$(图 6-3)。其中，线坐标 x_A、y_A 确定点 A 在该平面上的位置，角坐标 φ 确定直线 AB 在该平面中的方位。所以，作平面运动的刚体有三个自由度，即 $N=3$。

刚体平面运动的运动方程为

$$\left.\begin{aligned} x_A &= f_1(t) \\ y_A &= f_2(t) \\ \varphi &= f_3(t) \end{aligned}\right\} \tag{6-1}$$

式中 x_A、y_A、φ 均为时间 t 的单值连续函数。式(6-1)只在一个参考系(定系)中描述了平面运动刚体的整体运动性质，该式完全确定了平面运动刚体的运动规律，也完全确定了该刚体上任一点的运动性质(轨迹、速度和加速度等)。其中平面运动刚体的**角速度** ω 和**角加速度** α 分别为

$$\omega = \dot{\varphi} = f'_3(t), \quad \alpha = \ddot{\varphi} = f''_3(t) \tag{6-2}$$

例题 6-1 如图 6-4 所示，曲柄-滑块机构中曲柄 OA 长为 r，以等角速度 ω 绕 O 转动，连杆 AB 长为 l。

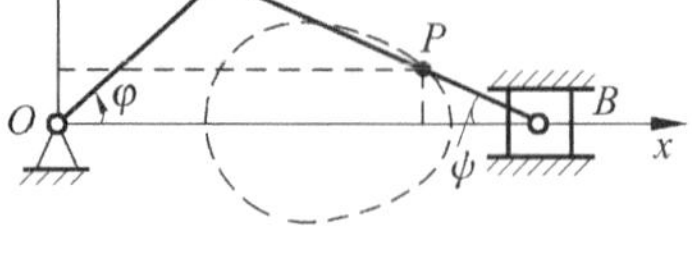

图 6-4 例题 6-1 图

(1) 写出连杆的平面运动方程；

(2) 求连杆上一点 $P(AP=l_1)$的轨迹、速度和加速度。

解：机构中$\triangle AOB$ 有如下关系：

$$\frac{l}{\sin\varphi}=\frac{r}{\sin\psi},\quad \sin\psi=\frac{r}{l}\sin(\omega t) \tag{a}$$

式中，$\varphi=\omega t$。

平面运动刚体的运动方程为

$$\left.\begin{aligned} x_A &= r\cos(\omega t)\\ y_A &= r\sin(\omega t)\\ \psi &= \arcsin\left[\frac{r}{l}\sin(\omega t)\right]\end{aligned}\right\} \tag{b}$$

根据约束条件，写出点 P 的运动方程为

$$\left.\begin{aligned} x_P &= r\cos(\omega t)+l_1\cos\psi\\ y_P &= (l-l_1)\sin\psi\end{aligned}\right\} \tag{c}$$

将式(a)中的第 2 式代入式(c)，有

$$\left.\begin{aligned} x_P &= r\cos(\omega t)+l_1\sqrt{1-\left[\frac{r}{l}\sin(\omega t)\right]^2}\\ y_P &= \frac{r(l-l_1)}{l}\sin(\omega t)\end{aligned}\right\} \tag{d}$$

式(d)是点 P 的运动方程，也是以时间 t 为参变量的轨迹方程(据此画出图 6-4 中的卵形线)。

对式(d)求一次和二次导数，可以得到点 P 的速度和加速度表达式。

考虑到实际的曲柄连杆机构中，往往有$\frac{r}{l}<\frac{1}{3.5}$，因此，可利用泰勒公式将 x_P 表达式等号右边的第二项展开，并略去$\left(\frac{r}{l}\right)^4$ 以上的高阶量，得

$$\sqrt{1-\left[\frac{r}{l}\sin(\omega t)\right]^2}=1-\frac{1}{2}\left(\frac{r}{l}\right)^2\sin^2(\omega t)+\cdots \tag{e}$$

再以 $\frac{1-\cos(2\omega t)}{2}$ 代替 $\sin^2(\omega t)$，最后得点 P 的近似运动方程为

$$\left.\begin{aligned} x_P &= l_1\left[1-\frac{1}{4}\left(\frac{r}{l}\right)^2+\frac{r}{l_1}\cos(\omega t)+\frac{1}{4}\left(\frac{r}{l}\right)^2\cos(2\omega t)\right]\\ y_P &= \frac{r(l-l_1)}{l}\sin(\omega t)\end{aligned}\right\} \tag{f}$$

对式(f)求一次导数得点 P 的速度：

$$\left.\begin{aligned} v_x &= \dot{x}_P = -r\omega\left[\sin(\omega t) + \frac{1}{2}\frac{rl_1}{l^2}\sin(2\omega t)\right] \\ v_y &= \dot{y}_P = \frac{r(l-l_1)\omega}{l}\cos(\omega t) \end{aligned}\right\} \tag{g}$$

对式(f)求二次导数得点 P 的加速度：

$$\left.\begin{aligned} a_x &= -r\omega^2\left[\cos(\omega t) + \frac{rl_1}{l^2}\cos(2\omega t)\right] \\ a_y &= -\frac{r(l-l_1)}{l}\omega^2\sin(\omega t) \end{aligned}\right\} \tag{h}$$

分别描述刚体 AB 和点 P 运动的式(b)与式(f)是相对定系 Oxy 得到的，对该两式求绝对导数，可以全面了解它们的连续运动性质。在上例中，已对式(f)作了分析；读者自己可以对式(b)加以分析。这是一种适宜于用计算机进行计算的方法。

6.1.3 平面运动分解为平移和转动

由刚体的平面运动方程可以看到，如果图形中的 A 点固定不动，则刚体将作定轴转动；如果线段 AB 的方位不变(即 φ= 常数)，则刚体将作平移。由此可见，平面图形的运动可以看成是平移和转动的合成运动。

设在时间间隔 Δt 内，平面图形由位置Ⅰ运动到位置Ⅱ，相应地，图形内任取的线段从 AB 运动到 $A'B'$，如图 6-5 所示。在 A 点处假想地安放一个平移坐标系 $Ax'y'$，当图形运动时，令平移坐标系的两轴始终分别平行于定系坐标轴 Ox 和 Oy，通常将这一平移的动系的原点 A 称为**基点**(base point)。于是，平面图形的平面运动便可分解为随同基点 A 的平移(牵连运动)和绕基点 A 的转动(相对运动)。线段 AB 的位移可分解为：线段 AB 随 A 点平行移动到位置 $A'B''$，再绕 A' 由位置 $A'B''$ 转动角 $\Delta\varphi_1$ 到达位置 $A'B'$；若取 B 点为基点，线段 AB 的位移可分解为：线段 AB 随 B 点平行移动到位置 $B'A''$，再绕

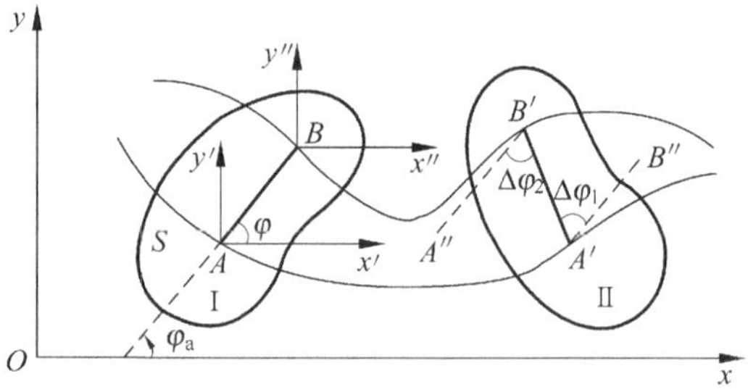

图 6-5 一般刚体平面运动的分解

B'点由位置$B'A''$转动角 $\Delta\varphi_2$ 到达位置 $A'B'$。当然，实际上平移和转动两者是同时进行的。

由图可知，取不同的基点，平移部分一般来说是不同的（参见图中曲线 AA'和 BB'轨迹），其速度和加速度也不相同。于是有结论：平面运动分解为平移和转动时，**其平移部分与基点选择有关**。但对于转动部分，由图可见，绕不同基点转过的角位移 $\Delta\varphi_1=\Delta\varphi_2=\Delta\varphi$（大小、转向均相同），且平面图形的角速度相同，即

$$\omega=\lim_{\Delta t\to 0}\frac{\Delta\varphi_1}{\Delta t}=\lim_{\Delta t\to 0}\frac{\Delta\varphi_2}{\Delta t}=\lim_{\Delta t\to 0}\frac{\Delta\varphi}{\Delta t}=\frac{\mathrm{d}\varphi}{\mathrm{d}t} \tag{6-3}$$

将角位移对时间求二阶导数，得平面图形的角加速度也相同，从而可知：平面运动分解为平移和转动时，**其转动部分与基点的选择无关**。

从图 6-5 可以看出，在 t 瞬时，S 上直线 AB 相对于平移坐标系 $Ax'y'$的方位用角度 φ 表示，而在同一瞬时，AB 相对于定系 Oxy 的方位用角度 φ_a 表示，且有

$$\varphi(t)=\varphi_a(t) \tag{6-4a}$$

从而有

$$\omega(t)=\omega_a(t) \tag{6-4b}$$

$$\alpha(t)=\alpha_a(t) \tag{6-4c}$$

即由于平移坐标系相对定系无方位变化，故其相对转动量即为其绝对转动量，正因为如此，以后凡涉及到平面运动图形相对转动的角速度和角加速度时，不必指明基点，而只说是平面图形的角速度和角加速度即可。

6.2　平面图形上各点的速度分析

6.2.1　基点法

在作平面运动的刚体上任选基点，建立平移动系 $Ax'y'$，动系上的 A 点随平面图形 S 上的 A 点一起运动。在平移动系 $Ax'y'$上观察平面图形 S 的运动为定轴转动，动系自身又作平移，因此，平面图形 S 的运动可视为平移和转动的合成。

考察如图 6-6 所示的平面图形 S。已知在 t 瞬时，S 上点 A 的速度$\boldsymbol{v}_A$ 和 S 的角速度 ω，为求 S 上点 B 在该瞬时的速度，可以点 A 为基点，建立平移坐标系 $Ax'y'$，将 S 的平面运动分解为跟随 $Ax'y'$的平移和相对它的转动。这样，点 B 的绝对运动就被分解成牵连运动为平移和相对运动为圆周转动的运动。根据速度合成定理，并沿用刚体运动的习惯符号，有

$$\begin{aligned} \boldsymbol{v}_B &= \boldsymbol{v}_a = \boldsymbol{v}_e + \boldsymbol{v}_r \\ &= \boldsymbol{v}_A + \boldsymbol{v}_{BA} = \boldsymbol{v}_A + \boldsymbol{\omega} \times \boldsymbol{r}'_B \end{aligned} \tag{6-5}$$

式中，牵连速度即基点的速度$\boldsymbol{v}_e=\boldsymbol{v}_A$（平移系上各点速度均相同）；点 B 相对平移系的速度$\boldsymbol{v}_r$ 记为$\boldsymbol{v}_{BA}$，由定轴转动的速度公式得，$\boldsymbol{v}_{BA}=\boldsymbol{\omega}\times\boldsymbol{r}'_B$，$\boldsymbol{r}'_B$ 为点 A 到点 B 的相对矢径。根据以$\boldsymbol{v}_A$ 和$\boldsymbol{v}_{BA}$ 为边的速度平行四边形，可求得 B 点速度$\boldsymbol{v}_B$。

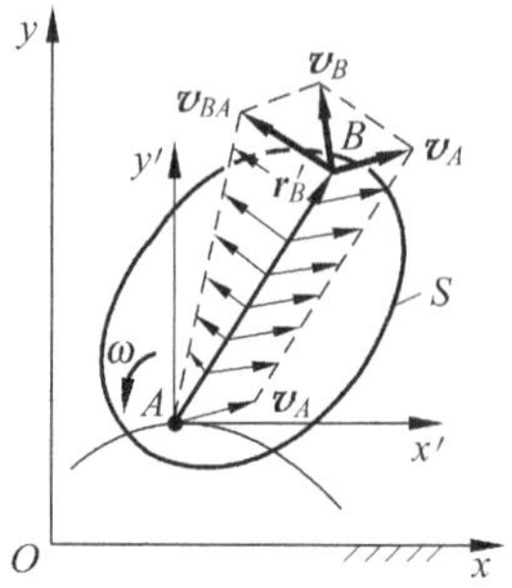

图 6-6　平面图形 S 上点的速度分析

式(6-5)表明，平面图形上任一点的速度等于基点的速度与该点对于以基点为原点的平移坐标系的相对速度的矢量和。这种确定平面图形上任意一点速度的方法称为**基点法**(method of base point)。

在图 6-6 中，还画出平面图形上任一线段 AB 各点的牵连速度$\boldsymbol{v}_e=\boldsymbol{v}_A$与相对速度$\boldsymbol{v}_r=\boldsymbol{\omega}\times\boldsymbol{r}'_i$（$i$ 为 AB 上任一点）的分布。不难看出，AB 上各点的牵连速度均相同，而相对速度则依照该点至基点 A 的距离呈线性分布。

总之，用基点法分析平面图形上点的速度，只是速度合成定理的具体应用而已。

6.2.2　速度投影定理法

将式(6-5)中各项分别向 A、B 两点连线 AB 上投影(图 6-7)。由于$\boldsymbol{v}_{BA}=\boldsymbol{\omega}\times\boldsymbol{r}'_B$始终垂直于线段 AB，因此得

$$v_B\cos\beta_B = v_A\cos\beta_A \tag{6-6}$$

式(6-6)中，角 β_A、β_B 分别为速度$\boldsymbol{v}_A$、$\boldsymbol{v}_B$ 与线段 AB 的夹角(图 6-7)。该式表明，平面图形上任意两点的速度在该两点连线上的投影相等，这称为**速度投影定理**(theorem of projections of the velocity)。

速度投影定理的含义也可以从另一角度理解：平面图形是从刚体上截取的，图形上 A、B 两点的距离应保持不变，所以这两点的速度在 AB 方向的分

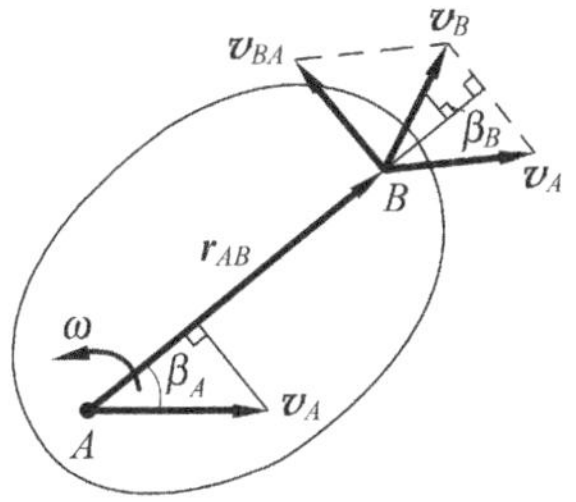

图 6-7　速度投影定理的几何表示

量必须相等，否则两点距离必将伸长或缩短。因此，速度投影定理对所有的刚体运动形式都是适用的。

应用速度投影定理分析平面图形上点的速度的方法称为**速度投影定理法**。

例题 6-2　四连杆机构 $ABCD$ 如图 6-8 所示。已知曲柄 AB 长为 20cm，转速为 45r/min，摆杆 CD 长为 40cm，求在图示位置下 BC、CD 两杆的角速度。

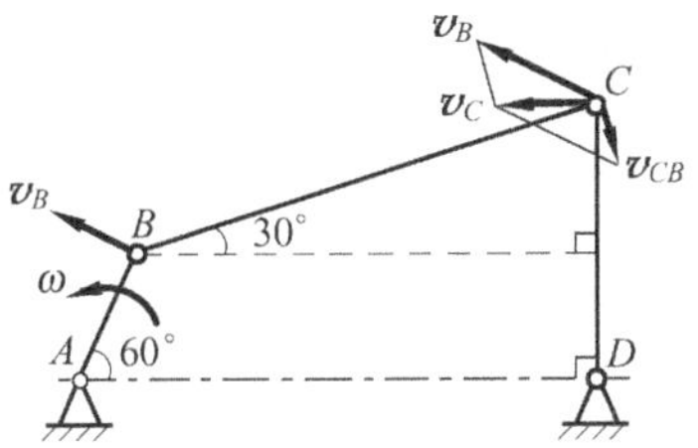

图 6-8　例题 6-2 图

解：分析系统运动。AB、CD 两杆为定轴转动，AB 转动的角速度已知，所以 $\boldsymbol{v}_B$ 已知，$\boldsymbol{v}_C$ 方向已知。BC 杆为平面运动，所以，应选 BC 为研究对象，B 点为基点。根据以上分析，可以作出 C 点的速度四边形，如图 6-8 所示。由图中的几何关系，得到

$$v_C = v_{CB}$$

显然，若 $\boldsymbol{v}_C$ 和 $\boldsymbol{v}_{CB}$ 已知，则 BC 杆、CD 杆的角速度即可确定。

应用速度投影定理，$\boldsymbol{v}_B$ 和 $\boldsymbol{v}_C$ 在 BC 连线上的投影相等，所以有

$$\left.\begin{aligned} v_B\cos60^\circ &= v_C\cos30^\circ \\ v_C &= v_B\frac{\cos60^\circ}{\cos30^\circ} \end{aligned}\right\} \tag{a}$$

因为

$$v_B = 20\omega = 20 \times \frac{45\pi}{30} = 30\pi(\mathrm{cm/s})$$

代入式(a)后，得

$$v_C = 30\pi \times \frac{\sqrt{3}}{3} = 54.4(\mathrm{cm/s}), \quad v_{CB} = v_C = 54.4(\mathrm{cm/s})$$

据此得到 CD 杆的角速度为

$$\omega_{CD} = \frac{v_C}{CD} = \frac{54.4}{40} = 1.36(\mathrm{rad/s})$$

BC 杆的角速度为

$$\omega_{BC} = \frac{v_{BC}}{BC}$$

其中

$$BC = 2(CD - AB \cdot \sin 60^\circ) = 2 \times (40 - 20\sin 60^\circ) = 45.4(\mathrm{cm})$$

最后得到

$$\omega_{BC} = \frac{v_{BC}}{BC} = \frac{54.4}{45.4} = 1.2(\mathrm{rad/s})$$

6.2.3 瞬时速度中心法

1. 一个有趣的问题

图 6-9 中所示为一自行车轮在平坦的地面上滚动时拍下的一幅照片，我们的问题是：

为什么车轮辐条某些部分能够清晰地显示出来，而另外一些部分则不能？

读者根据拍照的常识，不难得到这样的结论：车轮辐条上各点的速度各不相同，是生成上述具有明显特征图片的原因。

怎样确定车轮辐条上各点的速度呢？本节所要介绍的瞬时速度中心的概念以及相关的方法，为解决这一问题提供了一条方便的途径。

2. 瞬时速度中心的定义

如果平面图形的角速度 $\omega \neq 0$，则在每一瞬时，运动的平面图形上都惟一存在一点，这一点的速度等于零，称为**瞬时速度中心**(instantaneous center of velocity)，简称为**速度瞬心**，记为 C^*，即 $v_{C^*} = 0$。

证明：(用几何法)

设在 t 瞬时，表征平面图形 S 运动的物理量 $\boldsymbol{v}_A$、ω 如图 6-10 所示。在 S

上，过点 A 作垂直于该点速度$\boldsymbol{v}_A$ 的直线 AP。据式(6-5)，以点 A 为基点，分析直线 AP 上各点速度可知：在 AP 上各点相对基点转动的速度与跟随基点平移的速度不仅共线而且反向。又因为各相对速度呈线性分布，而基点速度 $\boldsymbol{v}_A$ 为均匀分布。所以，在直线 AP 上惟一存在点 C^*，使

$$v_{C^*}=0,\quad v_A-v_{C^*A}=v_A-AC^*\cdot\omega=0$$

图 6-9　自行车滚动时的图片

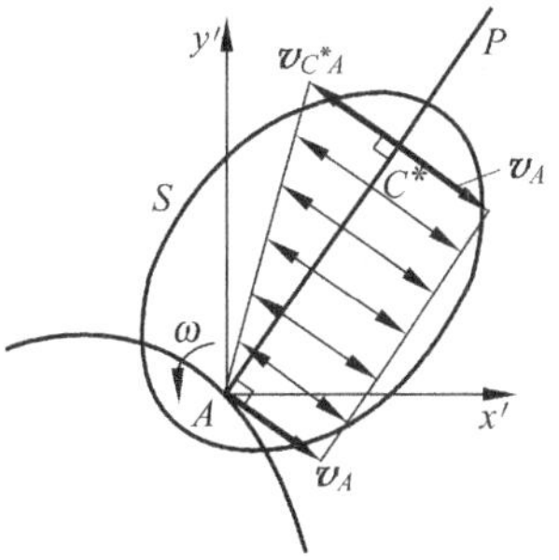

图 6-10　速度瞬心惟一存在证明

所以

$$AC^*=\frac{v_A}{\omega}\tag{6-7}$$

3. 瞬时速度中心的意义

若已知平面图形在 t 瞬时的速度瞬心 C^* 与其角速度 ω，则可以 C^* 点为基点，建立平移坐标系，分析图形上点的速度。此时，基点速度 $v_{C^*}=0$，式(6-5)简化为

$$\boldsymbol{v}_B=\boldsymbol{v}_{BC^*}=\boldsymbol{\omega}\times\boldsymbol{r}_{C^*B}\tag{6-8}$$

式中，$\boldsymbol{r}_{C^*B}$为自 C^* 点至 B 点的位矢。式(6-8)表明，此情形下，图形上待求速度点 B 的牵连速度等于零，绝对速度等于相对速度。如图 6-11 所示，线段 C^*B 上各点的速度大小依照 B 点至点 C^* 的距离呈线性分布，其速度方向垂直于线段 C^*B，指向与图形的转动方向相一致。图中，线段 C^*A 与 C^*C 上各点的速度亦与上同。可见，就速度分布而言，图形在该瞬时的运动可看成是绕点 C^* 作瞬时定轴转动。

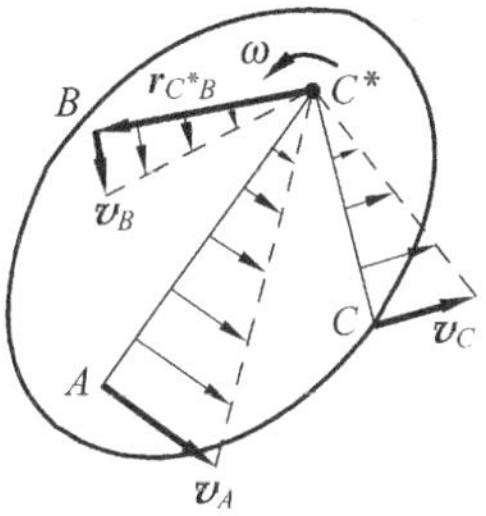

图 6-11　平面图形在 t 瞬时的运动图像

另一方面，表征平面图形运动的物理量是

随时间变化的，即$\boldsymbol{v}_A(t)$，$\omega(t)$。因此，速度瞬心在图形上的位置也在不断变化，即在不同瞬时，平面图形上有不同的速度瞬心。这是它与定轴转动的重要区别。

因此速度瞬心概念对运动比较复杂的平面图形给出了清晰的运动图像：平面图形的瞬时运动为绕该瞬时的速度瞬心作瞬时转动，其连续运动为绕图形上一系列的速度瞬心作瞬时转动；同时也为分析平面图形上点的速度与图形的角速度提供了一种有效方法，若已知图形的速度瞬心与角速度 ω，则图形上各点的速度均可求出。

4. 瞬时速度中心的确定

确定图形在某一瞬时的速度瞬心，与已知定轴转动刚体上两点速度的有关量确定刚体转轴位置的过程相似。现将几种常见情形介绍如下：

(1) 已知某瞬时平面图形上两点速度的方向，但它们互不平行，如图 6-12(a)所示，因为各点速度垂直于该点与速度瞬心的连线，所以，过 A、B 两点分别作速度$\boldsymbol{v}_A$、$\boldsymbol{v}_B$ 的垂线，其交点 C^* 就是速度瞬心。

(2) 已知某瞬时平面图形上 A、B 两点速度的大小与方向，且两速度矢量平行，都垂直于该两点的连线，如图 6-12(b)、(c)所示，则该两速度矢量端部的连线与该两点连线的交点 C^* 就是速度瞬心。

(3) 已知平面图形 S 在某固定曲面上作无滑动的滚动(如车轮的运动)。因为此时图形与曲面的接触点 C^* 处图形与固定曲面无相对滑动，如图 6-12(d)所示，所以此接触点为图形的速度瞬心。

(4) 已知某瞬时 A、B 两点的速度平行，但不垂直于两点的连线，如图 6-12(e)所示，或两点的速度平行且垂直于两点连线，但两速度的大小相等，指向相同如图 6-12(f)所示，按以上确定速度瞬心位置的方法可以推知，此时图形的速度瞬心在无穷远处，平面图形的角速度 $\omega=0$。这种情况称平面图形作**瞬时平移**(instantaneous translation)，此刻图形上各点的速度完全相同。

需要注意的是：有些情形下速度瞬心位于平面图形以内，也有些情形下速度瞬心位于平面图形边界以外，图 6-12(b)中的速度瞬心 C^* 即为一例，对于这种情形，可以认为速度瞬心位于图形的扩展部分，也可认为此时图形绕图形外某一点作瞬时转动。

用确定瞬时速度中心的方法分析平面图形上点的速度的方法称为瞬时速度中心法，简称速度瞬心法。

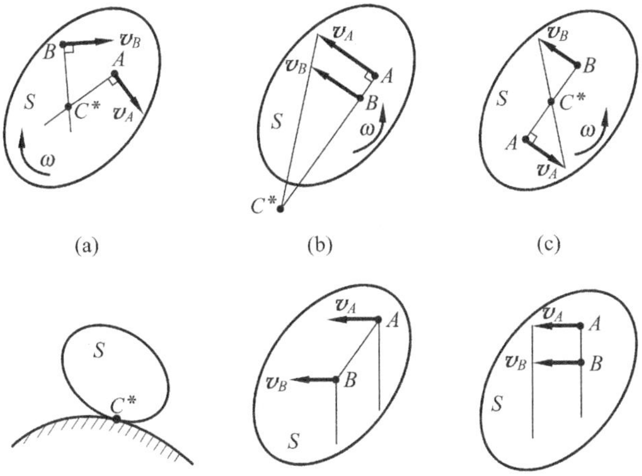

(a)　(b)　(c)

(d)　(e)　(f)

图 6-12　几种常见情形下速度瞬心位置的确定

例题 6-3　曲柄-滑块机构如图 6-13(a)所示，其中，曲柄 OA 的长为 r，它以等角速度 ω_0 绕点 O 转动，连杆长度 $AB=l$。试求曲柄转角 $\varphi=\varphi_0$（此瞬时$\angle OAB=90°$）与 $\varphi=0°$时，滑块的速度$\boldsymbol{v}_B$ 与连杆 AB 的角速度 ω_{AB}。

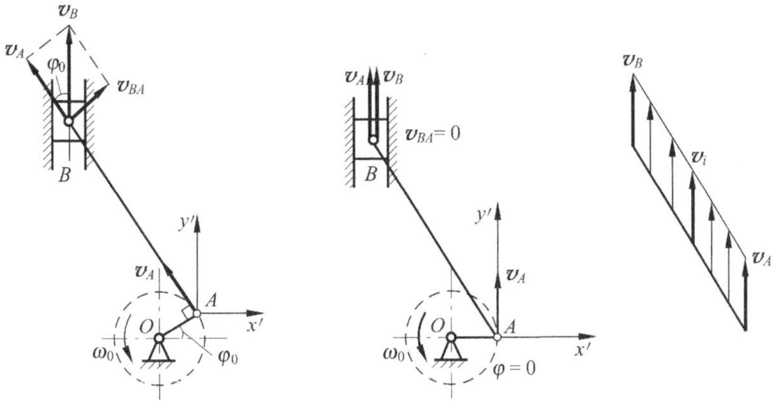

(a)　(b)　(c)

图 6-13　例题 6-3 图

解：(1) 当 $\varphi=\varphi_0$ 时(图 6-13(a))

因曲柄 OA 上点 A 的速度已知，故选点 A 为基点，建立平移系 $Ax'y'$，将

连杆 AB 的平面运动分解为平移和转动。这样，滑块 B 沿铅垂直线运动，

$$\boldsymbol{v}_B = \boldsymbol{v}_A + \boldsymbol{v}_{BA} \tag{a}$$

式(a)为矢量式，其中

$$v_A = r\omega_0$$

$\boldsymbol{v}_B$、$\boldsymbol{v}_{BA}$ 两个大小未知，可直接求解。将式(a)中各项向 $\boldsymbol{v}_A$ 方向投影，得

$$v_B\cos\varphi_0 = v_A, \quad v_B = \frac{r\omega_0}{\cos\varphi_0} \tag{b}$$

方向如图所示。

再根据图(6-13(a))，得

$$\frac{v_{BA}}{v_A} = \tan\varphi_0$$

于是，连杆 AB 的角速度为

$$\omega_{AB} = \frac{v_{BA}}{l} = \frac{r}{l}\omega_0\tan\varphi_0(\frown) \tag{c}$$

(2) 当 $\varphi=0°$时(图 6-13(b))

$$\boldsymbol{v}_B = \boldsymbol{v}_A + \boldsymbol{v}_{BA} \tag{d}$$

此时$\boldsymbol{v}_A /\!/ \boldsymbol{v}_B$，$\boldsymbol{v}_{BA} \perp BA$，将式(d)中各项向 x'方向投影，得

$$v_{BA} = 0, \quad \omega_{AB} = 0 \tag{e}$$

$$\boldsymbol{v}_B = \boldsymbol{v}_A = r\omega_0\boldsymbol{j} \tag{f}$$

这时，杆 AB 的运动状况与图 6-12(e)中杆作瞬时平移的情形相同，在这一瞬时，杆 AB 上所有点的速度均相同(图 6-13(c))。

(3) 本例讨论

① 若只需确定$\boldsymbol{v}_B$，则也可采用速度投影法。由图 6-13(a)，将$\boldsymbol{v}_B$ 和$\boldsymbol{v}_A$ 向 AB 连线投影，得

$$v_B\cos\varphi_0 = v_A = r\omega_0, \quad v_B = \frac{r\omega_0}{\cos\varphi_0}(\uparrow)$$

由图 6-13(b)，设$\boldsymbol{v}_A$ 与 AB 夹角为 θ，则$\boldsymbol{v}_B$ 与$\boldsymbol{v}_A$ 向 AB 投影，得

$$v_A\cos\theta = v_B\cos\theta, \quad v_B = v_A = r\omega_0(\uparrow)$$

② 若图 6-13(a)、(b)中，$\boldsymbol{v}_B$ 方向假设与图示相反，其结果如何？

③ 请读者用速度瞬心法和速度投影定理法求解本题，并将计算结果与上述解答比较。

例题 6-4 如图 6-14 所示，系统中曲柄 $OA=15\text{cm}$，$AB=20\text{cm}$，$BD=30\text{cm}$，在图示位置 $OA\perp OO_1$，$AB\perp OA$，$O_1B\perp BD$，曲柄 OA 的角速度 $\omega=4\text{rad/s}$。求此瞬时 B 点和 D 点的速度，以及 AB 杆和 BD 杆的角速度。

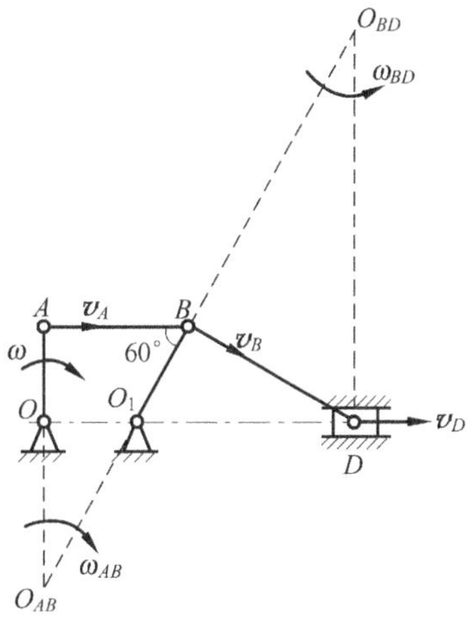

图 6-14　例题 6-4 图

解：由于 AB、BD 杆作平面运动，且 AB 杆在 A 点与运动已知的杆 OA 相连接，所以，应该先以 AB 杆为研究对象。

因为 O_1B 杆作定轴转动，故 AB 杆上 A、B 两点的速度方向已知，如图所示，作两速度的垂线交于 O_{AB} 点，这一点即为 AB 杆的速度瞬心。

显然

$$\omega_{AB} = \frac{v_A}{O_{AB}A}$$

式中

$$O_{AB}A = AB \cdot \tan 60^\circ = 20\sqrt{3}(\text{cm})$$
$$v_A = \omega \cdot OA = 4 \times 15 = 60(\text{cm/s})$$

于是，AB 杆的角速度为

$$\omega_{AB} = \frac{60}{20\sqrt{3}} = \sqrt{3}(\text{rad/s})$$

由此可求得 B 点的速度

$$v_B = \omega_{AB} \cdot O_{AB}B = \sqrt{3} \times \frac{20}{\cos 60^\circ} = 40\sqrt{3}(\text{cm/s})$$

再以 BD 杆为研究对象，已知 D 点的速度方向为水平，作 B、D 两点速度的垂线交于 O_{BD} 点，这一点即为 BD 杆的速度瞬心，如图所示。由此得到 BD 杆的角速度

$$\omega_{BD} = \frac{v_B}{O_{BD}B}$$

式中

$$O_{BD}B = BD \cdot \cot 30^\circ = 30\sqrt{3}(\mathrm{cm})$$

最后得到

$$\omega_{BD} = \frac{40\sqrt{3}}{30\sqrt{3}} = \frac{4}{3}(\mathrm{rad/s})$$

D 点的速度为

$$v_D = \omega_{BD} \cdot O_{BD}D = \frac{4}{3} \times \frac{30}{\sin 30^\circ} = 80(\mathrm{cm/s})$$

上述所得各杆角速度的转向以及各点速度方向均如图所示。

例题 6-5 如图 6-15 所示，传动系统中曲柄 OA 长为 75cm，转动角速度 $\omega_O = 6\mathrm{rad/s}$。$O_1B$ 杆绕 O_1 轴做定轴转动。另在 O_1 轴上装有轮Ⅰ，轮Ⅱ与 O_1B 杆在 B 点铰接，两轮通过轮齿啮合在一起，AC 杆固结于轮Ⅱ上，两轮半径 $r_1 = r_2 = 30\sqrt{3}\mathrm{cm}$，$AB = 150\mathrm{cm}$。求当 $\theta = 60^\circ$，且 $CB \perp O_1B$ 时，曲柄 O_1B 及齿轮Ⅰ的角速度。

解：在系统中，四个刚体有三个作定轴转动：OA、O_1B 和轮Ⅰ。只有 AB 做平面运动，且 AB 与运动已知的杆 OA 及其他两刚体有联系。只要求出 AB 上 B、D 两点的速度，所要求的问题就解决了。由以上分析知，应选 AB 为研究对象，并采用速度瞬心法。

由于 A、B 两点的速度方向已知，故作两点速度的垂线交于 I 点，此点即为 AB 的速度瞬心，如图所示。因为

$$AI = \frac{AB}{\cos\theta}$$

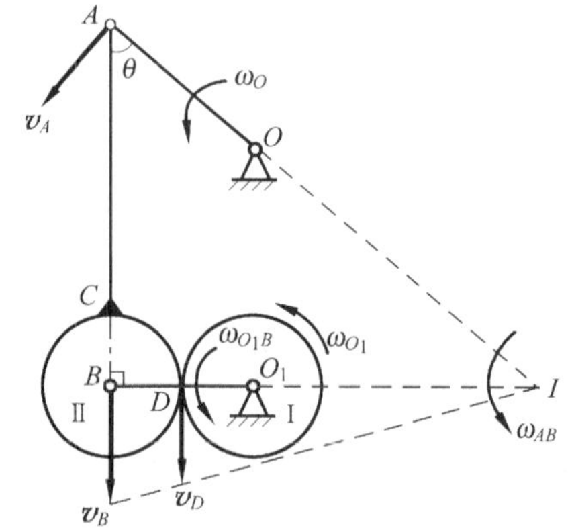

图 6-15 例题 6-5 图

所以

$$\omega_{AB}=\frac{v_A}{AI}=\frac{OA}{AB}\omega_O\cos60^\circ=\frac{75\times6}{150\times2}=1.5(\mathrm{rad/s})$$

O_1B 杆的角速度为

$$\omega_{O_1B}=\frac{v_B}{O_1B}=\frac{\omega_{AB}\cdot BI}{O_1B}=\frac{\omega_{AB}\cdot AB\cdot\tan\theta}{O_1B}$$

$$=\frac{1.5\times150}{2\times30\sqrt{3}}\tan60^\circ=3.75(\mathrm{rad/s})$$

轮 I 的角速度为

$$\omega_{O_1}=\frac{v_D}{r_1}=\frac{\omega_{AB}\cdot(BI-r_2)}{r_1}$$

$$=\frac{1.5\times(150\times\tan60^\circ-30\sqrt{3})}{30\sqrt{3}}$$

$$=6(\mathrm{rad/s})$$

本例讨论：如果采用基点法分析，本例的计算过程要复杂得多。

例题 6-6　半径为 R 的圆轮沿直线轨道作纯滚动，如图 6-16(a)所示。已知轮心 O 的速度$\boldsymbol{v}_O$，试求轮缘上点 1、2、3、4 的速度。

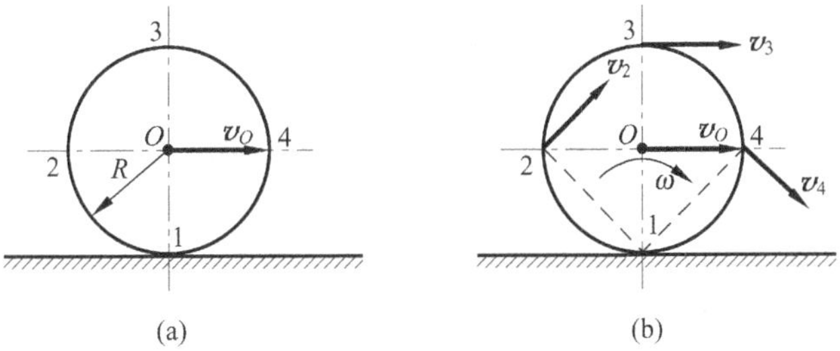

图 6-16　例题 6-6 图

解：因为圆轮沿直线轨道作纯滚动，即轮与轨道的接触点之间无相对滑动，符合图 6-12(d)情形，故轮上 1 点即为速度瞬心。

点 1：$v_1=0$，于是，圆轮的角速度 $\omega=\frac{v_0}{R}$，圆轮上其余各点的速度均可视为该瞬时绕 1 点转动的速度(图 6-16(b))。

点 2：$v_2=\sqrt{2}R\omega=\sqrt{2}v_O$

点 3：$v_3=2R\omega=2v_O$

点 4：$v_4=\sqrt{2}R\omega=\sqrt{2}v_O$

请读者利用基点法(以 O 为基点)和速度投影法校核由速度瞬心法所得的结果,并思考对点 O、点 1 和点 3,速度投影法是否有效?

通过本例的分析及其所得结果,不难确定自行车车轮在平坦地面上滚动时,车轮辐条上各点的速度,如图 6-17 所示,当然,也不难解释本节图 6-9 中的那幅照片。

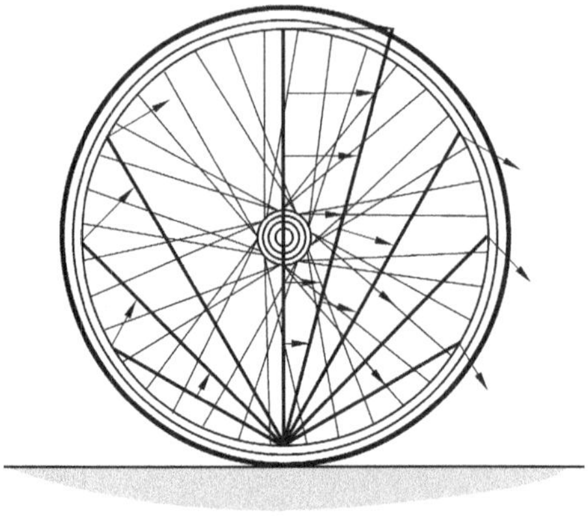

图 6-17　自行车车轮滚动时其上各点的速度

6.3　平面图形上各点的加速度分析

本节只介绍采用基点法确定平面图形上点的加速度。

如图 6-18 所示,已知平面图形 S 上点 A 的加速度 $\boldsymbol{a}_A$、图形的角速度 ω 与角加速度 α。与平面图形上各点速度分析相类似,选点 A 为基点,建立平移坐标系 $Ax'y'$,分解图形的运动,从而也分解了图形上任一点 B 的运动。由于动点 B 的牵连运动为平移,可应用动系为平移时的加速度合成定理的公式,并采用刚体运动的习惯符号,有

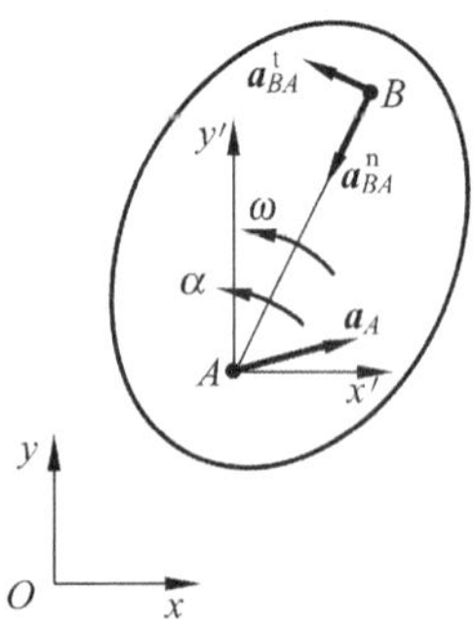

图 6-18　基点法确定加速度

$$\begin{aligned}\boldsymbol{a}_B &= \boldsymbol{a}_a = \boldsymbol{a}_e + \boldsymbol{a}_r = \boldsymbol{a}_A + \boldsymbol{a}_{BA} \\ &= \boldsymbol{a}_A + \boldsymbol{a}_{BA}^{t} + \boldsymbol{a}_{BA}^{n}\end{aligned} \tag{6-9}$$

式中

$$a_{BA}^{t} = AB \cdot \alpha, \quad a_{BA}^{n} = AB \cdot \omega^2$$

其中 $\boldsymbol{a}_{BA}$ 为点 B 相对于平移坐标系作圆周运动的加速度;而 $\boldsymbol{a}_{BA}^{t}$ 与 $\boldsymbol{a}_{BA}^{n}$ 分别为

其中的**相对切向加速度**(relative tangential acceleration)和**相对法向加速度**(relative normal acceleration)。

式(6-9)表明,平面图形上任一点的加速度等于基点的加速度与该点对以基点为原点的平移坐标系的相对切向与相对法向加速度的矢量和。

例题 6-7　如图 6-19(a)所示曲柄连杆机构,曲柄 OA 长 l,绕 O 点以匀角速度 ω_O 作定轴转动,连杆 AB 长 $5l$。求当曲柄与连杆成 90°角并与水平线成 $\theta=45°$时,连杆的角速度、角加速度和滑块 B 的加速度。

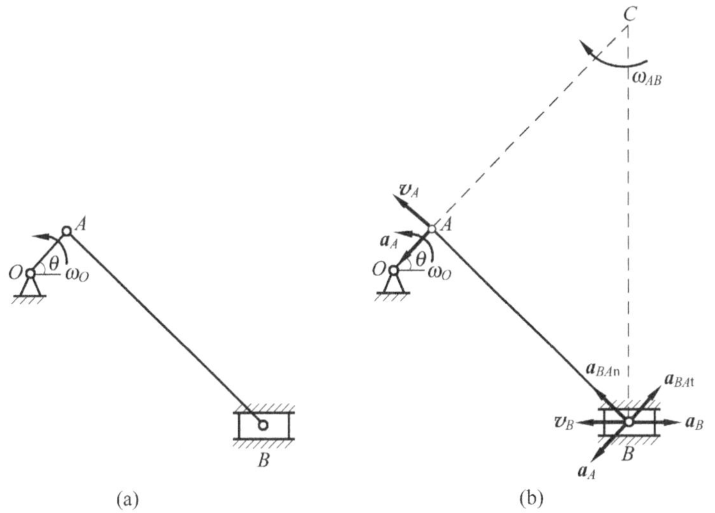

图 6-19　例题 6-7 图

解:选连杆 AB 为研究对象。连杆 AB 作平面运动,其速度瞬心为 C 点,如图 6-19(b)所示。故连杆的角速度为

$$\omega_{AB} = \frac{v_A}{AC}$$

显然

$$AC = AB = 5l, \quad v_A = OA \cdot \omega_O = \omega_O l$$

所以

$$\omega_{AB} = \frac{\omega_O l}{5l} = \frac{1}{5}\omega_O(\frown) \tag{a}$$

分析加速度时,以 A 为基点,则由式(6-9)得 B 点的加速度

$$\boldsymbol{a}_B = \boldsymbol{a}_A + \boldsymbol{a}_{BA}^{t} + \boldsymbol{a}_{BA}^{n} \tag{b}$$

其中,$\boldsymbol{a}_B$:大小未知,方向水平;$\boldsymbol{a}_A$:大小 $a_A = l \cdot \omega_O^2$,方向由 A 指向 O;$\boldsymbol{a}_{BA}^{t}$:

大小未知，方向垂直于 AB；$\boldsymbol{a}_{BA}^{\mathrm{n}}$：大小 $a_{BA}^{\mathrm{n}}=AB\cdot\omega_{AB}^2=5l\cdot\left(\frac{1}{5}\omega_O\right)^2=\frac{1}{5}l\omega_O^2$，方向由 B 指向 A。各加速度方向如图 6-19(b)所示。

若将式(b)的各项向 AB 方向投影，则有

$$a_B\cos45^\circ=-a_{BA}^{\mathrm{n}}$$

由此可得

$$a_B=-\frac{\sqrt{2}}{5}l\omega_O^2\quad\text{（方向向左，与假设方向相反）}\tag{c}$$

再将式(b)中各项向铅垂方向投影，则有

$$0=a_{BA}^{\mathrm{t}}\cos45^\circ+a_{BA}^{\mathrm{n}}\sin45^\circ-a_A\cos45^\circ$$

得

$$a_{BA}^{\mathrm{t}}=a_A-a_{BA}^{\mathrm{n}}=l\omega_O^2-\frac{1}{5}l\omega_O^2=\frac{4}{5}l\omega_O^2\quad\text{（方向如图）}$$

由此可得杆 AB 的角加速度为

$$\alpha_{AB}=\frac{a_{BA}^{\mathrm{t}}}{AB}=\frac{\frac{4}{5}l\omega_O^2}{5l}=\frac{4}{25}\omega_O^2(\curvearrowright)\tag{d}$$

例题 6-8 半径为 R 的车轮沿平直地面无滑动地滚动，某瞬时车轮轴心点 O 的加速度为 $\boldsymbol{a}_O$，速度为 $\boldsymbol{v}_O$，如图 6-20(a)所示。求此刻车轮最高点 A 与最低点 M 的加速度。

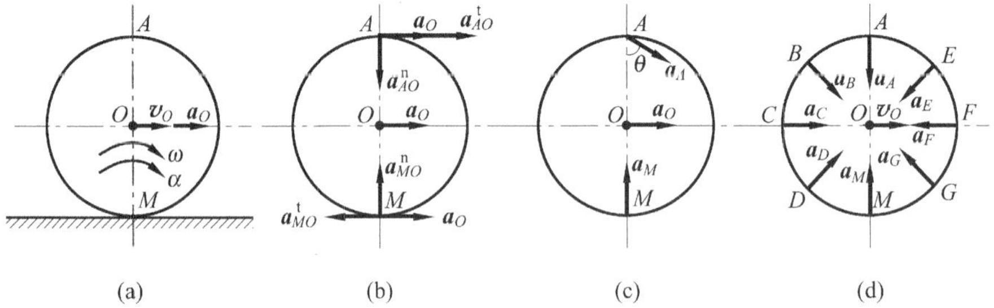

图 6-20 例题 6-8 图

解：车轮沿平直地面作无滑动地滚动，即作平面运动，与地面接触点 M 为轮的速度瞬心。该瞬时轮的角速度为

$$\omega=\frac{v_O}{OM}=\frac{v_O}{R}\tag{a}$$

为求角加速度，可将式(a)对时间求一次导数，得

$$\alpha=\frac{\mathrm{d}\omega}{\mathrm{d}t}=\frac{\dot{v}_O}{R}=\frac{a_O}{R} \tag{b}$$

其转向如图 6-20(a)所示。由于轴心 O 的加速度及角速度、角加速度均已知，若求 M、A 点的加速度，可选轮心 O 为基点，则由式(6-9)可得 A 点的加速度为

$$\boldsymbol{a}_A=\boldsymbol{a}_O+\boldsymbol{a}_{AO}^{\mathrm{t}}+\boldsymbol{a}_{AO}^{\mathrm{n}} \tag{c}$$

其中 $\boldsymbol{a}_{AO}^{\mathrm{t}}$和 $\boldsymbol{a}_{AO}^{\mathrm{n}}$的大小分别为

$$a_{AO}^{\mathrm{t}}=OA\cdot\alpha=R\cdot\frac{a_O}{R}=a_O \tag{d}$$

$$a_{AO}^{\mathrm{n}}=OA\cdot\omega^2=R\cdot\left(\frac{v_O}{R}\right)^2=\frac{v_O^2}{R} \tag{e}$$

式(c)中各加速度的方向如图 6-20(b)所示。按矢量合成，A 点加速度的大小为

$$\begin{aligned}a_A&=\sqrt{(a_O+a_{AO}^{\mathrm{t}})^2+(a_{AO}^{\mathrm{n}})^2}\\&=\sqrt{(a_O+a_O)^2+\left(\frac{v_O^2}{R}\right)^2}=\sqrt{4a_O^2+\frac{v_O^4}{R^2}}\end{aligned} \tag{f}$$

方向由 $\boldsymbol{a}_A$ 与 $\boldsymbol{a}_{AO}^{\mathrm{n}}$的夹角 θ 确定：

$$\theta=\arctan\frac{2a_OR}{v_O^2} \tag{g}$$

而 M 点的加速度仍可由式(6-9)得

$$\boldsymbol{a}_M=\boldsymbol{a}_O+\boldsymbol{a}_{MO}^{\mathrm{t}}+\boldsymbol{a}_{MO}^{\mathrm{n}} \tag{h}$$

其中 $\boldsymbol{a}_{MO}^{\mathrm{t}}$和 $\boldsymbol{a}_{MO}^{\mathrm{n}}$的大小分别同式(d)、式(e)，方向如图 6-20(b)所示。M 点加速度的大小为

$$\begin{aligned}a_M&=\sqrt{(a_O-a_{MO}^{\mathrm{t}})^2+(a_{MO}^{\mathrm{n}})^2}\\&=\sqrt{(a_O-a_O)^2+\left(\frac{v_O^2}{R}\right)^2}=\frac{v_O^2}{R}\end{aligned} \tag{i}$$

A、M 两点加速度的方向如图 6-20(c)所示。

本例的结果表明，**平面运动刚体的速度瞬心 M 速度为零，但加速度不为零。这也正是瞬时转动和定轴转动的根本区别。**

若轮心 O 作等速运动，$a_O=0$，则轮缘上各点的加速度分布如图 6-20(d)所示，即大小均相等，且指向轮心。请读者思考，此时的加速度是“绝对法向加速度”吗？

6.4 运动学综合应用举例

工程中的机构都是由数个物体组成，各物体间通过连接点传递运动。为分析机构的运动，首先要分清各物体都作什么运动，要计算有关连接点的速度和加速度。

为分析某点的运动，如能找出其位置与时间的函数关系，则可直接建立运动方程，用解析方法求其运动全过程的速度和加速度，如例 6-1。当难以建立点的运动方程或只对机构某些瞬时位置的运动参数感兴趣时，可根据刚体各种不同运动的形式，确定此刚体的运动与其上一点运动的关系，并常用合成运动或平面运动的理论来分析相关的两个点在某瞬时的速度和加速度联系。

平面运动理论用来分析同一平面运动刚体上两个不同点间的速度和加速度联系。当两个刚体相接触且有相对滑动时，则需用合成运动的理论分析这两个不同刚体上相关点的速度和加速度联系。

分析复杂机构运动时，可能同时有平面运动和点的合成运动问题，应注意分别分析、综合应用有关理论。有时同一问题可能有多种分析方法，应经过分析、比较后，选用较简便的方法求解。

下面通过几个例题说明这些方法的综合应用。

例题 6-9 如图 6-21(a)所示，平面机构中杆 O_1A 绕 O_1 以匀角速 ω 转动，$O_1A=O_2B=l$，$BC=2l$，轮 $r=\dfrac{l}{4}$。试求当 $\theta=30°$，杆 O_2B 铅垂时，轮 C 的角速度和角加速度。

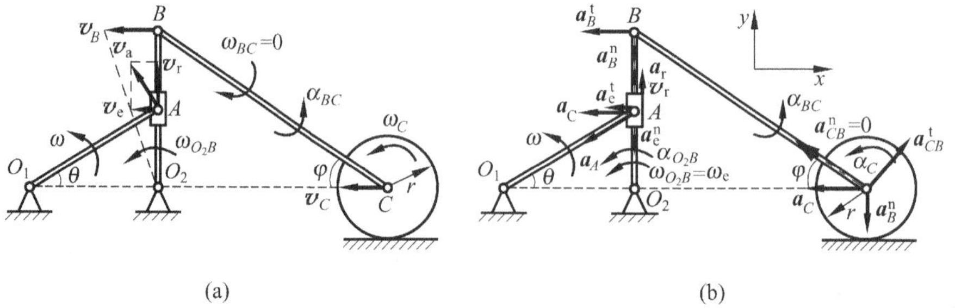

图 6-21 例题 6-9 图

解：(1) 运动分析

杆 O_1A、杆 O_2B 作定轴转动；杆 BC、轮 C 作平面运动；套筒 A 和杆 O_2B

之间为点的合成运动。

(2) 速度分析

速度分析分两步进行：先求解点的合成运动，再求平面运动。

① 先由套筒 A 和杆 O_2B 之间点的合成运动开始计算。选套筒 A 为动点，动系固结在杆 O_2B 上，由速度合成定理

$$\boldsymbol{v}_{\mathrm{a}} = \boldsymbol{v}_{\mathrm{e}} + \boldsymbol{v}_{\mathrm{r}} \tag{a}$$

式中，$v_{\mathrm{a}}=v_A=O_1A\cdot\omega$，$\boldsymbol{v}_{\mathrm{a}}\perp O_1A$；$v_{\mathrm{e}}=O_2A\cdot\omega_{O_2B}$，未知，$\boldsymbol{v}_{\mathrm{e}}\perp O_2B$；$\boldsymbol{v}_{\mathrm{r}}$ 大小未知，方向沿 O_2B。

作速度平行四边形，如图 6-21(a)所示，由几何关系得

$$v_{\mathrm{r}} = v_{\mathrm{a}}\cdot\cos30^\circ = \frac{\sqrt{3}}{2}l\omega = 0.866l\omega$$

$$v_{\mathrm{e}} = v_{\mathrm{a}}\cos60^\circ = 0.5l\omega$$

据此得到 O_2B 杆的角速度

$$\omega_{O_2B} = \frac{v_{\mathrm{e}}}{O_2A} = \frac{0.5l\omega}{0.5l} = \omega \tag{b}$$

② 研究 BC 杆的平面运动。因为$\boldsymbol{v}_B /\!/ \boldsymbol{v}_C$，所以 BC 作瞬时平动

$$\omega_{BC} = 0$$

$$v_C = v_B$$

其中

$$v_B = O_2B\cdot\omega_{O_2B} = l\omega$$

得

$$v_C = l\omega \tag{c}$$

轮 C 的角速度为

$$\omega_C = \frac{v_C}{r} = \frac{l\omega}{r/4} = 4\omega \tag{d}$$

(3) 加速度分析

与速度分析类似，也分为两步。

① 进行点的合成运动分析(这是问题的难点)，动点和动系与速度分析相同。

根据加速度合成定理

$$\boldsymbol{a}_{\mathrm{a}} = \boldsymbol{a}_{\mathrm{e}}^{\mathrm{t}} + \boldsymbol{a}_{\mathrm{e}}^{\mathrm{n}} + \boldsymbol{a}_{\mathrm{r}} + \boldsymbol{a}_{\mathrm{C}} \tag{e}$$

大小：　√　?　√　?　√

方向：　√　√*　√　√*　√

加速度合成定理中各项的大小已知者用“√”表示，未知者用“?”表示；各项若

方位、指向均确定用"√"表示，若方位已知，指向未定用"√*"表示。如图 6-21(b)所示。式中，$a_a = a_A = a_A^n = l\omega^2$，沿 O_1A，指向 O_1；$a_e^n = O_2A \cdot \omega_{O_2B}^2 = l\sin 30° \cdot \omega^2 = \frac{l}{2}\omega^2$，沿 O_2A 指向 O_2；$a_e^t = O_2A \cdot \alpha_{O_2B} = l\sin 30° \cdot \alpha_{O_2B} = \frac{l}{2}\alpha_{O_2B} = ?$，$\boldsymbol{a}_e^t \perp O_2A$，指向待定（先设为向左，$\alpha_{O_2B}$设为逆时针方向）$a_r = ?$，沿 O_2A，指向待定（先设为向上）$\boldsymbol{a}_C = 2\boldsymbol{\omega}_e \times \boldsymbol{v}_r$，$a_C = 2\omega_{O_2B} \cdot v_r = 2\omega \cdot \frac{\sqrt{3}}{2}l\omega = \sqrt{3}l\omega^2$，$\boldsymbol{a}_C \perp \boldsymbol{v}_r$（←）

将式(e)中各项分别投影到 x、y 轴上，得到

$$-a_A\cos 30° = -a_e^t - a_C$$

$$-a_A\sin 30° = -a_e^n + a_r$$

代入已知值

$$-l\omega^2 \times \frac{\sqrt{3}}{2} = -\frac{l}{2}\alpha_{O_2B} - \sqrt{3}l\omega^2$$

$$-l\omega^2 \times \frac{1}{2} = -\frac{l}{2}\omega^2 + a_r$$

得 $\alpha_{O_2B} = -\sqrt{3}\omega^2$（◡），$a_r = 0$

② 以 BC 杆（平面运动）为研究对象，求 a_C、α。加速度分析如图 6-21(b)所示。

$a_B^t = O_2B \cdot \alpha_{O_2B} = l \cdot \alpha_{O_2B} = -\sqrt{3}l\omega^2$，沿 O_2B（向右）；

$a_B^n = O_2B \cdot \omega_{O_2B}^2 = l \cdot \omega^2$，沿 O_2B，指向 O_2。

以 B 为基点，求 C 点的加速度为

$$\boldsymbol{a}_C = \boldsymbol{a}_B^t + \boldsymbol{a}_B^n + \boldsymbol{a}_{CB}^t + \boldsymbol{a}_{CB}^n \tag{f}$$

大小：	?	√	√	?	0
方向：	√*	√	√	√*	0

式中，$\boldsymbol{a}_C$ 沿水平方向；

$a_{CB}^n = BC \cdot \omega_{BC}^2 = 0$，　$a_{CB}^t = BC \cdot \alpha_{BC} = 2l \cdot \alpha_{BC}$（未知）

$\boldsymbol{a}_{CB}^t \perp BC$

将式(f)向 x、y 轴投影，得

$$-a_C = -a_B^t + a_{CB}^t \cdot \cos 60°$$

$$0 = -a_B^n + a_{CB}^t \cdot \sin 60°$$

将已知值代入后，解得

$$a_C = -\left(\sqrt{3} + \frac{1}{\sqrt{3}}\right)l\omega^2$$

$$a_{CB}^t = \frac{\omega^2}{\sqrt{3}}$$

据此，得到轮 C 的角加速度为

$$\alpha_C = \frac{a_C}{r} = -\frac{l\omega^2}{r}\cdot\frac{4}{\sqrt{3}} = -\frac{16}{\sqrt{3}}\omega^2(\frown)$$

例题 6-10 如图 6-22(a)所示，已知 $AB=l=0.4\text{m}$，v_A 恒为 0.2m/s，当 $\theta=30°$ 时，$AC=BC$；求杆 CD 在图示瞬时的速度和加速度。

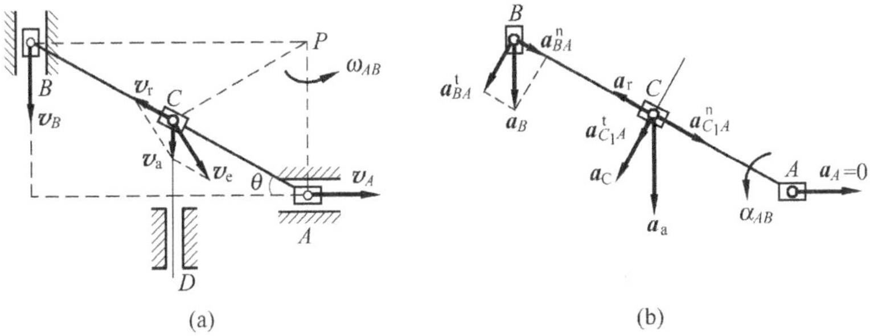

图 6-22 例题 6-10 图

解：(1) 选 CD 上套筒 C 为动点，AB 杆为动系；绝对运动为铅垂直线运动；相对运动为沿 AB 直线运动；牵连运动为平面运动。在图 6-22(a)中，点 P 为 AB 杆的瞬心，故 AB 杆的角速度

$$\omega_{AB} = \frac{v_A}{PA} = 1(\text{rad/s})(\smile) \tag{a}$$

由图 6-22(a)有

$$\boldsymbol{v}_a = \boldsymbol{v}_e + \boldsymbol{v}_r$$

$$v_e = v_{C_1} = v_A$$

C_1 为 AB 杆上与动点 C 重合点，图中未画出。于是

$$v_a = v_r = \frac{\sqrt{3}}{3}v_e = \frac{\sqrt{3}}{15}(\text{m/s}) \tag{b}$$

(2) 加速度分析如图 6-22(b)所示，AB 杆作平面运动，以 A 为基点，有

$$\boldsymbol{a}_B = \boldsymbol{a}_A + \boldsymbol{a}_{BA}^t + \boldsymbol{a}_{BA}^n \tag{c}$$

其中

$$a_A = 0, \quad a_{BA}^n = l\omega_{AB}^2$$

式中各矢量方向如图所示，只有 a_B 和 a_{BA}^t 的大小两个未知量，因而问题可解。

将式(c)各项向与 a_B 垂直方向投影，得

$$0 = a_{BA}^t\cos 60° - a_{BA}^n\cos 30°$$

解得

$$a_{BA}^{t}=\sqrt{3}l\omega_{AB}^{2},\quad \alpha_{AB}=\frac{a_{BA}^{t}}{l}=\sqrt{3}(\mathrm{rad/s^2})(\smile) \tag{d}$$

(3) 再以套筒 C 为动点，AB 为动系，运动分析同上，加速度分析如图 6-22(b)所示。于是，有

$$\boldsymbol{a}_{a}=\boldsymbol{a}_{e}+\boldsymbol{a}_{r}+\boldsymbol{a}_{C} \tag{e}$$

其中

$$\boldsymbol{a}_{e}=\boldsymbol{a}_{C_1}=\boldsymbol{a}_{A}+\boldsymbol{a}_{C_1A}^{t}+\boldsymbol{a}_{C_1A}^{n} \tag{f}$$

将式(f)代入式(e)，得

$$\boldsymbol{a}_{a}=\boldsymbol{a}_{A}+\boldsymbol{a}_{C_1A}^{t}+\boldsymbol{a}_{C_1A}^{n}+\boldsymbol{a}_{r}+\boldsymbol{a}_{C} \tag{g}$$

式(g)中

$$a_{A}=0,\quad a_{C_1A}^{t}=\frac{l}{2}\alpha_{AB},\quad a_{C_1A}^{n}=\frac{l}{2}\omega_{AB}^{2},\quad a_{C}=2\omega_{AB}v_{r}$$

各矢量方向如图所示，只有 $\boldsymbol{a}_{a}$ 的大小和 $\boldsymbol{a}_{r}$ 的大小两个未知量，因而问题可解。

将式(g)中的各项向 $\boldsymbol{a}_{C}$ 方向投影，得

$$a_{a}\cos30^{\circ}=a_{C_1A}^{t}+a_{C},\quad a_{a}=\frac{2}{3}(\mathrm{m/s^2})$$

(4) 本例讨论

本例中由于牵连运动为平面运动，$\boldsymbol{v}_{e}$ 和 $\boldsymbol{a}_{e}$ 不易直接求出，这增加了难度。解决问题的要领是充分利用平面运动杆另一端 B(当然还包括已知端 A)的约束条件，求 $\boldsymbol{v}_{e}$ 时利用 B 端 $\boldsymbol{v}_{B}$ 方向找出瞬心，从而求出 ω_{e} 和 $\boldsymbol{v}_{e}$；求 $\boldsymbol{a}_{e}$ 时利用 $\boldsymbol{a}_{B}$ 方向已知，用基点法确定 $\boldsymbol{a}_{e}$，在求出 $\boldsymbol{a}_{e}$ 后再求 $\boldsymbol{a}_{e}^{t}$，一般 $\boldsymbol{a}_{e}^{n}$ 在 ω_{e} 求出后就已知。另外注意虽然 P 点为 AB 杆速度瞬心，但一般 $\boldsymbol{a}_{P}\neq0$，且未知，所以不要以 P 为基点去确定动点 C 在 AB 杆上重合点 C_1 的牵连加速度，因为 AB 杆作平面运动而不是绕 P 点作定轴转动。

6.5 结论与讨论

6.5.1 两种运动分析方法的选用

以平面图形上点的运动分析方法为例，本章主要介绍或使用了以下两种方法：①运动方程求导数法；②矢量方程解析法。

第①种方法描述了点的连续运动过程(轨迹、速度和加速度)，适应于计算机分析。但本书所介绍的方法，求解时需因问题而异，编制适用于各种情形的计算机通用程序仍然难度很大。对于多刚体系统，已有相应计算机程序可供选用。

第②种方法有利于初学者加深对刚体运动复合等一系列基本概念的理

解，它能满足本课程的基本要求。关于求平面图形上某点速度，基点法、速度投影定理法和瞬心法均需熟练掌握；关于求平面图形上某点加速度，我们只介绍了基点法，当然也要求熟练掌握。所谓基点法，实质上是点的复合运动的具体应用，不过此时动系作随基点的平移运动，相对运动为以基点为圆心的圆周运动。求加速度时不要用速度瞬心作为基点，因为虽然瞬心速度为零，但其加速度一般均不为零，属未知量。

6.5.2　刚体复合运动概述

本篇只介绍了刚体的平移、定轴转动和平面运动，而实际上刚体还有其他运动形式。第 5 章引言中曾指出，点运动的分解与合成的分析方法可推广到刚体的复合运动，类似于式(5-3)，对刚体的复合运动，有

$$\boldsymbol{\omega}_a = \boldsymbol{\omega}_e + \boldsymbol{\omega}_r \tag{6-10}$$

其中，$\boldsymbol{\omega}_a$ 为刚体绝对角速度，$\boldsymbol{\omega}_e$ 为刚体牵连角速度，$\boldsymbol{\omega}_r$ 为刚体相对角速度。此式在机械传动中有广泛应用。对于刚体绕相交轴转动，式(6-10)也成立；而对于刚体绕平行轴转动，式(6-10)简化为

$$\omega_a = \omega_e \pm \omega_r \tag{6-11}$$

当 $\boldsymbol{\omega}_r$ 与 $\boldsymbol{\omega}_e$ 反向时，上式右边 ω_r 前取“负”号。当 $\omega_e - \omega_r = 0$ 时，$\omega_a = 0$，称为转动偶，自行车的脚踏板运动基本上就是这种情况。

6.5.3　平面图形上点的加速度分布也能看成绕速度瞬心 C^* 旋转吗

例如，如图 6-23 所示，半径各为 r 和 R 的圆柱体相互固结。小圆柱体在水平地面上作纯滚动，其角速度为 ω，角加速度为 α。试判断下面所列结果中大圆柱体上点 A 的绝对速度、绝对切向加速度和绝对法向加速度大小的正误(其方向已示于图上)，并将错者改正。

$$v_A = (R - r)\omega, \quad a_A^t = (R - r)\alpha,$$
$$a_A^n = (R - r)\omega^2$$

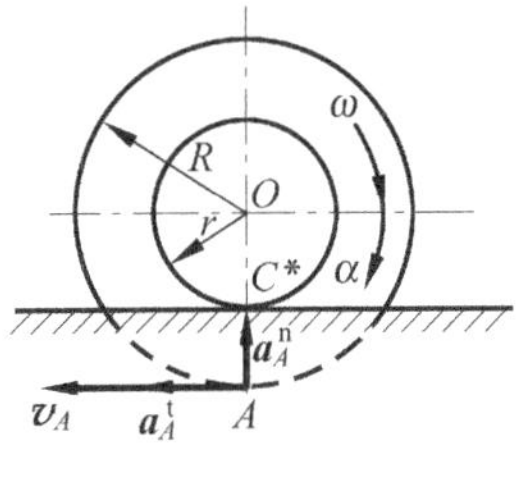

图 6-23　作纯滚动的圆轮上点的加速度分析

6.5.4　平面图形的角速度 ω 与相对角速度 ω_r

如图 6-24 所示，半径为 r 的圆轮在半径为 R 的圆槽内作纯滚动，若已知直线 OO_1 绕定轴 O 转动的角速度为 $\dot{\varphi}$，现分析圆轮的(绝对)角速度 ω_a 与相对直线 OO_1 的相对角速度 ω_r 的关系。

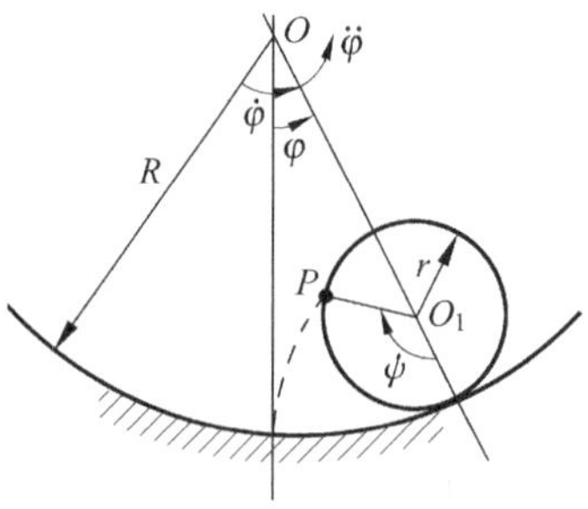

图 6-24 圆轮 O_1 在圆槽内作纯滚动的角速度分析

因有 $R\varphi=r\psi, R\dot{\varphi}=r\dot{\psi}$，若将动系固连于 OO_1，则 $\omega_e=\dot{\varphi}, \omega_r=\dot{\psi}$，因此

$$\omega_a=\dot{\psi}-\dot{\varphi}=\omega_r-\omega_e(\frown) \tag{a}$$

因为设 O_1P 在初始瞬时位于铅垂位置，则转到图示位置时实际绝对转角 $\theta=\psi-\varphi$，因此式(a)成立。要注意分清绝对转角，相对转角和牵连转角的区别和联系。

习题

6-1 如图所示，半径为 r 的齿轮由曲柄 OA 带动，沿半径为 R 的固定齿轮滚动，曲柄 OA 以等角加速度 α 绕轴 O 转动，当运动开始时，角速度 $\omega_0=0$，转角 $\varphi_0=0$。试求动齿轮以圆心 A 为基点的平面运动方程。

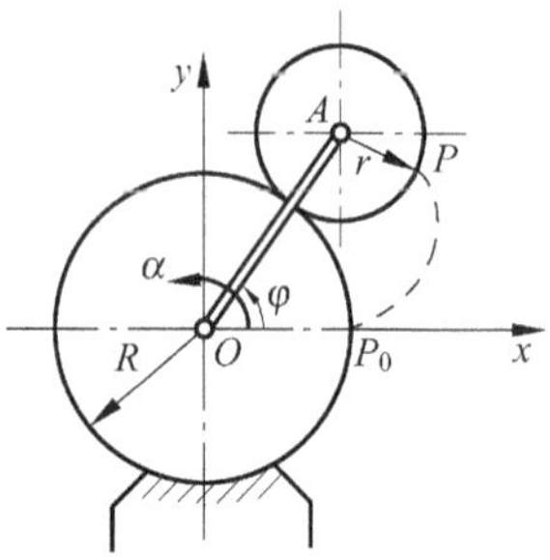

习题 6-1 图

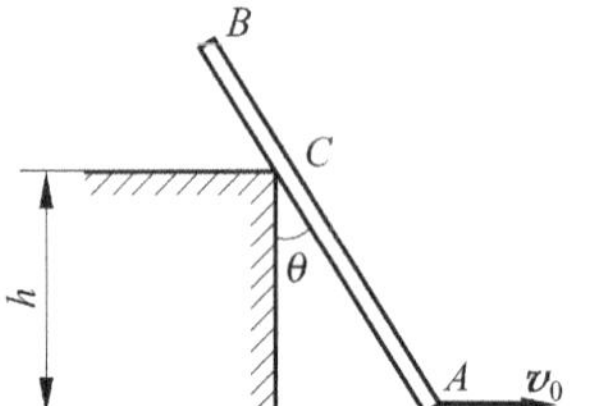

习题 6-2 图

6-2 杆 AB 斜靠于高为 h 的台阶角 C 处，一端 A 以匀速 $\boldsymbol{v}_0$ 沿水平向右运动，如图所示。试以杆与铅垂线的夹角 θ 表示杆的角速度。

6-3 图示拖车的车轮 A 与垫滚 B 的半径均为 r。试问当拖车以速度 $\boldsymbol{v}$

前进时，轮 A 与垫滚 B 的角速度 ω_A 与 ω_B 有什么关系？设轮 A 和垫滚 B 与地面之间以及垫滚 B 与拖车之间无滑动。

6-4 直径为 $60\sqrt{3}$mm 的滚子在水平面上作纯滚动，杆 BC 一端与滚子铰接，另一端与滑块 C 铰接。设杆 BC 在水平位置时，滚子的角速度 $\omega=12\text{rad/s}$，$\theta=30°$，$\varphi=60°$，$BC=270\text{mm}$。试求该瞬时杆 BC 的角速度和点 C 的速度。

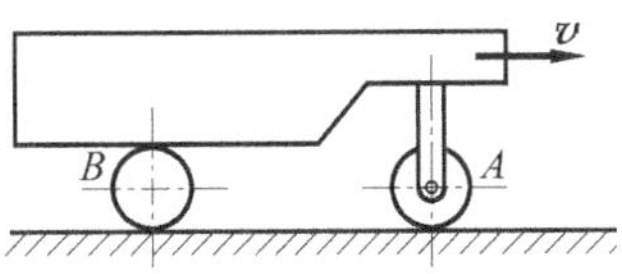

习题 6-3 图

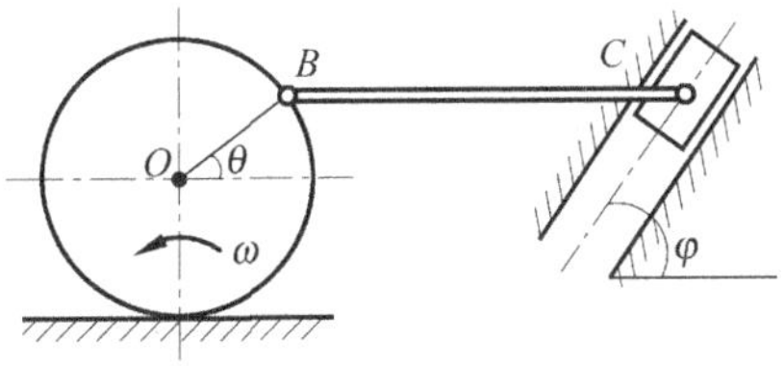

习题 6-4 图

6-5 在下列机构中，哪些构件做平面运动，画出它们图示位置的速度瞬心。

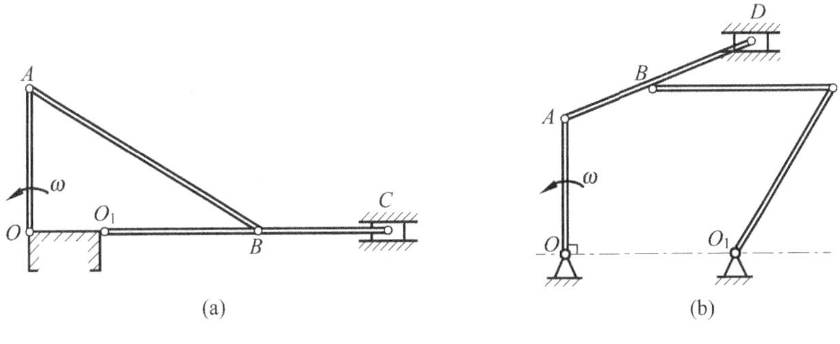

习题 6-5 图

6-6 图示的四连杆机构 $OABO_1$ 中，$OA=O_1B=\frac{1}{2}AB$，曲柄 OA 的角速度 $\omega=3\text{rad/s}$。试求当 $\varphi=90°$，曲柄 O_1B 重合于 OO_1 的延长线上时，杆 AB 和曲柄 O_1B 的角速度。

6-7 绕电话线的卷轴在水平地面上作纯滚动，线上的点 A 有向右的速度 $v_A=0.8\text{m/s}$，试求卷轴中心 O 的速度与卷轴的角速度，并问此时卷轴是向左，还是向右方滚动？

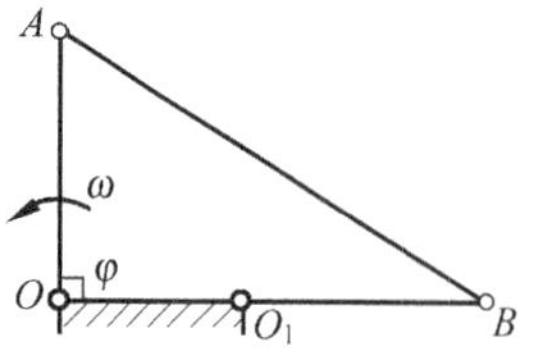

习题 6-6 图

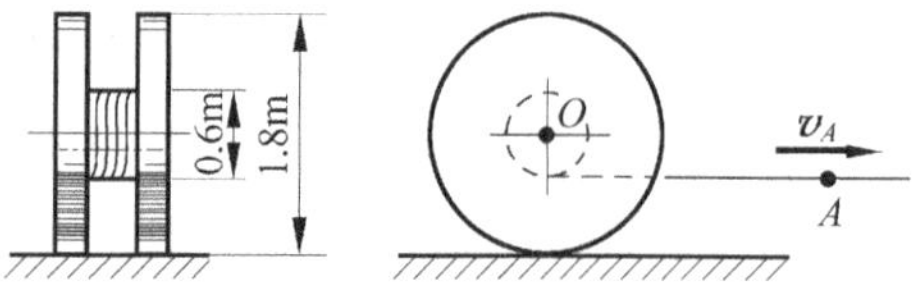

习题 6-7 图

6-8 图示两齿条以速度v_1 和v_2 作同方向运动，在两齿条间夹一齿轮，其半径为 r，求齿轮的角速度及其中心 O 的速度。

6-9 曲柄-滑块机构中，如曲柄角速度 $\omega=20\text{rad/s}$，试求当曲柄 OA 在两铅垂位置和两水平位置时配汽机构中气阀推杆 DE 的速度。已知 $OA=400\text{mm}$，$AC=CB=200\sqrt{37}\text{mm}$。

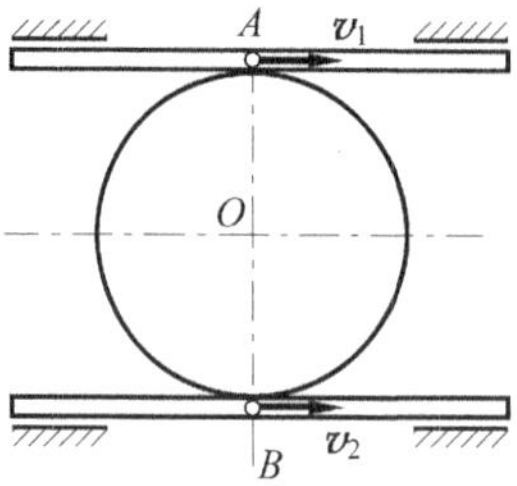

习题 6-8 图

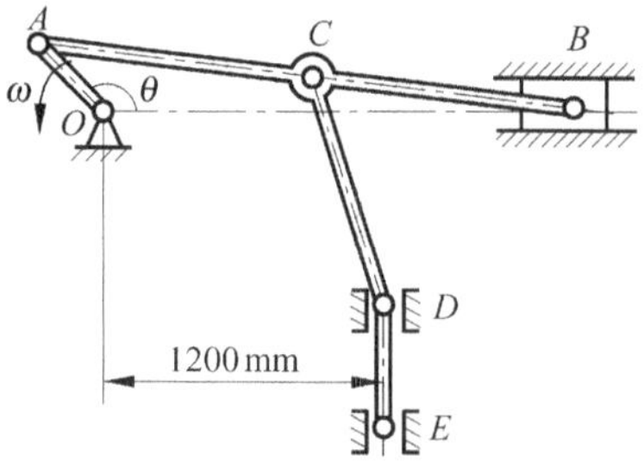

习题 6-9 图

6-10 杆 AB 长为 $l=1.5\text{m}$，一端铰接在半径为 $r=0.5\text{m}$ 的轮缘上，另一端放在水平面上，如图所示，轮沿地面作纯滚动。已知轮心 O 速度的大小为 $v_O=20\text{m/s}$，试求图示瞬时（OA 水平）B 点的速度以及轮和杆的角速度。

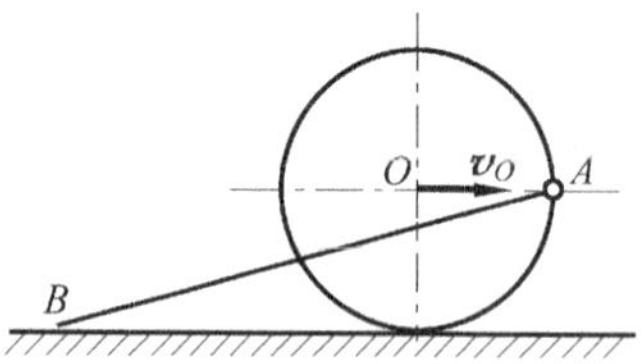

习题 6-10 图

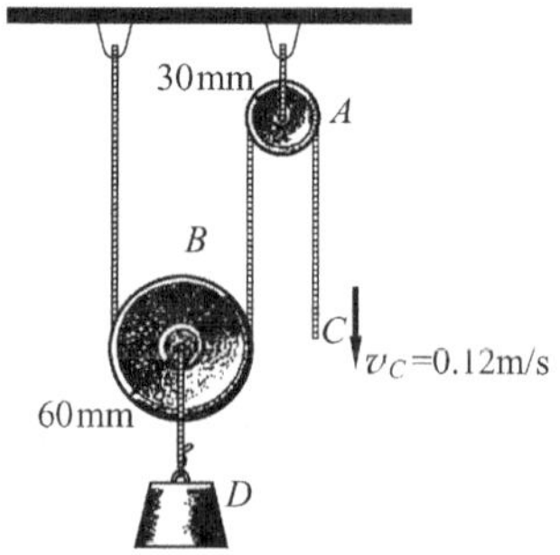

习题 6-11 图

6-11　图示滑轮组中，绳索以速度 $v_C=0.12\text{m/s}$ 下降，各轮半径已知，如图示。假设绳在轮上不打滑，试求轮 B 的角速度与重物 D 的速度。

6-12　链杆式摆动传动机构如图所示，$DCEA$ 为一摇杆，且 $CA\perp DE$。曲柄 $OA=200\text{mm}$，$CD=CE=250\text{mm}$，曲柄转速 $n=70\text{r/min}$，$CO=200\sqrt{3}\text{mm}$。试求当 $\varphi=90°$时（这时 OA 与 CA 成 $60°$角），F、G 两点速度的大小和方向。

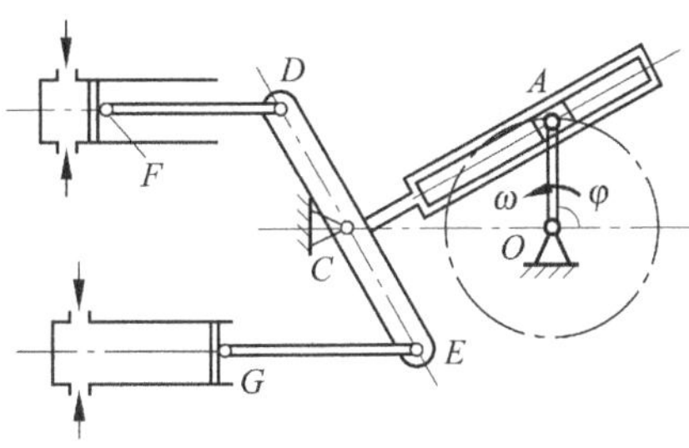

习题 6-12 图

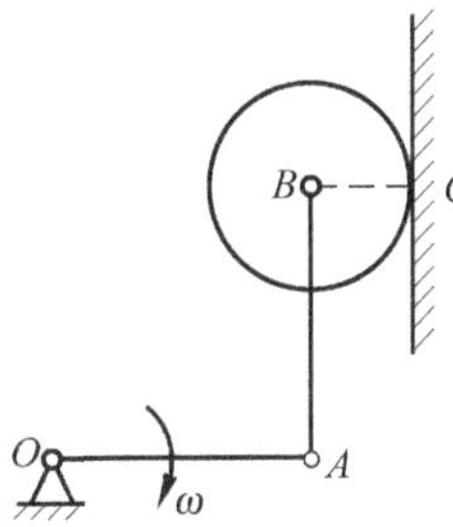

习题 6-13 图

6-13　平面机构如图所示。已知：$OA=AB=20\text{cm}$，半径 $r=5\text{cm}$ 的圆轮可沿铅垂面作纯滚动，在图示位置时，OA 水平，其角速度 $\omega=2\text{rad/s}$、角加速度为零，杆 AB 处于铅垂。试求：①该瞬时圆轮的角速度和角加速度；②该瞬时杆 AB 的角加速度。

6-14　图示机构由直角形曲杆 ABC，等腰直角三角形板 CEF，直杆 DE 等三个刚体和两个链杆铰接而成，DE 杆绕 D 轴匀速转动，角速度为 ω_0，求图示瞬时（AB 水平，DE 铅垂）点 A 的速度和三角板 CEF 的角加速度。

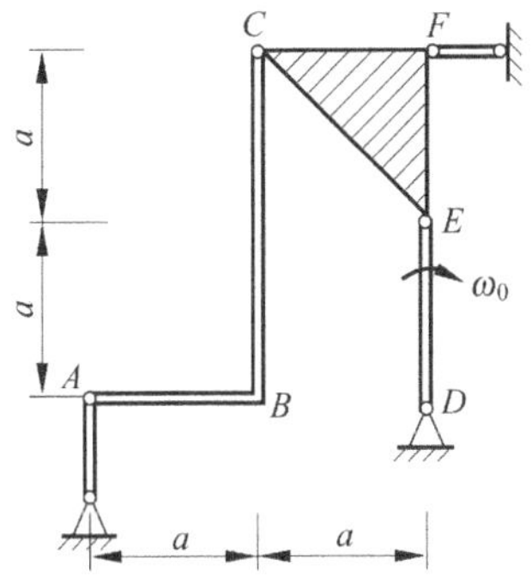

习题 6-14 图

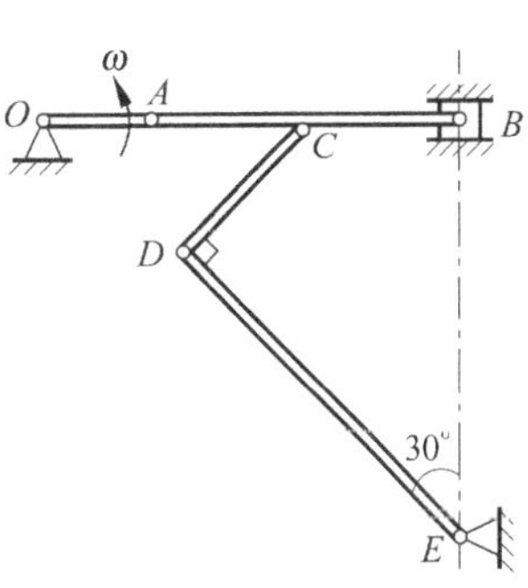

习题 6-15 图

6-15 曲柄连杆机构在其连杆 AB 中点 C 以铰链与 CD 相连接，DE 杆可以绕 E 点转动。已知：曲柄的角速度 $\omega=8\text{rad/s}$，且 $OA=25\text{cm}$，$DE=100\text{cm}$，若当 B、E 两点在同一铅垂线上时，O、A、B 三点在同一水平线上，$\angle CDE=90^\circ$，求杆 DE 的角速度和杆 AB 的角加速度。

6-16 试求在图示机构中，当曲柄 OA 和摇杆 O_1B 在铅垂位置时，B 点的速度和加速度(切向和法向)。曲柄 OA 以等角加速度 $\alpha_0=5\text{rad/s}^2$ 转动，并在此瞬时其角速度为 $\omega_0=10\text{rad/s}$，$OA=r=200\text{mm}$，$O_1B=R=1000\text{mm}$，$AB=L=1200\text{mm}$。

6-17 图示四连杆机构中，长为 r 的曲柄 OA 以等角速度 ω_0 转动，连杆 AB 长 $l=4r$。设某瞬时 $\angle O_1OA=\angle O_1BA=30^\circ$，试求在此瞬时曲柄 O_1B 的角速度和角加速度，并求连杆中点 P 的加速度。

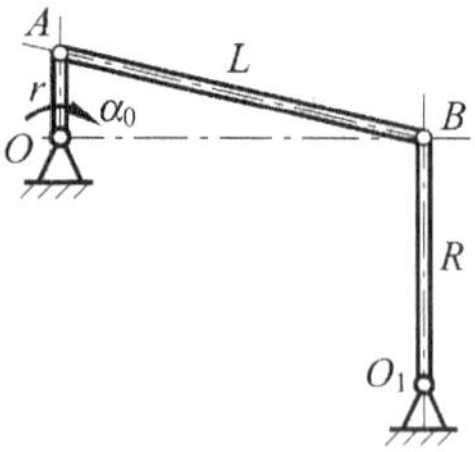

习题 6-16 图

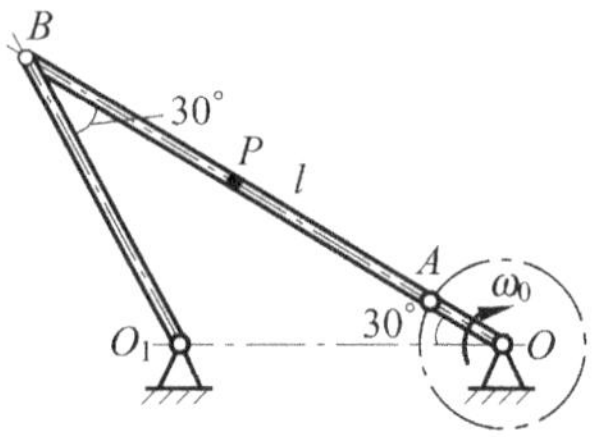

习题 6-17 图

6-18 滑块以匀速度 $v_B=2\text{m/s}$ 沿铅垂滑槽向下滑动，通过连杆 AB 带动轮子 A 沿水平面作纯滚动。设连杆长 $l=800\text{mm}$，轮子半径 $r=200\text{mm}$。当 AB 与铅垂线成角 $\theta=30^\circ$时，求此时点 A 的加速度及连杆、轮子的角加速度。

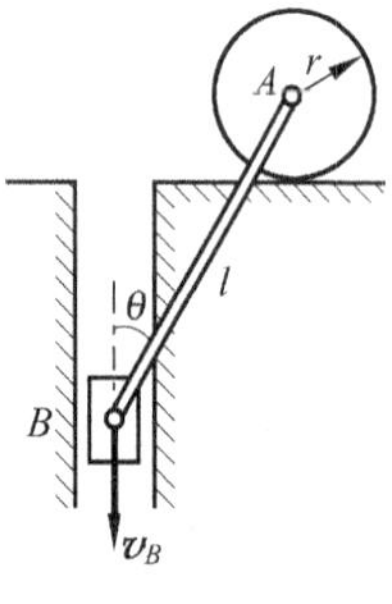

习题 6-18 图

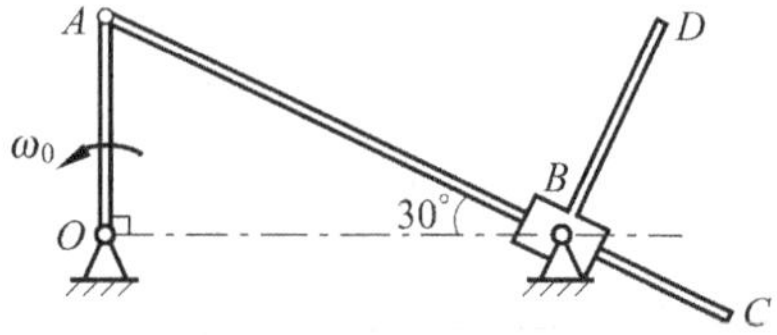

习题 6-19 图

6-19 图示曲柄摇块机构中，曲柄 OA 以角速度 ω_0 绕 O 轴转动，带动连杆 AC 在摇块 B 内滑动；摇块及与其刚性联结的 BD 杆绕 B 铰转动，杆 BD

长 l。求在图示位置时，摇块的角速度及 D 点的速度。

6-20 平面机构的曲柄 OA 长为 $2a$，以角速度 ω_0 绕轴 O 转动。在图示位置时，$AB=BO$ 且 $\angle OAD=90°$。求此时套筒 D 相对于杆 BC 的速度。

6-21 曲柄导杆机构的曲柄 OA 长 120mm，在图示位置 $\angle AOB=90°$ 时，曲柄的角速度 $\omega=4\text{rad/s}$，角加速度 $\alpha=2\text{rad/s}^2$。试求此时导杆 AC 的角加速度及导杆相对于套筒 B 的加速度。设 $OB=160$mm。

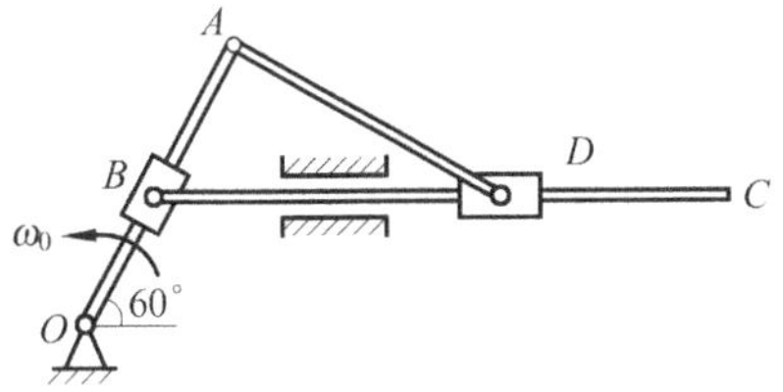

习题 6-20 图

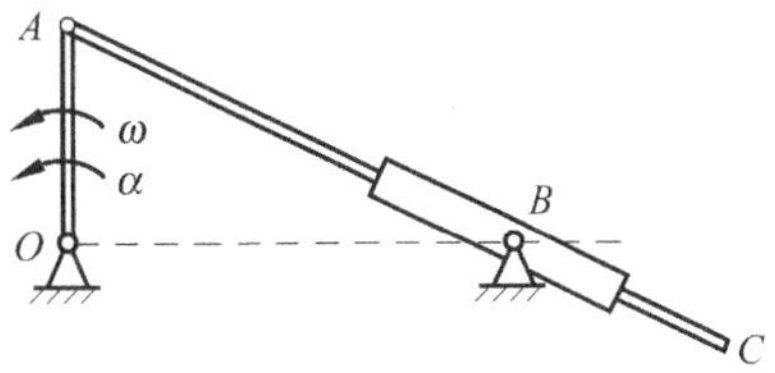

习题 6-21 图

第3篇 工程动力学基础

工程动力学主要研究两类问题，一类是已知物体的运动，确定作用在物体上的力；另一类是已知作用在物体上的力，确定物体的运动。实际工程问题中多以这两类问题的交叉形式出现。总之，工程动力学研究作用在物体上的力系与物体运动的关系。

研究作用在物体上的力系与物体运动的关系，主要是建立运动物体的力学模型，亦即建立描述受力物体运动状态变化的数学方程，称为动力学基本方程和普遍定理。

工程动力学的研究对象是质点和质点系（包括刚体），因此动力学一般分为质点动力学和质点系动力学，前者是后者的基础。

第 7 章

质点动力学

质点动力学(dynamics of a particle)研究作用在质点上的力和质点运动之间的关系。本章主要介绍质点在惯性系与非惯性系下的运动微分方程和简单的振动问题。

7.1 质点运动微分方程

7.1.1 质点运动微分方程

牛顿第二定律

$$m\boldsymbol{a} = \boldsymbol{F}_R \tag{7-1}$$

描述了质点的加速度、质量与作用力之间的定量关系,是质点动力学的基本方程。

设质点 M,其质量为 m,作用在质点上的力系为 $\boldsymbol{F}_1, \boldsymbol{F}_2, \cdots, \boldsymbol{F}_n$,力系的合力为 $\boldsymbol{F}_R$,根据牛顿第二定律,质点在惯性系中的运动微分方程有以下几种形式:

1. 矢量形式

如图 7-1 所示,用 $\boldsymbol{r}$ 表示质点的位矢,则质点的运动微分方程

$$m\frac{\mathrm{d}^2\boldsymbol{r}}{\mathrm{d}t^2} = \sum_{i=1}^{n}\boldsymbol{F}_i \tag{7-2}$$

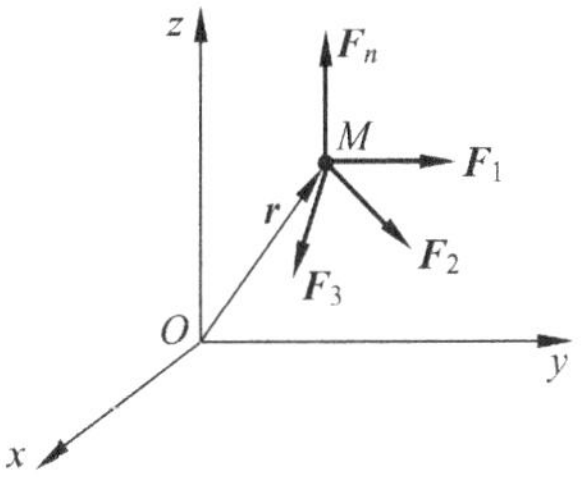

图 7-1 牛顿第二定律

应用矢量形式的微分方程进行理论分析非常方便,但在求解具体问题时一般都选择合适的坐标系,采用微分方程的投影形式。

2. 直角坐标形式

根据矢量方程(7-2),在图 7-1 中所示的直角坐标系中,描述质点运动的

微分方程可以写成投影的形式：

$$\left.\begin{aligned} m\ddot{x} &= \sum_{i=1}^{n} F_{ix} \\ m\ddot{y} &= \sum_{i=1}^{n} F_{iy} \\ m\ddot{z} &= \sum_{i=1}^{n} F_{iz} \end{aligned}\right\} \tag{7-3}$$

这是质点运动微分方程的直角坐标形式，这种形式的微分方程，适用于所有问题，但对某些问题，仍有不方便之处。例如，如果质点沿球面或柱面运动时，如果采用球坐标或柱坐标形式，分析和计算过程会简单一些。

3. 自然坐标形式

当点的运动轨迹已知时，在点上建立由切线、主法线、副法线组成的自然坐标系，如图 7-2 所示。将矢量方程(7-2)中各项分别表示为自然坐标系各轴方向的分量形式，得

$$\left.\begin{aligned} m\ddot{s} &= \sum_{i=1}^{n} F_i^{\mathrm{t}} \\ m\frac{\dot{s}^2}{\rho} &= \sum_{i=1}^{n} F_i^{\mathrm{n}} \\ 0 &= \sum_{i=1}^{n} F_i^{\mathrm{b}} \end{aligned}\right\} \tag{7-4}$$

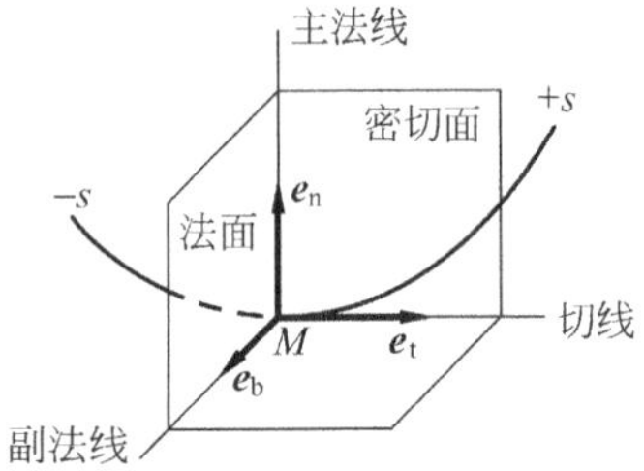

图 7-2 自然坐标系

此即自然坐标形式的运动微分方程式，其中，$\ddot{s}=a_{\mathrm{t}}$ 为质点的切向加速度；$\frac{\dot{s}^2}{\rho}=\frac{v^2}{\rho}=a_{\mathrm{n}}$ 为质点的法向加速度；ρ 为运动轨迹的曲率半径；力 F_i^{t}、F_i^{n}、F_i^{b} 为作用在质点上的力 $\boldsymbol{F}_i$ 在自然坐标轴方向上的分量。

除了以上几种常用的质点运动微分方程外，根据质点的运动特点，还可以选用柱坐标、球坐标等形式的运动微分方程。正确分析运动特点，选择一组合适的微分方程，会使求解问题的过程大为简化。

7.1.2 应用举例

求解质点动力学问题的过程与步骤大致如下：

① 确定研究对象，选择适当的坐标系；

② 进行受力分析，画出相应的受力图；

③ 进行运动分析，表示出求解问题所需的运动量；

④ 列出质点动力学的运动微分方程，分清是第一类还是第二类动力学问题，分别用微分或积分法求解；

⑤ 根据需要对结果进行必要的分析讨论。

现在分别举例说明如下。

例题 7-1　如图 7-3 中所示，单摆由一无重细长杆和固结在细长杆一端的重球组成，杆长为 $OA=l$，球的质量为 m。试求：①单摆的运动微分方程；②在小摆动的假设下分析摆的运动；③在运动已知的情况下求杆对球的约束力。

解：本例是已知作用在质点上的力，求运动。

(1) 单摆的运动微分方程

不难看出，质点的运动轨迹为圆弧，故采用自然坐标形式的运动微分方程比较合适。于是，建立弧坐标系如图 7-3 所示，注意到

$$s=l\theta,\quad \dot{s}=l\dot{\theta},\quad \ddot{s}=l\ddot{\theta}$$

根据方程(7-4)有

$$\left.\begin{aligned} m\ddot{s} &= -mg\sin\theta \\ m\frac{\dot{s}^2}{l} &= F_N - mg\cos\theta \end{aligned}\right\} \tag{a}$$

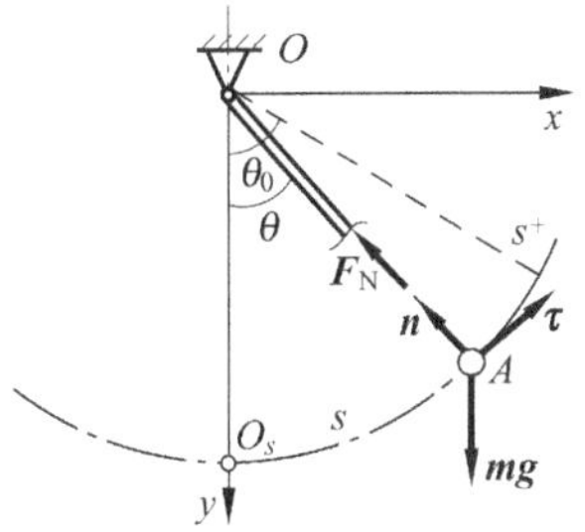

图 7-3　例题 7-1 图

将 $\dot{s}=v$，$\ddot{s}=l\ddot{\theta}$ 代入式(a)有

$$\left.\begin{aligned} \ddot{\theta}+\frac{g}{l}\sin\theta &= 0 \\ F_N &= mg\cos\theta+m\frac{v^2}{l} \end{aligned}\right\} \tag{b}$$

式(b)中第一式描述了系统的运动，就是所要求的单摆的运动微分方程；第二式给出了杆对球的约束力的表达式。

(2) 在小摆动的假设下分析摆的运动

在小摆动的假设条件下，摆做微幅摆动，即 $\sin\theta\approx\theta$，这时式(b)中的第一式变为

$$\ddot{\theta}+\frac{g}{l}\theta=0$$

根据物理知识引入 $\omega_n=\sqrt{\dfrac{g}{l}}$，上式可以写为二阶线性齐次微分方程的标准形式：

$$\ddot{\theta}+\omega_n^2\theta=0 \tag{c}$$

其通解为

$$\theta = A\sin(\omega_n t + \varphi)$$

其中 A 和 φ 由初始条件决定。

(3) 在运动已知的情形下求杆对球的约束力

在运动已知的情形下要求力，属于第一类动力学问题。其实在已求出(1)、(2)两种情形下，将 $v^2 = l^2\dot{\theta}^2$ 代入式(b)中第二式，即可求出约束力 F_N。

(4) 本例讨论

本例如果不加分析，就采用直角坐标形式建立运动微分方程，建立如图所示的直角坐标系，根据方程(7-3)有

$$\left.\begin{aligned} m\ddot{x} &= -F_N\sin\theta \\ m\ddot{y} &= mg - F_N\cos\theta \end{aligned}\right\} \tag{d}$$

其中 x、y、θ 三个变量相互不独立，所以需要建立 x、y、θ 三个变量之间的关系，因而会给求解方程带来困难。这表明，方程(d)虽然是正确的，但解题过程不方便。

例题 7-2 物块 A 和 B 彼此用弹簧连接，其质量分别为 20kg 和 40kg，如图 7-4(a)所示。已知物块 A 在铅垂方向作自由振动，其振幅 A=10mm，周期 T=0.25s。试求此系统对支承面 CD 的最大和最小压力。

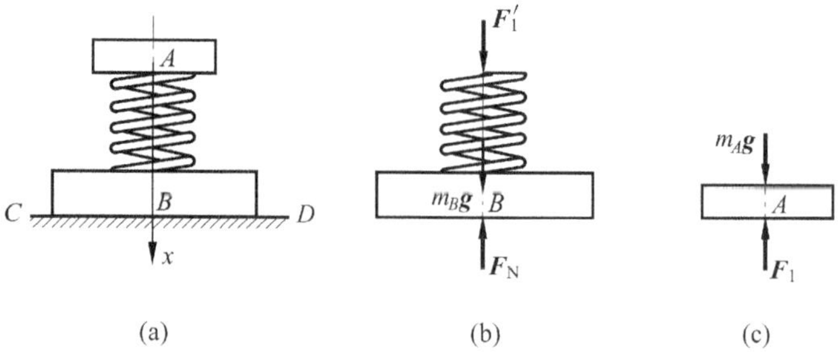

图 7-4 例题 7-2 图

解：以物块 A 静平衡位置为坐标原点，物块 A 的自由振动方程为

$$x = A\sin(\omega t + \varphi)$$

考察作用在物块 A 的力，根据图 7-4(b)和(c)所示的受力图，作用在物块 A 上的合力 $\boldsymbol{F}_A$ 为

$$F_A = m_A g - F_1 = (m_A + m_B)g - F_N$$

考虑到物块 A 的加速度

$$a_A = \ddot{x}$$

得物块 A 的运动微分方程为

$$m_A \ddot{x} = (m_A + m_B)g - F_N$$

其中

$$\ddot{x} = -A\omega^2 \sin(\omega t + \varphi)$$

代入上式后解出

$$F_N = (m_A + m_B)g - m_A \ddot{x} = (m_A + m_B)g - m_A A\omega^2 \sin(\omega t + \varphi) \quad \text{(a)}$$

将已知数据

$$A = 0.01\text{m}, \quad \omega = \frac{2\pi}{T} = \frac{2\pi}{0.25} = 8\pi(\text{rad/s})$$

代入式(a)，并且考虑到所得结果等号右边第二项最大值和最小值分别为 $m_A A\omega^2$ 和 $-m_A A\omega^2$ 时，F_N 分别取最大值和最小值，最后得到系统对支承面 CD 的最大和最小压力分别为

$$\begin{aligned} F_{N\max} &= (m_A + m_B)g + m_A A\omega^2 \\ &= (20 + 40) \times 9.8 + 20 \times 0.01 \times (8\pi)^2 = 714(\text{N}) \\ F_{N\min} &= (m_A + m_B)g - m_A A\omega^2 \\ &= (20 + 40) \times 9.8 - 20 \times 0.01 \times (8\pi)^2 = 462(\text{N}) \end{aligned}$$

7.2　非惯性系下的质点运动微分方程

牛顿第二定律仅适用于**惯性参考系**(inertial reference system)，但由于地球的自转，严格意义上的惯性系并不存在。在许多工程问题中，如宇航员在航天器中的运动，水流沿水轮机叶片的运动等都是在非惯性系下运动。本节将讨论质点在**非惯性参考系**(noninertial reference system)下的运动微分方程。

7.2.1　质点相对运动动力学基本方程

建立惯性参考系(即定系)$Oxyz$ 和非惯性参考系(即动系)$O'x'y'z'$，如图 7-5 所示。图中 M 为动点，其质量为 m。假设质点在两个坐标系中的加速度分别为绝对加速度 $\boldsymbol{a}_a$、相对加速度 $\boldsymbol{a}_r$。质点 M 在惯性系下的运动，由牛顿第二定律有

$$m\boldsymbol{a}_a = \boldsymbol{F}_R$$

根据加速度合成定理：

$$\boldsymbol{a}_a = \boldsymbol{a}_e + \boldsymbol{a}_r + \boldsymbol{a}_C$$

其中 $\boldsymbol{a}_e$ 为质点的牵连加速度，$\boldsymbol{a}_C$ 为质点的科氏加速度，将此式代入牛顿第二

定律，得

$$m(\boldsymbol{a}_e + \boldsymbol{a}_r + \boldsymbol{a}_C) = \boldsymbol{F}_R$$

或

$$m\boldsymbol{a}_r = \boldsymbol{F}_R - m\boldsymbol{a}_e - m\boldsymbol{a}_C \quad (7\text{-}5)$$

记

$$\boldsymbol{F}_{Ie} = -m\boldsymbol{a}_e, \quad (7\text{-}6)$$

$$\boldsymbol{F}_{IC} = -m\boldsymbol{a}_C = -2m\boldsymbol{\omega} \times \boldsymbol{v}_r \quad (7\text{-}7)$$

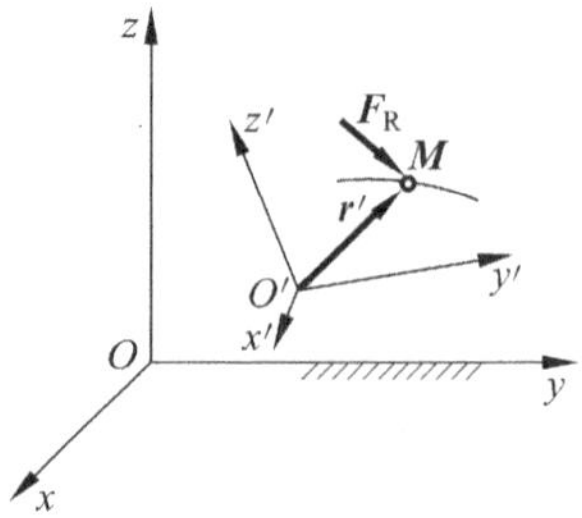

图 7-5　在定系与动系中的质点

其中 $\boldsymbol{F}_{Ie}$ 称为**牵连惯性力**（convected inertial force），$\boldsymbol{F}_{IC}$ 称为**科氏惯性力**（Coriolis inertial force），$\boldsymbol{\omega}$ 与 $\boldsymbol{v}_r$ 分别是非惯性系的角速度与质点的相对速度。

由式(7-5)、式(7-6)和式(7-7)便得到质点在非惯性系中的运动微分方程：

$$m\boldsymbol{a}_r = \boldsymbol{F}_R + \boldsymbol{F}_{Ie} + \boldsymbol{F}_{IC}$$

或

$$m\frac{\mathrm{d}^2\boldsymbol{r}'}{\mathrm{d}t^2} = \boldsymbol{F}_R + \boldsymbol{F}_{Ie} + \boldsymbol{F}_{IC} \quad (7\text{-}8)$$

这一方程称为质点相对运动动力学基本方程，方程中 $\boldsymbol{r}'$ 为质点在动系中的位矢。

7.2.2　相对静止与相对平衡

下面讨论质点相对运动微分方程的几种特殊情况。

① 参考系作平移时，科氏加速度 $\boldsymbol{a}_C=0$，科氏惯性力 $\boldsymbol{F}_{IC}=0$。于是质点相对运动动力学基本方程为

$$m\boldsymbol{a}_r = \boldsymbol{F}_R + \boldsymbol{F}_{Ie} \quad (7\text{-}9)$$

② 当质点相对动参考系静止时，有 $\boldsymbol{a}_r=0$，$\boldsymbol{v}_r=0$，因此 $\boldsymbol{F}_{IC}=0$。这时，式(7-8)变为

$$\boldsymbol{F}_R + \boldsymbol{F}_{Ie} = 0 \quad (7\text{-}10)$$

这种情形称为质点相对静止。上述方程称为质点相对静止平衡方程，这一方程给出了质点相对静止的条件。

③ 当质点相对动系作匀速直线运动时，有 $\boldsymbol{a}_r=0$。则式(7-8)变为

$$\boldsymbol{F}_R + \boldsymbol{F}_{Ie} + \boldsymbol{F}_{IC} = 0 \quad (7\text{-}11)$$

这种情形称为质点相对平衡。上述方程称为质点相对平衡方程，这一方程给出了质点相对平衡条件。

对比②和③两种情形，可以看出，在非惯性系中，质点相对静止和相对平

衡的条件是不同的。处理具体问题时要正确区分这两种不同的情形。

④ 当动系相对定系作匀速直线平移时，$\boldsymbol{a}_C=0$，$\boldsymbol{a}_e=0$ 因而有 $\boldsymbol{F}_{IC}=0$，$\boldsymbol{F}_{Ie}=0$。这时，式(7-8)变为

$$m\boldsymbol{a}_r=\boldsymbol{F}_R \tag{7-12}$$

读者不难发现，这一方程与惯性系下的牛顿第二定律表达式具有完全相同的形式。这表明所有相对于惯性参考系作匀速直线运动的参考系都是惯性系。

7.2.3 应用举例

分析和处理质点相对非惯性系的运动问题，一般应按下列步骤进行。

① 选定适当的动参考系；

② 进行运动分析，正确区分并确定不同的加速度 $\boldsymbol{a}_a$、$\boldsymbol{a}_r$、$\boldsymbol{a}_e$、$\boldsymbol{a}_C$；

③ 计算各种真实力和惯性力；

④ 列出质点相对运动动力学基本方程；

⑤ 求解基本方程并对结果加以分析和验证。

例题 7-3 车厢沿水平轨道向右作匀加速运动，如图 7-6 所示，加速度为 $\boldsymbol{a}$，车厢内悬挂一单摆，摆长为 l，摆球的质量为 m。试分析摆的运动。

解：(1) 建立坐标系

建立固接在车厢上单摆悬挂点 O 处的动坐标系 $Ox'y'$，因为动系以匀加速度 $\boldsymbol{a}$ 作平移，所以摆球上只有牵连惯性力 $\boldsymbol{F}_{Ie}=-m\boldsymbol{a}$，而没有科氏惯性力。

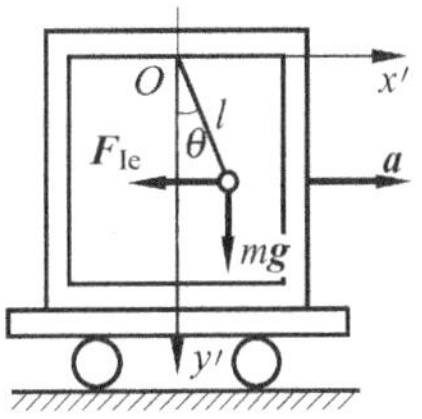

图 7-6　例题 7-3 图

(2) 运动分析

摆球的相对运动分析与例题 7-1 相似：采用弧坐标，在运动轨迹的切线轴上建立相对运动微分方程

$$m\ddot{s}=-mg\sin\theta-ma\cos\theta \tag{a}$$

或

$$ml\ddot{\theta}=-mg\sin\theta-ma\cos\theta \tag{b}$$

这一方程为非线性微分方程。

(3) 只考虑微幅摆动的情形

这时，

$$\sin\theta\approx\theta,\quad \cos\theta\approx 1$$

于是，代入方程(b)，经过整理后，得到

$$\ddot{\theta}+\frac{g}{l}\theta=-a \tag{c}$$

此为强迫振动方程，与例题 7-1 相比，摆振动的周期和频率都没有变化，只是通解 $\theta=A\sin(\omega_n t+\varphi)$上，还要再加上一特解 θ_0，

$$\theta_0=-a\frac{l}{g} \tag{d}$$

这表明，当车厢以匀加速运动时，摆球并不是在最低点附近作微摆动，而是在 θ_0 附近摆动。换言之，方程式(c)中等号右端的常数项，只改变了摆球的振动中心位置，而对系统本身的振动规律无影响。

(4) 本例讨论

请读者思考：车厢运动加速度 $\boldsymbol{a}$ 的大小满足什么关系时，摆球可以实现相对静止？如果车厢沿铅直方向以匀加速 $\boldsymbol{a}$ 被提升，摆球的运动将发生怎样的变化？

7.3 机械振动基础

物体在某一位置附近作往复运动，这种运动称为振动。常见的振动有钟摆的运动、汽缸中活塞的运动等。振动在许多情形下是有害的，但若能掌握其规律，消其弊扬其利，则能使其更好地为人类服务。

本节以质点动力学为基础，研究单自由度系统的振动，重点是如何将单自由度系统简化为等效的质量—弹簧系统(即弹簧振子)，其要点是如何确定质量—弹簧系统中的等效质量和弹簧的等效刚度，为今后继续研究机械振动奠定基础。

7.3.1 单自由度系统的振动

1. 弹簧振子的无阻尼自由振动

质量块受初始扰动，仅在恢复力作用下产生的振动称为**自由振动**(free vibration)。考察如图 7-7 所示的弹簧振子，设质量块的质量为 m，弹簧的刚度为 k，由牛顿第二定律得

$$m\frac{\mathrm{d}^2x}{\mathrm{d}t^2}=-kx$$

令 $\omega_n^2=\dfrac{k}{m}$，整理成二阶常系数线性齐次微分方程的标准形式为

$$\frac{\mathrm{d}^2x}{\mathrm{d}t^2}+\omega_n^2x=0 \tag{7-13}$$

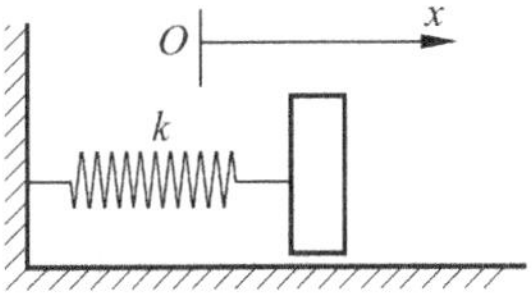

图 7-7　弹簧振子的无阻尼自由振动模型

此式称为无阻尼自由振动微分方程的标准形式。它的解为

$$x = A\sin(\omega_n t + \varphi) \tag{7-14}$$

其中 ω_n 为自由振动的固有圆频率：

$$\omega_n = \sqrt{\frac{k}{m}} \quad 或 \quad \omega_n = \sqrt{\frac{g}{\delta_{st}}} \tag{7-15}$$

$T=\dfrac{2\pi}{\omega_n}$为自由振动的周期；A 为自由振动的振幅；φ 为初相位。A 与 φ 均由初始条件确定。

2. 弹簧振子的有阻尼自由振动

振动中的阻力，习惯上称为阻尼。这里仅考虑**黏性阻尼**(viscous damping)，黏性阻尼的大小与运动速度成正比，方向与速度矢量的方向相反，即

$$\boldsymbol{F}_c = -c\boldsymbol{v} \tag{7-16}$$

其中比例常数 c 称为**黏性阻尼系数**(coefficient of vicous damping)。

图 7-8 所示为弹簧振子的有阻尼自由振动的力学模型，根据牛顿第二定律得

$$m\frac{d^2x}{dt^2} = -kx - c\frac{dx}{dt}$$

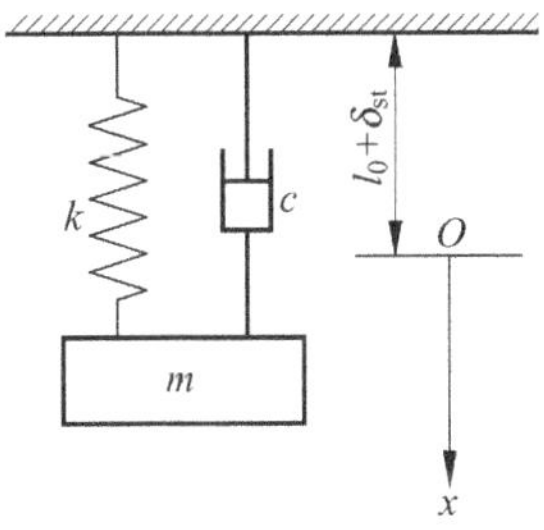

图 7-8　弹簧振子的有阻尼自由振动模型

令 $n=\dfrac{c}{2m}$，上述方程可以整理为

$$\frac{\mathrm{d}^2 x}{\mathrm{d}t^2}+2n\frac{\mathrm{d}x}{\mathrm{d}t}+\omega_{\mathrm{n}}^2 x=0 \tag{7-17}$$

这一方程称为有阻尼自由振动微分方程的标准形式，其特征方程为

$$\lambda^2+2n\lambda+\omega_{\mathrm{n}}^2=0 \tag{7-18}$$

对于不同的 n 值，上述方程的解有三种不同形式，相应地方程(7-17)的解也有三种形式。

(1) 弱阻尼状态(或欠阻尼状态)

此时，$n<\omega_{\mathrm{n}}$，方程的特征值为一对共轭复根：

$$\lambda_{1,2}=-n\pm\sqrt{\omega_{\mathrm{n}}^2-n^2}\,\mathrm{i}$$

方程(7-17)的解为

$$x=A\mathrm{e}^{-nt}\sin\left(\sqrt{\omega_{\mathrm{n}}^2-n^2}\,t+\varphi\right) \tag{7-19}$$

式中 A、φ 为积分常数，由初始条件决定。图 7-9 所示为振子的位移与时间的关系，此时振子的运动是一种振幅按指数规律衰减的振动。图中振幅的包络线的表达式为 $A\mathrm{e}^{-nt}$，相邻的两个振幅之比称为减缩系数，记作 η，

$$\eta=\frac{A_m}{A_{m+1}}=\frac{A\mathrm{e}^{-nt_{\mathrm{m}}}}{A\mathrm{e}^{-n(t_{\mathrm{m}}+T_{\mathrm{d}})}}=\mathrm{e}^{nT_{\mathrm{d}}} \tag{7-20}$$

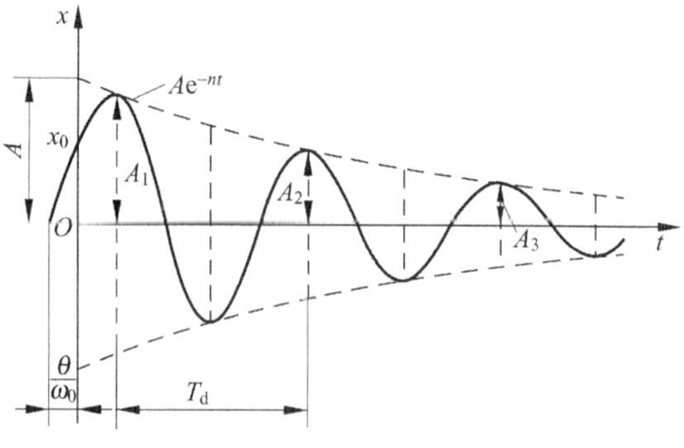

图 7-9 弱阻尼状态振子的位移与时间的关系

其中 $T_{\mathrm{d}}=\dfrac{2\pi}{\omega_{\mathrm{d}}}=\dfrac{2\pi}{\sqrt{\omega_{\mathrm{n}}^2-n^2}}$为阻尼振动的周期。为应用方便，常引入对数减缩率，记作 Λ，

$$\Lambda=\ln\left(\frac{A_m}{A_{m+1}}\right)=nT_{\mathrm{d}} \tag{7-21}$$

(2) 过阻尼状态

此时 $n>\omega_n$，特征方程(7-18)的解为

$$\lambda_{1,2}=-n\pm\sqrt{n^2-\omega_n^2}$$

方程(7-17)的解为

$$x=C_1e^{\lambda_1 t}+C_2e^{\lambda_2 t} \tag{7-22}$$

式中 C_1，C_2 为积分常数，由初始条件决定。此时系统已不能振动，缓慢回到平衡状态。

(3) 临界阻尼状态

此时 $n=\omega_n$，特征方程(7-18)的解为

$$\lambda_1=\lambda_2=-n$$

方程(7-17)的解为

$$x=e^{-nt}(C_1+C_2t) \tag{7-23}$$

系统也不能振动，较快地回到平衡位置。

3. 弹簧振子的强迫振动

受迫振动是系统在外界激励下所产生的振动。如图 7-10 所示为强迫振动的力学模型，系统在激振力 $\boldsymbol{F}$ 作用下发生振动。

外激振力一般为时间的函数，最简单的形式是简谐激振力：

$$\boldsymbol{F}=H\sin\omega t\boldsymbol{j} \tag{7-24}$$

对质点应用牛顿第二定律，有

$$m\frac{d^2x}{dt^2}=-kx-c\frac{dx}{dt}+H\sin\omega t$$

令 $h=\dfrac{H}{m}$，上述方程变为

$$\frac{d^2x}{dt^2}+2n\frac{dx}{dt}+\omega_n^2x=h\sin\omega t \tag{7-25}$$

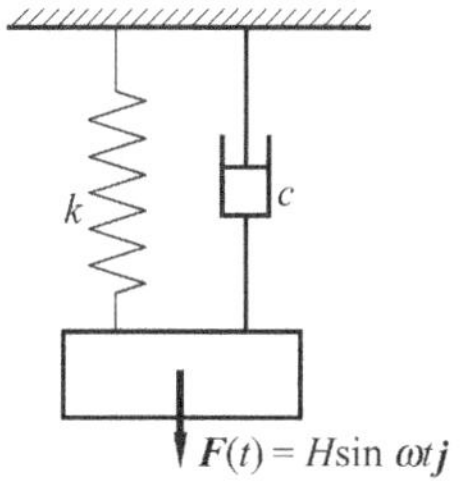

图 7-10　弹簧振子的强迫振动模型

这一方程称为有阻尼受迫振动微分方程的标准形式，若其中第二项(即阻尼项)为零，则为无阻尼强迫振动。方程(7-25)的通解为

$$x=Ae^{-nt}\sin(\sqrt{\omega_n^2-n^2}\,t+\varphi)+B\sin(\omega t-\psi) \tag{7-26}$$

其中 A 和 φ 为积分常数，由运动初始条件确定。B 和 ψ 由设定形式为

$$x'=B\sin(\omega t-\psi) \tag{7-27}$$

的特解求出。可见有阻尼强迫振动的解由两部分组成，第一部分是衰减振动，第二部分是受迫振动。通常将第一部分称为过渡过程或瞬态过程，第二部分

称为稳态过程，稳态过程是研究的重点。

共振 固有频率与外激振力频率相等，受迫振动的振幅达到极大值的现象称为共振。将方程(7-27)代入方程(7-26)得

$$B = \frac{h}{[(\omega_n^2 - \omega^2)^2 + 4n^2\omega^2]^{\frac{1}{2}}} \tag{7-28}$$

$$\tan\psi = \frac{2n\omega}{\omega_n^2 - \omega^2} \tag{7-29}$$

式(7-28)表明，在稳定状态下，受迫振动的一个重要特征是：振幅的取值与激振力的频率有关。将式(7-28)对 ω 求一次导数并令其等于零，可以发现，此时振幅 B 有极大值，即在共振时激振力的频率 ω_r 为

$$\omega_r = \sqrt{\omega_n^2 - 2n^2} \tag{7-30}$$

时，振幅 B 有极大值(即共振振幅)，其值为

$$B_r = \frac{h}{2n\sqrt{\omega_n^2 - n^2}} \tag{7-31}$$

共振是受迫振动中常见的现象，共振时，振幅随时间的增加不断增大，有时会引起系统的破坏，应设法避免；利用共振也可制造各种设备，如超声波发生器、核磁共振仪等，造福于人类。实际问题中，由于阻尼的存在，振幅不会无限增大。

7.3.2 单自由度系统振动模型 等效质量和等效刚度

1. 自由度的概念、单自由度系统实例

确定一个自由质点在空间的位置需要三个独立坐标，所以空间自由质点有三个自由度。所谓自由度是指确定质点系位置的独立坐标数。关于自由度，本书第 12 章中还将有更严格的定义。这里所说的独立坐标是广义的，即可以是直角坐标，也可以是转角等其他可以定位的参数。

单自由度系统，即仅用一个坐标便可定位的系统，如图 7-11 所示的系统都是单自由度系统，这些系统受到初始扰动后产生振动。

2. 单自由度系统简化为质量—弹簧系统

工程中许多振动问题都可以简化为一个质量—弹簧系统，而且常常是在重力影响下沿铅直方向振动，如图 7-11(a)所示。其实重力和其他常力一样，它们加在振动系统上，只改变其平衡位置，只要将坐标原点取在平衡位置，其他特性则与水平放置时完全一样，即可按 7.3.1 小节中的方法处理。处理这

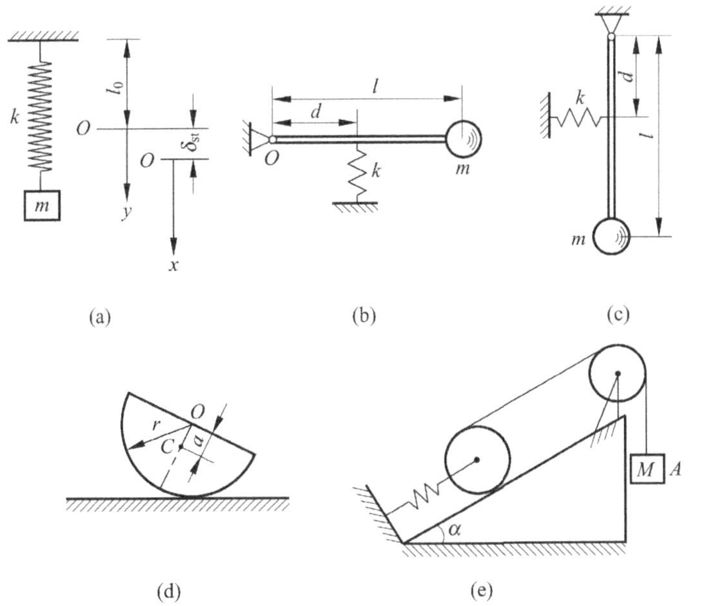

图 7-11　单自由度系统

类问题的关键是怎样将工程振动问题简化为质量—弹簧系统模型。

在不考虑阻尼的情形下,单自由度线性系统的振动微分方程可以表示为

$$m_{eq}\ddot{x}+k_{eq}x=0 \tag{7-32}$$

或

$$\ddot{x}+\omega_n^2 x=0 \tag{7-33}$$

其中

$$\omega_n^2=\frac{k_{eq}}{m_{eq}} \tag{7-34}$$

下面通过具体模型说明确定等效质量、等效刚度和固有频率的方法。

3. 弹簧的并联和串联模型

图 7-12(a)为两个弹簧并联的模型,图 7-12(b)为弹簧串联模型,这两种模型均可简化为图 7-12(c)所示的质量—弹簧系统。现在,分别研究这两种模型的等效刚度。

(1) 弹簧并联模型

设物块在重力作用下平衡,其静变形为 δ_{st},两个弹簧分别受力 $\boldsymbol{F}_1$、$\boldsymbol{F}_2$,因两弹簧变形量相同,

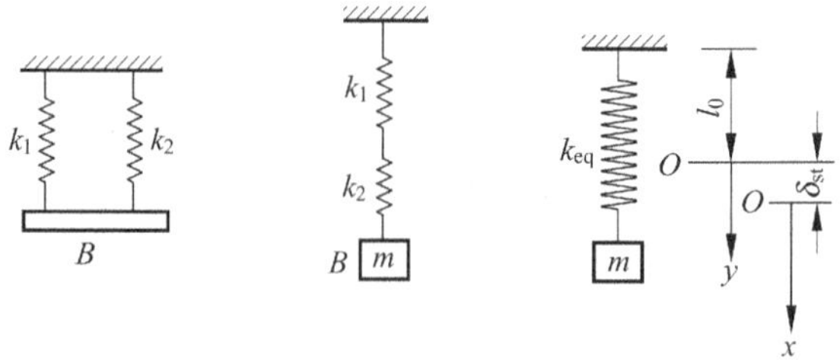

(a) (b) (c)

图 7-12 弹簧的并联和串联模型

$$F_1 = k_1\delta_{st}, \quad F_2 = k_2\delta_{st}$$

平衡时应有

$$mg = F_1 + F_2 = (k_1 + k_2)\delta_{st}$$

令

$$k_{eq} = k_1 + k_2 \tag{7-35}$$

k_{eq}称为**等效弹簧刚性系数**(equivalent rigidity coefficient of a spring),即

$$mg = k_{eq}\delta_{st}$$

此时系统的固有圆频率为

$$\omega_n = \sqrt{\frac{k_{eq}}{m}} = \sqrt{\frac{k_1 + k_2}{m}}$$

这一结果表明,两个弹簧并联的系统,相当于一个等效弹簧系统,等效弹簧的等效刚度等于原两个弹簧的刚度和。系统的自由振动微分方程为

$$\ddot{x} + \omega_n^2 x - 0$$

这与弹簧振子的运动微分方程完全相同。上述结论可以推广到多个弹簧并联的情形。

(2) 弹簧串联模型

考察图 7-12(b)中两个弹簧串联的系统,其中每个弹簧的受力均为 mg,故两个弹簧的静伸长量分别为

$$\delta_{st1} = \frac{mg}{k_1}$$

$$\delta_{st2} = \frac{mg}{k_2}$$

两个弹簧的静伸长量之和(即系统的总静伸长量)为

$$\delta_{st} = \delta_{st1} + \delta_{st2} = mg\left(\frac{1}{k_1} + \frac{1}{k_2}\right)$$

根据

$$mg = k_{eq}\delta_{st}$$

可以得到

$$\frac{1}{k_{eq}} = \frac{1}{k_1} + \frac{1}{k_2} \tag{7-36}$$

或

$$k_{eq} = \frac{k_1 k_2}{k_1 + k_2} \tag{7-37}$$

系统的固有频率为

$$\omega_n = \sqrt{\frac{k_{eq}}{m}} = \sqrt{\frac{k_1 k_2}{m(k_1 + k_2)}}$$

这一结果表明，两个弹簧串联的系统，相当于一个等效弹簧系统，等效弹簧的等效刚度由式(7-37)确定。同样，这个结论也可推广到多个弹簧串联的情形。

4. 摆振系统

图 7-13 所示为一摆振系统，杆自重不计，球质量为 m。弹簧刚度为 k，杆在水平位置时平衡，弹簧位置如图中所示。图中 d、l 为已知。

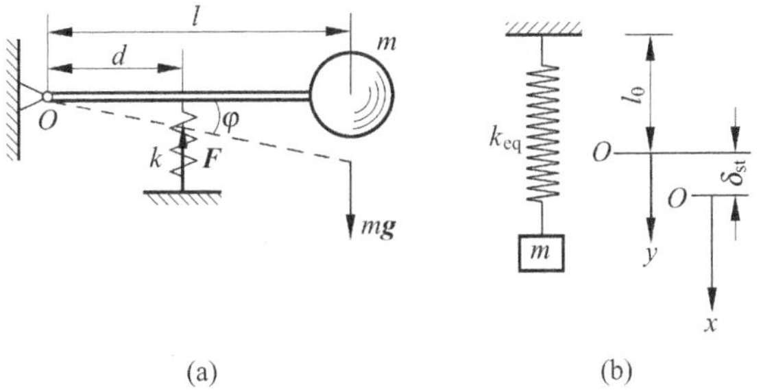

图 7-13　摆振系统

下面介绍与摆振系统相当的等效系统的等效质量和等效刚度及振动固有频率的确定方法。

因水平位置为静平衡位置，弹簧已有静伸长 δ_{st}，由平衡方程有

$$\sum M_O(\boldsymbol{F}_i) = 0, \quad mgl - k\delta_{st}d = 0$$

以平衡位置为初始位置，摆角 φ 为独立变量，应用物理学中知识(刚体定轴转动微分方程)，建立摆绕点 O 作微幅摆动的运动微分方程：

$$ml^2 \frac{\mathrm{d}^2\varphi}{\mathrm{d}t^2} = mgl - k(\delta_{st} + \varphi d) \cdot d$$

整理后，得到

$$ml^2\frac{\mathrm{d}^2\varphi}{\mathrm{d}t^2}+kd^2\varphi=0 \tag{7-38a}$$

即等效质量为 $m_{\mathrm{eq}}=ml^2$，等效刚度为 $k_{\mathrm{eq}}=kd^2$。上述方程的标准形式为

$$\frac{\mathrm{d}^2\varphi}{\mathrm{d}t^2}+\frac{kd^2}{ml^2}\varphi=0 \tag{7-38b}$$

系统的固有圆频率为

$$\omega_{\mathrm{n}}=\frac{d}{l}\sqrt{\frac{k}{m}} \tag{7-39}$$

5. 刚体系统

如图 7-14 所示为物块和半径为 r 的塔轮组成的简单刚体系统，塔轮对轴的转动惯量为 J，弹簧刚度为 k，物块质量为 m。

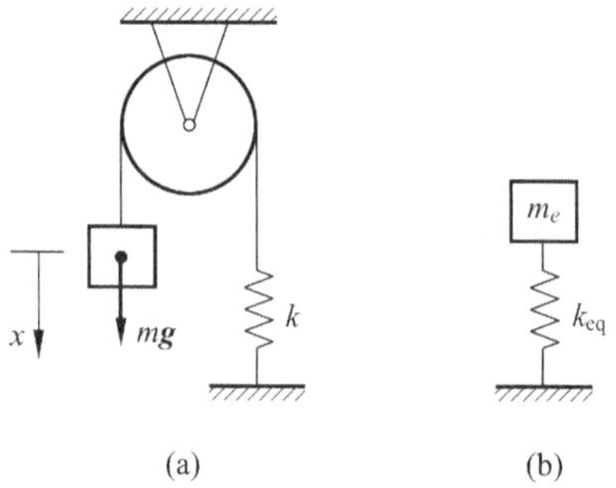

图 7-14 刚体系统模型

应用物理学中关于简单刚体系统的动能定理，建立与刚体系统等效的相当系统的**等效质量**(euivalent mass)与等效刚度系数。

以系统平衡时重物的位置为原点，取 x 轴如图 7-14(a)所示。系统为保守系统，重物在任意坐标 x 处，系统动能为

$$T=\frac{1}{2}m\dot{x}^2+\frac{1}{2}J\left(\frac{\dot{x}}{r}\right)^2$$

系统势能为

$$\begin{aligned}V&=\frac{1}{2}k(x+\delta_{\mathrm{st}})^2-\frac{1}{2}k\delta_{\mathrm{st}}^2-mgx\\&=\frac{1}{2}kx^2+(k\delta_{\mathrm{st}}-mg)x\\&=\frac{1}{2}kx^2\end{aligned}$$

不计摩擦，系统机械能守恒，有

$$T+V=\frac{1}{2}m\dot{x}^2+\frac{1}{2}J\left(\frac{\dot{x}}{r}\right)^2+\frac{1}{2}kx^2=\text{const}$$

对方程两端求导，得到

$$\left(m+\frac{J}{r^2}\right)\ddot{x}+kx=0 \tag{7-40}$$

于是，得到等效系统的等效质量为

$$m_{\text{eq}}=m+\frac{J}{r^2} \tag{7-41}$$

方程式(7-40)也可以化为标准形式：

$$\ddot{x}+\frac{kr^2}{mr^2+J}x=0$$

系统的固有圆频率为

$$\omega_{\text{n}}=r\sqrt{\frac{k}{mr^2+J}} \tag{7-42}$$

通过以上三种模型分析可以看出，只要能写出单自由度系统的运动微分方程，即可顺利求出系统的等效质量和等效刚度。反之，如果已知系统的等效质量和等效刚度或系统的固有圆频率，即可得到系统的运动微分方程。

最后，请读者思考：怎样确定图 7-11(e)所示系统的等效质量和等效刚度？

7.4　结论与讨论

7.4.1　确定物体运动时初始条件的重要性

在解决动力学第二类问题时可用积分法求解，即求运动微分方程的精确解。求解问题时列出的运动微分方程一般为三个二阶微分方程，以直角坐标形式的运动微分方程为例，方程为式(7-3)

$$\left.\begin{aligned}m\ddot{x}&=\sum_{i=1}^{n}F_{ix}\\m\ddot{y}&=\sum_{i=1}^{n}F_{iy}\\m\ddot{z}&=\sum_{i=1}^{n}F_{iz}\end{aligned}\right\}$$

等式的右端为力函数，若力函数比较复杂，往往求不出方程的精确解，只能求近似解或数值解。目前我们仅讨论可求出精确解的一些简单问题。

对上式积分后，得到带积分常数的通解，一般表示为

$$\left.\begin{aligned} x &= x(t, c_1, c_2, \cdots, c_6) \\ y &= y(t, c_1, c_2, \cdots, c_6) \\ z &= z(t, c_1, c_2, \cdots, c_6) \end{aligned}\right\} \tag{7-43a}$$

这六个积分常数要由质点运动的初始条件确定。此时正确的写出质点运动的初始条件就显得极为重要。

初始条件是质点的初位置和初速度，初始条件一般写为

$$\text{当 } t=0 \text{ 时：}\quad \left.\begin{aligned} &x=x_0, \quad y=y_0, \quad z=z_0 \\ &\dot{x}=v_{0x}, \quad \dot{y}=v_{0y}, \quad \dot{z}=v_{0z} \end{aligned}\right\} \tag{7-43b}$$

可见一个质点若受相同的力作用，但是如果初始条件不同，质点的运动将会不同。例如重力场中的单摆，若在平衡位置附近由静止无初速度释放，则摆作微幅振动；若初速度非常大，摆可作圆周运动。

初学者在分析和处理这一类问题时，一定要重视运动的初始条件，结合具体问题认真总结运动初始条件对运动规律的影响。

7.4.2 牵连惯性力与科氏惯性力

当人们晃动栓在绳上的小球时，会明显地感到手上受到向外的拉力；当人们坐在转弯的汽车上时，会感受到一种试图让人们冲出车厢的力量……这样的例子在生活中举不胜举。人们感受到的这些力就是惯性力。这些力均表示为

$$\boldsymbol{F}_{\mathrm{I}} = -m\boldsymbol{a} \tag{7-44}$$

牵连惯性力和科氏惯性力是惯性力家族中的成员，它们分别与牵连加速度、科氏加速度有关。

计算惯性力时，可以先分析出牵连加速度和科氏加速度，然后乘以质量m，再加上负号。如果在图形上惯性力已与加速度方向相反，则不必再另加负号。关于惯性力的进一步分析将在以后的章节中继续讨论。

7.4.3 能量法在确定振动系统的固有频率中的应用

本章的分析结果表明，只要求出振动系统的固有频率，即可确定振动系统的运动微分方程以及相应的通解。下面介绍能量法在计算固有频率中的应用。

当单自由度系统作自由振动时，均可简化为图 7-15 所示质量—弹簧系统，它的运动规律为

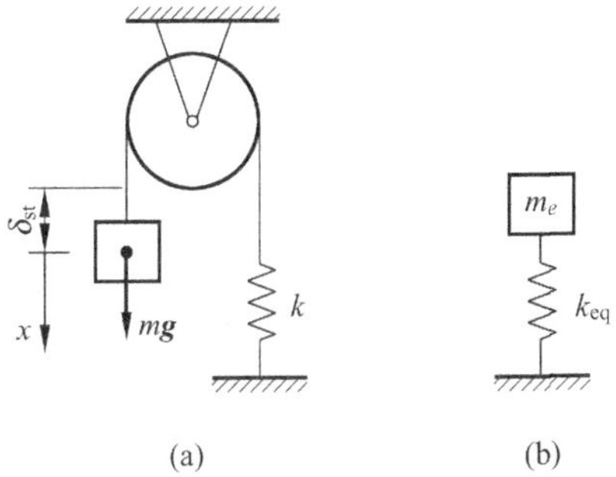

图 7-15　能量法确定系统的固有频率

$$x = A\sin(\omega_n t + \alpha)$$

因而任意时刻系统的**动能**(kinetic energy)为

$$T = \frac{1}{2}mv^2 = \frac{1}{2}m\omega_n^2 A^2 \cos^2(\omega_n t + \alpha)$$

选系统的静平衡位置为零势能点,则系统的**势能**(potential energy)为

$$V = \frac{1}{2}k[(x + \delta_{st})^2 - \delta_{st}^2] - mgx$$

注意到静平衡时 $k\delta_{st} = mg$,则

$$V = \frac{1}{2}kx^2 = \frac{1}{2}kA^2 \sin^2(\omega_n t + \alpha)$$

当重物到达振动中心时,势能为零,动能最大,最大动能为

$$T_{max} = \frac{1}{2}m\omega_n^2 A^2 \tag{7-45}$$

当重物到达偏离中心的极端位置时,其动能为零,势能最大,最大势能为

$$V_{max} = \frac{1}{2}kA^2 \tag{7-46}$$

由机械能守恒定律,应有

$$T_{max} = V_{max} \tag{7-47}$$

对质量—弹簧系统,将式(7-45)和式(7-46)代入式(7-47)即可得到系统的固有频率

$$\omega_n = \sqrt{\frac{k}{m}}$$

与以前的结果完全一致。

据此,可以确定其他单自由度振动系统的固有频率。下面用能量法确定图 7-15 中的刚体系统的固有频率。

前面已求出动能和势能分别为

$$T = \frac{1}{2}m\dot{x}^2 + \frac{1}{2}J\left(\frac{\dot{x}}{r}\right)^2$$

$$V = \frac{1}{2}kx^2$$

将 $x=A\sin(\omega_n t+\alpha)$代入上式后，有

$$T_{\max} = \frac{1}{2}\left(m + \frac{J}{r^2}\right)A^2\omega_n^2$$

$$V_{\max} = \frac{1}{2}kA^2$$

由式(7-47)有

$$\frac{1}{2}\left(m + \frac{J}{r^2}\right)A^2\omega_n^2 = \frac{1}{2}kA^2$$

整理后，得

$$\omega_n = r\sqrt{\frac{k}{mr^2 + J}}$$

这与前述方法所得到的结果完全一致。

习题

7-1 如图所示，滑水运动员刚接触跳台斜面时，具有平行于斜面方向的速度 40.2km/h，忽略摩擦，并假设他一经接触跳台后，牵引绳就不再对运动员有作用力。试求滑水运动员从飞离斜面到再落水时的水平长度。

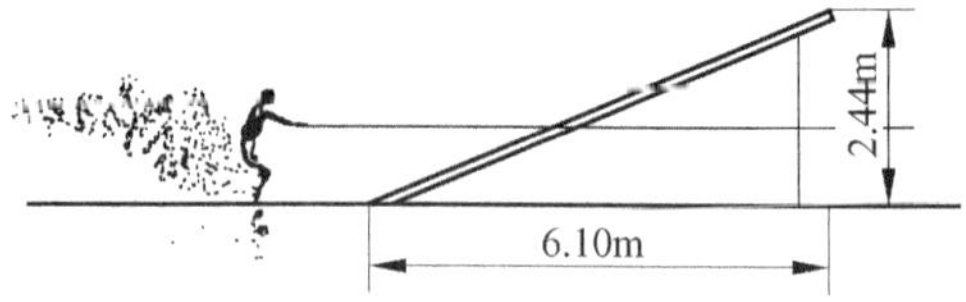

习题 7-1 图

7-2 如图所示，消防人员为了扑灭高 21m 仓库屋顶平台上的火灾，把水龙头置于离仓库墙基 15m、距地面高 1m 处，水柱的初速度 $v_0=25\text{m/s}$，若欲使水柱正好能越过屋顶边缘到达屋顶平台，且不计空气阻力，试问水龙头的仰角 α 应为多少？水柱射到屋顶平台上的水平距离 s 为多少？

7-3 如图所示，三角形物块置于光滑水平面上，并以水平等加速度 $\boldsymbol{a}$ 向右运动；另一物块置于其斜面上，斜面的倾角为 θ。设物块与斜面间的静摩擦因数为 f_s，且 $\tan\theta > f_s$，开始时物块在斜面上静止，如果保持物块在斜面上不

滑动，加速度 a 的最大值和最小值应为多少？

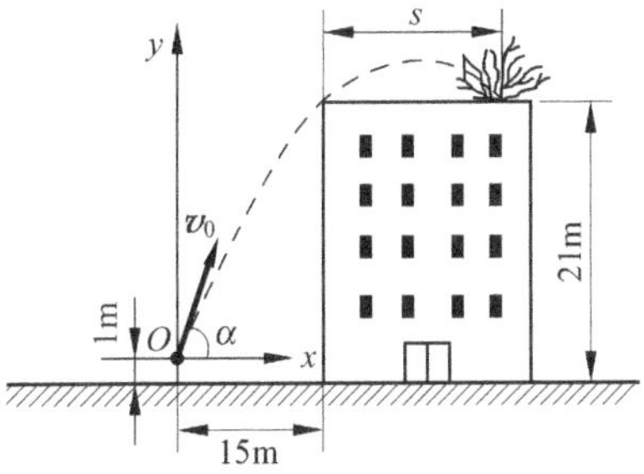

习题 7-2 图

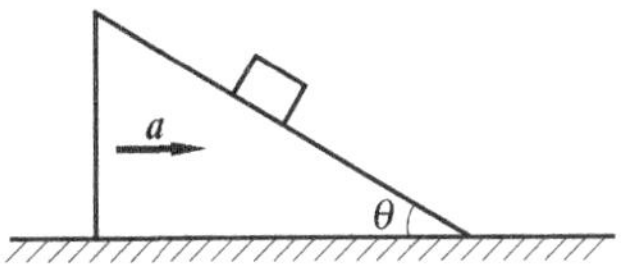

习题 7-3 图

7-4　如图所示，物体的质量为 m，悬挂在刚度系数为 k 的弹簧上，平衡时弹簧的静伸长为 δ_{st}。开始时物体离开平衡位置的距离为 a，然后无初速度地释放。试对图中各种不同坐标原点和坐标轴列出物体的运动微分方程，写出初始条件，求出运动规律，并比较所得到的结果。

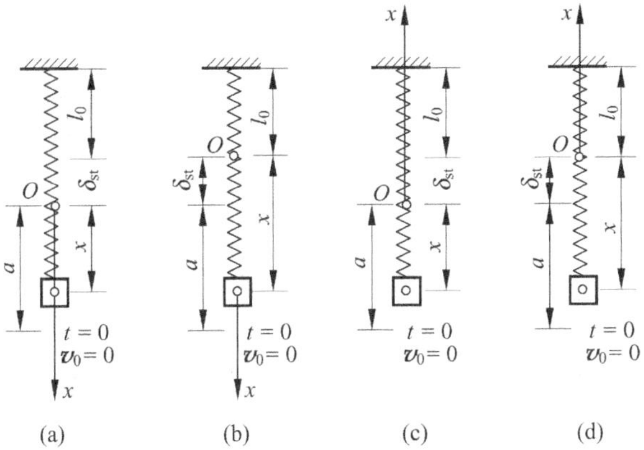

习题 7-4 图

7-5　如图所示，质量为 m 的平板置于两个反向转动的滑轮上，两轮间的距离为 $2d$，半径为 R。若将板的重心推出，使其距离原对称位置 O 为 x_0，然后无初速度地释放，则板将在动滑动摩擦力的作用下作简谐振动。板与两滑轮间的动摩擦因数为 f。试求板振动的运动规律和周期。

7-6　如图所示，升降机厢笼的质量 $m=3\times10^3$kg，以速度 $v=0.3$m/s 在矿井中下降。由于吊索上端突然嵌住，厢笼中止下降。如果吊索的弹性刚度系数 $k=2.75$kN/mm，忽略吊索质量，试求此后厢笼的运动规律。

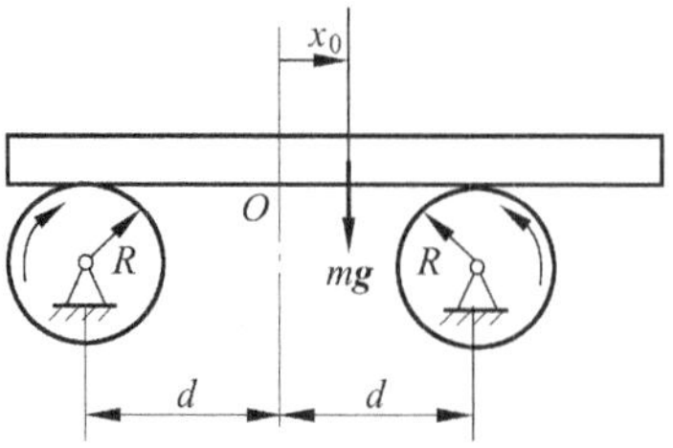

习题 7-5 图

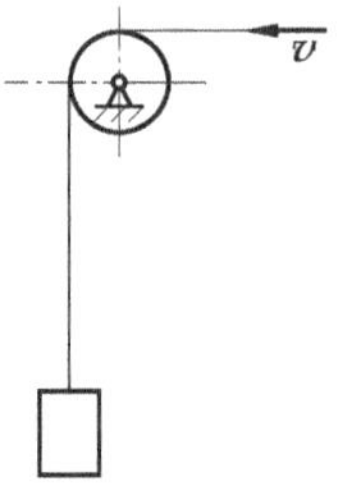

习题 7-6 图

7-7 质量 $m=2$kg 的物体从高度 $h=0.5$m 处无初速地降落在长为 $l=1$m 的悬臂木梁的自由端上，如图所示。梁的横截面为矩形，高为 30mm，宽为 20mm，梁的杨氏模量 $E=10^6$ MPa。若不计梁的质量，并设物体碰到梁后不回弹，试求物体的运动规律。

7-8 如图所示，用两绳悬挂的质量 m 处于静止，试问：①两绳中的张力各等于多少？②若将绳 A 剪断，则绳 B 在该瞬时的张力又等于多少？

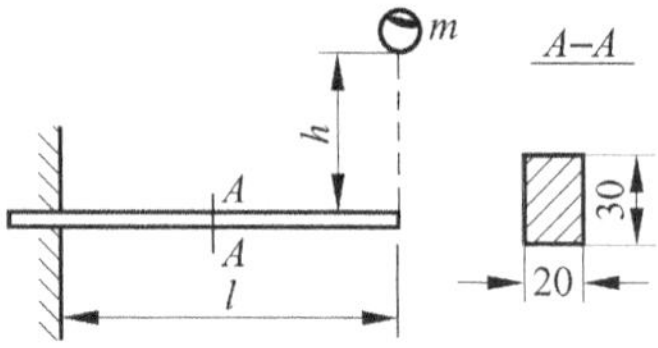

习题 7-7 图

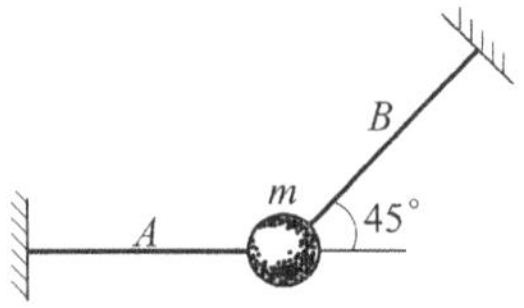

习题 7-8 图

7-9 质量为 1kg 的滑块 A 可在矩形块上光滑的斜槽中滑动，如图所示。若矩形板以水平的等加速度 $a_0=8\text{m/s}^2$ 运动，求滑块 A 相对滑槽的加速度和对槽的压力。若滑块相对于槽的初速度为零，试求其相对运动规律。

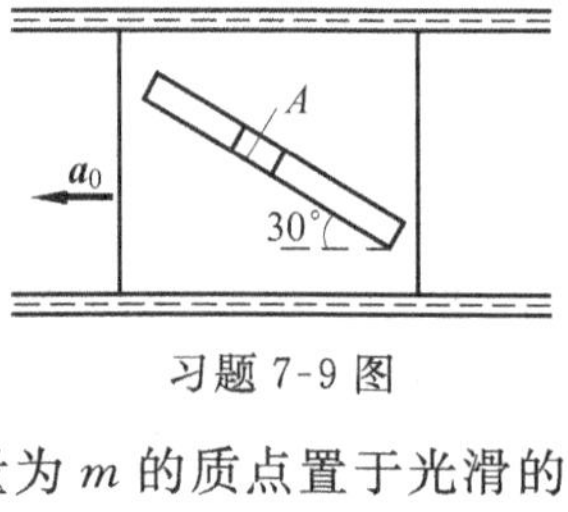

习题 7-9 图

7-10 如图所示，质量为 m 的质点置于光滑的小车上，且以刚度系数为 k 的弹簧与小车相连。若小车以水平等加速度 $\boldsymbol{a}$ 作直线运动，开始时小车及质点均处于静止状态，试求质点的相对运动方程(不计摩擦)。

7-11 图示单摆的悬挂点以等加速度 $\boldsymbol{a}$ 沿铅垂线向上运动。若摆长为 l，试求单摆作微振动的周期。

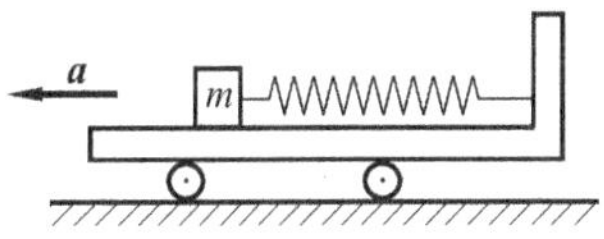

习题 7-10 图

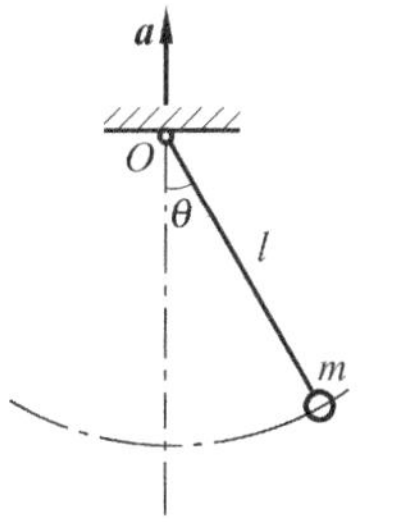

习题 7-11 图

7-12　如图所示，圆盘绕轴 O 在水平面内转动，质量为 1kg 的滑块 A 可在圆盘上的光滑槽中运动，盘和滑块在图示位置处于静止，这时圆盘开始以等角加速度 $\alpha=40\text{rad/s}^2$ 转动，已知 $b=0.1\text{m}$。试求圆盘开始运动时，槽作用在滑块 A 上的侧压力及滑块的相对加速度。

7-13　现有若干刚度系数均为 k 且长度相等的弹簧，另有若干质量均为 m 的物块，试任意组成两个固有频率分别为 $\sqrt{\dfrac{2k}{3m}}$ 和 $\sqrt{\dfrac{3k}{2m}}$ 的质量—弹簧系统，并画出示意图。

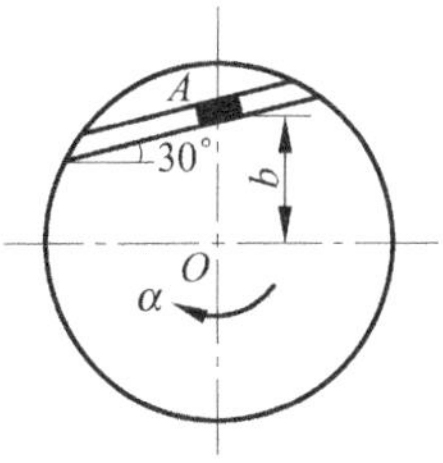

习题 7-12 图

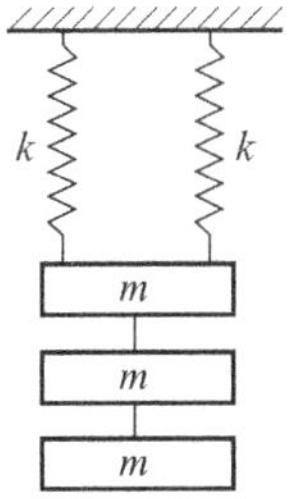

习题 7-13 图

7-14　分析图中所示 7 组振动模型，判断哪几组中的两个系统具有相同的固有频率。

7-15　如图所示，匀质摇杆 OA 质量为 m_1，长为 l，匀质圆盘质量为 m_2，当系统平衡时摇杆处在水平位置，而弹簧 BD 处于铅垂位置，且静伸长为 δ_{st}，设 $OB=a$，圆盘在滑道中作纯滚动。试求系统微振动固有频率。

*7 16　一单层房屋结构可简化为如图所示的模型：房顶可视为质量为 m 的刚性杆，柱子可视为高为 h、弯曲刚度为 EI 的梁，不计柱子的质量。试求该房屋水平振动的固有频率。

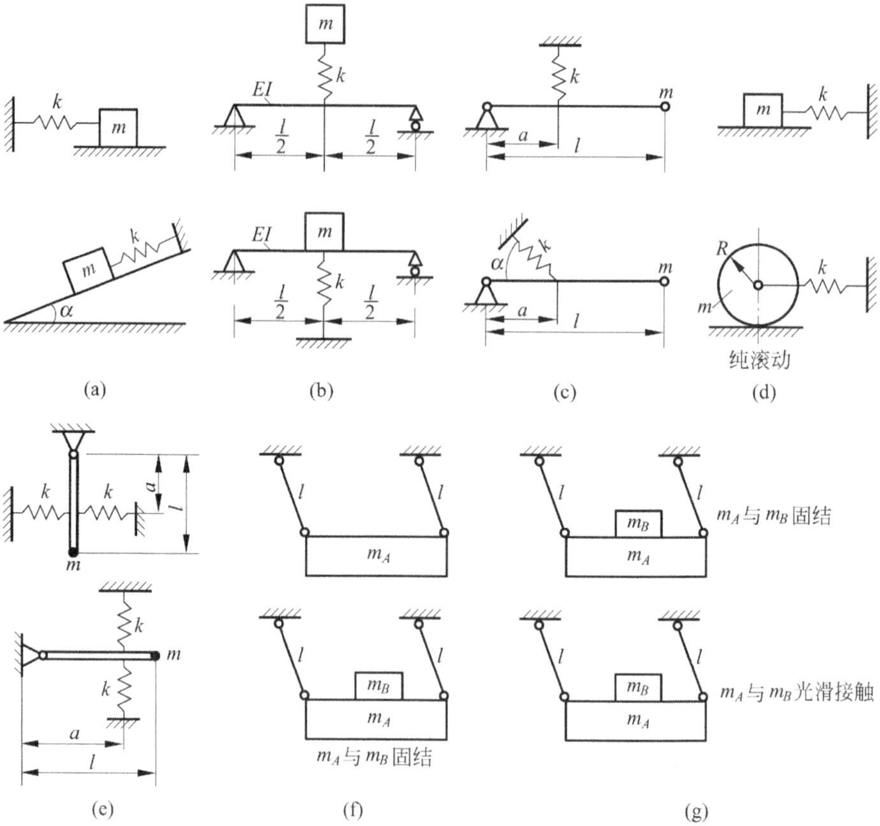

习题 7-14 图

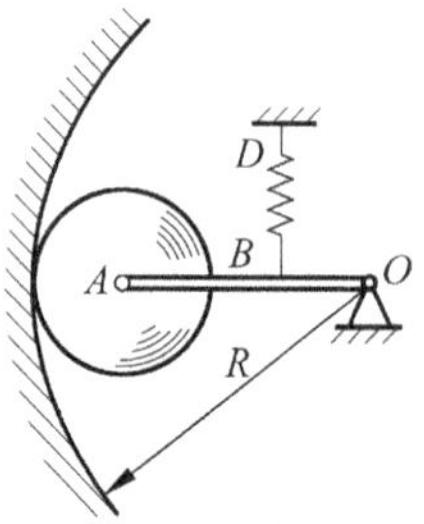

习题 7-15 图

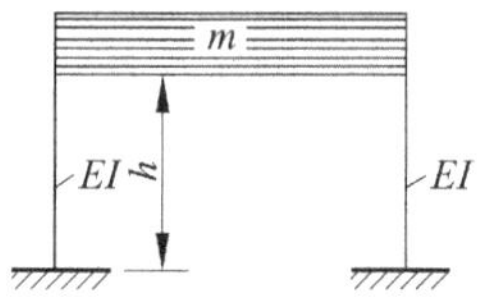

习题 7-16 图

*7-17　长为 l、质量为 m 的匀质杆两端用滑轮 A 和 B 安置在光滑的水平和铅垂滑道内滑动，并联有刚度系数为 k 的弹簧，如图所示。当杆处于水平位置时，弹簧长度为原长。不计滑轮 A 和 B 的质量，试求 AB 杆绕平衡位置

振动的固有频率。

*7-18 质量为 m_1 的物块用刚度系数为 k 的弹簧悬挂，在 m_1 静止不动时，有另一质量为 m_2 的物块在距 m_1 高度为 h 处落下，如图所示，m_2 撞到 m_1 后不再分开。试求系统的振动频率和振幅。

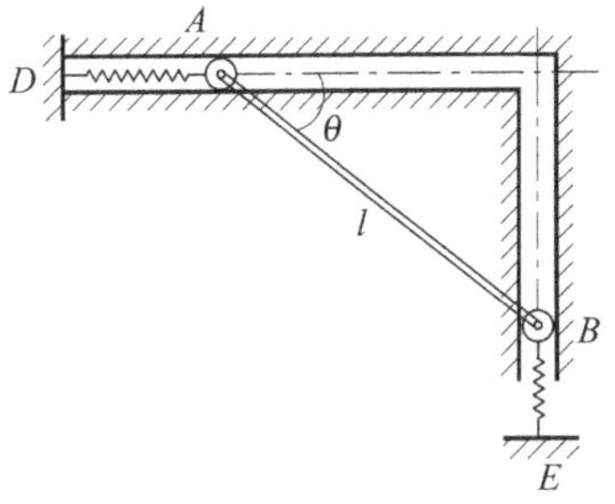

习题 7-17 图

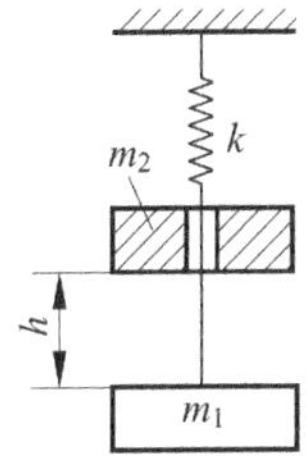

习题 7-18 图

第8章 动量定理及其应用

将适用于质点的牛顿第二定律扩展到质点系，得到质点系的动量定理、动量矩定理和动能定理，统称为质点系的动力学普遍定理。

质点系动力学普遍定理的主要特征是：建立了描述质点系整体运动状态的物理量(动量、动量矩和动能)与作用在质点系上的力系的特征量(主矢、主矩和功)之间的关系。

根据工程静力学中所得到的结论，任意力系可向一点简化为一主矢和一主矩，当主矢和主矩同时为零时，该力系平衡；而当主矢和主矩不为零时，物体将产生运动。质点系的动量定理建立了质点系动量对时间的变化率与主矢之间的关系。

本章的内容是大学物理学中相关教学内容的延伸和扩展，但并不是简单的重复，而更着重动量定理在工程中的应用。

8.1 动量定理及其守恒形式

8.1.1 质点与质点系的动量

考察由 n 个质点组成的**质点系**(system of particles)，如图 8-1 所示。设其中第 i 个质点的质量、位矢、速度分别为 m_i，$\boldsymbol{r}_i$，$\boldsymbol{v}_i$。

定义矢量

$$\boldsymbol{p}_i = m_i\boldsymbol{v}_i \tag{8-1}$$

为质点系中第 i 个质点的**动量**，动量也是力的作用效应的一种量度。例如：子弹的质量很小，但由于其运动速度很大，故可穿透坚硬的钢板；即将靠岸的轮船，虽速度很小，但由于质量很大，仍可撞坏用钢筋混凝土筑成的码头。

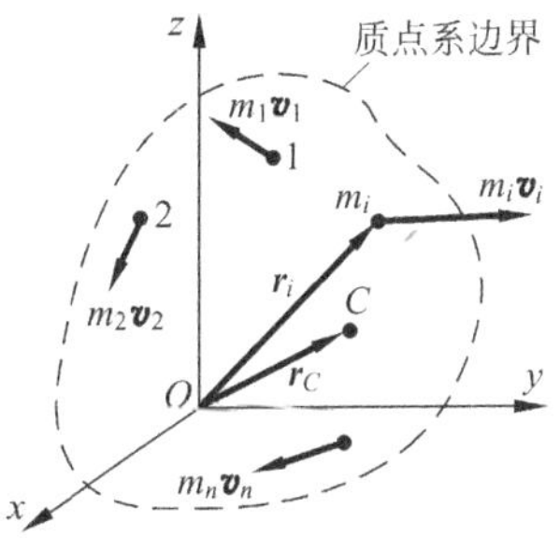

图 8-1　质点系的动量

质点的动量为定位矢量。

质点系中所有质点动量的矢量和(即质点系动量的主矢)称为**质点系的动量**。即

$$\boldsymbol{p} = \sum_{i=1}^{n} m_i \boldsymbol{v}_i \tag{8-2a}$$

质点系动量是度量质点系整体运动的基本特征之一。与质点动量不同的是,质点系的动量是自由矢量。

例如,3 个可视为质点的物块用绳索连接,以速率 v 运动,如图 8-2(a)所示,3 个物块的质量分别为 $m_1=4m, m_2=2m, m_3=m$,绳的质量和变形忽略不计,且 $\theta=60°$。则由 3 个质点组成的质点系的动量为

$$\boldsymbol{p} = \sum_{i=1}^{3} m_i \boldsymbol{v}_i = m_1\boldsymbol{v}_1 + m_2\boldsymbol{v}_2 + m_3\boldsymbol{v}_3$$

式中 $\boldsymbol{v}_1$、$\boldsymbol{v}_2$、$\boldsymbol{v}_3$ 分别为三个质点的速度,如图 8-2(b)所示,其大小均为 v。

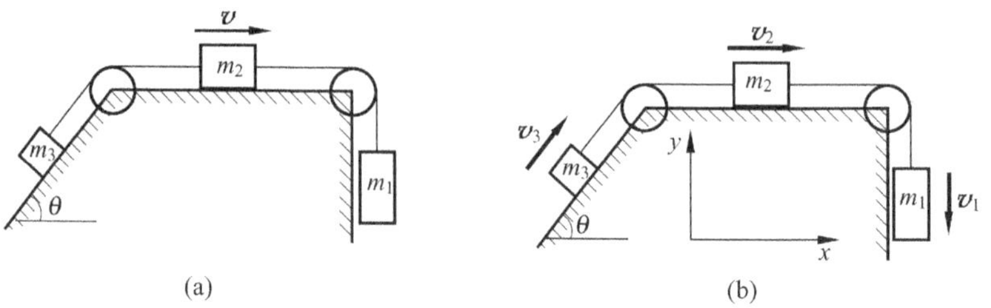

图 8-2 质点系的动量

将速度表示为分量的形式,即

$$\boldsymbol{v}_i = v_{ix}\boldsymbol{i} + v_{iy}\boldsymbol{j}$$

上述动量的表达式可以改写为

$$\begin{aligned}\boldsymbol{p} &= (m_2 v_2 + m_3 v_3 \cos\theta)\boldsymbol{i} + (m_3 v_3 \sin\theta - m_1 v_1)\boldsymbol{j} \\ &= 2.5mv\boldsymbol{i} - 3.134mv\boldsymbol{j}\end{aligned}$$

其中 $2.5mv$ 和 $3.134mv$ 分别为动量在 x 和 y 方向的分量。

一般情形下,动量在直角坐标系的形式为

$$\left.\begin{aligned} p_x &= \sum_{i=1}^{n} m_i v_{ix} \\ p_y &= \sum_{i=1}^{n} m_i v_{iy} \\ p_z &= \sum_{i=1}^{n} m_i v_{iz} \end{aligned}\right\} \tag{8-2b}$$

质点系的动量还可以表示为质点系质心速度的形式。这是因为质点系的运动状态与其质量分布状况有关，而质点系的质量中心（简称为质心）可用以描述质量分布的某些特征。

由 n 个质点组成的质点系中任一质点 i 的质量为 m_i，矢径为 $\boldsymbol{r}_i$，质点系的总质量为 $\sum_{i=1}^{n} m_i = m$，质心的矢径为 $\boldsymbol{r}_C$，则有

$$m\boldsymbol{r}_C = \sum_{i=1}^{n} m_i \boldsymbol{r}_i \tag{8-3a}$$

将式(8-3a)对时间求一次导数，得

$$m\dot{\boldsymbol{r}}_C = \sum_{i=1}^{n} m_i \dot{\boldsymbol{r}}_i \tag{8-3b}$$

其中 $\dot{\boldsymbol{r}}_C = \boldsymbol{v}_C$ 为质点系质心的速度，$\dot{\boldsymbol{r}}_i = \boldsymbol{v}_i$ 为第 i 个质点速度。

于是，式(8-3b)可改写为

$$m\boldsymbol{v}_C = \sum_{i=1}^{n} m_i \boldsymbol{v}_i = \boldsymbol{p} \tag{8-4}$$

这一结果表明，**质点系的动量等于质点系的总质量与其质心速度的乘积**。式(8-4)为计算质点系特别是刚体的动量提供了简便的方法。

例如，图 8-3(a)所示长为 l、质量为 m 的均质杆，在平面内以 ω 的角速度绕 O 点转动，其质心的速度为 $v_C = \omega \dfrac{l}{2}$，则杆的动量为 $mv_C = m\omega \dfrac{l}{2}$，方向与 $\boldsymbol{v}_C$ 相同。又如图 8-3(b)所示半径为 r、质量为 m 的均质滚轮，在平面内以角速度 ω 作纯滚动，其质心的速度为 $v_C = \omega r$，则滚轮的动量为 $mv_C = m\omega r$，方向与 $\boldsymbol{v}_C$ 相同。

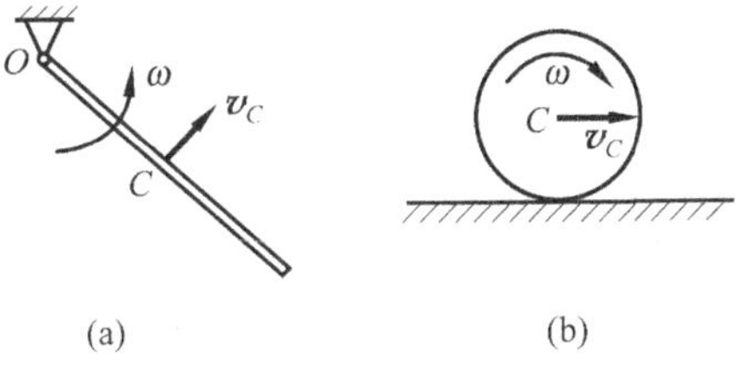

图 8-3　刚体的动量

例题 8-1　如图 8-4(a)所示，椭圆规尺由质量为 m_1 的均质曲柄 OA、质量为 $2m_1$ 的规尺 BD 以及质量均为 m_2 的滑块 B、D 组成。已知 $OA = AB = AD = l$，曲柄以角速度 ω 绕 O 轴转动，求曲柄与水平线夹角为 θ 瞬时，曲柄 OA 及机构的总动量。

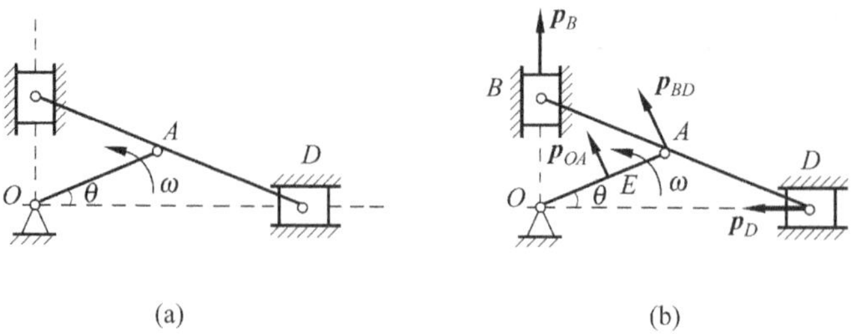

图 8-4 例题 8-1 图

解：(1) 曲柄的动量

均质曲柄的质心在 OA 的中点 E 处(图 8-4(b))。由式(8-4)得曲柄动量的大小为

$$p_{OA} = m_1 v_E = m_1 \frac{l}{2}\omega$$

方向与$\boldsymbol{v}_E$ 相同。

(2) 机构的总动量

机构的总动量等于曲柄、规尺及两滑块动量的矢量和。即

$$\boldsymbol{p} = \boldsymbol{p}_{OA} + \boldsymbol{p}_{BD} + \boldsymbol{p}_B + \boldsymbol{p}_D$$

若将均质规尺 BD 及两个滑块视为一个质点系，由于 B、D 滑块质量相同，则该质点系的质心在 BD 中点 A 处，动量为

$$\boldsymbol{p}' = \boldsymbol{p}_{BD} + \boldsymbol{p}_B + \boldsymbol{p}_D = (2m_1 + 2m_2)\,\boldsymbol{v}_A$$

方向与$\boldsymbol{v}_A$ 相同。由于$\boldsymbol{v}_A$ 与 OA 中点 E 处的速度$\boldsymbol{v}_E$ 方向相同，故 $\boldsymbol{p}'$与 $\boldsymbol{p}_{OA}$ 方向一致，于是机构总动量的大小为

$$p = p_{OA} + p' = m_1 \frac{l}{2}\omega + 2(m_1 + m_2)l\omega = \left(\frac{5}{2}m_1 + 2m_2\right)l\omega$$

方向与 $\boldsymbol{p}'$、$\boldsymbol{p}_{OA}$ 相同。

8.1.2 质点系动量定理

对质点系中第 i 个质点应用牛顿第二定律，则有

$$\frac{\mathrm{d}}{\mathrm{d}t}(m_i \boldsymbol{v}_i) = \boldsymbol{F}_i = \boldsymbol{F}_i^{(\mathrm{i})} + \boldsymbol{F}_i^{(\mathrm{e})} \tag{8-5}$$

其中 $\boldsymbol{F}_i^{(\mathrm{i})}$ 为质点系中其他质点作用在第 i 个质点上的力(即内力)；$\boldsymbol{F}_i^{(\mathrm{e})}$ 为质点系以外的物体作用在第 i 个质点上的力(即外力)。对于由 n 个质点所组成的质点系可列出 n 个式(8-5)这样的方程，若将 n 个方程两侧的各项对应相加，则有

$$\frac{\mathrm{d}}{\mathrm{d}t}\left(\sum_{i=1}^{n} m_i \boldsymbol{v}_i\right)=\sum_{i=1}^{n}\boldsymbol{F}_i^{(\mathrm{i})}+\sum_{i=1}^{n}\boldsymbol{F}_i^{(\mathrm{e})}$$

注意到质点系内质点间的相互作用力总是成对出现，因此质点系内力的矢量和等于零，上式变为

$$\frac{\mathrm{d}}{\mathrm{d}t}\left(\sum_{i=1}^{n} m_i \boldsymbol{v}_i\right)=\sum_{i=1}^{n}\boldsymbol{F}_i^{(\mathrm{e})} \tag{8-6}$$

或

$$\frac{\mathrm{d}\boldsymbol{p}}{\mathrm{d}t}=\sum_{i=1}^{n}\boldsymbol{F}_i^{(\mathrm{e})}=\boldsymbol{F}_{\mathrm{R}}^{(\mathrm{e})} \tag{8-7}$$

这就是微分形式的**质点系动量定理**(theorem of the momentum of the system of particles)，即质点系的动量对时间的变化率等于质点系所受外力系的矢量和。式中 $\sum_{i=1}^{n}\boldsymbol{F}_i^{(\mathrm{e})}$ 或 $\boldsymbol{F}_{\mathrm{R}}^{(\mathrm{e})}$ 为作用在质点系上的外力系主矢。

将方程(8-6)或方程(8-7)两侧积分，便可得到积分形式的质点系动量定理，也称为质点系的**冲量定理**(theorem of impulse)：

$$\boldsymbol{p}_2-\boldsymbol{p}_1=\sum_{i=1}^{n}\int_{t_1}^{t_2}\boldsymbol{F}_i^{(\mathrm{e})}\,\mathrm{d}t=\sum_{i=1}^{n}\boldsymbol{I}_i^{(\mathrm{e})} \tag{8-8}$$

即质点系动量在某个时间间隔内的改变量等于质点系所受外力冲量。此式广泛应用于求解碰撞问题。

8.1.3　质点系动量定理的守恒形式

1. 当外力主矢恒等于零，即 $\boldsymbol{F}_{\mathrm{R}}^{(\mathrm{e})}=0$ 时，由方程式(8-7)或方程式(8-8)可知，质点系的动量为一常矢量。即

$$\boldsymbol{p}_2=\boldsymbol{p}_1=\boldsymbol{C}_1 \tag{8-9}$$

式中 $\boldsymbol{C}_1$ 是常矢量，由运动的初始条件决定。这就是**质点系动量守恒定理**(theorem of the conservation of momentum of a system of particles)。

2. 质点系的动量定理实际应用时常采用投影式：

$$\left.\begin{aligned}\frac{\mathrm{d}p_x}{\mathrm{d}t}&=\sum_{i=1}^{n}F_{ix}^{(\mathrm{e})}=F_{\mathrm{R}x}^{(\mathrm{e})}\\ \frac{\mathrm{d}p_y}{\mathrm{d}t}&=\sum_{i=1}^{n}F_{iy}^{(\mathrm{e})}=F_{\mathrm{R}y}^{(\mathrm{e})}\\ \frac{\mathrm{d}p_z}{\mathrm{d}t}&=\sum_{i=1}^{n}F_{iz}^{(\mathrm{e})}=F_{\mathrm{R}z}^{(\mathrm{e})}\end{aligned}\right\} \tag{8-10a}$$

将式(8-2b)代入式(8-10a)，动量定理又可表示为

$$\left.\begin{aligned}\sum_{i=1}^{n} m_i a_{ix} &= \sum_{i=1}^{n} m_i \ddot{x}_i = \sum_{i=1}^{n} F_{ix}^{(e)} \\ \sum_{i=1}^{n} m_i a_{iy} &= \sum_{i=1}^{n} m_i \ddot{y}_i = \sum_{i=1}^{n} F_{iy}^{(e)} \\ \sum_{i=1}^{n} m_i a_{iz} &= \sum_{i=1}^{n} m_i \ddot{z}_i = \sum_{i=1}^{n} F_{iz}^{(e)}\end{aligned}\right\} \tag{8-10b}$$

若外力主矢不恒为零,但在某个坐标轴上的投影恒为零,由上式可知,质点系的动量在该坐标轴方向守恒。即若 $F_{Rx}^{(e)}=0$,则由方程式(8-10)有

$$p_x = C_2 \tag{8-11}$$

式中 C_2 为常量,由运动初始条件决定。上式称为质点系动量在 x 轴上的投影守恒。

例题 8-2 质量为 m_1 的矩形板可在如图 8-5(a)所示的光滑平面内运动,板上有一半径为 R 的圆形凹槽,一质量为 m 的质点以相对速度$\boldsymbol{v}_r$沿凹槽匀速运动。初始时,板静止,质点位于圆形槽的最右端($\theta=0°$)。试求质点运动到图示位置时,板的速度、加速度及地面作用于板上的约束力。

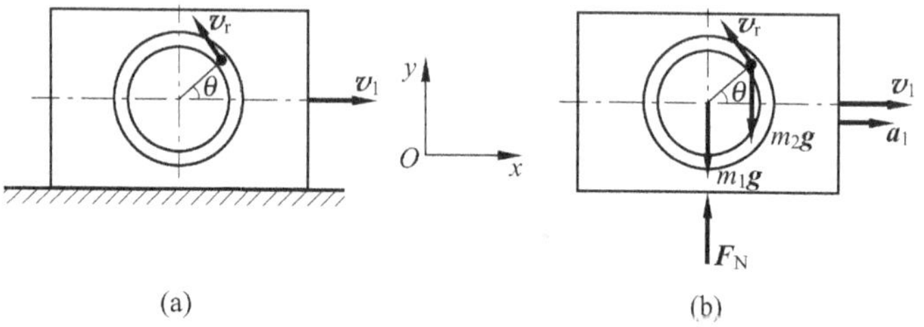

图 8-5 例题 8-2 图

解:(1) 选择研究对象

选板和质点组成的质点系为研究对象。

(2) 画受力图

画出研究对象运动到一般位置时的受力图(图 8-5(b))。

(3) 应用动量定理确定板的速度和加速度

板作直线平移,设其速度为$\boldsymbol{v}_1$,质点的绝对速度$\boldsymbol{v}_2=\boldsymbol{v}_1+\boldsymbol{v}_r$,则系统的动量为

$$\boldsymbol{p} = [m_1 v_1 + m_2(v_1 - v_r\sin\theta)]\boldsymbol{i} + (m_2 v_r \cos\theta)\boldsymbol{j} = p_x\boldsymbol{i} + p_y\boldsymbol{j}$$

由于 $\sum F_x^{(e)}=0$,故质点系在水平方向动量守恒,即

$$p_x = m_1 v_1 + m_2(v_1 - v_r\sin\theta) = p_{x0}$$

根据初始条件，$t=0$ 时，$v_1=0$，$\theta=0$，所以 $p_{x0}=0$。由此可求得板的速度为

$$v_1=\frac{m_2 v_r \sin\theta}{m_1+m_2}$$

将上式对时间求一次导数，得到板的加速度

$$a_1=\frac{\mathrm{d}v_1}{\mathrm{d}t}=\frac{m_2 v_r \cos\theta}{m_1+m_2}\dot{\theta}$$

设质点在图示位置时走过的弧长为 $s=R\theta=v_r t$，则将该式对时间求一次导数，得 $\dot{\theta}=v_r/R$。将其代入加速度的表达式，得

$$a_1=\frac{\mathrm{d}v_1}{\mathrm{d}t}=\frac{m_2 v_r^2 \cos\theta}{(m_1+m_2)R}$$

(4) 地面作用在板上的约束力

应用式(8-10a)中动量定理的 y 方向投影式，有

$$\frac{\mathrm{d}p_y}{\mathrm{d}t}=F_{Ry}^{(e)}$$

即

$$\frac{\mathrm{d}}{\mathrm{d}t}(m_2 v_r \cos\theta)=F_N-m_1 g-m_2 g$$

由上式可得

$$m_2 v_r(-\sin\theta)\dot{\theta}=F_N-m_1 g-m_2 g$$

$$F_N=m_1 g+m_2 g-\frac{m_2 v_r^2 \sin\theta}{R}$$

例题 8-3　如图 8-6(a)所示，已知鼓轮 A 由半径分别为 r 和 R 的两轮固结而成，其质量为 m_1，转轴 O 为其质心；重物 B 的质量为 m_2，重物 C 的质量为 m_3；斜面光滑，倾角为 θ。若 B 物的加速度为 $\boldsymbol{a}$，求轴承 O 处的约束力。

解：(1) 选择研究对象

选鼓轮 A 及重物 B、C 为研究对象。

(2) 画受力图

画出研究对象的受力图(图 8-6(b))。

(3) 应用动量定理确定轴承 O 处的约束力

鼓轮 A 作定轴转动，其质心的加速度为 0，设重物 B 加速度的大小 $a_2=a$，根据运动学关系，重物 C 加速度的大小 $a_3=aR/r$，则由式(8-10b)，有

$$m_3 a_3 \cos\theta=F_{Ox}-F_N\sin\theta$$

$$m_3 a_3 \sin\theta-m_2 a_2=F_{Oy}+F_N\cos\theta-(m_1+m_2+m_3)g$$

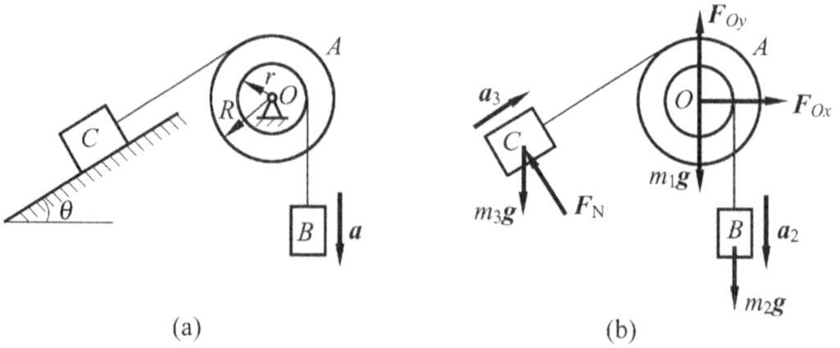

图 8-6　例题 8-3 图

由于在垂直于斜面的方向上，重物 C 的加速度为 0，所以 $F_N = m_3 g\cos\theta$，代入上式，最后得

$$F_{Ox} = m_3 a \frac{R}{r}\cos\theta + m_3 g\cos\theta\sin\theta$$

$$F_{Oy} = m_3 a \frac{R}{r}\sin\theta - m_2 a - m_3 g\cos^2\theta + (m_1 + m_2 + m_3)g$$

8.2　质心运动定理

8.2.1　质心运动定理

质心运动定理(theorem of the motion of the center of mass)是质点系动量定理的另一种形式。

由方程式(8-3)和方程式(8-4)，有

$$\boldsymbol{p} = m\boldsymbol{v}_C = \sum_{i=1}^{n} m_i \boldsymbol{v}_i \tag{8-12}$$

将其代入动量定理式(8-7)，得

$$\frac{\mathrm{d}\boldsymbol{p}}{\mathrm{d}t} = m\frac{\mathrm{d}\boldsymbol{v}_C}{\mathrm{d}t} = \sum_{i=1}^{n} \boldsymbol{F}_i^{(e)} = \boldsymbol{F}_R^{(e)}$$

注意到$\frac{\mathrm{d}\boldsymbol{v}_C}{\mathrm{d}t} = \boldsymbol{a}_C$，上式变为

$$m\boldsymbol{a}_C = \sum_{i=1}^{n} \boldsymbol{F}_i^{(e)} \tag{8-13}$$

这就是质心运动定理：质点系的总质量与质心加速度的乘积等于作用在质点系上外力的矢量和。直角坐标系中，质心运动定理的投影式为

$$\left.\begin{aligned}m\ddot{x}_C &= \sum_{i=1}^{n} m_i a_{Cxi} = \sum_{i=1}^{n} F_{ix}^{(e)} \\ m\ddot{y}_C &= \sum_{i=1}^{n} m_i a_{Cyi} = \sum_{i=1}^{n} F_{iy}^{(e)} \\ m\ddot{z}_C &= \sum_{i=1}^{n} m_i a_{Czi} = \sum_{i=1}^{n} F_{iz}^{(e)}\end{aligned}\right\} \tag{8-14}$$

其中$\ddot{x}_C$，$\ddot{y}_C$，$\ddot{z}_C$为质心加速度在直角坐标轴上的投影。对于刚体系统，上式中的m_i和a_{Cxi}，a_{Cyi}，a_{Czi}分别为第i个刚体的质量和其质心加速度在直角坐标轴上的投影。

8.2.2　质心运动定理的守恒形式

根据方程式(8-13)，如果作用于质点系上的外力主矢恒等于零，即

$$\boldsymbol{F}_{\mathrm{R}}^{(e)} = \sum_i \boldsymbol{F}_i^{(e)} = 0$$

这时质心加速度

$$\boldsymbol{a}_C = 0$$

质心的速度

$$\boldsymbol{v}_C = \boldsymbol{C}$$

质心速度为常矢量。这表明：质心运动守恒，也就是质点系的质心作惯性运动。这时，如果系统的质心初始为静止状态，即$\boldsymbol{v}_C = 0$，则质心的位矢$\boldsymbol{r}_C = \boldsymbol{C}_1$为常矢量，质心位置保持不变。

根据方程式(8-14)，如果外力主矢在某一坐标轴(例如x轴)上的投影为零，即

$$F_{\mathrm{R}x}^{(e)} = \sum_i F_{ix}^{(e)} = 0$$

则有

$$a_{Cx} = 0$$

$$v_{Cx} = C_2$$

质心速度在某一坐标轴(例如x轴)上的投影为常量，这表明：质心速度在这一坐标轴(例如x轴)方向上守恒。这时，如果质心初始为静止状态，即$v_{Cx} = 0$，则表明质心在x轴的坐标保持不变。

上述分析结果表明，质心的运动仅取决于质点系所受的外力，而与系统的内力无关。以下是几个实例：

(1) 力偶对物体的作用　当物体上所作用的力系的主矢为零，对某一点的主矩不为零时，其简化的最后结果为一力偶。由于物体上作用的外力的主

矢等于零，所以质心的加速度为零，若质心初始是静止的，则力偶无论作用于刚体的何处，质心总保持不动，物体作绕质心的转动。

(2) 手榴弹在空中爆炸　若不计空气阻力，投掷出去的手榴弹的质心将沿一抛物线运动。当手榴弹在空中爆炸时，因爆炸力为内力，不可能影响手榴弹质心的运动。故尽管弹片四向纷飞，但所有弹片的总质心仍按爆炸前质心的抛物线轨迹运动，直到某一弹片落地为止。

(3) 跳远运动　跳远运动员起跳后，其质心在重力作用下沿一抛物线运动。在空中，他身体的任何动作都不可能改变其质心的运动。实际中，运动员在空中做一些动作，只是为了使落脚点处于他自身质心的前方，从而取得较好的成绩。

例题 8-4　如图 8-7(a)所示，均质细杆 OA 长 l，质量为 m_1，均质圆盘 A 质量为 m_2，已知图示位置 OA 杆的角速度及角加速度分别为 ω、α，杆与水平线的夹角为 θ，试求轴承 O 处的约束力。

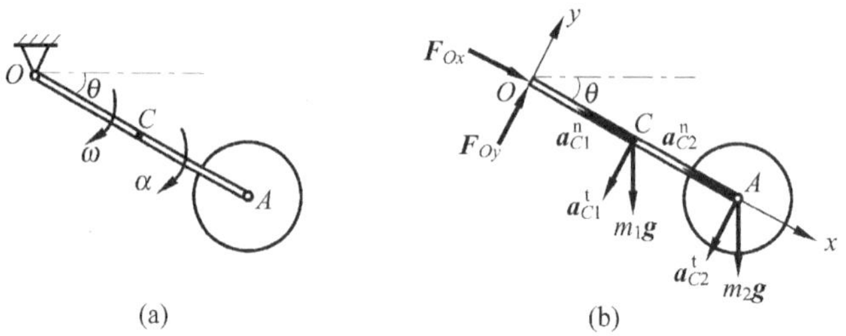

图 8-7　例题 8-4 图

解：(1) 选择研究对象

选 OA 杆和圆盘 A 这两个刚体为研究对象。

(2) 进行运动及受力分析

OA 杆质心 C 的加速度为 $\boldsymbol{a}_{C1}^{t}$、$\boldsymbol{a}_{C1}^{n}$；圆盘质心 A 的加速度为 $\boldsymbol{a}_{C2}^{t}$、$\boldsymbol{a}_{C2}^{n}$。受力如图 8-7(b)。

(3) 应用质心运动定理确定轴承 O 处的约束力

由于 OA 杆作定轴转动，故

$$\boldsymbol{a}_{C1}^{t}=\frac{l}{2}\alpha,\quad \boldsymbol{a}_{C1}^{n}=\frac{l}{2}\omega^{2};\quad \boldsymbol{a}_{C2}^{t}=l\alpha,\quad \boldsymbol{a}_{C2}^{n}=l\omega^{2}$$

则由式(8-14)，有

$$-m_1a_{C1}^{n}-m_2a_{C2}^{n}=F_{Ox}+(m_1+m_2)g\sin\theta$$

$$-m_1a_{C1}^{t}-m_2a_{C2}^{t}=F_{Oy}-(m_1+m_2)g\cos\theta$$

将加速度的值代入上式，得

$$F_{Ox}=-\left(\frac{m_1}{2}+m_2\right)l\omega^2-(m_1+m_2)g\sin\theta$$

$$F_{Oy}=-\left(\frac{m_1}{2}+m_2\right)l\alpha+(m_1+m_2)g\cos\theta$$

例题 8-5 质量为 m_1 的小车置于光滑水平面上，长为 l 的无重刚杆 AB 的 B 端固结一质量为 m_2 的小球，如图 8-8(a)所示。若刚杆在与 y 轴夹角为 θ 位置时，系统静止，求系统释放后，当 AB 杆运动到 $\theta=0$ 时小车的水平位移。

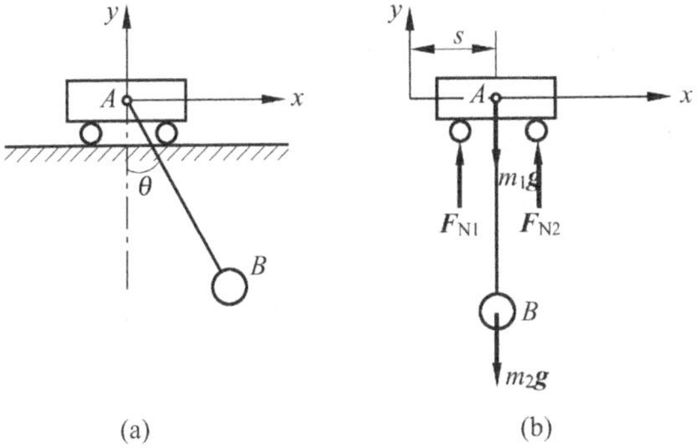

图 8-8 例题 8-5 图

解：选择小车 A 与小球 B 为一质点系进行受力分析，受力图如图 8-8(b)所示。因为质点系所受外力在水平方向的投影等于零，故质点系的质心运动在水平方向守恒。系统静止时，质心 x 方向的坐标为

$$x_{C1}=\frac{m_2l\sin\theta}{m_1+m_2}$$

当 AB 杆运动到 $\theta=0$ 时，小车移动的距离为 s，则质心 x 方向的坐标为

$$x_{C2}=\frac{m_1s+m_2s}{m_1+m_2}=s$$

由于质心在 x 轴上的坐标不变，即 $x_{C1}=x_{C2}$，解得

$$s=\frac{m_2l\sin\theta}{m_1+m_2}$$

8.3 结论与讨论

8.3.1 牛顿第二定律与动量定理的微分形式

应用牛顿第二定律

$$m\boldsymbol{a}=\boldsymbol{F}$$

可以导出质点系的动量定理的微分形式：

$$\frac{\mathrm{d}\boldsymbol{p}}{\mathrm{d}t}=\sum_i \boldsymbol{F}_i^{(\mathrm{e})}=\boldsymbol{F}_{\mathrm{R}}^{(\mathrm{e})}$$

引入质心的概念则动量表达式

$$\boldsymbol{p}=\sum m_i\boldsymbol{v}_i=M\boldsymbol{v}_C$$

代入上式后，便得到质心运动定理：

$$m\boldsymbol{a}_C=\boldsymbol{F}_{\mathrm{R}}^{(\mathrm{e})}$$

比较牛顿第二定律和质心运动定理，可以发现二者具有基本相同的形式。但前者适用于质点，而后者适用于质点系。

8.3.2 几个有趣的实例

1. 太空拔河

两人若在地面上拔河，力气大者必胜。这是不争的事实。

若质量分别为 m_A、m_B 的宇航员 A 和 B 在太空拔河，如图 8-9 所示。开始时两人在太空中保持静止，然后分别抓住绳子的两端使劲全力相互对拉。若 A 的力气大于 B，拔河赛的胜利属于谁？

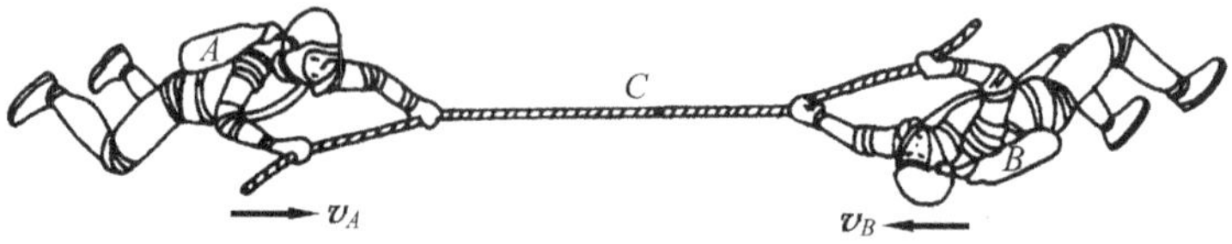

图 8-9 太空拔河，谁胜谁负

2. 驱动汽车行驶的力

一辆大马力的汽车，在崎岖不平的山路上可以畅通无阻。一旦开到结冰的光滑河面上，它却寸步难行。同一辆汽车，同样的发动机，为何有不同的结果？不要忘记在汽车的发动机中，气体的压力是汽车行驶的原动力。你能解释清楚吗？参见图 8-10。

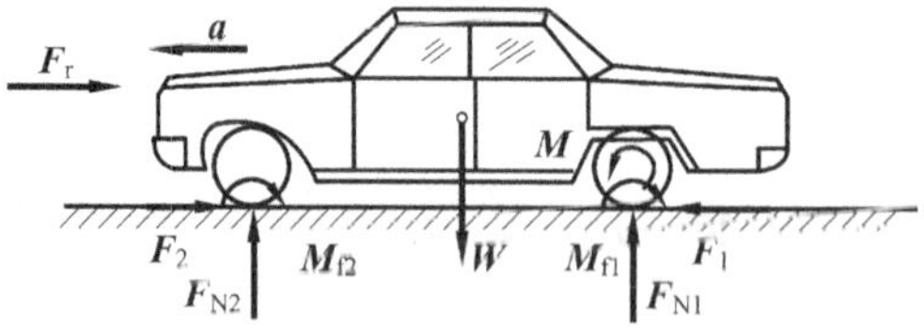

图 8-10 驱动汽车行驶的力

3. 定向爆破的飞石

为了某种工程需要，人们想削去一座山头或拆掉一座楼房而不影响周围的建筑，往往采用定向爆破。定向爆破时，为了确保周边一定范围以外建筑物以及人身安全，必须预先计算爆破飞石散落的地点。你知道爆破飞石散落的地点是根据什么计算出来的吗？参见图8-11。

这几个例子你都分析出来了吗？如果还没有，去和同学们讨论讨论吧。如果还有讨论不清楚的地方，可根据参考文献，查看一些同类的书。

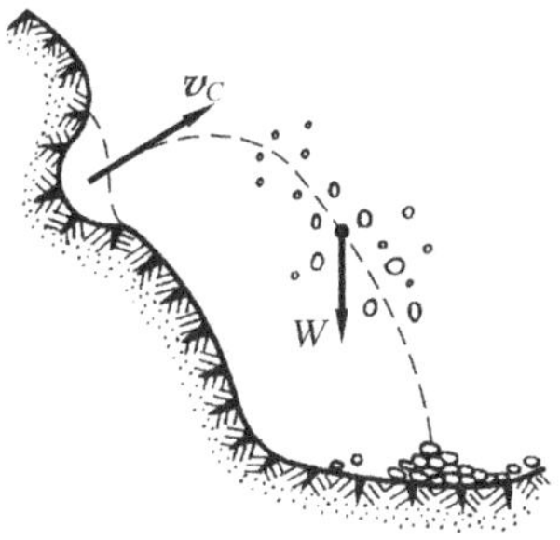

图8-11　定向爆破的飞石

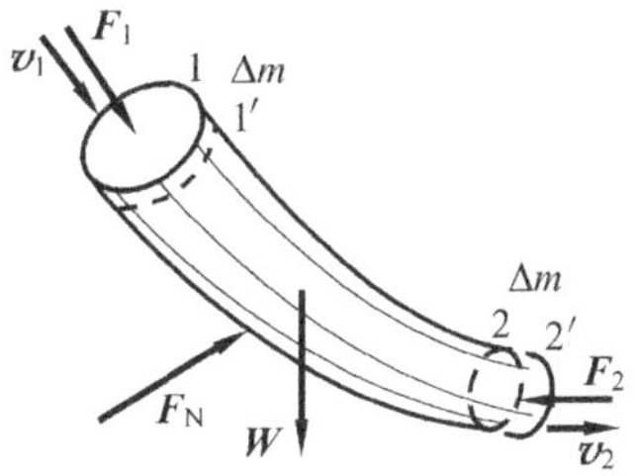

图8-12　变截面管道内定常流动的质量流

8.3.3　动量定理应用于管道内流体定常流动的情形

管道内流动的流体可以看成是许多质点所组成的质点系。当流体的动量发生改变时，会对管壁产生动压力，这种现象在工程中具有重要意义。

本书应用流体力学基本定理与动量定理，对这类问题作简单介绍。

不可压缩流体在变截面弯管中定常流动(流量不随时间而变化)，如图8-12所示，系统的边界由截面1和2所确定。流体的重力为$\boldsymbol{W}$，出口和入口两截面上分别受到相邻流体压力$\boldsymbol{F}_1$和$\boldsymbol{F}_2$的作用，管壁的总约束力为$\boldsymbol{F}_N$。

以截面1和截面2之间的流体为研究对象，设在Δt时间间隔内，流体由截面1和2之间运动至1′和2′之间。在t瞬时，其动量为$\boldsymbol{p}$，在$t+\Delta t$瞬时，动量为$\boldsymbol{p}'$，则在Δt时间间隔内动量的改变量为

$$\Delta \boldsymbol{p} = \boldsymbol{p}' - \boldsymbol{p} = \sum_{1'-2'} m_i \boldsymbol{v}'_i - \sum_{1-2} m_i \boldsymbol{v}_i$$

$$= \left(\sum_{1'-2} m_i \boldsymbol{v}'_i + \sum_{2-2'} m_i \boldsymbol{v}'_i\right) - \left(\sum_{1-1'} m_i \boldsymbol{v}_i + \sum_{1'-2} m_i \boldsymbol{v}_i\right)$$

注意到研究的是定常流动，故有

$$\sum_{1'-2} m_i \boldsymbol{v}'_i = \sum_{1'-2} m_i \boldsymbol{v}_i$$

又因由 1 至 $1'$和 2 至 $2'$均是非常小的质量微团，故有

$$\Delta \boldsymbol{p} = \sum_{2-2'} m_i \boldsymbol{v}'_i - \sum_{1-1'} m_i \boldsymbol{v}_i = \Delta m(\boldsymbol{v}_2 - \boldsymbol{v}_1)$$

将此式等号两侧同除以 Δt，并对 Δt 取极限，则有

$$\frac{\mathrm{d}\boldsymbol{p}}{\mathrm{d}t} = q_m(\boldsymbol{v}_2 - \boldsymbol{v}_1) \tag{8-15}$$

式中 $q_m = \rho A_1 v_1 = \rho A_2 v_2$；$\rho$ 为流体的密度；A_1、A_2 分别为入口和出口处的横截面面积；v_1、v_2 分别为入口和出口处速度的大小。

根据质点系动量定理微分形式的表达式，有

$$q_m(\boldsymbol{v}_2 - \boldsymbol{v}_1) = \sum \boldsymbol{F} = \boldsymbol{W} + \boldsymbol{F}_1 + \boldsymbol{F}_2 + \boldsymbol{F}_{\mathrm{N}}$$

这就是应用于流体的动量定理。解题时只要根据需要列出投影方程即可。

根据以上分析，读者可以解释，放置在光滑台面上的电风扇工作时(图 8-13)，将会发生什么现象？如果是落地电风扇，工作时又将会发生什么现象？

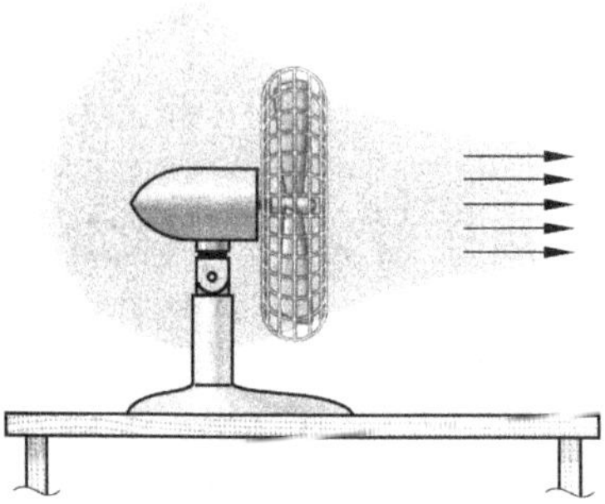

图 8-13 放置在光滑台面上的电风扇

习题

8-1 计算下列图示情况下系统的动量。

① 已知 $OA = AB = l$，$\theta = 45°$，ω 为常量，均质连杆 AB 的质量为 m，曲柄 OA 和滑块 B 的质量不计(图(a))。

② 质量均为 m 的均质细杆 AB、BC 和均质圆盘 CD 用铰链连接在一起并支承如图。已知 $AB = BC = CD = 2R$，图示瞬时 A、B、C 处于同一水平直线位置，CD 铅直，AB 杆以角速度 ω 转动(图(b))。

③ 图示小球 M 质量为 m_1，固结在长为 l、质量为 m_2 的均质细杆 OM 上，

杆的一端 O 铰接在不计质量且以速度 $\boldsymbol{v}$ 运动的小车上，杆 OM 以角速度 ω 绕 O 轴转动（图(c)）。

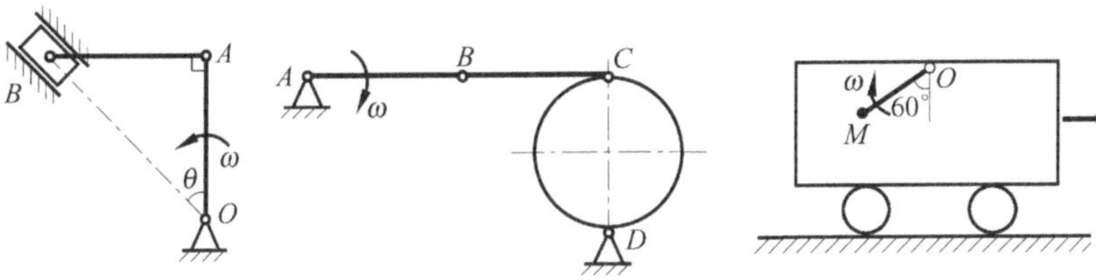

(a)　(b)　(c)

习题 8-1 图

8-2　图示机构中，已知均质杆 AB 质量为 m，长为 l；均质杆 BC 质量为 $4m$，长为 $2l$。图示瞬时 AB 杆的角速度为 ω，求此时系统的动量。

8-3　两均质杆 AC 和 BC 的质量分别为 m_1 和 m_2，在 C 点用铰链连接，两杆立于铅垂平面内，如图所示。设地面光滑，两杆在图示位置无初速倒向地面。问当 $m_1=m_2$ 和 $m_1=2m_2$ 时，C 点的运动轨迹是否相同。

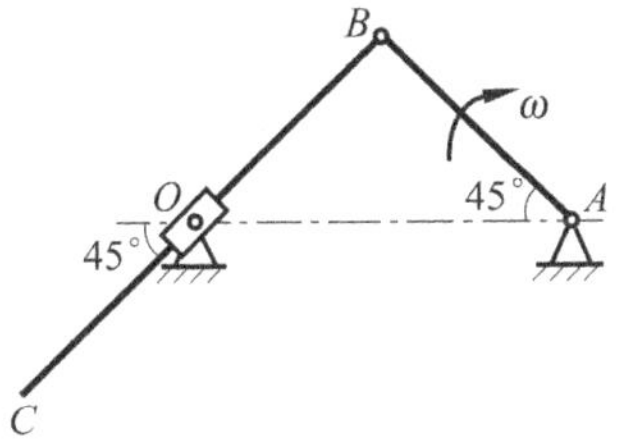

习题 8-2 图

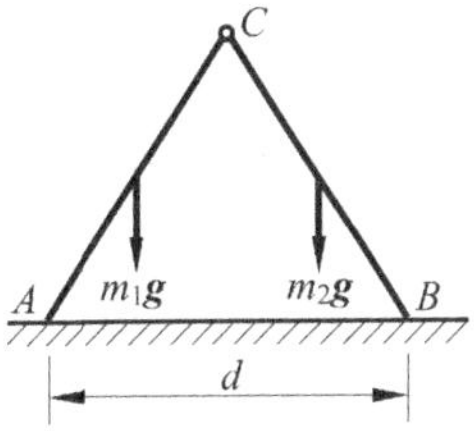

习题 8-3 图

8-4　图示水泵的固定外壳 D 和基础 E 的质量为 m_1，曲柄 $OA=d$，质量为 m_2，滑道 B 和活塞 C 的质量为 m_3。若曲柄 OA 以角速度 ω 作匀角速转动，试求水泵在唧水时给地面的动压力（曲柄可视为匀质杆）。

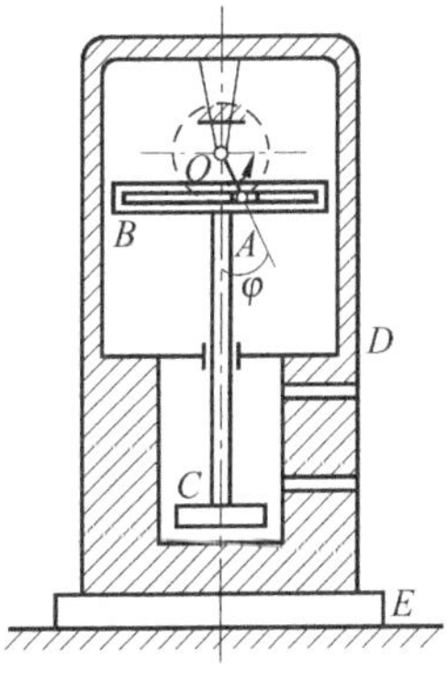

习题 8-4 图

8-5　图示均质滑轮 A 质量为 m，重物 M_1、M_2 质量分别为 m_1 和 m_2，斜面的倾角为 θ，忽略摩擦。已知重物 M_2 的加速度 $\boldsymbol{a}$，试求轴承 O 处的约束力（表示成 a 的函数）。

8-6　板 AB 质量为 m，放在光滑水平面上，其上用铰链连接四连杆机构 $OCDO_1$，如图所示。已知 $OC=O_1D=b$，$CD=OO_1$，均质杆 OC、O_1D 质量皆为 m_1，均质杆 CD 质量为 m_2，杆 OC 在与铅垂线夹角为 θ 时静止，当杆 OC 由静止开始转到水平位置时，求板 AB 的位移。

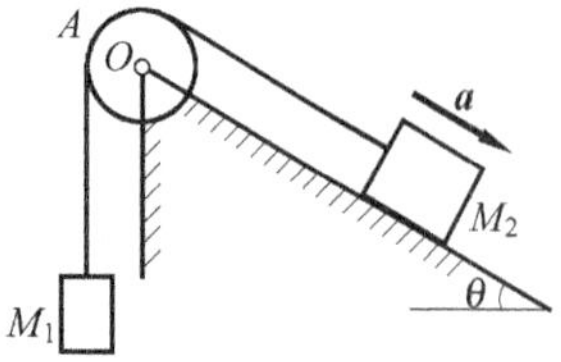

习题 8-5 图

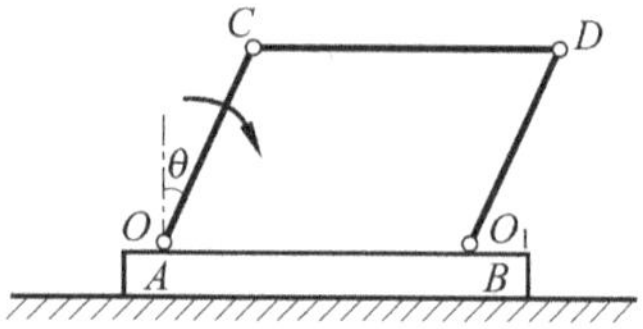

习题 8-6 图

8-7 匀质杆 AB 长 $2l$，B 端放置在光滑水平面上，杆在图示位置自由倒下，试求 A 点轨迹方程。

*8-8 自动传送带如图所示，其运煤量恒为 20kg/s，传送带速度为 1.5m/s，试求匀速传送时传送带作用于煤块的总水平推力。

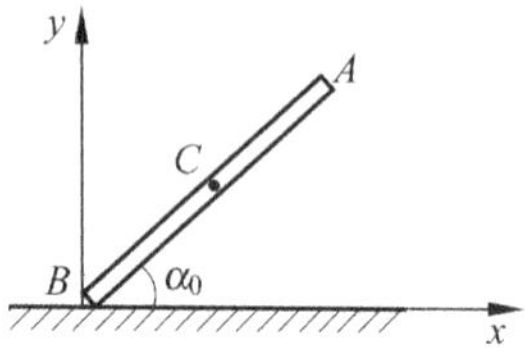

习题 8-7 图

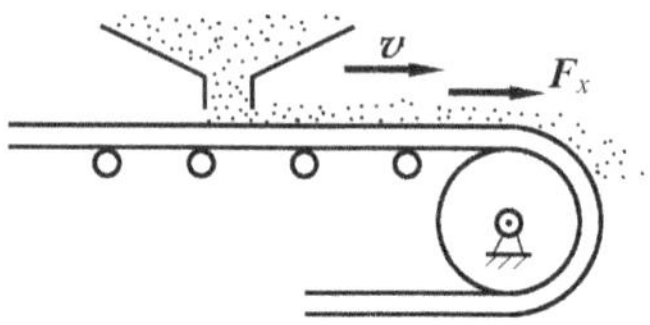

习题 8-8 图

第 9 章

动量矩定理及其应用

动量定理和动量矩定理在数学上同属于一类方程，即矢量形式的微分方程。质点系的动量和动量矩，可以理解为动量组成的系统（即动量系）的基本特征量——动量系的主矢和主矩。二者对时间的变化率分别等于外力系的两个基本特征量——力系的主矢和主矩。

本章主要研究质点系的动量矩定理和刚体平面运动微分方程。

9.1 质点与刚体的动量矩

9.1.1 质点与质点系的动量矩

考察由 n 个质点组成的质点系，如图 9-1 所示。其中第 i 个质点的质量、位矢和速度分别为 m_i、$\boldsymbol{r}_i$ 和 $\boldsymbol{v}_i$。

定义

$$\boldsymbol{L}_{Oi} = \boldsymbol{r}_i \times m_i \boldsymbol{v}_i \tag{9-1}$$

为第 i 个质点的动量对 O 点之矩，称为质点的**动量矩**（moment of momentum），在物理学中称之为**角动量**（angular of momentum）。

定义：质点系中所有质点的动量对同一点 O 之矩的矢量和：

$$\boldsymbol{L}_O = \sum_i \boldsymbol{r}_i \times m_i \boldsymbol{v}_i \tag{9-2}$$

为质点系对 O 点的动量矩。

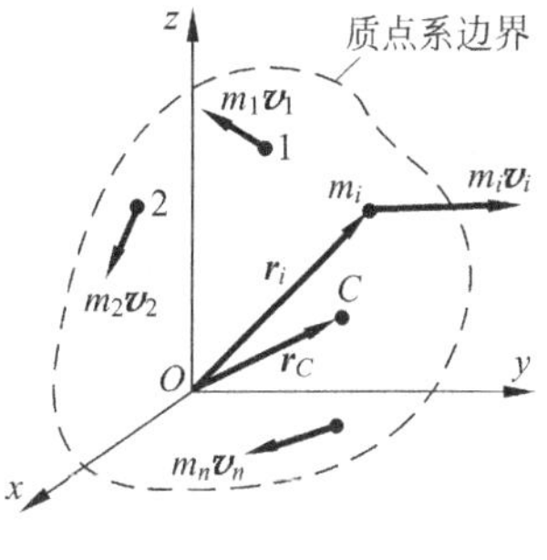

图 9-1 质点的动量矩

质点和质点系的动量矩都是定位矢量，其作用点与所选矩心 O 一致。它是度量单个质点和质点系运动效应的又 ·基本特征量。

将质点系的动量矩矢量 $\boldsymbol{L}_O$ 向直角坐标系中各个轴分别投影，即可得到质点系对于各轴的动量矩：

$$\left.\begin{aligned}L_x &= \sum_{i=1}^{n} m_i(y_i v_{iz} - z_i v_{iy})\\L_y &= \sum_{i=1}^{n} m_i(z_i v_{ix} - x_i v_{iz})\\L_z &= \sum_{i=1}^{n} m_i(x_i v_{iy} - y_i v_{ix})\end{aligned}\right\} \tag{9-3}$$

质点系对于各轴的动量矩为代数量，采用右手定则：右手握拳，四指与动量矩的转向一致，拇指指向与坐标轴正向一致者为正，反之为负。

9.1.2 刚体的动量矩

作为特殊质点系的刚体，其动量矩与刚体的运动形式有关。

1. 平移刚体对 O 点的动量矩

设平移刚体的总质量为 m，由于其运动特征是刚体上每一质点的速度均相等，即$\boldsymbol{v}_i = \boldsymbol{v}$，根据式(9-2)有

$$\boldsymbol{L}_O = \sum_{i=1}^{n} \boldsymbol{r}_i \times m_i \boldsymbol{v}_i = \left(\sum_{i=1}^{n} \boldsymbol{r}_i m_i\right) \times \boldsymbol{v} = m\boldsymbol{r}_C \times \boldsymbol{v} = \boldsymbol{r}_C \times m\boldsymbol{v} \tag{9-4}$$

这一结果表明，平移刚体可以看成是一质量集中在质心处的质点，只要确定刚体质心的矢径 $\boldsymbol{r}_C$，即可应用上式确定平移刚体对 O 点的动量矩。

2. 定轴转动刚体对转动轴的动量矩

绕定轴 z 转动的刚体(图 9-2)，假设某一瞬时 t 的角速度为 ω，刚体中任一质点 i 的质量为 m_i，质点到 z 轴的距离为 r_i，则该质点的速度 $v_i = r_i\omega$，$v_{ix} = -x_i\omega$，$v_{iy} = y_i\omega$，代入式(9-3)，即可得到刚体对 z 轴的动量矩

$$\begin{aligned}L_z &= \sum_{i=1}^{n} m_i(y_i^2 + x_i^2)\omega\\&= \left(\sum_{i=1}^{n} m_i r_i^2\right)\omega\end{aligned}$$

令式中

$$\sum_{i=1}^{n} m_i r_i^2 = J_z$$

J_z 称为**刚体对 z 轴的转动惯量**。于是，刚体对 z 轴

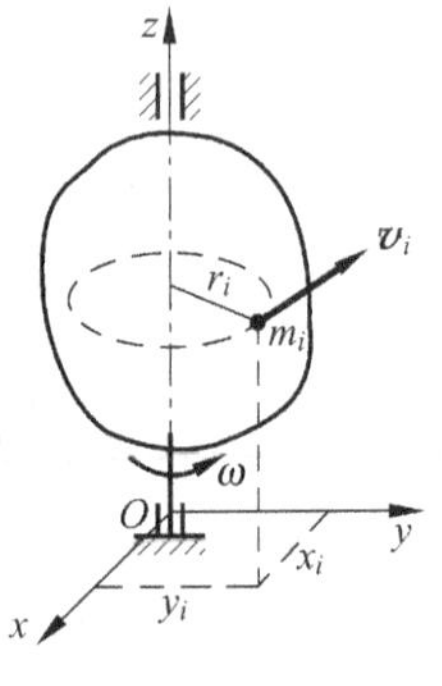

图 9-2 定轴转动刚体的动量矩

的动量矩可以写成简单的形式：

$$L_z = J_z\omega \tag{9-5}$$

这表明：**定轴转动刚体对于转轴的动量矩等于刚体对转轴的转动惯量与角速度的乘积。**

例题 9-1　如图 9-3(a)所示，质量为 m_1 的矩形板 $ABDE$ 与杆 OA、O_1B 铰接，质量为 m_2 的质点 M 以相对速度 $\boldsymbol{v}_r$ 在板中心线处的凹槽中运动，杆 OA 以 ω 的角速度绕 Oz 轴转动。已知 $OO_1 /\!/ AB$，$OA /\!/ O_1B$，且 $OA=l$，$AD=h$，求系统运动到 $\theta=0°$ 位置时矩形板和质点 M 对 z 轴的动量矩。

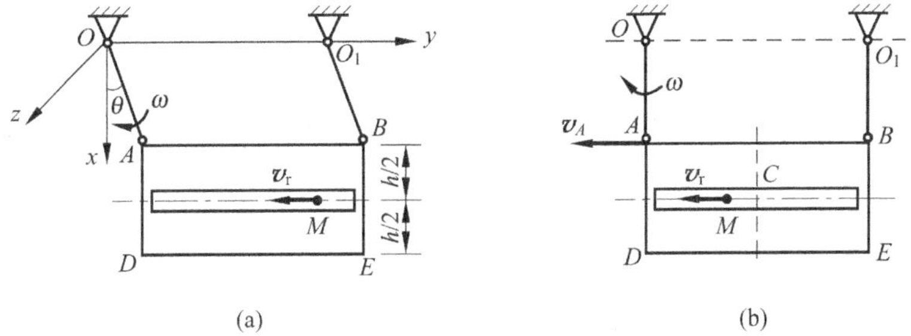

图 9-3　例题 9-1 图

解：以杆 OA、板 $ABDE$ 和质点 M 所组成的系统作为一质点系。由于质点系对 z 轴的动量矩等于每个质点对 z 轴动量矩之和，故先分别求出杆 OA、板 $ABDE$ 和质点 M 对 z 轴的动量矩，再求和。

(1) 板 $ABDE$ 对 z 轴的动量矩

板 $ABDE$ 为一平移刚体，其上各点的速度 $v=v_A=l\omega$（图 9-3(b)），质心坐标 $x_C=l+\dfrac{h}{2}$，由式(9-4)可得板 $ABDE$ 对 z 轴的动量矩为

$$L_{z1} = -m_1 v x_C = -m_1 l\omega\left(l+\frac{h}{2}\right)$$

(2) 质点 M 对 z 轴的动量矩

质点的绝对速度：

$$\boldsymbol{v}_a = \boldsymbol{v}_e + \boldsymbol{v}_r$$

其中 $\boldsymbol{v}_e$ 为平板上与质点相重合点的速度，即

$$v_e = v = l\omega$$

所以质点的动量为

$$m_2 v_a = m_2(l\omega + v_r)$$

对 z 轴的动量矩为

$$L_{z2}=-m_2v_\mathrm{a}x_C=-m_2(l\omega+v_\mathrm{r})\left(l+\frac{h}{2}\right)$$

(3) 矩形板和质点 M 对 z 轴的动量矩为

$$L_z=L_{z1}+L_{z2}=-m_1l\omega\left(l+\frac{h}{2}\right)-m_2(l\omega+v_\mathrm{r})\left(l+\frac{h}{2}\right)$$

9.1.3 刚体对轴的转动惯量

刚体的**转动惯量**(moment of inertia)是度量刚体转动时惯性的物理量。它等于刚体内各质点的质量 m_i 与质点到某轴 z 的垂直距离 r_i 平方的乘积之和，即

$$J_z=\sum_{i=1}^{n}m_ir_i^2 \tag{9-6}$$

对于简单形状均质物体的转动惯量，可从表 9-1 中查得。在计算时还要特别说明以下两点。

1. 回转半径(或称惯性半径)

刚体对任一轴 z 的回转半径或惯性半径为

$$\rho_z=\sqrt{\frac{J_z}{m}} \tag{9-7}$$

若已知刚体对某轴 z 的回转半径 ρ_z 和刚体的质量 m，则其转动惯量可按下式计算

$$J_z=m\rho_z^2 \tag{9-8}$$

即**物体的转动惯量等于该物体的质量与回转半径平方的乘积**。

上式表明，若将物体的质量全部集中于一点，并令该质点对于 z 轴的转动惯量等于物体的转动惯量，则质点到 z 轴垂直距离即为回转半径。表 9-1 中列出了几种常见的简单形状均质物体对指定轴的转动惯量和回转半径。

2. 平行移轴定理

若已知物体对于过质心轴的转动惯量，则可通过下列公式计算出对其他平行轴的转动惯量

$$J_z=J_{z_C}+md^2 \tag{9-9}$$

式中 J_z 表示刚体对任一轴 z 的转动惯量，J_{z_C} 为刚体对通过质心 C 且与 z 轴平行的轴 z_C(图 9-4)的转动惯量，m 为刚体的质量，d 为 z 与 z_C 轴之间的距离。

表 9-1　简单均质物体的转动惯量及回转半径

物体形状	简　　图	转动惯量	回转半径
细直杆	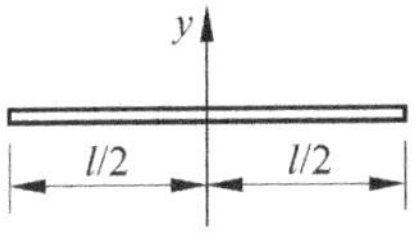	$J_y=\frac{1}{12}ml^2$	$\rho_y=\frac{1}{\sqrt{12}}l$
矩形薄板	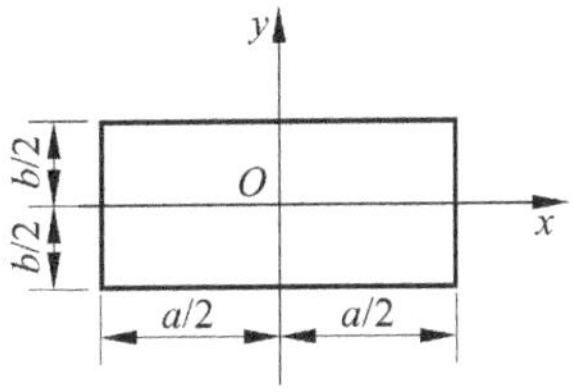	$J_x=\frac{1}{12}mb^2$ $J_y=\frac{1}{12}ma^2$ $J_z=J_O=\frac{1}{12}m(a^2+b^2)$	$\rho_x=\frac{1}{\sqrt{12}}b$ $\rho_y=\frac{1}{\sqrt{12}}a$ $\rho_z=\sqrt{\frac{1}{12}(a^2+b^2)}$
细圆环	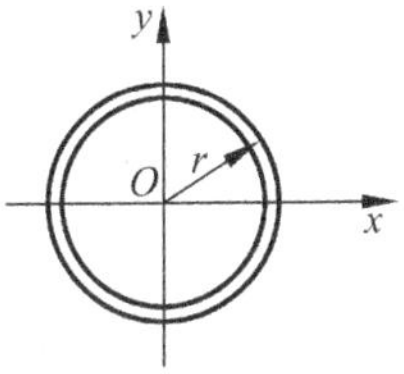	$J_x=J_y=\frac{1}{2}mr^2$ $J_z=J_O=mr^2$	$\rho_x=\rho_y=\frac{1}{\sqrt{2}}r$ $\rho_z=r$
薄圆盘	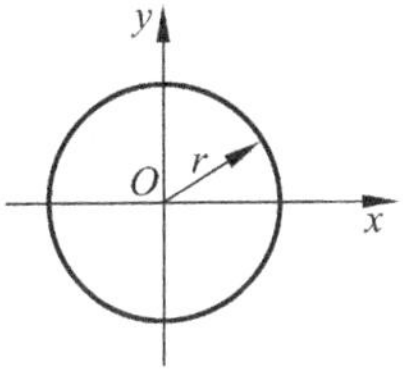	$J_x=J_y=\frac{1}{4}mr^2$ $J_z=J_O=\frac{1}{2}mr^2$	$\rho_x=\rho_y=\frac{1}{2}r$ $\rho_z=\frac{1}{\sqrt{2}}r$
圆柱	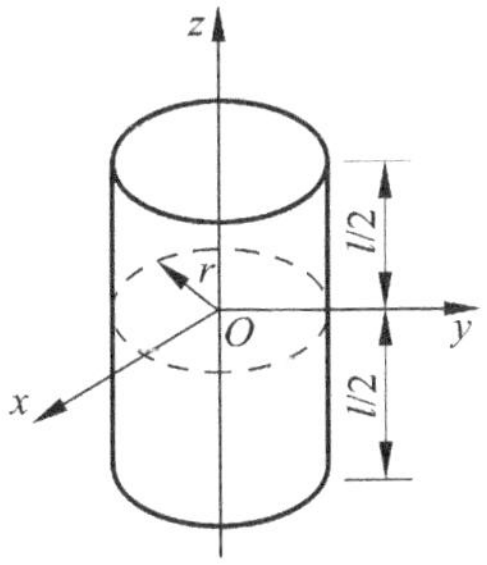	$J_x=J_y=m\left(\frac{r^2}{4}+\frac{l^2}{12}\right)$ $J_z=\frac{1}{2}mr^2$	$\rho_x=\rho_y=\sqrt{\frac{3r^2+l^2}{12}}$ $J_z=\frac{1}{\sqrt{2}}r$

上述关系称为**平行移轴定理**，它表明，**刚体对任一轴 z 的转动惯量，等于刚体对通过质心并与轴 z 平行的轴 z_C 的转动惯量，加上刚体质量与两轴间距离平方的乘积。**

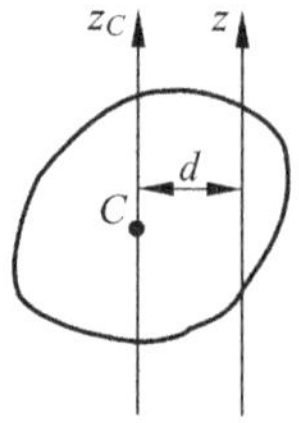

图 9-4 平行移轴定理

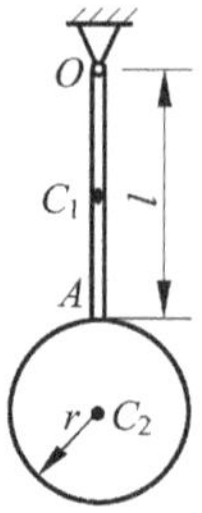

图 9-5 例题 9-2 图

例题 9-2 质量皆为 m 的均质细杆和均质圆盘组成的摆如图 9-5 所示。已知细杆长 $l=3r$，圆盘半径为 r，求摆对通过点 O 并垂直于图面的 z 轴的转动惯量。

解：由于摆对 z 轴的转动惯量等于细杆和圆盘分别对 z 轴的转动惯量之和，故先分别求出杆 OA 和圆盘 A 对 z 轴的转动惯量，再求和。

(1) 细杆对 z 轴的转动惯量

由表 9-1 中查得细杆对过质心 C_1 且平行于 z 轴的转动惯量为

$$J_{z_{C1}} = \frac{1}{12}ml^2 = \frac{3}{4}mr^2$$

通过移轴公式(9-9)可得细杆对过点 O 且平行于 z 轴的转动惯量为

$$J_{Oz1} = J_{z_{C1}} + m\left(\frac{l}{2}\right)^2 = \frac{1}{3}ml^2 = 3mr^2$$

(2) 圆盘对 z 轴的转动惯量

由表 9-1 中查得圆盘对过质心 C_2 且平行于 z 轴的转动惯量为

$$J_{z_{C2}} = \frac{1}{2}mr^2$$

通过移轴公式(9-9)可得圆盘对过点 O 且平行于 z 轴的转动惯量为

$$J_{Oz2} = J_{z_{C2}} + m(l+r)^2 = \frac{1}{2}mr^2 + m(4r)^2 = \frac{33}{2}mr^2$$

(3) 摆对 z 轴的转动惯量

摆对通过点 O 并垂直于图面的 z 轴的转动惯量为

$$J_{Oz} = J_{O_{z1}} + J_{O_{z2}} = \frac{39}{2}mr^2$$

9.2　动量矩定理及其守恒形式

9.2.1　质点系相对固定点的动量矩定理

物理学中关于质点的动量矩定理：

$$\frac{\mathrm{d}}{\mathrm{d}t}(\boldsymbol{r}\times m\boldsymbol{v})=\boldsymbol{r}\times\boldsymbol{F}=\boldsymbol{M}_O \tag{9-10}$$

式中，$\boldsymbol{F}$ 为作用在质点上的力；$\boldsymbol{M}_O$ 为力对固定点 O 之矩。

现在将质点的动量矩定理应用于质点系中的所有质点。

有 n 个质点的质点系中第 i 个质点所受的力，可以分为内力和外力，分别用 $\boldsymbol{F}_i^{(\mathrm{i})}$ 和 $\boldsymbol{F}_i^{(\mathrm{e})}$ 表示，则式(9-10)可写为

$$\frac{\mathrm{d}}{\mathrm{d}t}(\boldsymbol{r}_i\times m_i\boldsymbol{v}_i)=\boldsymbol{r}_i\times\boldsymbol{F}_i^{(\mathrm{e})}+\boldsymbol{r}_i\times\boldsymbol{F}_i^{(\mathrm{i})} \tag{9-11}$$

将等号两侧对整个质点系中所有质点求和，得到

$$\sum_{i=1}^{n}\frac{\mathrm{d}}{\mathrm{d}t}(\boldsymbol{r}_i\times m_i\boldsymbol{v}_i)=\sum_{i=1}^{n}\boldsymbol{r}_i\times\boldsymbol{F}_i^{(\mathrm{e})}+\sum_{i=1}^{n}\boldsymbol{r}_i\times\boldsymbol{F}_i^{(\mathrm{i})}$$

注意到微分与求和的可交换性，以及内力必成对出现的特点，等号右边第二项等于零，于是上式可简化为

$$\frac{\mathrm{d}}{\mathrm{d}t}\Big(\sum_{i=1}^{n}\boldsymbol{r}_i\times m_i\boldsymbol{v}_i\Big)=\sum_{i=1}^{n}\boldsymbol{r}_i\times\boldsymbol{F}_i^{(\mathrm{e})} \tag{9-12}$$

或

$$\frac{\mathrm{d}\boldsymbol{L}_O}{\mathrm{d}t}=\boldsymbol{M}_O^{(\mathrm{e})} \tag{9-13}$$

这一结果表明，质点系相对固定点的动量矩对时间的一阶导数等于作用在该质点系上的外力系对同一点的主矩，这就是**质点系相对固定点的动量矩定理**(theorem of the moment of momemtum with respect to a given point)。以后如不作特殊说明，凡涉及动量矩定理都是指对惯性参考系中的固定点。

式(9-12)或式(9-13)称为动量矩定理的微分形式。下面介绍几种常用的动量矩定理的其他形式。

9.2.2　动量矩定理积分形式

将式(9-12)或式(9-13)积分，得

$$\sum_{i=1}^{n}\boldsymbol{r}_i\times m_i\boldsymbol{v}'_i-\sum_{i=1}^{n}\boldsymbol{r}_i\times m_i\boldsymbol{v}_i=\sum_{i=1}^{n}\int_{t_1}^{t_2}\boldsymbol{r}_i\times\boldsymbol{F}_i^{(\mathrm{e})}\,\mathrm{d}t \tag{9-14}$$

或

$$\boldsymbol{L}_{O2}-\boldsymbol{L}_{O1}=\int_{t_1}^{t_2}\boldsymbol{M}_O^{(e)}\,\mathrm{d}t \tag{9-15}$$

以上二式均为质点系动量矩定理的积分形式，与第 8 章介绍的冲量定理一起，构成了用于碰撞过程的基本定理。碰撞问题将在 9.5 节中专门加以讨论。

9.2.3 动量矩定理的投影形式

对比力对点之矩与力对轴之矩的关系，可以得到动量对点之矩在过该点的轴上的投影等于该动量对该轴之矩。因此将式(9-12)或式(9-13)中各项，投影到过固定点 O 的直角坐标系 $Oxyz$ 上，得到

$$\left.\begin{aligned}\frac{\mathrm{d}L_x}{\mathrm{d}t}&=M_x^{(e)}\\\frac{\mathrm{d}L_y}{\mathrm{d}t}&=M_y^{(e)}\\\frac{\mathrm{d}L_z}{\mathrm{d}t}&=M_z^{(e)}\end{aligned}\right\} \tag{9-16}$$

这就是质点系动量矩定理的投影形式，也就是质点系相对于固定轴的动量矩定理。

9.2.4 动量矩定理的守恒形式

在式(9-13)中，若外力矩

$$\boldsymbol{M}_O^{(e)}=0$$

则质点系对该点的动量矩守恒，即

$$\boldsymbol{L}_O=\boldsymbol{C} \tag{9-17}$$

其中 $\boldsymbol{C}$ 为常矢量。

在式(9-16)中，当外力对某定轴之矩的和等于零时，质点系对该轴的动量矩守恒。例如

$$M_x^{(e)}=0$$

则有

$$L_x=C_1 \tag{9-18}$$

其中 C_1 为常数。

图 9-6 所示为应用动量矩定理的一个有趣的实例。

两猴爬绳比赛。猴 A 与猴 B 的质量相同，爬绳时猴 A 爬得快，猴 B 爬得慢。两猴分别抓住缠绕在定滑轮 O 上的软绳两端，在同一高度从静止上爬。若不计绳与滑轮的质量，不计轴的摩擦，请读者分析哪一只猴最先爬到绳子的顶端？

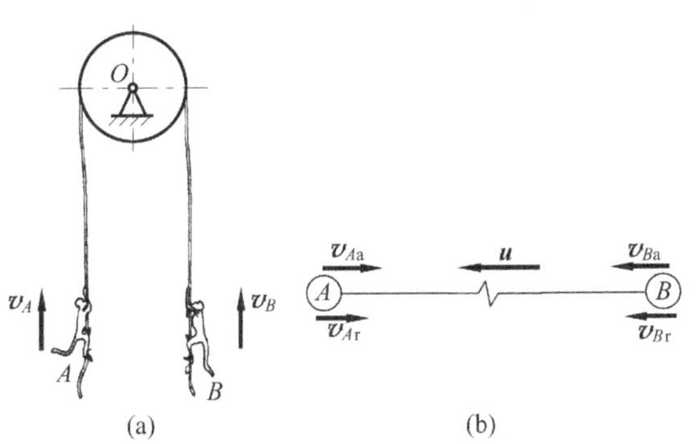

图 9-6　应用动量矩定理的一个有趣的实例

若只有一只猴爬绳，绳另一端挂有一桶水，水的质量和猴的质量相同，其他条件不变，又会有怎样的结果呢？

例题 9-3　质量为 m 的鼓轮，可绕过轮心 O 垂直于图面的 z 轴转动，轮上绕一不计质量不可伸长的绳，绳两端各系质量分别为 m_A、m_B 的重物 A、B，如图 9-7 所示。已知鼓轮对 z 轴的回转半径为 ρ_z，大、小半径分别为 R、r。求鼓轮的角加速度。

解：(1) 选择研究对象，画受力图

以鼓轮、绳和两重物作为一个质点系，受力如图 9-7 所示。

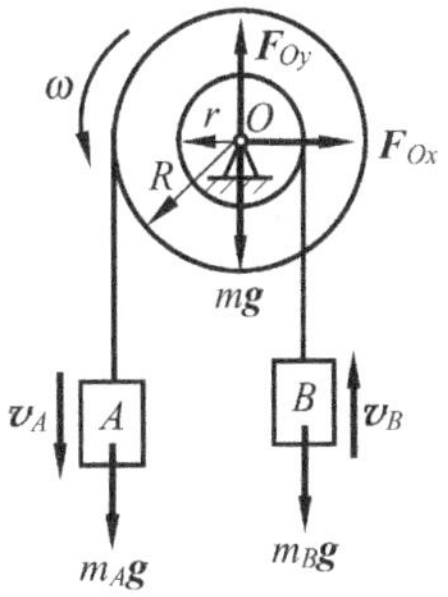

图 9-7　例题 9-3 图

(2) 求质点系对 z 轴的动量矩

设鼓轮以角速度 ω 绕 z 轴逆时针方向转动，重物 A、B 的速度分别为 $\boldsymbol{v}_A$、$\boldsymbol{v}_B$。分别计算鼓轮及重物的动量矩，由式(9-5)可得鼓轮的动量矩为 $J_z\omega$，因为已知鼓轮的回转半径，所以由式(9-8)可知

$$J_z = m\rho_z^2$$

则鼓轮对 z 轴的动量矩为

$$L_{z1} = J_z\omega = m\rho_z^2\omega(\circlearrowleft)$$

A、B 重物的动量分别为 $m_A\boldsymbol{v}_A$、$m_B\boldsymbol{v}_B$，又 $v_A = R\omega$、$v_B = r\omega$，所以其对 z 轴的动量矩分别为

$$L_{z2} = m_Av_AR = m_AR^2\omega(\circlearrowleft),\quad L_{z3} = m_Bv_Br = m_Br^2\omega(\circlearrowleft)$$

质点系对 z 轴的动量矩为

$$\begin{aligned} L_z &= L_{z1} + L_{z2} + L_{z3} = m\rho_z^2\omega + m_AR^2\omega + m_Br^2\omega \\ &= (m\rho_z^2 + m_AR^2 + m_Br^2)\omega \end{aligned} \tag{a}$$

(3) 计算外力对 z 轴的力矩(逆时针为正)

$$\sum M_z(\boldsymbol{F}_i^{(e)}) = m_A gR - m_B gr \tag{b}$$

(4) 利用质点系动量矩定理求鼓轮的角加速度

将式(a)、式(b)代入式(9-16),得

$$\frac{\mathrm{d}}{\mathrm{d}t}(m\rho_z^2 + m_A R^2 + m_B r^2)\omega = m_A gR - m_B gr$$

即

$$\alpha = \frac{(m_A R - m_B r)g}{m\rho_z^2 + m_A R^2 + m_B r^2}$$

9.3 相对质心的动量矩定理

9.2 节研究了质点系相对惯性参考系中固定点(或固定轴)的动量矩定理,动量也完全由系统的绝对运动所描述。

研究质点系在任意状态下的动力学问题,也可以获得相应的动量矩定理。

对于一般的动点或动轴,动量矩定理有更复杂的形式,本书不作介绍。本书只研究质点系相对质心的动量矩定理,因为一方面它有广泛的应用价值,另一方面相对于质点系的质心或通过质心的动轴,动量矩定理仍保持了简单的形式。

9.3.1 质点系相对质心的动量矩

如图 9-8 所示,$Oxyz$ 为固定坐标系,建立在质心 C 上随质心平移的动坐标系为 $Cx'y'z'$,质点系内第 i 个质点的质量为 m_i,相对质心的位矢为 $\boldsymbol{r}'_i$,相对质心的速度为 $\boldsymbol{v}_{ir}$。

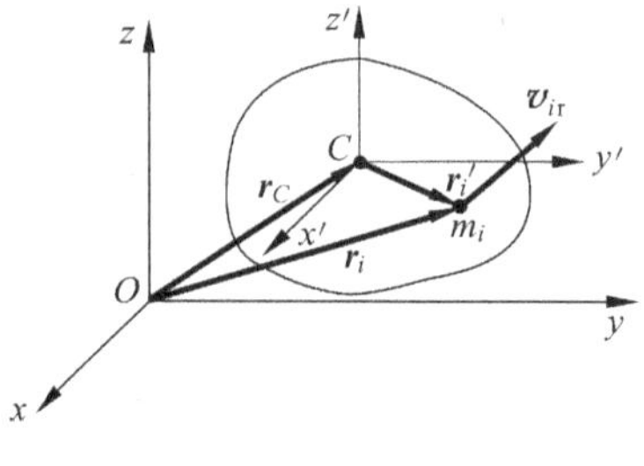

图 9-8 质点系相对质心的动量矩

根据动量矩定义,质点系相对质心的动量矩应为

$$\boldsymbol{L}_C = \sum \boldsymbol{r}'_i \times m_i \boldsymbol{v}_{ir} \tag{9-19}$$

若$\boldsymbol{v}_i$为第i个质点的绝对速度。注意到

$$\boldsymbol{v}_i = \boldsymbol{v}_C + \boldsymbol{v}_{ir}$$

则有

$$\begin{aligned}\boldsymbol{L}_C &= \sum \boldsymbol{r}'_i \times m_i(-\boldsymbol{v}_C + \boldsymbol{v}_i) \\ &= -\left(\sum m_i \boldsymbol{r}'_i\right) \times \boldsymbol{v}_C + \sum \boldsymbol{r}'_i \times m_i \boldsymbol{v}_i \\ &= -M\boldsymbol{r}'_C \times \boldsymbol{v}_C + \sum \boldsymbol{r}'_i \times m_i \boldsymbol{v}_i \\ &= 0 + \sum \boldsymbol{r}'_i \times m_i \boldsymbol{v}_i\end{aligned}$$

即

$$\boldsymbol{L}_C = \sum \boldsymbol{r}'_i \times m_i \boldsymbol{v}_i = \sum \boldsymbol{r}'_i \times m_i \boldsymbol{v}_{ir} \tag{9-20}$$

可见，计算质点系相对质心的动量矩，用绝对速度和相对速度结果都是一样的。对于一般运动的质点系，通常可分解为随质心的平移和绕质心的转动，因此，用式(9-20)中的相对速度计算质点系相对质心的动量矩无疑会更方便些。

质点系相对固定点的动量矩与质点系相对质心的动量矩之间存在确定的关系。质点系相对固定点的动量矩为

$$\boldsymbol{L}_O = \sum_{i=1}^{n} \boldsymbol{r}_i \times m_i \boldsymbol{v}_i$$

注意到绝对位矢

$$\boldsymbol{r}_i = \boldsymbol{r}_C + \boldsymbol{r}'_i$$

代入上式，有

$$\boldsymbol{L}_O = \boldsymbol{r}_C \times \sum m_i \boldsymbol{v}_i + \sum \boldsymbol{r}'_i \times m_i \boldsymbol{v}_i$$

由

$$\sum m_i \boldsymbol{v}_i = m\boldsymbol{v}_C$$

得

$$\boldsymbol{L}_O = \boldsymbol{r}_C \times m\boldsymbol{v}_C + \boldsymbol{L}_C \tag{9-21}$$

这就是质点系相对固定点的动量矩与质点系相对质心的动量矩之间的关系。

9.3.2 质点系相对质心的动量矩定理

根据式(9-21)，**质点系相对固定点的动量矩定理**(theorem of the moment of momemtum with respect to the center of mass)可写为

$$\frac{\mathrm{d}\boldsymbol{L}_O}{\mathrm{d}t} = \frac{\mathrm{d}}{\mathrm{d}t}(\boldsymbol{r}_C \times m\boldsymbol{v}_C + \boldsymbol{L}_C) = \sum_{i=1}^{n} \boldsymbol{r}_i \times \boldsymbol{F}_i^{(e)}$$

展开上式，将 $\boldsymbol{r}_i=\boldsymbol{r}_C+\boldsymbol{r}_i'$ 代入后，有

$$\frac{\mathrm{d}\boldsymbol{r}_C}{\mathrm{d}t}\times m\boldsymbol{v}_C+\boldsymbol{r}_C\times m\frac{\mathrm{d}\boldsymbol{v}_C}{\mathrm{d}t}+\frac{\mathrm{d}\boldsymbol{L}_C}{\mathrm{d}t}=\sum_{i=1}^{n}\boldsymbol{r}_C\times\boldsymbol{F}_i^{(\mathrm{e})}+\sum_{i=1}^{n}\boldsymbol{r}_i'\times\boldsymbol{F}_i^{(\mathrm{e})}$$

其中

$$\frac{\mathrm{d}\boldsymbol{r}_C}{\mathrm{d}t}=\boldsymbol{v}_C,\quad \frac{\mathrm{d}\boldsymbol{v}_C}{\mathrm{d}t}=\boldsymbol{a}_C,\quad \boldsymbol{v}_C\times\boldsymbol{v}_C=\boldsymbol{0},\quad m\boldsymbol{a}_C=\sum\boldsymbol{F}_i^{(\mathrm{e})}$$

代入上式后，得到

$$\frac{\mathrm{d}\boldsymbol{L}_C}{\mathrm{d}t}=\sum_{i=1}^{n}\boldsymbol{r}'_i\times\boldsymbol{F}_i^{(\mathrm{e})}\tag{9-22}$$

或

$$\frac{\mathrm{d}\boldsymbol{L}_C}{\mathrm{d}t}=\sum_{i=1}^{n}\boldsymbol{M}_C(\boldsymbol{F}_i^{(\mathrm{e})})\tag{9-23}$$

这就是质点系相对质心的动量矩定理，它表明：质点系相对质心的动量矩对时间的导数，等于作用于质点系的外力对质心的主矩。该定理在形式上与质点系相对固定点的动量矩定理完全相同。

需要注意的是：这里所涉及的随质心运动的动坐标系，一定是平移坐标系。定理只适用于质心这个特殊的动点，对其他动点，定理将出现附加项。

对刚体而言，质心运动定理建立了外力与质心运动的关系；质点系相对质心的动量矩定理建立了外力与刚体在平移参考系内绕质心转动的关系；二者完全确定了刚体一般运动的动力学方程，为研究刚体系的动力学问题奠定了基础。

9.4 刚体定轴转动微分方程与平面运动微分方程

9.4.1 刚体定轴转动微分方程

应用式(9-16)，可以直接得到刚体定轴转动微分方程。设刚体绕定轴 z 转动，如图 9-9 所示，其角速度与角加速度分别为 $\boldsymbol{\omega}$ 和 $\boldsymbol{\alpha}$。

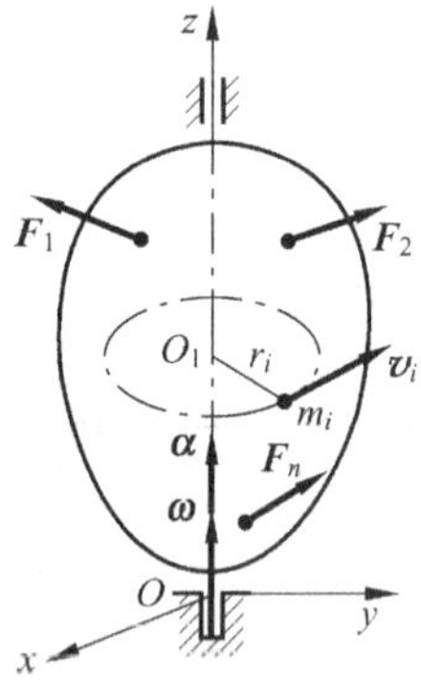

图 9-9 刚体定轴转动

将式(9-5)代入式(9-16)的第三式，得

$$J_z\alpha=M_z\tag{9-24}$$

或

$$J_z\ddot{\varphi}=M_z\tag{9-25}$$

该式为刚体定轴转动微分方程，即刚体对定轴转动的转动惯量与角加速度的乘积，等于作用在刚体上的主动力系对该轴之矩。式中 $\alpha=\ddot{\varphi}=\dot{\omega}$ 为

刚体绕轴转动的角加速度，φ 为刚体绕轴转动的转角。

工程上，作定轴转动的机器零件或部件非常普遍，这些零件或部件大都可以简化为作定轴转动的刚体，所以，式(9-24)在工程动力学分析中具有重要意义。

例题 9-4　质量为 m、长为 l 的均质细杆 OA，在水平位置用铰链支座 O 和铅直细绳 AB 连接，如图 9-10(a)所示。求细绳被剪断瞬时及剪断后 OA 杆运动到图 9-10(b)所示 θ 位置时杆的角速度与角加速度(表示成 θ 的函数)。

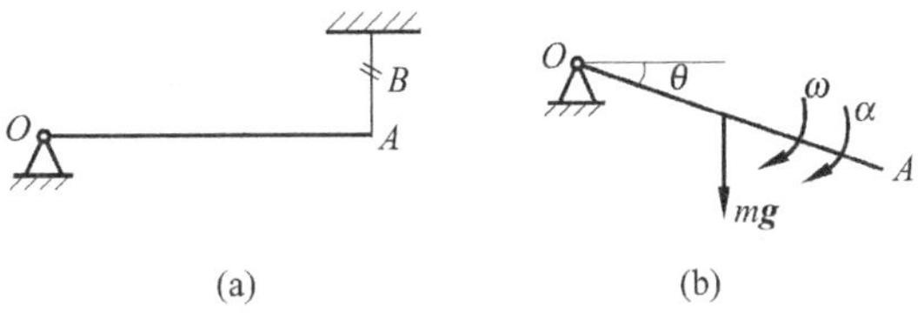

图 9-10　例题 9-4 图

解：绳被剪断后 OA 杆在重力作用下绕过 O 点垂直于图面的 z 轴作定轴转动，在图 9-10(b)所示瞬时，应用式(9-24)，有

$$J_z\alpha = M_z(\boldsymbol{F})$$

式中

$$J_z = \frac{1}{12}ml^2 + \left(\frac{1}{2}l\right)^2 m = \frac{1}{3}ml^2$$

$$M_z(\boldsymbol{F}) = mg\ \frac{l}{2}\cos\theta$$

代入上式，得

$$\frac{1}{3}ml^2\alpha = mg\ \frac{l}{2}\cos\theta$$

由此解得

$$\alpha = \frac{3g}{2l}\cos\theta \tag{a}$$

令

$$\alpha = \frac{\mathrm{d}\omega}{\mathrm{d}\theta}\cdot\frac{\mathrm{d}\theta}{\mathrm{d}t} = \omega\,\frac{\mathrm{d}\omega}{\mathrm{d}\theta}$$

代入式(a)，有

$$\omega\mathrm{d}\omega = \frac{3g}{2l}\cos\theta\mathrm{d}\theta$$

积分后，得

$$\omega^2 = \frac{3g}{l}\sin\theta$$

即

$$\omega = \sqrt{\frac{3g}{l}\sin\theta} \tag{b}$$

本例讨论：在绳刚剪断瞬时，$\theta=0$，将其代入式(a)、式(b)，得到这一瞬时角加速度和角速度分别为

$$\alpha = \frac{3g}{2l}, \quad \omega = 0$$

这一结果表明，OA 杆从静止到开始转动这一瞬间，具有一定的角加速度，但角速度等于零。

例题 9-5 如图 9-11 所示，质量为 m 的均质圆盘半径为 r，以角速度 ω 绕轴 O 转动。若在水平制动杆的 A 端作用大小不变的铅直力 $\boldsymbol{F}_{\mathrm{P}}$，求圆盘需再转多少转才能停止。设制动杆与圆盘间的动摩擦因数为 f，图中的长度 l、b 均为已知。

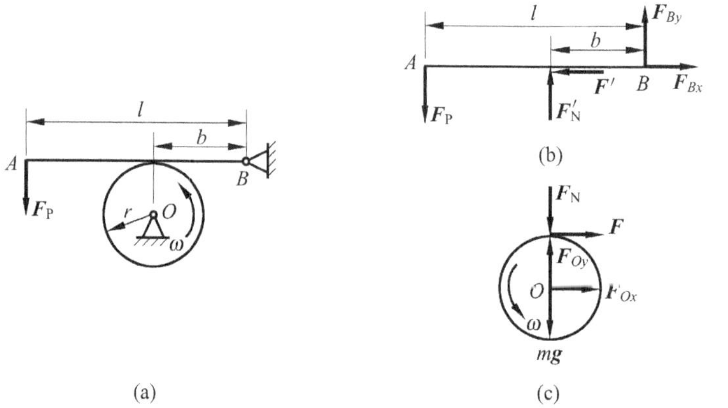

图 9-11　例题 9-5 图

解：(1) 计算摩擦力 $\boldsymbol{F}$

以 AB 杆为研究对象，受力如图 9-11(b)所示，圆盘转动时此杆平衡，

$$\sum M_B(\boldsymbol{F}) = 0, \quad F_{\mathrm{P}}l - F'_{\mathrm{N}}b = 0$$

所以有

$$F'_{\mathrm{N}} = \frac{l}{b}F_{\mathrm{P}}$$

这时，摩擦力达到最大值。利用库仑摩擦定律，有

$$F' = F = fF'_{\mathrm{N}} = f\,\frac{l}{b}F_{\mathrm{P}}$$

(2) 圆盘停止时所转过的圈数

圆盘受力如图 9-11(c)所示，所有外力只有摩擦力对 O 轴产生阻力矩，由式(9-24)得

$$J_O\alpha = -Fr$$

令

$$\alpha = \omega\,\frac{\mathrm{d}\omega}{\mathrm{d}\varphi}$$

将 F 和 $J_O=\frac{1}{2}mr^2$ 代入上式，并设圆盘停止转动前转过的角度为 φ 弧度，将上式等号两端同时作积分：

$$\int_{\omega}^{0}\frac{1}{2}mr^2\omega\mathrm{d}\omega = \int_{0}^{\varphi} -\frac{lrf}{b}F_{\mathrm{P}}\mathrm{d}\varphi$$

由此得到

$$\varphi = \frac{mrb\omega^2}{4lfF_{\mathrm{P}}}$$

据此得到圆盘转过的圈数

$$N = \frac{\varphi}{2\pi} = \frac{mrb\omega^2}{8\pi lfF_{\mathrm{P}}}$$

(3) 本例讨论

定轴转动微分方程除适用于单个定轴转动的刚体外，某些刚体系统的问题是否同样适用？请读者结合例题 9-3 加以分析。

9.4.2　刚体平面运动微分方程

本节将质心运动定理和相对质心动量矩定理应用于刚体平面运动动力学分析。所用方法与所得的结果不仅对刚体平面运动动力学，而且对现代多刚体系统动力学都有重要意义。

运动学中，确定作平面运动刚体的位置，可由基点的位置与刚体绕基点转动的转角确定。

取质心 C 为基点，其坐标为 x_C、y_C，设 D 为刚体上任意一点，CD 与 x 轴的夹角为 φ，则刚体的位置可由 x_C、y_C 和 φ 确定，如图 9-12 所示。

将刚体的运动分解为随质心的平移和绕质心的转动两部分。

在固连于质心的平移参考系中，当刚体具有质量对称面，且刚体的平面运动平行于质量对称面时，刚体对质心的动量矩为

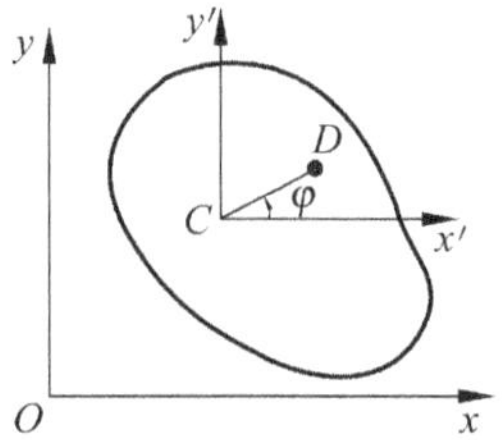

图 9-12　刚体平面运动微分方程

$$L_C = J_C \omega$$

其中 J_C 为刚体对通过质心 C 且与运动平面垂直的轴的转动惯量，ω 为角速度。

当作用于刚体上的力系等价在刚体质量对称面内的一个平面力系时，对平面运动刚体，应用质心运动定理和相对质心动量矩定理，有

$$\left.\begin{aligned} m\boldsymbol{a}_C &= \sum_{i=1}^{n} \boldsymbol{F}_i^{(e)} \\ \frac{\mathrm{d}J_C\omega}{\mathrm{d}t} &= J_C\alpha = \sum_{i=1}^{n} M_C(\boldsymbol{F}_i^{(e)}) \end{aligned}\right\} \tag{9-26}$$

或直接写成投影式

$$\left.\begin{aligned} m\ddot{x}_C &= \sum F_x^{(e)} \\ m\ddot{y}_C &= \sum F_y^{(e)} \\ J_C\ddot{\varphi} &= \sum M_C(\boldsymbol{F}_i^{(e)}) \end{aligned}\right\} \tag{9-27}$$

方程(9-26)、方程(9-27)为刚体平面运动的微分方程。

需要指出的是，如果方程(9-27)中各式等号的左侧各项均恒等于零，则得到静力学中平面力系的平衡方程，即外力系的主矢、主矩均等于零。因此，质点系动量定理与动量矩定理，不但完全确定了刚体一般运动的动力学方程，而且还完成了对刚体平面运动的特例——平衡情形的静力学描述。

例题 9-6　如图 9-13 所示，半径为 r 的匀质圆盘从静止开始，沿倾角为 θ 的斜面无滑动的滚下。试求：①圆轮滚至任意位置时的质心加速度 $\boldsymbol{a}_C$；②圆轮在斜面上不打滑的最小静摩擦因数。

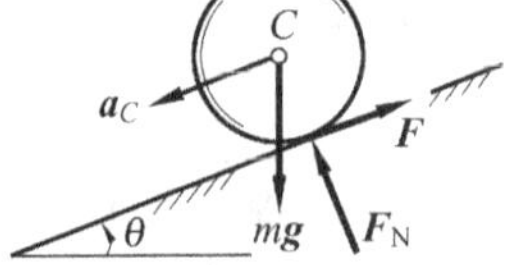

图 9-13　例题 9-6 图

解：圆轮受力如图 9-13 所示。

(1) 确定圆轮质心的加速度

圆轮作平面运动，根据刚体平面运动微

分方程，有

$$ma_C = mg\sin\theta - F \tag{a}$$

$$0 = mg\cos\theta - F_N \tag{b}$$

$$J_C\alpha = Fr \tag{c}$$

根据运动学关系，建立补充方程

$$a_C = r\alpha \tag{d}$$

由式(c)和式(d)，有

$$F = J_C \cdot \frac{\alpha}{r} = \frac{1}{2}mr^2 \cdot \frac{a_C}{r^2} = \frac{1}{2}ma_C \tag{e}$$

将式(e)代入式(a)，最后得到圆轮质心的加速度：

$$a_C = \frac{2}{3}g\sin\theta \tag{f}$$

(2) 圆轮在斜面上不滑动的最小静摩擦因数

将式(f)代入式(e)，有

$$F = \frac{1}{3}mg\sin\theta \leqslant F_N f_s \tag{g}$$

将式(b)代入式(g)，得到圆轮不滑动所需要的最小摩擦因数：

$$f_{s\min} = \frac{1}{3}\tan\theta$$

(3) 本例讨论

如果圆轮可以在斜面上滑动，本例将如何求解？补充方程将如何建立？

例题 9-7　质量为 m，长为 l 的均质杆 AB，A 端置于光滑水平面上，B 端用铅直绳 BD 连接，如图 9-14(a)所示，设 $\theta=60°$。试求绳 BD 突然被剪断瞬时，杆 AB 的角加速度和 A 处的约束力。

解：绳被剪断后，杆 AB 作平面运动，受力如图 9-14(b)所示，应用式(9-27)，有

$$ma_{Cx} = 0 \tag{a}$$

$$ma_{Cy} = F_A - mg \tag{b}$$

$$J_C\alpha = F_A\frac{l}{2}\cos\theta \tag{c}$$

由式(a)可知，杆在水平方向质心运动守恒，即 $a_C = a_{Cy}$，质心 C 只在铅垂方向运动。式(b)和式(c)中有 a_{Cy}、F_A 和 α 三个未知量，需补充运动学方程。若以 A 为基点(图 9-14(c))，则根据平面运动刚体的加速度合成定理，将各加速度在 y 方向投影，有

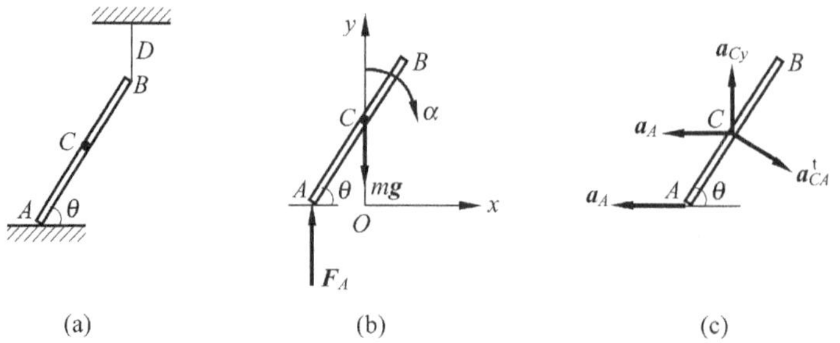

图 9-14 例题 9-7 图

$$a_{Cy} = -a_{CA}^{t}\cos\theta = -\frac{l}{4}\alpha \tag{d}$$

将式(b)、式(c)、式(d)三式联立，解得

$$\alpha = \frac{12g}{7l}$$

$$F_A = \frac{4}{7}mg$$

本例讨论：以上两个例题的分析与求解过程表明，应用刚体平面运动微分方程解题时，往往需要附加运动学的方程，才能得到最后的解答。

9.5 动量和动量矩定理在碰撞问题中的应用

物理学中已经涉及过一些**碰撞**(collision)问题，本节着重介绍动量和动量矩定理在碰撞中的应用。

9.5.1 碰撞的恢复因数

碰撞问题的难点是，碰撞过程中碰撞力的变化规律难以确定，通常只能分析碰撞前后物体运动的变化。因此，解决工程问题时，需要根据碰撞的特点，作适当简化，假设：

(1) 碰撞过程中，由于碰撞力极大，重力等非碰撞力可以忽略不计。

(2) 由于碰撞时间极短，物体的位置基本没有改变，故物体的位移可忽略不计。

物理学指出，若碰撞前后两球的质心速度与两球接触面的公法线共线，则称为正碰撞。碰撞中，两球碰撞后相对分离的速度与碰撞前相对接近的速度之比，称为**恢复因数**(coefficient of restitution)：

$$e=\frac{u_2-u_1}{v_1-v_2}$$

对于刚体,恢复因数应改写为

$$e=\frac{u_{2\mathrm{n}}-u_{1\mathrm{n}}}{v_{1\mathrm{n}}-v_{2\mathrm{n}}} \tag{9-28}$$

式中,$v_{1\mathrm{n}}$、$v_{2\mathrm{n}}$为刚体碰撞前碰撞点的速度在接触点公法线方向的投影,$u_{1\mathrm{n}}$、$u_{2\mathrm{n}}$为刚体碰撞后碰撞点的速度在接触点公法线方向的投影。

9.5.2　碰撞的基本定理

应用动量定理的积分形式(8-8)和动量矩定理的积分形式(9-15),可以形成质点系碰撞过程的基本定理。

由于碰撞过程中忽略了位移,即 $\boldsymbol{r}_i$ 为常量,所以式(8-8)和式(9-15)可以表示为

$$\boldsymbol{p}_2-\boldsymbol{p}_1=\sum_i\int_{t_1}^{t_2}\boldsymbol{F}_i^{(\mathrm{e})}\,\mathrm{d}t=\sum_{i=1}^{n}\boldsymbol{I}_i^{(\mathrm{e})} \tag{9-29}$$

$$\begin{aligned}\boldsymbol{L}_{O2}-\boldsymbol{L}_{O1}&=\sum_{i=1}^{n}\int_{t_1}^{t_2}\boldsymbol{r}_i\times\boldsymbol{F}_i\,\mathrm{d}t=\sum_{i=1}^{n}\boldsymbol{r}_i\times\int_{t_1}^{t_2}\boldsymbol{F}_i\,\mathrm{d}t\\&=\sum_{i=1}^{n}\boldsymbol{r}_i\times\boldsymbol{I}_i^{(\mathrm{e})}=\sum_{i=1}^{n}\boldsymbol{M}_O(\boldsymbol{I}_i^{(\mathrm{e})})\end{aligned} \tag{9-30}$$

定轴转动的物体发生碰撞时,基本定理为

$$\left.\begin{aligned}m\boldsymbol{u}_C-m\boldsymbol{v}_C&=\sum\boldsymbol{I}_i^{(\mathrm{e})}\\J_O\omega_2-J_O\omega_1&=\sum M_O(\boldsymbol{I}_i^{(\mathrm{e})})\end{aligned}\right\} \tag{9-31}$$

平面运动的物体发生碰撞时,基本定理为

$$\left.\begin{aligned}m\boldsymbol{u}_C-m\boldsymbol{v}_C&=\sum\boldsymbol{I}_i^{(\mathrm{e})}\\J_C\omega_2-J_C\omega_1&=\sum M_C(\boldsymbol{I}_i^{(\mathrm{e})})\end{aligned}\right\} \tag{9-32}$$

具体应用时,根据具体情形,将基本定理的表达式与碰撞因数公式联立,再加上运动学补充方程,即可求得问题的解答。

例题 9-8　绕定轴 O 转动的刚体质量为 m,如图 9-15(a)所示,刚体对轴 O 的转动惯量为 J_O,该刚体的质量对称面在图示平面内。今有外碰撞冲量 $\boldsymbol{I}$ 作用在对称平面内,试分析轴承的约束碰撞力冲量 $\boldsymbol{I}_O$。

解: 因为质量对称面在图示平面内,所以刚体的质心必在图形平面内。

过质心建立 y 轴如图 9-15 所示。应用冲量定理有

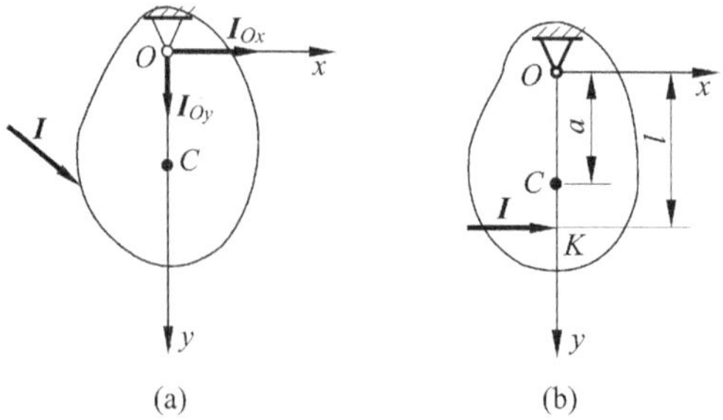

图 9-15 例题 9-8 图

$$\begin{cases} mu_{Cx} - mv_{Cx} = I_x + I_{Ox} \\ mu_{Cy} - mv_{Cy} = I_y + I_{Oy} \end{cases}$$

式中，u_{Cx}、u_{Cy} 和 v_{Cx}、v_{Cy} 分别为碰撞前和碰撞后质心速度在 x、y 轴的投影。

若图示位置是发生碰撞的位置，则有 $u_{Cy}=v_{Cy}=0$，于是，轴 O 处的约束碰撞力为

$$\left.\begin{aligned} I_{Ox} &= m(u_{Cx} - v_{Cx}) - I_x \\ I_{Oy} &= - I_y \end{aligned}\right\} \tag{9-33}$$

可见，一般情形下，会在轴承处引起碰撞冲量，这种碰撞冲量将使轴承和轴发生损伤，所以实际设计时，应当尽量避免。为使轴承处碰撞冲量是零，根据式(9-33)，若要

$$\begin{cases} I_{Ox} = 0 \\ I_{Oy} = 0 \end{cases}$$

必须保证

$$I_x = m(u_{Cx} - v_{Cx}) \tag{9-34}$$

$$I_y = 0 \tag{9-35}$$

为使式(9-35)成立，外冲量必须沿着垂直于 OC 的方向，如图 9-15(b)所示；为使式(9-34)成立，将其与式(9-31)的第二式联立，可得

$$l = \frac{J_O}{ma} \tag{9-36}$$

其中，a 为点 O 至点 C 的距离，$l=OK$，点 K 是外碰撞冲量 $\boldsymbol{I}$ 的作用线与线 OC 的交点。而满足式(9-36)的点称为**撞击中心**(center of collision)。

例题 9-9 如图 9-16 所示，质量为 m、长为 l 的均质杆 AB，自水平位置自由下落一段距离 h 后，与光滑支座 D 相碰撞，$BD=l/4$。假定恢复因数为 $e=1$，求碰撞后的角速度和碰撞冲量。

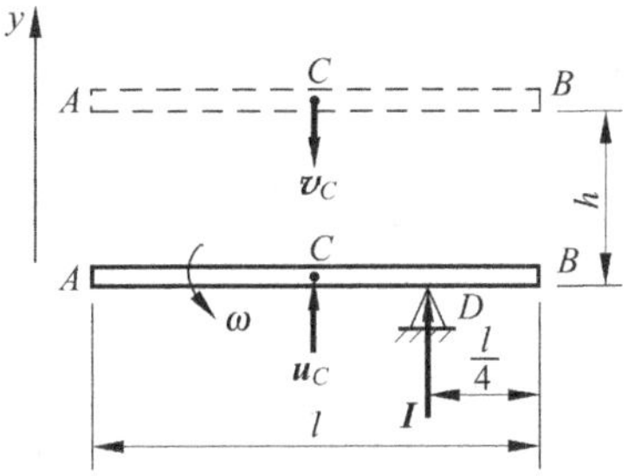

图 9-16　例题 9-9 图

解：由题意可知，杆下落时作平移，与地面碰撞前的速度 $v_C = v_D = \sqrt{2gh}$，杆碰撞后的位置如图所示。设 I 为碰撞冲量，u_C 为碰撞后质心的速度，ω 为杆角速度。碰撞后杆作平面运动，由式(9-32)，有

$$mu_C + mv_C = I \tag{a}$$

$$\frac{1}{12}ml^2\omega - 0 = I\frac{l}{4} \tag{b}$$

恢复因数为

$$e = 1 = \frac{0 - u_{Dy}}{v_{Dy} - 0} \tag{c}$$

运动学补充方程

$$\boldsymbol{u}_D = \boldsymbol{u}_C + \boldsymbol{u}_{DC} \tag{d}$$

将此式在铅垂方向投影，有

$$u_{Dy} = u_C + \frac{l}{4}\omega \tag{e}$$

代入式(c)，有

$$1 = -\frac{u_C + \frac{l}{4}\omega}{-\sqrt{2gh}}$$

即

$$u_C = \sqrt{2gh} - \frac{l}{4}\omega$$

将其与式(a)、式(b)联立，最后得到

$$u_C = \frac{\sqrt{2gh}}{7},\quad \omega = \frac{24\sqrt{2gh}}{7l},\quad I = \frac{8m\sqrt{2gh}}{7}$$

9.6 结论与讨论

9.6.1 作用在质点系上的外力系与动量系

质点系的外力系 $\boldsymbol{F}=(\boldsymbol{F}_1,\boldsymbol{F}_2,\cdots,\boldsymbol{F}_n)$和动量系 $\boldsymbol{p}=(m_1\boldsymbol{v}_1,m_2\boldsymbol{v}_2,\cdots,m_n\boldsymbol{v}_n)$是质点系动力学的两个重要矢量系。事实上，抽掉其力学意义，二者是数学意义完全相同的矢量系，因而，它们的基本特征量均是主矢和主矩，其运算法则、投影方式以及对点之矩和对轴之矩的关系都是相同的。

动量定理和动量矩定理是以定理的形式建立了两种重要矢量系之间的关系：

(1) 动量定理建立了动量系主矢与外力系主矢之间的关系，即

$$\frac{\mathrm{d}\boldsymbol{p}}{\mathrm{d}t}=\boldsymbol{F}_{\mathrm{R}}^{(\mathrm{e})}$$

(2) 动量矩定理建立了动量系对定点(或质心)的主矩与外力系对同一点的主矩之间的关系，即

$$\frac{\mathrm{d}\boldsymbol{L}_O}{\mathrm{d}t}=\boldsymbol{M}_O^{(\mathrm{e})},\quad \text{或}\quad \frac{\mathrm{d}\boldsymbol{L}_C}{\mathrm{d}t}=\boldsymbol{M}_C^{(\mathrm{e})},$$

正确认识两种矢量系以及它们之间的关系对动力学的学习非常重要，并且对认识其他的矢量系也有一定的指导意义。

9.6.2 刚体定轴转动微分方程与质点系相对定轴的动量矩定理

请读者仔细分析对比例 9-3 和例 9-4，前者是质点系的问题，后者是刚体定轴转动的问题。求解这两种问题时，采用了不同的方法。例 9-3 实际是刚体系的情形，而且这一刚体系以定轴转动的圆盘为主体，因而，用对定轴的动量矩定理求解比较方便。定轴转动的微分方程源于对定轴的动量矩定理，但是因为用到了定轴转动的运动关系，又有其特殊性。正确地认识、理解和区分两类既联系又有不同的定理，对正确地解决工程问题是十分重要的。

习题

9-1 计算下列情形下系统的动量矩。

(1) 圆盘以角速度 ω 绕 O 轴转动，质量为 m 的小球 M 可沿圆盘的径向凹槽运动，图示瞬时小球以相对于圆盘的速度 $\boldsymbol{v}_{\mathrm{r}}$ 运动到 $OM=s$ 处(图(a))，求小

球对 O 点的动量矩。

(2) 质量为 m 的偏心轮在水平面上作平面运动，轮心为 A，质心为 C，且 $AC=e$，轮子半径为 R，对轮心 A 的转动惯量为 J_A；C、A、B 三点在同一铅垂线上(图(b))。①当轮子只滚不滑时，若 $\boldsymbol{v}_A$ 已知，求轮子的动量和对 B 点的动量矩；②当轮子又滚又滑时，若 $\boldsymbol{v}_A$、ω 已知，求轮子的动量和对 B 点的动量矩。

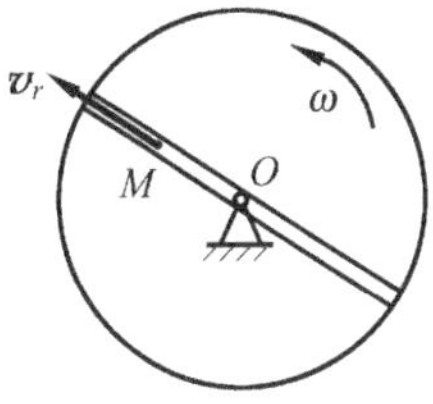

(a)

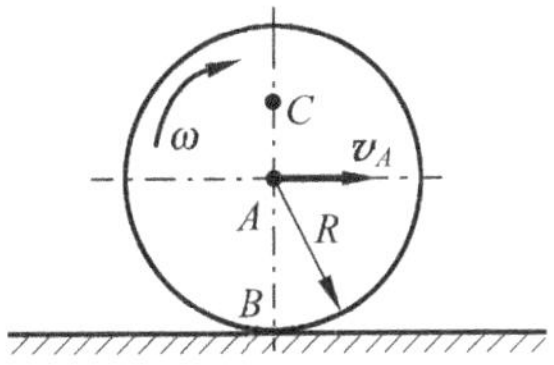

(b)

习题 9-1 图

9-2　如图所示，已知鼓轮以 ω 的角速度绕 O 轴转动，其大、小半径分别为 R、r，对 O 轴的转动惯量为 J_O；物块 A、B 的质量分别为 m_A 和 m_B。试求系统对 O 轴的动量矩。

9-3　如图所示，匀质细杆 OA 和 EC 的质量分别为 50kg 和 100kg，并在点 A 焊成一体。若此结构在图示位置由静止状态释放，计算刚释放时，杆的角加速度及铰链 O 处的约束力。不计铰链摩擦。

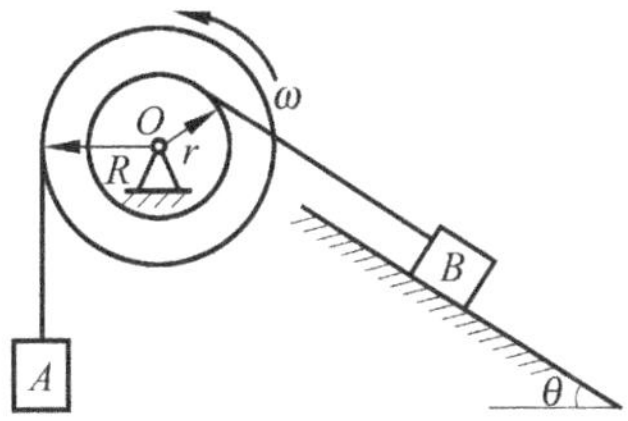

习题 9-2 图

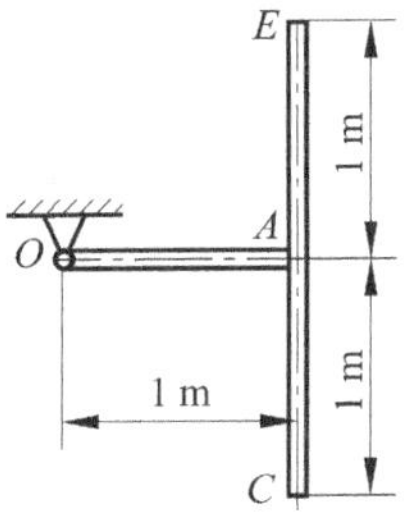

习题 9-3 图

9-4　卷扬机机构如图所示，可绕固定轴转动的轮 B、C 半径分别为 R 和 r，对自身转轴的转动惯量分别为 J_1 和 J_2，被提升重物 A 的质量为 m，作用于轮 C 的主动转矩为 M，求重物 A 的加速度。

9-5　如图所示，电动铰车提升一质量为 m 的物体，在其主动轴上作用一矩为 M 的主动力偶。已知主动轴和从动轴连同安装在这两轴上的齿轮以及其他附属零件对各自转动轴的转动惯量分别为 J_1 和 J_2，传动比 $r_2：r_1=i$，吊索缠绕在鼓轮上，此轮半径为 R。设轴承的摩擦和吊索的质量忽略不计，求重物的加速度。

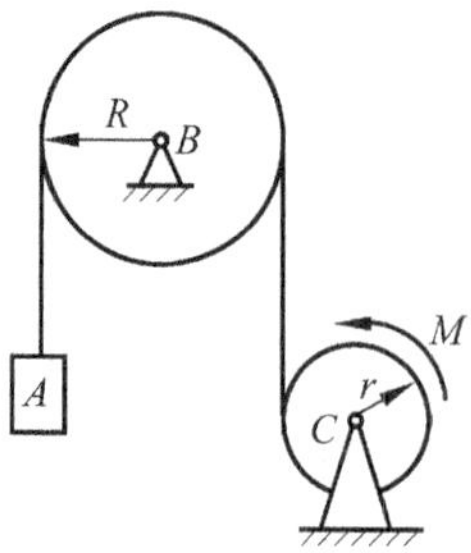

习题 9-4 图

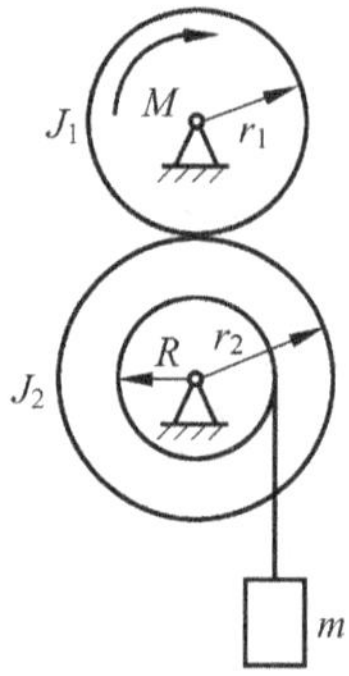

习题 9-5 图

9-6 均质细杆长 $2l$，质量为 m，放在两个支承 A 和 B 上，如图所示。杆的质心 C 到两支承的距离相等，即 $AC=CB=e$。现在突然移去支承 B，求在刚移去支承 B 瞬时支承 A 上压力的改变量 ΔF_A。

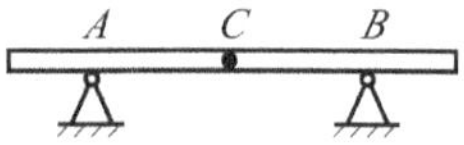

习题 9-6 图

9-7 为了求得连杆的转动惯量，用一细圆杆穿过十字头销 A 处的衬套管，并使连杆绕这细杆的水平轴线摆动，如图(a)、(b)所示。摆动 100 次所用的时间为 100s。另外，如图(c)所示，连杆重心到悬挂轴的距离 $AC=d$，将连杆水平放置，在点 A 处用杆悬挂，点 B 放置于台秤上，台秤的读数 $F=490\text{N}$。已知连杆质量为 80kg，A 与 B 间的距离 $l=1\text{m}$，十字头销的半径 $r=40\text{mm}$。试求连杆对于通过质心 C 并垂直于图面轴的转动惯量 J_C。

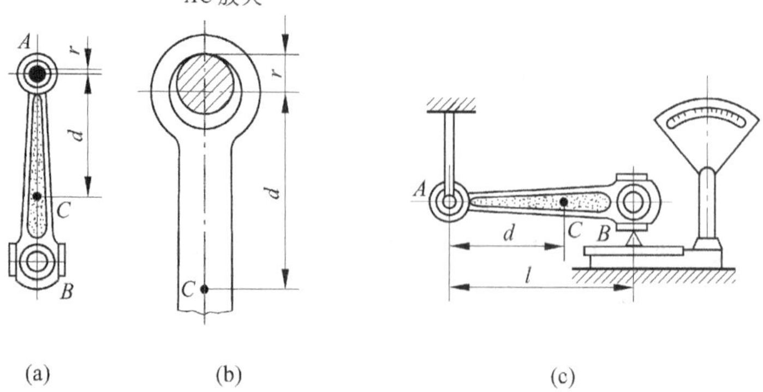

习题 9-7 图

9-8　如图所示，圆柱体 A 的质量为 m，在其中部绕以细绳，绳的一端 B 固定，圆柱体从 A_0 点开始降落，其初速为零。求当圆柱体的轴降落了高度 h 时圆柱体中心 A 的速度 v 和绳子的拉力 F_T。

9-9　鼓轮如图所示，其外、内半径分别为 R 和 r，质量为 m，对质心轴 O 的回转半径为 ρ，且 $\rho^2=Rr$，鼓轮在拉力 $\boldsymbol{F}$ 的作用下沿倾角为 θ 的斜面往上纯滚动，力 $\boldsymbol{F}$ 与斜面平行，不计滚动摩阻。试求质心 O 的加速度。

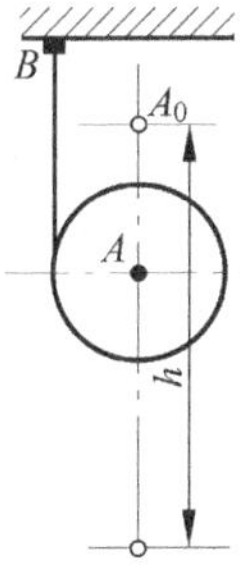

习题 9-8 图

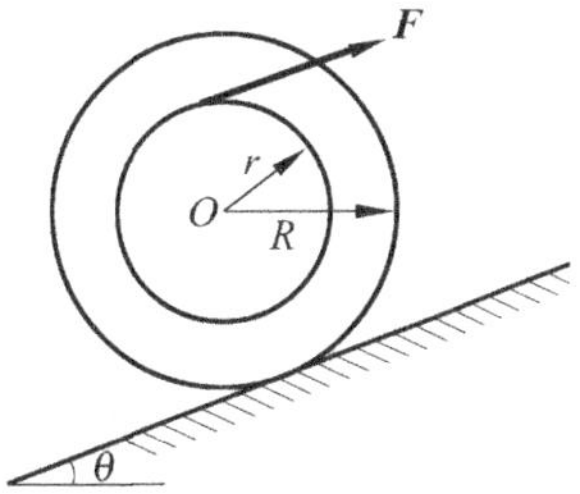

习题 9-9 图

9-10　如图所示，重物 A 的质量为 m，当 A 下降时，借无重且不可伸长的绳使滚子 C 沿水平轨道滚动而不滑动，绳子跨过不计质量的定滑轮 D 并绕在滑轮 B 上，滑轮 B 与滚子 C 固结为一体。已知滑轮 B 的半径为 R，滚子 C 的半径为 r，二者总质量为 m'，滚子对与图面垂直的轴 O 的回转半径为 ρ。求重物 A 的加速度。

9-11　如图所示，匀质圆柱体质量为 m，半径为 r，在力偶作用下沿水平面作纯滚动。若力偶的力偶矩 M 为常数，滚动阻碍系数为 δ，求圆柱中心 O 的加速度及其与地面的静滑动摩擦力。

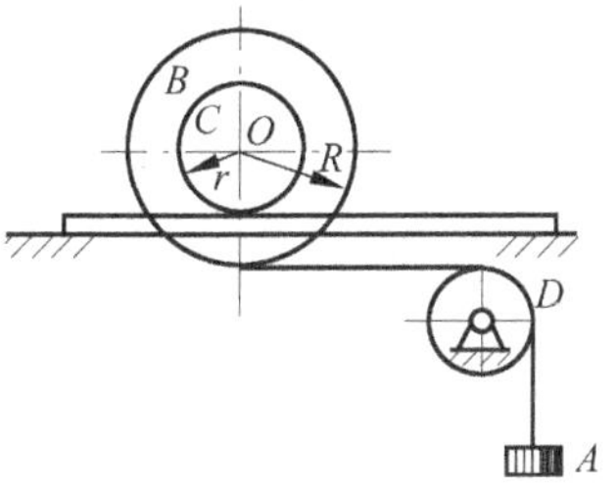

习题 9-10 图

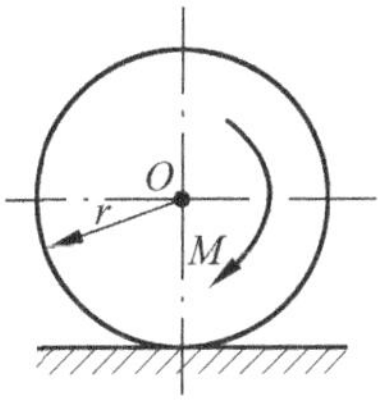

习题 9-11 图

9-12　跨过定滑轮 D 的细绳，一端缠绕在均质圆柱体 A 上，另一端系在光滑水平面上的物体 B 上，如图所示。已知圆柱 A 的半径为 r，质量为 m_1；物块 B 的质量为 m_2，试求物块 B 和圆柱质心 C 的加速度以及绳索的拉力。滑

轮 D 和细绳的质量以及轴承摩擦忽略不计。

9-13 如图所示，匀质圆轮的质量为 m，半径为 r，静止地放置在水平胶带上。若在胶带上作用拉力 $\boldsymbol{F}$，并使胶带与轮子间产生相对滑动，设轮子和胶带间的动滑动摩擦因数为 f，试求轮子中心 O 经过距离 s 所需的时间和此时轮子的角速度。

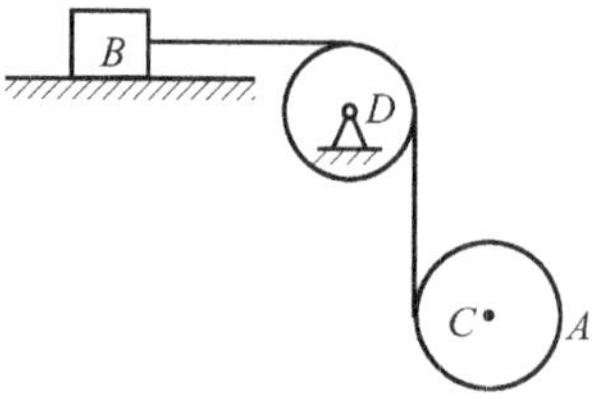

习题 9-12 图

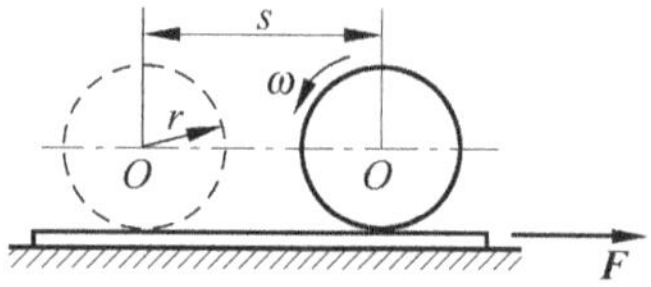

习题 9-13 图

9-14 如图所示，匀质细杆 AB 质量为 m，长为 l，在图示位置由静止开始运动。若水平和铅垂面的摩擦均略去不计，试求杆的初始角加速度。

9-15 如图所示，圆轮 A 的半径为 R，与其固连的轮轴半径为 r，两者的重力共为 $\boldsymbol{W}$，对质心 C 的回转半径为 ρ，缠绕在轮轴上的软绳水平地固定于点 D。均质平板 BE 的重力为 $\boldsymbol{Q}$，可在光滑水平面上滑动，板与圆轮间无相对滑动。若在平板上作用一水平力 $\boldsymbol{F}$，试求平板 BE 的加速度。

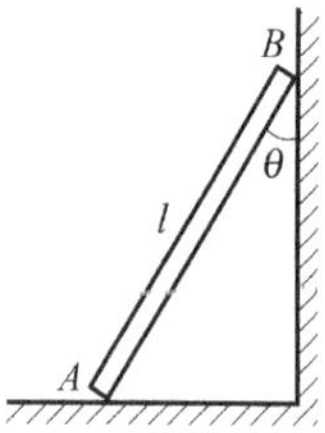

习题 9-14 图

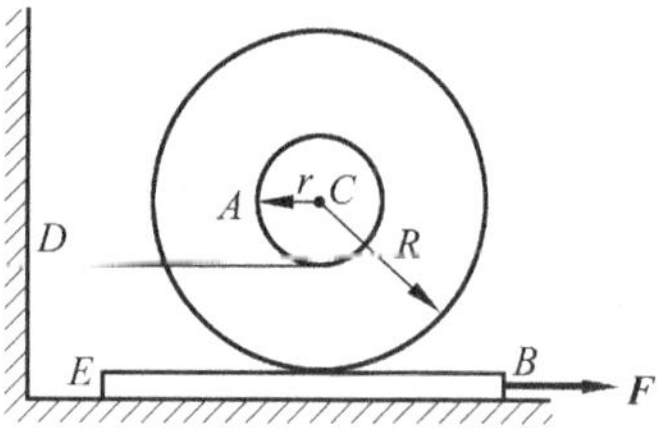

习题 9-15 图

*9-16 如图所示，水枪中水平管长为 $2l$，横截面面积为 A，可绕铅直轴 z 转动。水从铅直管流入，以相对速度 v_r 从水平管喷出。设水的密度为 ρ，试求水枪的角速度为 ω 时，流体作用在水枪上的转矩 M_z。

*9-17 如图所示，匀质细长杆 AB，质量为 m，长度为 l，在铅垂位置由静止释放，借 A 端的滑轮沿倾斜角为 θ 的轨道滑下。不计摩擦和小滑轮的质量，试求刚释放时点 A 的加速度。

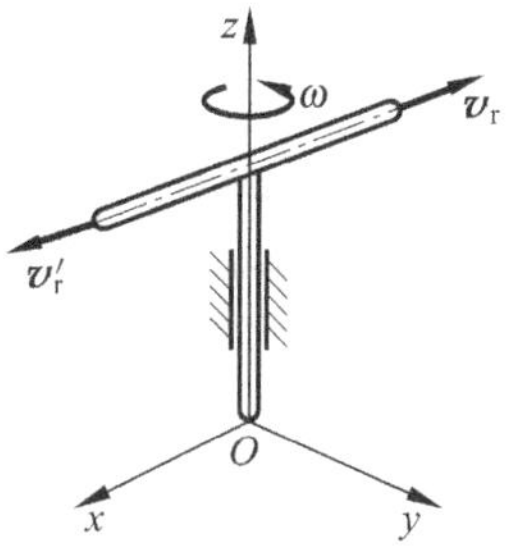

习题 9-16 图

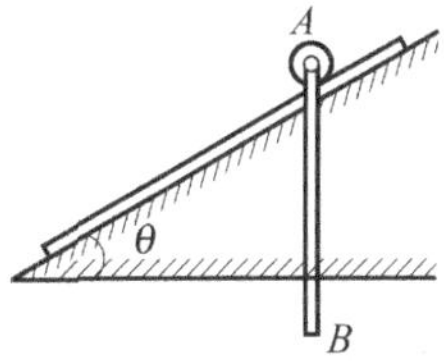

习题 9-17 图

*9-18　如图所示，匀质细长杆 AB，质量为 m，长为 l，$CD=d$，与铅垂墙间的夹角为 θ，D 棱是光滑的。在图示位置将杆突然释放，试求刚释放时，质心 C 的加速度和 D 处的约束力。

9-19　如图所示，足球重力的大小为 4.45N，以大小 $v_1=6.1\text{m/s}$，方向为与水平线夹角 40°的速度向球员飞来，形成头球。球员以头击球后，球的速度大小为 $v_1'=9.14\text{m/s}$，并与水平线夹角为 20°。若球与头碰撞时间为 0.15s，试求足球作用在运动员头上的平均力的大小与方向。

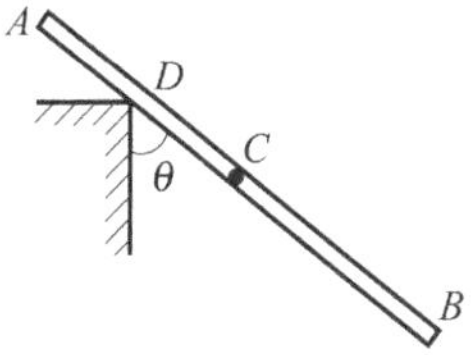

习题 9-18 图

习题 9-19 图

9-20　如图所示，边长为 a 的方形木箱在无摩擦的地板上滑动，并与一小障碍 A 相碰撞，碰撞后绕 A 翻转。试求木箱能完成上述运动的最小初速 v_0；木箱碰撞后其质心的瞬时速度 $\boldsymbol{v}_C$ 与瞬时角速度 ω。

*9-21　如图所示，台球棍打击台球，使台球不借助摩擦而能作纯滚动。假设棍对球只施加水平力，试求满足上述运动的球棍位置高度 h。

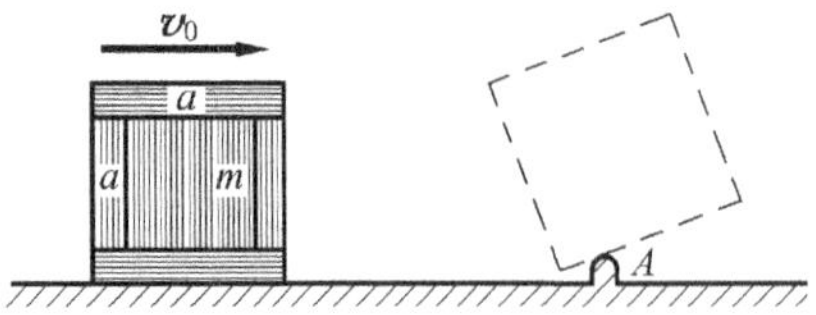

习题 9-20 图

习题 9-21 图

*9-22 如图所示，匀质杆长为 l，质量为 m，在铅垂面内保持水平下降并与固定支点 E 碰撞。碰撞前杆的质心速度为 $\boldsymbol{v}_C$，恢复因数为 e，试求碰撞后杆的质心速度 $\boldsymbol{v}'_C$ 与杆的角速度 ω。

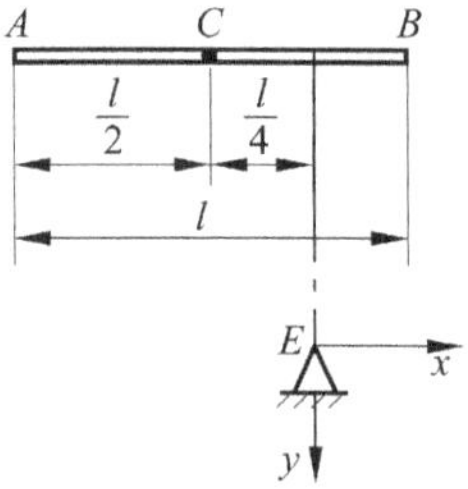

习题 9-22 图

第 10 章 动能定理及其应用

能量的概念以及相应的分析方法，与动量一样，都是动力学普遍定理中的基本概念与基本方法。几乎所有科学与技术领域都要涉及能量的概念及能量方法。

动能是机械能中的一种，也是物体作功的一种能力。本章在物理学的基础上将质点的动能定理扩展到一般质点系，重点是质点系动能定理的工程应用。

动量定理、动量矩定理用矢量方程描述，动能定理则用标量方程表示。求解实际问题时，往往需要综合应用动量定理、动量矩定理和动能定理，本章的最后将作简单介绍。

10.1 力的功

10.1.1 力的功

物理学中已经给出了动能和功的概念，并对质点的动能定理进行了讨论，这里仅作简单回顾。

1. 力 $\boldsymbol{F}_i$ 的元功

力 $\boldsymbol{F}_i$ 的元功为

$$\delta W=\boldsymbol{F}_i\cdot\boldsymbol{v}_i\mathrm{d}t=\boldsymbol{F}_i\cdot\mathrm{d}\boldsymbol{r}_i=F_i\mathrm{d}s\cos(\boldsymbol{F}_i,\boldsymbol{\tau}_i)=F_x\mathrm{d}x+F_y\mathrm{d}y+F_z\mathrm{d}z$$

需要注意的是，一般情形下，δW 并不是功函数 W 的全微分，仅是 $\boldsymbol{F}_i\cdot\mathrm{d}\boldsymbol{r}_i$ 的一种记号。

2. 力 $\boldsymbol{F}_i$ 在点的轨迹上从 1 点到 2 点所作的功

如图 10-1 所示，力 $\boldsymbol{F}_i$ 在点的轨迹上从 1 点到 2 点所作的功为

$$W_{12}=\int_{M_1}^{M_2}\boldsymbol{F}_i\cdot\mathrm{d}\boldsymbol{r}_i$$

由此得到了两个常用的功的表达式。

(1) 重力的功

对质点

$$W_{12} = mg(z_1 - z_2)$$

对质点系

$$W_{12} = Mg(z_{C1} - z_{C2})$$

其中 z_{C1} 和 z_{C2} 为质点系质心的坐标。

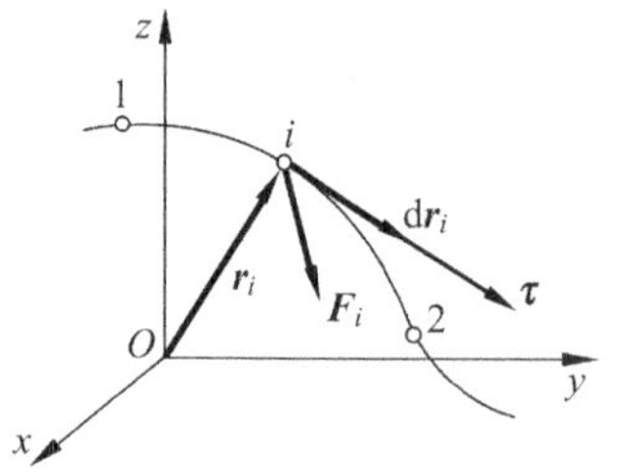

图 10-1 力的功

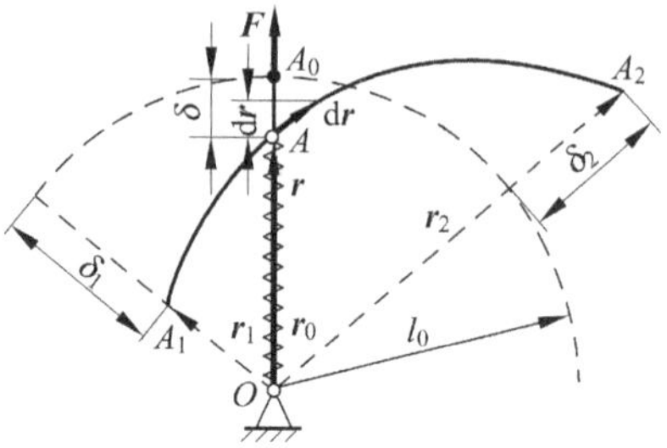

图 10-2 弹性力的功

(2) 弹性力的功

$$W_{12} = \frac{k}{2}[(r_1 - l_0)^2 - (r_2 - l_0)^2]$$

或

$$W_{12} = \frac{k}{2}(\delta_1^2 - \delta_2^2)$$

式中符号意义如图 10-2 所示。

10.1.2 作用在刚体上力的功、力偶的功

一般情形下,作用在质点系(刚体系)上的力系(包括内力系)非常复杂,需要认真分析哪些力作功哪些力不作功。在动量和动量矩定理中,只有外力系起作用,内力不改变系统的动量或动量矩;在能量方法中,内力对系统的能量改变是有影响的,许多内力是作功的,学习本章内容时必须注意这点。

1. 定轴转动刚体上外力的功和外力偶的功

如图 10-3 所示,刚体以角速度 ω 绕定轴 z 转动,其上 A 点作用有力 $\boldsymbol{F}$,力 $\boldsymbol{F}$ 在 A 点轨迹切线 $\boldsymbol{\tau}$ 上的投影为

$$F_t = F\cos\theta$$

定轴转动的转角 φ 和弧长的关系为

$$ds = Rd\varphi$$

则力 $\boldsymbol{F}$ 的元功为

$$\delta W = \boldsymbol{F} \cdot d\boldsymbol{r} = F_t R d\varphi = M_z(\boldsymbol{F}) d\varphi$$

其中 $M_z(\boldsymbol{F}) = F_t R$ 为力 F 对轴 z 的矩。于是，力在刚体由角度 φ_1 转到角度 φ_2 时所作的功为

$$W_{12} = \int_{\varphi_1}^{\varphi_2} M_z(\boldsymbol{F}) d\varphi \tag{10-1}$$

据此，可以得到两种常用的功的表达式。

(1) 力偶的功

若力偶矩 $\boldsymbol{M}$ 与 z 轴平行，则 $\boldsymbol{M}$ 作的功为

$$W_{12} = \int_{\varphi_1}^{\varphi_2} M d\varphi \tag{10-2}$$

若力偶矩 $\boldsymbol{M}$ 为任意矢量，则 $\boldsymbol{M}$ 作的功为

$$W_{12} = \int_{\varphi_1}^{\varphi_2} M_z d\varphi \tag{10-3}$$

其中 M_z 为力偶矩矢 $\boldsymbol{M}$ 在 z 轴上的投影。

(2) 扭转弹簧力矩的功

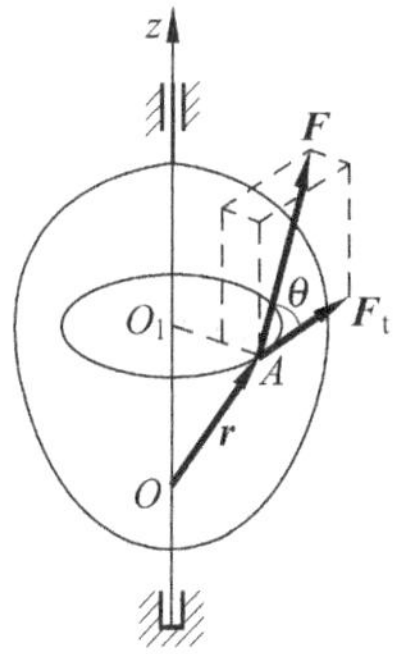

图 10-3 定轴转动刚体上外力的功

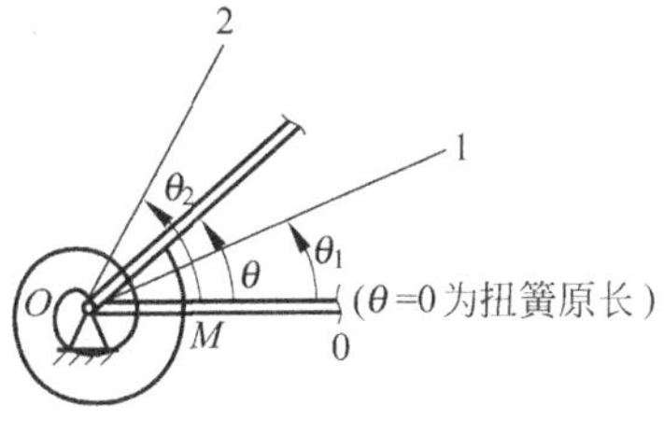

图 10-4 扭转弹簧力矩的功

扭转弹簧如图 10-4 所示，设水平时扭簧未变形，且变形在弹性范围之内。此时扭簧作用于杆上的力对点 O 的矩为

$$M = -k\theta$$

其中 k 为扭簧的刚度系数。当杆从角度 θ_1 转到角度 θ_2 时，力矩 M 作的功为

$$W_{12} = \int_{\theta_1}^{\theta_2} (-k\theta) d\theta = \frac{1}{2} k\theta_1^2 - \frac{1}{2} k\theta_2^2 \tag{10-4}$$

2. 质点系内力的功

质点系的内力总是成对出现的，且大小相等、方向相反、作用在一条直线上。因此，质点系内力的主矢量等于零，在动量、动量矩定理中，由于内力的合力、合力矩等于零，不会影响质点系动量、动量矩的改变，故无须考虑内力的作用，但不能认定内力的功也是零。事实上，在许多情形下，物体的运动是由内力作功而引起的；当然也有的内力确实不作功。

设两质点 A、B 之间相互作用的内力为 $\boldsymbol{F}_A$、$\boldsymbol{F}_B$，且 $\boldsymbol{F}_A=-\boldsymbol{F}_B$；质点 A、B 相对于固定点 O 的矢径分别为 $\boldsymbol{r}_A$、$\boldsymbol{r}_B$，且 $\boldsymbol{r}_B=\boldsymbol{r}_A+\boldsymbol{r}_{AB}$，如图 10-5 所示。若在 $\mathrm{d}t$ 时间内，A、B 两点的无限小位移分别为 $\mathrm{d}\boldsymbol{r}_A$、$\mathrm{d}\boldsymbol{r}_B$，则内力在该位移上的元功之和为

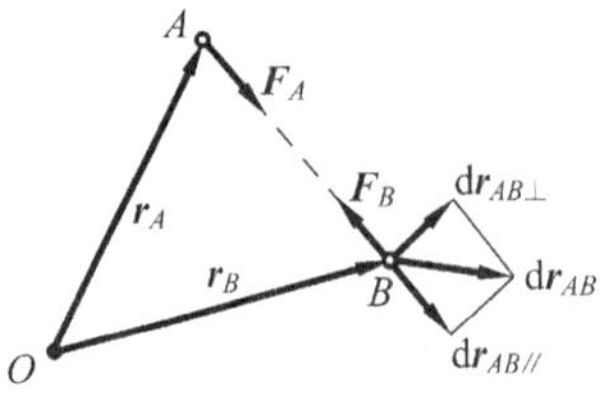

图 10-5 内力的功

$$
\begin{aligned}
\delta W &= \boldsymbol{F}_A\cdot \mathrm{d}\boldsymbol{r}_A+\boldsymbol{F}_B\cdot \mathrm{d}\boldsymbol{r}_B\\
&= \boldsymbol{F}_B\cdot(-\mathrm{d}\boldsymbol{r}_A+\mathrm{d}\boldsymbol{r}_B)=\boldsymbol{F}_B\cdot \mathrm{d}(\boldsymbol{r}_B-\boldsymbol{r}_A)\\
&= \boldsymbol{F}_B\cdot \mathrm{d}\boldsymbol{r}_{AB}
\end{aligned}
$$

可将 $\mathrm{d}\boldsymbol{r}_{AB}$ 分解为平行于 $\boldsymbol{F}_B$ 和垂直于 $\boldsymbol{F}_B$ 两部分，即 $\mathrm{d}\boldsymbol{r}_{AB}=\mathrm{d}\boldsymbol{r}_{AB/\!/}+\mathrm{d}\boldsymbol{r}_{AB\perp}$，代入上式

$$\delta W=\boldsymbol{F}_B\cdot(\mathrm{d}\boldsymbol{r}_{AB/\!/}+\mathrm{d}\boldsymbol{r}_{AB\perp})=\boldsymbol{F}_B\cdot \mathrm{d}\boldsymbol{r}_{AB/\!/} \tag{10-5}$$

上式表明，当 A、B 两质点沿两点的连线相互靠近或分离时，其内力的元功之和不等于零。

(1) 内力作功的情形

日常生活中，人的行走和奔跑是腿的肌肉内力作功，弹簧力作功等，这些都是内力作功的例子。

在工程实际中，有很多内力的功之和不等于零的情况。例如，汽车在行驶过程中，汽缸内的压缩气体被点燃后，迅速膨胀而对活塞和汽缸壁产生的作用力均为内力，这些内力的功可使汽车的动能增加。又如，在传动机械中，相互接触的齿轮、轴与轴承之间的摩擦力，对于机械整体而言，也都是内力，它们所作的负功，使部分机械动能转化为热能。

(2) 刚体的内力不作功

刚体内两质点间的相互作用力，是满足等值、反向、共线条件的一对内力。由于刚体是受力后不变形的物体，故其上任意两点之间的距离始终保持不变，若图 10-5 中的 A、B 是同一刚体上的两个点，则式(10-5)中的 $\mathrm{d}\boldsymbol{r}_{AB/\!/}=0$，即沿这两点连线方向两点的位移必定相等，这样便有 $\delta W=0$。由此得出结论：**刚体所有内力之功的和等于零。**

10.1.3　理想约束力的功

约束力作功之和等于零的约束称为理想约束。下面介绍几种常见的理想约束及其约束力所作的功。

① 光滑固定面接触约束、一端固定的柔索约束和光滑活动铰链支座约束，由于约束力都垂直于力作用点的位移，故约束力不作功。

② 光滑固定铰链支座、固定端等约束，由于约束力所对应的位移为零，故约束力也不作功。

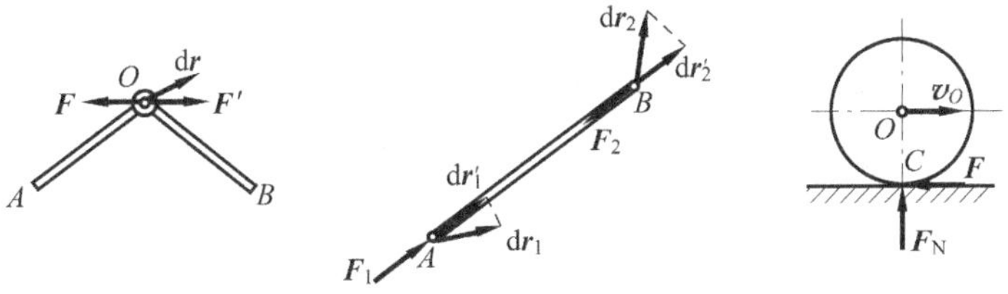

图 10-6　理想约束

③ 光滑铰链、刚性二力杆等作为系统内的约束时，其约束力总是成对出现的，若其中一个约束力作正功，则另一个约束力必作数值相同的负功，最后约束力作功之和等于零。如图 10-6(a)所示的铰链 O 处相互作用的约束力 $\boldsymbol{F}=-\boldsymbol{F}'$，在铰链中心 O 处的任何位移 $\mathrm{d}\boldsymbol{r}$ 上所作的元功之和为

$$\boldsymbol{F}\cdot\mathrm{d}\boldsymbol{r}+\boldsymbol{F}'\cdot\mathrm{d}\boldsymbol{r}=\boldsymbol{F}\cdot\mathrm{d}\boldsymbol{r}-\boldsymbol{F}\cdot\mathrm{d}\boldsymbol{r}=0$$

又如图 10-6(b)所示的刚性二力杆对 A、B 两点的约束力 $\boldsymbol{F}_1=-\boldsymbol{F}_2$，两作用点的位移分别为 $\mathrm{d}\boldsymbol{r}_1$、$\mathrm{d}\boldsymbol{r}_2$，因为 AB 是刚性杆，故两端位移在其连线的投影相等，即 $\mathrm{d}\boldsymbol{r}'_1=\mathrm{d}\boldsymbol{r}'_2$，这样约束力所作的元功之和为

$$\boldsymbol{F}_1\cdot\mathrm{d}\boldsymbol{r}_1+\boldsymbol{F}_2\cdot\mathrm{d}\boldsymbol{r}_2=\boldsymbol{F}_1\cdot\mathrm{d}\boldsymbol{r}'_1-\boldsymbol{F}_1\cdot\mathrm{d}\boldsymbol{r}'_2=0$$

④ 无滑动滚动(纯滚动)的约束，如图 10-6(c)所示。当一圆轮在固定约束面上无滑动滚动时，若滚动摩阻力偶可略去不计，由运动学知，C 为瞬时速度中心，即 C 点的速度$\boldsymbol{v}_C$ 等于零，这样，作用于 C 点的约束反力 $\boldsymbol{F}_{\mathrm{N}}$ 和摩擦力 $\boldsymbol{F}$ 所作的元功之和为

$$\boldsymbol{F}_{\mathrm{N}}\cdot\boldsymbol{v}_C\mathrm{d}t+\boldsymbol{F}\cdot\boldsymbol{v}_C\mathrm{d}t=0$$

需要特别指出的是，一般情况下，滑动摩擦力与物体的相对位移反向，摩擦力作负功，不是理想约束，只有纯滚动时的接触点才是理想约束。

10.2 动能

物体由于机械运动而具有的能量称为动能。动能的概念与计算非常重要,这一节作重点研究。

10.2.1 质点系的动能

物理学定义动能为

$$T=\frac{1}{2}mv^2$$

式中 m、v 分别为质点的质量和速度。动能是一个标量。

质点系的动能为质点系内各质点动能之和,记为

$$T=\sum_i \frac{1}{2}m_i v_i^2 \tag{10-6}$$

动能是度量质点系整体运动的另一物理量,它是一正标量,与速度的大小有关,但与速度的方向无关。

例题 10-1 如图 10-7 所示,设重物 A、B 的质量为 $m_A=m_B=m$,三角块 D 的质量为 M,置于光滑地面上,圆轮 C 和绳的质量忽略不计。系统初始静止,求当物块以相对速度 v_r 下落时系统的动能。

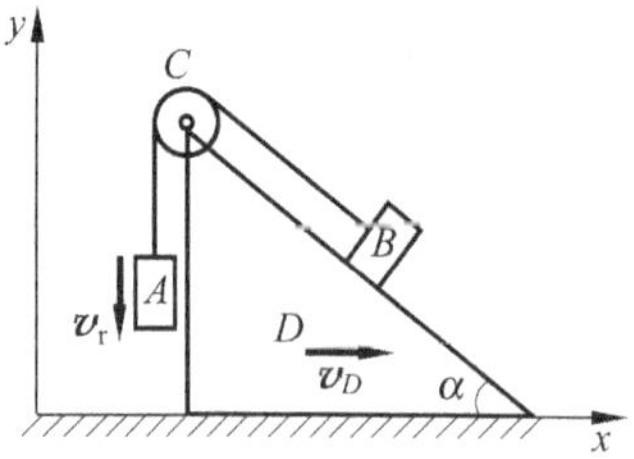

图 10-7 例题 10-1 图

解:开始运动后,系统的动能为

$$T=\frac{1}{2}m_A v_A^2+\frac{1}{2}m_B v_B^2+\frac{1}{2}m_D v_D^2 \tag{a}$$

其中

$$\boldsymbol{v}_A=\boldsymbol{v}_D+\boldsymbol{v}_{Ar},\quad \boldsymbol{v}_B=\boldsymbol{v}_D+\boldsymbol{v}_{Br}$$

或

$$v_A^2=v_D^2+v_r^2 \tag{b}$$

$$
\begin{aligned}
v_B^2 &= v_D^2 + v_r^2 - 2v_D v_r \cos\alpha \\
&= (v_D - v_r\cos\alpha)^2 + (v_r \sin\alpha)^2
\end{aligned}
\tag{c}
$$

注意到，系统水平方向上动量守恒，故有

$$m_A v_{Ax} + m_B v_{Bx} + m_D v_{Dx} = 0$$

即

$$m v_D + m(v_D - v_r\cos\alpha) + M v_D = 0$$

解得

$$v_D = \frac{m v_r \cos\alpha}{2m + M} \tag{d}$$

将式(b)、式(c)、式(d)代入式(a)，得

$$
\begin{aligned}
T &= \frac{1}{2}m(v_D^2 + v_r^2) + \frac{1}{2}m(v_D^2 + v_r^2 - 2v_D v_r\cos\alpha) + \frac{1}{2}M v_D^2 \\
&= \frac{2m(2m+M) - m^2\cos^2\alpha}{2(2m+M)} v_r^2
\end{aligned}
\tag{e}
$$

本例讨论：通过本例的分析过程可以看出，确定系统动能时，注意以下几点是很重要的：①系统动能中所用的速度必须是绝对速度；②正确运用运动学知识，确定各部分的速度；③往往需要综合应用动量定理、动量矩定理与动能定理。

10.2.2　刚体的动能

刚体的动能取决于刚体的运动形式，下面逐一加以讨论。

1. 平移刚体的动能

刚体平移时，其上各点在同一瞬时具有相同的速度，并且都等于质心速度。因此，平移刚体的动能为

$$T = \sum_i \frac{1}{2} m_i v_i^2 = \frac{1}{2}\left(\sum_i m_i\right) v_C^2 = \frac{1}{2} M v_C^2 \tag{10-7}$$

其中 M 为刚体的质量。这表明，刚体平移时的动能，相当于将刚体的质量集中于质心时的动能。

2. 定轴转动刚体的动能

刚体以角速度 ω 绕定轴 z 转动时，其上一点的速度为 $v_i = r_i\omega$。因此，定轴转动刚体的动能为

$$T = \frac{1}{2}\sum_i m_i (r_i\omega)^2 = \frac{1}{2}\omega^2\left(\sum_i m_i r_i^2\right) = \frac{1}{2} J_z \omega^2 \tag{10-8}$$

其中 J_z 为刚体对定轴 z 的转动惯量。

3. 平面运动刚体的动能

刚体的平面运动可分解为随质心的平移和绕质心的相对转动，由式(10-7)、式(10-8)可得平面运动刚体的动能为

$$T=\frac{1}{2}Mv_C^2+\frac{1}{2}J_C\omega^2 \tag{10-9}$$

其中，v_C 为刚体质心的速度，J_C 为刚体对通过质心且垂直于运动平面的轴的转动惯量。

10.3 动能定理及其应用

10.3.1 质点系的动能定理

物理学中已讨论了质点的动能定理的两种形式，其中微分形式为

$$\mathrm{d}\left(\frac{1}{2}mv^2\right)=\boldsymbol{F}\cdot\mathrm{d}\boldsymbol{r}=\delta W$$

或

$$\frac{\mathrm{d}T}{\mathrm{d}t}=\frac{\delta W}{\mathrm{d}t}$$

积分形式为

$$\frac{1}{2}mv_2^2-\frac{1}{2}mv_1^2=W_{12}$$

现在，讨论由 n 个质点组成的质点系，对其中每一个质点都可以写出上述微分形式的表达式，然后求和，得到**质点系动能定理**(theorem of kinetic energy)的微分形式：

$$\mathrm{d}\left(\sum_{i=1}^{n}\frac{1}{2}m_iv_i^2\right)=\sum_{i=1}^{n}\delta W_i$$

或简写为

$$\mathrm{d}T=\delta W \tag{10-10}$$

也可表示为

$$\frac{\mathrm{d}T}{\mathrm{d}t}=\frac{\delta W}{\mathrm{d}t}=N \tag{10-11}$$

其中

$$N=\sum_{i=1}^{n}\frac{\delta W_i}{\mathrm{d}t}=\sum_{i=1}^{n}N_i$$

为系统中所有力的功率的代数和，力的功率为单位时间内该力所作的功。

同理，还可以得到动能定理的积分形式：

$$\sum_{i=1}^{n}\frac{1}{2}m_i v_{i2}^2-\sum_{i=1}^{n}\frac{1}{2}m_i v_{i1}^2=\sum_{i=1}^{n}W_{i12}$$

简写为

$$T_2-T_1=W_{12} \tag{10-12}$$

需要注意的是：上式等号右侧的功 W_{12} 为系统全部可作功的力所作功的总和，它包括外力功和内力功，并且这些力可能是主动力也可能是约束力，只有在理想约束系统中，约束力才不作功。

10.3.2　动能定理的应用举例

例题 10-2　平面机构由两质量均为 m、长均为 l 的均质杆 AB、BO 组成，在杆 AB 上作用一不变的力偶矩 M，从图 10-8(a)所示位置由静止开始运动。不计摩擦，试求当 AB 杆的 A 端运动到铰支座 O 瞬时，A 端的速度。(θ 为已知)

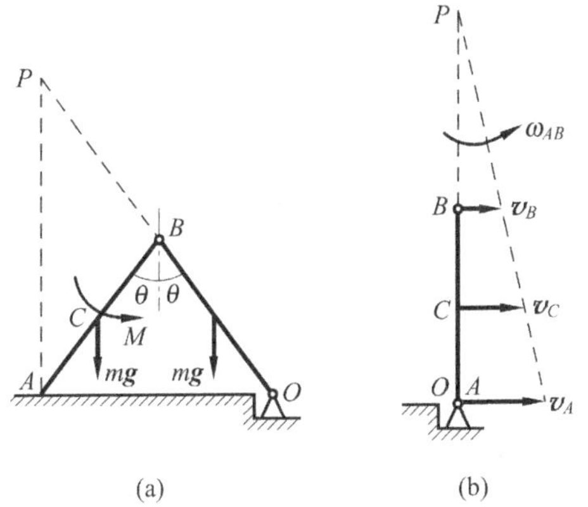

图 10-8　例题 10-2 图

解：选杆 AB、OB 这一整体为研究对象，其约束均为理想约束，可应用动能定理求解。

(1) 计算动能

设系统由静止运动到图 10-8(b)所示位置时杆 AB、OB 的角速度分别为 ω_{AB}、ω_{OB}，且杆 AB 作平面运动，杆 OB 作定轴转动，系统的动能为

$$T_1=0$$

$$T_2=\frac{1}{2}mv_C^2+\frac{1}{2}J_C\omega_{AB}^2+\frac{1}{2}J_O\omega_{OB}^2$$

在图 10-8(a)所示位置，杆 AB 速度瞬心 P 到 A 点的距离 $AP=2l\cos\theta$，到图 10-8(b)所示位置 $\theta=0°$时，$AP=2l$，则 $\omega_{AB}=\dfrac{v_B}{l}=\omega_{OB}$，$v_C=\dfrac{3}{2}l\omega_{AB}$，代入 T_2 表达式，有

$$T_2=\frac{1}{2}\left[m\left(\frac{3}{2}l\right)^2+\frac{1}{12}ml^2+\frac{1}{3}ml^2\right]\omega_{AB}^2=\frac{4}{3}ml^2\omega_{AB}^2$$

(2) 计算功

作功的力有两杆的重力和外力偶矩，所以有

$$W_{12}=M\theta-2mg\ \frac{l}{2}(1-\cos\theta)$$

(3) 应用动能定理求 A 点速度，得

$$\frac{4}{3}ml^2\omega_{AB}^2=M\theta-2mg\ \frac{l}{2}(1-\cos\theta)$$

$$v_A=2l\omega_{AB}=\sqrt{\frac{3}{m}[M\theta-mgl(1-\cos\theta)]}$$

例题 10-3 如图 10-9 所示，均质圆轮 A、B 的质量均为 m，半径均为 R，轮 A 沿斜面作纯滚动，轮 B 作定轴转动，B 处摩擦不计；物块 C 的质量也为 m；A、B、C 用轻绳相连；在圆盘 A 的质心处有一不计质量的弹簧，其刚度为 k，初始时系统处于静平衡状态。求系统的等效质量、等效刚度与系统的固有频率。

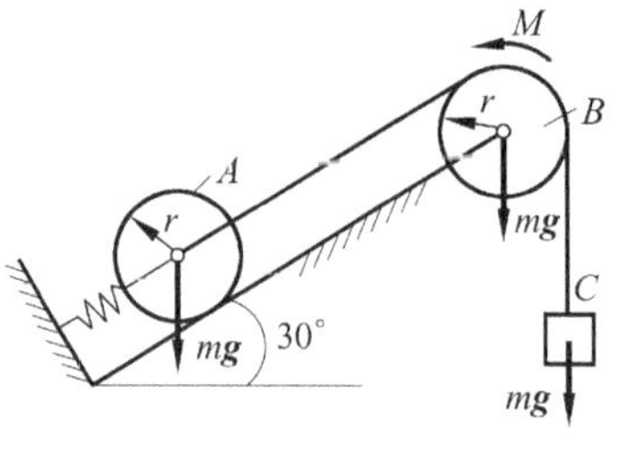

图 10-9 例题 10-3 图

解：这是一个单自由度振动的刚体系统，现研究怎样将其简化为质量一弹簧模型。

可以根据动能定理建立系统的运动微分方程，从而得到系统的等效质量和等效刚度。

(1) 分析运动，确定各部分的速度、角速度，写出系统的动能表达式

注意到轮 A 作平面运动；轮 B 作定轴转动；物块 C 作平移。于是，系统

的动能为

$$T = \frac{1}{2}mv_A^2 + \frac{1}{2}J_A\omega_A^2 + \frac{1}{2}J_B\omega_B^2 + \frac{1}{2}mv_C^2 \tag{a}$$

根据运动学分析,得

$$v_A = R\omega_A, \quad v_C = R\omega_B, \quad v_A = v_C \tag{b}$$

代入式(a),得

$$\begin{aligned} T &= \frac{1}{2}mv_A^2 + \frac{1}{2}\left(\frac{1}{2}mR^2\right)\left(\frac{v_A}{R}\right)^2 + \frac{1}{2}\left(\frac{1}{2}mR^2\right)\left(\frac{v_A}{R}\right)^2 + \frac{1}{2}mv_A^2 \\ &= \frac{3}{2}mv_A^2 \end{aligned} \tag{c}$$

以物块 C 的位移 x 为广义坐标,得

$$v_C = \dot{x}, \quad \omega_B = \frac{\dot{x}}{R}, \quad v_A = v_C = \dot{x}$$

则动能表达式(a)可以写为

$$T = \frac{3}{2}m\dot{x}^2 \tag{d}$$

(2) 外力的功

作用在系统上的外力所作的功为

$$W = mgx - mgx\cos60° - \frac{k}{2}[(x + \delta_{st})^2 - \delta_{st}^2] \tag{e}$$

由于系统初始于静平衡状态,对轮 A、轮 B 和物块 C 分别列出静平衡方程,整理后,有

$$mg - mg\cos60° - k\delta_{st} = 0$$

将其代入功的表达式(c),得

$$W = -\frac{1}{2}kx^2 \tag{f}$$

根据动能定理的微分形式,有

$$\frac{\mathrm{d}\left(\frac{3}{2}m\dot{x}^2\right)}{\mathrm{d}t} = \frac{\mathrm{d}\left(-\frac{1}{2}kx^2\right)}{\mathrm{d}t}$$

即

$$3m\ddot{x} = -kx \tag{g}$$

化成标准方程,为

$$3m\ddot{x} + kx = 0 \tag{h}$$

即等效质量为 $3m$,等效刚度就是弹簧的刚度 k。于是,刚体系统便简化为一质量—弹簧系统,其振动方程为

$$\ddot{x} + \frac{k}{3m}x = 0 \tag{i}$$

据此,系统的固有频率为

$$\omega_{\mathrm{n}} = \sqrt{\frac{k}{3m}} \tag{j}$$

10.4 势能的概念 机械能守恒定律及其应用

10.4.1 有势力和势能

1. 有势力的概念

如果作用在物体上的力所作的功仅与力作用点的起始位置和终了位置有关,而与其作用点经过的路径无关,这种力称为有势力或保守力。重力、弹性力等都具有这一特征,因而都是有势力。

2. 势能

受有势力作用的质点系,其势能的表达式为

$$V = \int_{M}^{M_0} \boldsymbol{F} \cdot \mathrm{d}\boldsymbol{r} = \int_{M}^{M_0} (F_x \mathrm{d}x + F_y \mathrm{d}y + F_z \mathrm{d}z) \tag{10-13}$$

其中 M_0 为势能等于零的位置(点),称为零势位置(零势点);M 为所要考察的任意位置(点)。式(10-13)表明,势能是质点系(质点)从某位置(点)M 运动到任选的零势位置(零势点)M_0 时,有势力所作的功。

由于零势位置(零势点)可以任选,所以,对于同一个位置的势能,将因零势位置(零势点)的不同而有不同的数值。

为了使分析和计算过程简单方便,对零势位置(零势点)要加以适当的选择。例如对常见的质量—弹簧系统,往往以其静平衡位置为零势能位置,这样可以使势能的表达式更简洁明了。

需要指出"零势位置(零势点)"与物理学中的"零势点"的关系是:物理学中的零势点是针对质点的,而这里的零势位置其实是组成质点系的每一个质点的零势点的集合。例如,质点系在重力场中的零势能位置是质点系中各质点在同一时刻的 z 坐标 $z_{10}, z_{20}, \cdots, z_{n0}$ 的集合。因此,质点系在各质点的 z 坐标分别为 $z_1, z_2, \cdots, z_n$ 时的势能为

$$V = \sum m_i g(z_i - z_{i0}) - mg(z_C - z_{C0})$$

3. 有势力的功与势能的关系

根据有势力的定义和功的概念，可得到有势力的功和势能的关系：

$$W_{12} = V_1 - V_2 \tag{10-14}$$

这一结果表明，有势力所作的功等于质点系在运动过程的起始位置与终了位置的势能差。这一关系可以更好地帮助理解功和势能的概念。

10.4.2 机械能守恒定律

物理学指出，质点系在某瞬时动能和势能的代数和称为**机械能**(mechanical energy)。当在系统上作功的力均为有势力时，其机械能保持不变，这就是**机械能守恒定律**(theorem of conservation of mechanical energy)，其数学表达式为

$$T_1 + V_1 = T_2 + V_2 \tag{10-15}$$

事实上，在很多情形下，质点系会受到非保守力作用，此时系统成为非保守系统，在动能定理中加上非保守力的功 W'_{12}，得

$$T_2 - T_1 = V_1 - V_2 + W'_{12}$$

或者

$$(T_2 + V_2) - (T_1 + V_1) = W'_{12} \tag{10-16}$$

例如，若系统上除了保守力外还有摩擦力作功，则 W'_{12}就是摩擦力的功。

式(10-15)和式(10-16)都是由动能定理导出的，有兴趣的读者不妨一试。

例题 10-4　如图 10-10 所示，为使质量 $m=10\text{kg}$、长 $l=120\text{cm}$ 的均质细杆刚好能达到水平位置($\theta=90°$)，杆在初始铅垂位置($\theta=0°$)时的初角速度 ω_0 应为多少？设各处摩擦忽略不计，弹簧在初始位置时未发生变形，且其刚度 $k=200\text{N/m}$。

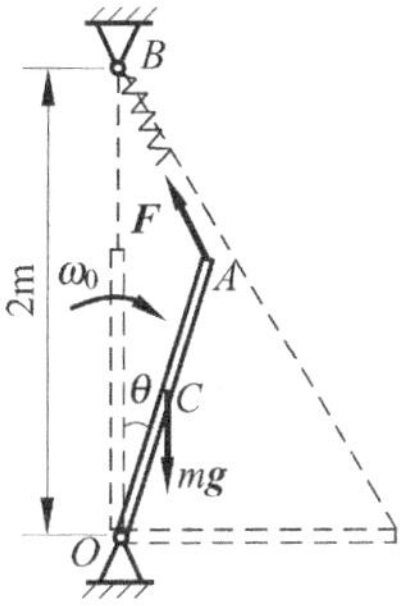

图 10-10　例题 10-4 图

解：以杆 OA 为研究对象，其上作用的重力和弹性力是有势力，轴承 O 处的约束力不作功，所以杆的机械能守恒。

(1) 计算始末位置的动能

杆在初始铅垂位置的角速度为 ω_0，而在末了水平位置时角速度为零，所以始末位置的动能分别为

$$T_1 = \frac{1}{2}J_O\omega_0^2 = \frac{1}{2}\cdot\frac{1}{3}ml^2\omega_0^2 = \frac{1}{6}\times 10\times 1.2^2\omega_0^2$$

$$T_2 = 0$$

(2) 计算始末位置的势能

设水平位置为杆重力势能的零位置，则始末位置的重力势能分别为

$$V'_1 = \frac{l}{2}mg = \frac{1.2}{2} \times 10 \times 9.8 = 58.8(\text{J})$$

$$V'_2 = 0$$

设初始铅垂位置弹簧自然长度为弹性力势能的零位置，则始末位置的弹性力势能分别为

$$V''_1 = 0$$

$$V''_2 = \frac{1}{2}k(\delta_2^2 - \delta_1^2)$$

其中

$$\delta_1 = 0, \quad \delta_2 = \sqrt{2^2 + 1.2^2} - (2 - 1.2) = 1.532(\text{m})$$

代入上式，得

$$V''_2 = \frac{200}{2}(1.532^2 - 0^2) = 234.7(\text{J})$$

(3) 应用机械能守恒定律求杆的初角速度

由于系统在运动过程中机械能守恒，即

$$T_1 + V'_1 + V''_1 = T_2 + V'_2 + V''_2$$

$$\frac{1}{6} \times 10 \times 1.2^2 \omega_0^2 + 58.8 + 0 = 0 + 0 + 234.7$$

由此式解得杆的初角速度为

$$\omega_0 = \sqrt{\frac{6(234.7 - 58.8)}{10 \times 1.2^2}} = 8.56(\text{rad/s})(\frown)$$

10.5 动力学普遍定理的综合应用

动量定理、动量矩定理与动能定理统称为动力学普遍定理。

动力学的三个定理包括了矢量方法和能量方法。

动量定理给出了质点系动量的变化与外力主矢之间的关系，可以用于求解质心运动或某些外力。

动量矩定理描述了质点系动量矩的变化与主矩之间的关系，可以用于具有转动特性的质点系，求解角加速度等运动量和外力。

动能定理建立了作功的力与质点系动能变化之间的关系，可用于复杂的质点系、刚体系求运动规律。

在很多情形下，需要综合应用这三个定理，才能得到问题的解答。正确分析问题的性质，灵活应用这些定理，往往会达到事半功倍的作用。

此外，这三个定理都存在不同形式的守恒形式，分析问题时也要给予特别的重视。

例题 10-5　如图 10-11(a)所示，均质圆盘可绕轴 O 在铅垂平面内转动，圆盘的质量为 m，半径为 R，在其质心 C 上连接一刚度为 k 的水平弹簧，弹簧的另一端固定在 A 点，$CA=2R$ 为弹簧的原长。圆盘在常力偶 M 的作用下，由最低位置无初速地绕轴 O 逆时针方向转动，试求圆盘到达最高位置时，轴承 O 的约束力。

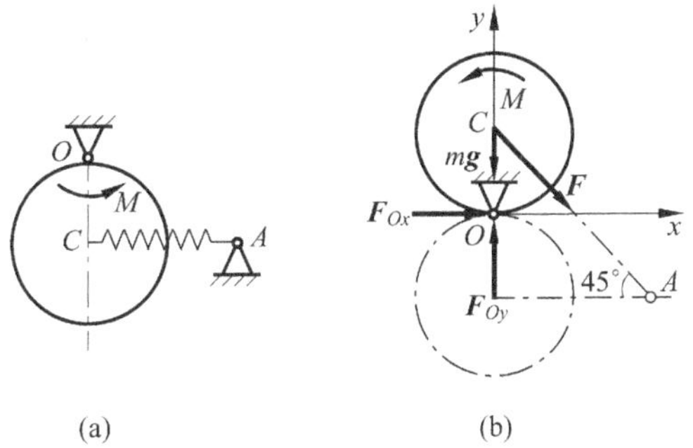

图 10-11　例题 10-5 图

解：选择圆盘为研究对象，其运动为绕轴 O 的定轴转动，圆盘的质心 C 作圆周运动。

对圆盘进行受力分析，其受力图如图 10-11(b)所示，圆盘受重力 mg，弹簧力 $\boldsymbol{F}$，外力偶矩 M 和轴 O 处的约束力 $\boldsymbol{F}_{Ox}$、$\boldsymbol{F}_{Oy}$。为求圆盘到达最高位置时，轴承 O 的约束力，需采用质心运动定理，即

$$\left.\begin{aligned} ma_{Cx} &= F\cos45^\circ + F_{Ox} \\ ma_{Cy} &= F_{Oy} - mg - F\sin45^\circ \end{aligned}\right\} \tag{a}$$

由于圆盘作定轴转动，为求质心的加速度，必先求出刚体转动的角速度和角加速度。

(1) 应用质系动能定理确定角速度 ω

定轴转动刚体的动能为

$$T_1 = 0$$

$$T_2 = \frac{1}{2}J_O\omega^2 = \frac{1}{2}\left(\frac{1}{2}mR^2 + mR^2\right)\omega^2$$

力的功为

$$W_{12}=M\varphi-mgh+\frac{1}{2}k(\delta_1^2-\delta_2^2)$$
$$=M\pi-mg2R+\frac{1}{2}k[0-(2\sqrt{2}R-2R)^2]$$

由动能定理 $T_2-T_1=W_{12}$，可求得圆盘的角速度 ω 为

$$\omega^2=\frac{4}{3mR^2}(M\pi-2Rmg-0.343kR^2) \tag{b}$$

(2) 应用定轴转动微分方程求角加速度 α

$$J_O\alpha=M-FR\cos45^\circ$$
$$\frac{3}{2}mR^2\alpha=M-k(2\sqrt{2}-2)R^2\frac{1}{\sqrt{2}}$$

圆盘的角加速度 α 为

$$\alpha=\frac{2(M-0.586kR^2)}{3mR^2} \tag{c}$$

圆盘在图 10-11(b)位置，质心 C 的加速度为

$$\left.\begin{aligned}a_{Cx}&=-R\alpha\\a_{Cy}&=-R\omega^2\end{aligned}\right\} \tag{d}$$

将式(b)、式(c)代入式(d)后再代入式(a)，可得轴 O 处的约束力为

$$\begin{cases}F_{Ox}=-0.195kR-0.667\dfrac{M}{R}\\F_{Oy}=3.667mg+1.043kR-4.189\dfrac{M}{R}\end{cases}$$

(3) 本例讨论

① 题中用动能定理求得的 ω，是圆盘特定位置时的角速度，故不可用 $\frac{\mathrm{d}\omega}{\mathrm{d}t}$ 来求角加速度 α。若求一般位置的 ω，计算弹性力的功比较繁。因此在求角加速度时，本题应用了定轴转动微分方程，而没有采用对角速度求导的方法。

② 定轴转动刚体的轴承约束力一般应设为两个分力 $\boldsymbol{F}_{Ox}$、$\boldsymbol{F}_{Oy}$，不可无根据的设为一个。

例题 10-6　如图 10-12(a)所示，均质圆盘 A 和滑块 B 质量均为 m，圆盘半径为 r，杆 AB 质量不计，平行于斜面，斜面倾角为 θ。已知斜面与滑块间摩擦因数为 f，圆盘在斜面上作纯滚动，系统在斜面上无初速运动，求滑块的加速度。

解：本例所涉及的是刚体系统，所要求的是运动的量(加速度)，故应用动

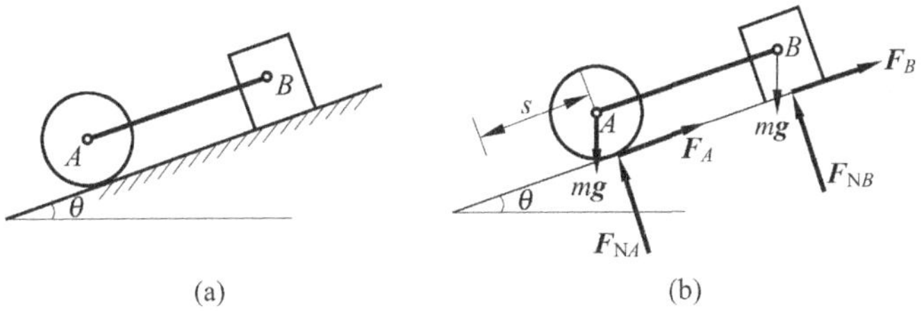

图 10-12　例题 10-6 图

能定理求解最为适宜。可在一般位置上建立动能定理的方程，求得速度，然后将其对时间求导数，得到加速度。

(1) 选系统整体作为研究对象，进行受力分析

系统受力图如图 10-12(b)所示。由于 A、B 两光滑铰链的约束力做功之和为零，与将系统拆开来分析比较，选择整体要简便得多；又由于圆盘作纯滚动，斜面固定不动，故摩擦力 $\boldsymbol{F}_A$，法向约束力 $\boldsymbol{F}_{NA}$、$\boldsymbol{F}_{NB}$均不做功。

设圆盘质心沿斜面下滑距离为 s(s 为时间的函数)，则重力的功为

$$W_1 = 2mg\sin\theta s \tag{a}$$

摩擦力 $\boldsymbol{F}_B$ 的功为

$$W_2 = -F_B s = -fF_{NB}s \tag{b}$$

(2) 对系统进行运动分析

设圆盘质心沿斜面下滑距离 s 时，其速度为 v(滑块速度亦同)，圆盘转动角速度 ω，则系统的动能为

$$\left.\begin{aligned} T_1 &= 0 \\ T_2 &= 2\times\frac{1}{2}mv^2+\frac{1}{2}J_A\omega^2 \end{aligned}\right\} \tag{c}$$

由于圆盘在斜面上作纯滚动，由运动学关系得

$$\omega = \frac{v}{r}$$

将其代入式(c)，并考虑到

$$J_A = \frac{1}{2}mr^2$$

则系统任意瞬时的动能为

$$T_2 = \frac{5}{4}mv^2 \tag{d}$$

将式(a)、式(b)、式(d)代入动能定理表达式 $T_2-T_1=W_1+W_2$，可得

$$\frac{5}{4}mv^2 = mgs(2\sin\theta - f\cos\theta)$$

将上式对时间求一次导数，得

$$\frac{5}{2}mv\dot{v} = mg\dot{s}(2\sin\theta - f\cos\theta)$$

因$\dot{v}=a$，$\dot{s}=v$，可解得滑块的加速度为

$$a = \frac{2}{5}g(2\sin\theta - f\cos\theta)$$

(3) 本例讨论

① 由于圆盘沿斜面作纯滚动，二者接触点处无相对滑动，故摩擦力 $\boldsymbol{F}_A$ 做功为零。

② 系统下滑距离 s 是变量，代表一般位置，故建立的方程可求导。由于圆盘质心和滑块是直线运动，才有$\dot{v}=a$，否则$\dot{v}=a_t$。

例题 10-7 均质杆 AB 长为 l，质量为 m，上端 B 靠在光滑墙上，另一端 A 用光滑铰链与车轮轮心相连接，已知车轮质量为 M，半径为 R，在水平面上作纯滚动，滚阻不计，如图 10-13(a)所示。设系统从图示位置($\theta=45°$)无初速开始运动，求该瞬时轮心 A 的加速度。

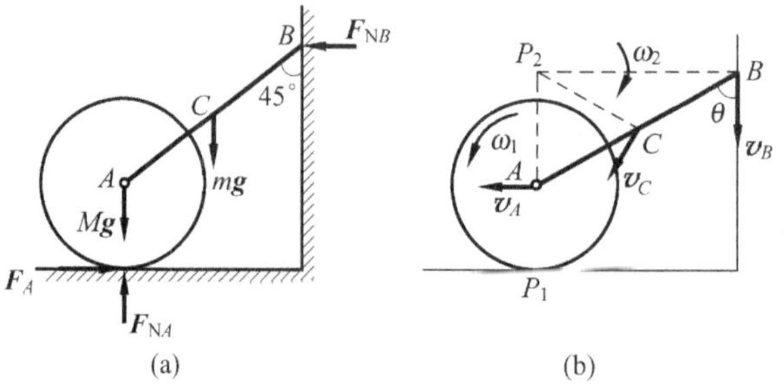

图 10-13 例题 10-7 图

解：本例为刚体系统，所要求的量为加速度，可应用动能定理求解。同时，由于系统中只有有势力做功，故也可用机械能守恒定律求解。

在一般位置上建立动能定理的方程，通过对时间求导数得到加速度。

(1) 选系统整体作为研究对象，进行受力分析

系统受力图如图 10-13(a)所示。考察杆 AB 由图 10-13(a)所示位置($\theta=45°$)运动到图 10-13(b)所示位置 $\theta(\theta>45°)$。

以水平面为零势位置，则两位置系统的势能分别为

$$V_1 = \text{const}$$

$$V_2 = mg\left(R + \frac{l}{2}\cos\theta\right) + MgR$$

(2) 对系统进行运动分析

设在任意位置时，轮心速度为 v_A(水平向左)，B 点速度由于墙面约束的关系，铅直向下，车轮作纯滚动，其速度瞬心为 P_1，而杆 AB 做平面运动，其速度瞬心为 P_2，如图 10-13(b)所示，其中

$$CP_2 = \frac{l}{2}$$

于是，可得到下列运动学关系式：

$$\omega_1 = \frac{v_A}{R}, \quad \omega_2 = \frac{v_A}{l\cos\theta}, \quad v_C = \frac{l}{2}\omega_2 = \frac{v_A}{2\cos\theta}$$

据此，得到系统在两位置的动能分别为

$$T_1 = 0$$

$$T_2 = \frac{1}{2}Mv_A^2 + \frac{1}{2}J_A\omega_1^2 + \frac{1}{2}mv_C^2 + \frac{1}{2}J_C\omega_2^2$$

将运动学关系式代入动能 T_2 表达式，考虑到

$$J_A = \frac{1}{2}MR^2, \quad J_C = \frac{1}{12}ml^2,$$

则有

$$T_2 = \left(\frac{3}{4}M + \frac{1}{6\cos^2\theta}m\right)v_A^2$$

(3) 应用机械能守恒定律

将上述结果代入机械能守恒定律表达式

$$T_1 + V_1 = T_2 + V_2,$$

得

$$V_1 = \left(\frac{3}{4}M + \frac{1}{6\cos^2\theta}m\right)v_A^2 + mg\left(R + \frac{l}{2}\cos\theta\right) + MgR$$

将上式对时间求一次导数，有

$$\left(\frac{3}{2}M + \frac{1}{3\cos^2\theta}m\right)v_A\dot{v}_A + \left(\frac{\sin\theta\dot{\theta}}{3\cos^3\theta}m\right)v_A^2 - mg\frac{l}{2}\sin\theta\dot{\theta} = 0$$

注意到

$$\dot{v}_A = a_A, \quad \dot{\theta} = \omega_2 = \frac{v_A}{l\cos\theta}$$

则

$$\left(\frac{3}{2}M + \frac{1}{3\cos^2\theta}m\right)a_A + \left(\frac{\sin\theta}{3l\cos^4\theta}m\right)v_A^2 - mg\frac{1}{2}\tan\theta = 0$$

上式对 $\theta \geqslant 45°$到 B 端离开墙面之前的全过程均成立。

当 $\theta = 45°$时，$v_A = 0$，代入上式有

$$a_A = \frac{3mg}{9M + 4m}$$

(4) 本例讨论

① 本例也可应用积分形式的动能定理求解，所得结果是一致的，读者可自行验证。

② 当系统从静止开始运动瞬时，物体上各点的速度、刚体的角速度均为零，要想求该瞬时的加速度，须首先考察系统在任意位置的动能和势能，然后对机械能守恒定律的表达式求导数。

③ 因为机械能守恒定律给出的是一个标量方程，只能解一个未知量，因此对于本例中两个平面运动的刚体，要应用刚体平面运动的速度分析方法，将所有的运动量用一个未知量表示。

例题 10-8 如图 10-14(a)所示，滚轮 C 由半径为 r_1 的轴和半径为 r_2 的圆盘固结而成，其重力为 $\boldsymbol{F}_{P3}$，对质心 C 的回转半径为 ρ，轴沿 AB 作无滑动滚动；均质滑轮 O 的重力为 $\boldsymbol{F}_{P2}$，半径为 r；物块 D 的重力 $\boldsymbol{F}_{P1}$。求：①物块 D 的加速度；②EF 段绳的张力；③O_1 处摩擦力。

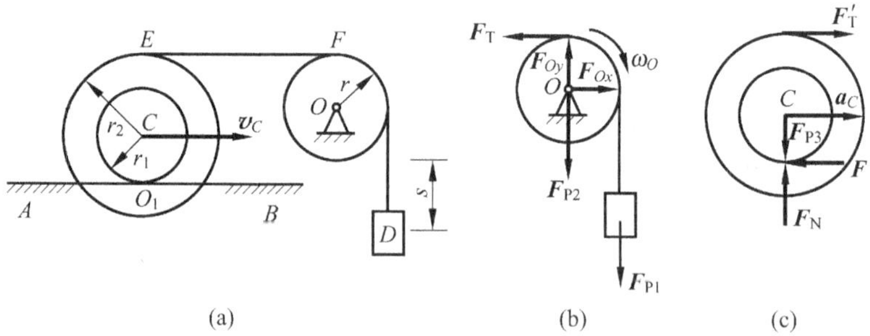

图 10-14 例题 10-8 图

解：将滚轮 C、滑轮 O、物块 D 所组成的刚体系统作为研究对象，系统具有理想约束，由动能定理建立系统的运动与主动力之间的关系。

(1) 系统在物块下降任意距离 s 时的动能

$$T = \frac{1}{2}\frac{F_{P1}}{g}v_D^2 + \frac{1}{2}J_O\omega_O^2 + \frac{1}{2}\frac{F_{P3}}{g}v_C^2 + \frac{1}{2}J_C\omega_C^2$$

其中

$$\omega_O=\frac{v_D}{r},\quad \omega_C=\frac{v_D}{r_1+r_2},\quad v_C=\frac{r_1}{r_1+r_2}v_D,$$

$$J_O=\frac{1}{2}\frac{F_{P2}}{g}r^2,\quad J_C=\frac{F_{P3}}{g}\rho^2$$

所以

$$T=\frac{1}{2}\left[\frac{F_{P1}}{g}+\frac{1}{2}\frac{F_{P2}}{g}+\frac{F_{P3}}{g}\left(\frac{r_1}{r_1+r_2}\right)^2+\frac{F_{P3}}{g}\left(\frac{\rho}{r_1+r_2}\right)^2\right]v_D^2$$

令

$$m=\frac{F_{P1}}{g}+\frac{1}{2}\frac{F_{P2}}{g}+\frac{F_{P3}}{g}\left(\frac{r_1}{r_1+r_2}\right)^2+\frac{F_{P3}}{g}\left(\frac{\rho}{r_1+r_2}\right)^2$$

称为当量质量或折合质量，则有

$$T=\frac{1}{2}mv_D^2$$

由动能定理

$$T-T_0=\sum W_{12}$$

$$\frac{1}{2}mv_D^2-T_0=F_{P1}s$$

将上式对时间求导数，有

$$mv_Da_D=F_{P1}\dot{s}=F_{P1}v_D$$

求得物块的加速度，为

$$a_D=\frac{F_{P1}}{m}=\frac{F_{P1}}{\dfrac{F_{P1}}{g}+\dfrac{1}{2}\dfrac{F_{P2}}{g}+\dfrac{F_{P3}}{g}\left(\dfrac{r_1}{r_1+r_2}\right)^2+\dfrac{F_{P3}}{g}\left(\dfrac{\rho}{r_1+r_2}\right)^2}$$

$$=\frac{2(r_1+r_2)^2F_{P1}g}{(2F_{P1}+F_{P2})(r_1+r_2)^2+2F_{P3}(r_1^2+\rho^2)}$$

(2) 考察滑轮与物块组成的系统

将 EF 绳剪断，考虑滑轮与物块组成的系统，如图 10-14(b)所示。系统对 O 轴的动量矩和力矩分别为

$$L_O=J_O\omega_O+\frac{F_{P1}}{g}rv_D=\frac{1}{2}\frac{F_{P2}}{g}r^2\frac{v_D}{r}+\frac{F_{P1}}{g}rv_D$$

$$M_O=F_{P1}r-F_Tr$$

代入动量矩定理表达式

$$\frac{\mathrm{d}L_O}{\mathrm{d}t}=M_O$$

有

$$\frac{\mathrm{d}}{\mathrm{d}t}\left(\frac{1}{2}\frac{F_{\mathrm{P2}}}{g}r^2\frac{v_D}{r}+\frac{F_{\mathrm{P1}}}{g}rv_D\right)=F_{\mathrm{P1}}r-F_{\mathrm{T}}r$$

由此得到绳子的张力为

$$\begin{aligned}F_{\mathrm{T}}&=F_{\mathrm{P1}}-\left(\frac{1}{2}\frac{F_{\mathrm{P2}}}{g}+\frac{F_{\mathrm{P1}}}{g}\right)a_D\\&=\frac{2(r_1^2+\rho^2)F_{\mathrm{P1}}F_{\mathrm{P3}}}{(2F_{\mathrm{P1}}+F_{\mathrm{P2}})(r_1+r_2)^2+2F_{\mathrm{P3}}(r_1^2+\rho^2)}\end{aligned}$$

(3) 以滚轮为研究对象，应用质心运动定理

滚轮受力图如图 10-14(c)所示。由质心运动定理，得

$$\frac{F_{\mathrm{P3}}}{g}a_C=F'_{\mathrm{T}}-F$$

可得

$$\begin{aligned}F&=F'_{\mathrm{T}}-\frac{F_{\mathrm{P3}}}{g}a_C=F_{\mathrm{T}}-\frac{F_{\mathrm{P3}}}{g}\frac{r_1}{r_1+r_2}a_D\\&=\frac{2(\rho^2-r_1r_2)F_{\mathrm{P1}}F_{\mathrm{P3}}}{(2F_{\mathrm{P1}}+F_{\mathrm{P2}})(r_1+r_2)^2+2F_{\mathrm{P3}}(r_1^2+\rho^2)}\end{aligned}$$

(4) 本例讨论

① 对于具有理想约束的一个自由度系统，一般以整体系统作为分析研究对象，应用动能定理直接建立主动力的功与广义速度之间的关系，在方程式中不涉及未知的约束力；将方程式对时间 t 求一次导数，可得到作用在系统上的主动力与加速度之间的关系。

待运动确定后，再选择不同的分析研究对象，应用动量或动量矩定理求解未知的约束力。

② 特别需要指出的是：采用只能求解一个未知量的动能定理来分析多个物体组成的刚体系统，必须附加运动学的补充方程，因此各物体速度间的运动学关系一定要明确，如本题中 v_C、v_D、ω_C、ω_O 的关系。

③ 若一开始就将系统拆开，以单个刚体作为研究对象，则需分别应用平面运动微分方程、动量矩定理(定轴转动微分方程)、牛顿第二定律等，分别建立动力学方程，然后联立求解。读者可试用此方法求解后与本例中的方法相比较，便可得出采用哪种方法更为简便易算的结论。

例题 10-9 质量为 m_1、杆长 $OA=l$ 的均质杆 OA 一端连接铰支座，另一端用铰链连接一可绕轴 A 自由旋转、质量为 m_2 的均质圆盘，如图 10-15(a)所示。初始时，杆处于铅垂位置，圆盘静止，设 OA 杆无初速度释放，不计摩擦，求当杆转至水平位置时，杆 OA 的角速度、角加速度及铰链 O 处的约束力。

解：取整体为研究对象。系统具有理想约束。

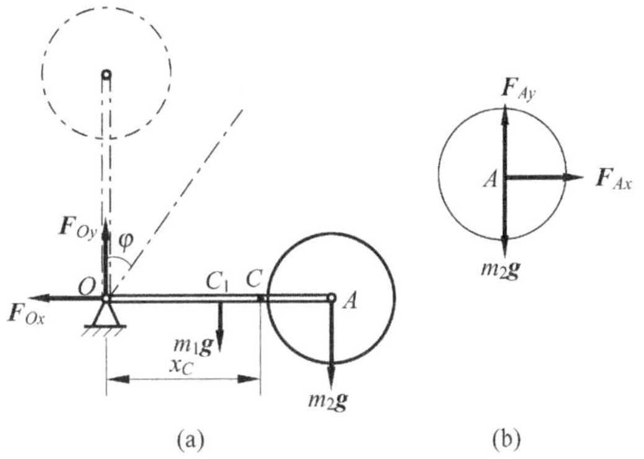

图 10-15　例题 10-9 图

(1) 运动分析

杆 OA 作定轴转动。为分析圆盘的运动，取圆盘为研究对象(图 10-15(b))，应用相对质心的动量矩定理，设圆盘的角加速度为 α，则圆盘绕质心 A 的转动微分方程为

$$J_A\alpha = 0$$

因此 $\alpha=0$，得

$$\omega = \omega_0 = 0$$

这表明，圆盘在杆下摆过程中角速度始终为零，圆盘作平动。

(2) 应用动能定理

系统在初始位置和任意位置时的动能分别为

$$T_1 = 0$$

$$T_2 = \frac{1}{2}J_O\omega^2 + \frac{1}{2}m_2 v_A^2 = \frac{1}{2}\,\frac{1}{3}m_1 l^2\omega^2 + \frac{1}{2}m_2 l^2\omega^2$$

$$= \frac{m_1 + 3m_2}{6}l^2\omega^2$$

杆在角度 φ 位置时，重力的功为

$$W = m_1 g\left(\frac{l}{2} - \frac{l}{2}\cos\varphi\right) + m_2 g(l - l\cos\varphi)$$

$$= \left(\frac{m_1}{2} + m_2\right)gl(1 - \cos\varphi)$$

应用动能定理，有

$$\frac{m_1 + 3m_2}{6}l^2\omega^2 = \left(\frac{m_1}{2} + m_2\right)gl(1 - \cos\varphi)$$

解得

$$\omega^2 = \frac{m_1 + 2m_2}{m_1 + 3m_2} \cdot \frac{3g}{l}(1 - \cos\varphi) \tag{a}$$

当 $\varphi = 90°$时，杆在水平位置的角速度为

$$\omega = \sqrt{\frac{m_1 + 2m_2}{m_1 + 3m_2} \cdot \frac{3g}{l}} \tag{b}$$

将式(a)等号两端对时间求导数，得

$$2\omega\alpha = \frac{m_1 + 2m_2}{m_1 + 3m_2} \cdot \frac{3g}{l}\sin\varphi\,\dot{\varphi}$$

因为$\dot{\varphi} = \omega$，所以 $\varphi = 90°$时，杆在水平位置的角加速度为

$$\alpha = \frac{m_1 + 2m_2}{m_1 + 3m_2} \cdot \frac{3g}{2l}\sin\varphi = \frac{m_1 + 2m_2}{m_1 + 3m_2} \cdot \frac{3g}{2l} \tag{c}$$

(3) 确定 O 处约束力

首先确定系统质心的位置，然后应用质心运动定理，求解 O 处约束力。根据质心坐标公式，有

$$x_C = \frac{m_1 \dfrac{l}{2} + m_2 l}{m_1 + m_2} = \frac{m_1 + 2m_2}{m_1 + m_2} \cdot \frac{l}{2} \tag{d}$$

代入质心运动定理表达式，有

$$\begin{aligned} (m_1 + m_2)x_C\omega^2 &= F_{Ox} \\ -(m_1 + m_2)x_C\alpha &= F_{Oy} - (m_1 + m_2)g \end{aligned} \tag{e}$$

将式(b)、式(c)、式(d)代入式(e)，最后得到

$$\begin{aligned} F_{Ox} &= \frac{(m_1 + 2m_2)^2}{(m_1 + 3m_2)} \cdot \frac{3g}{2} \\ F_{Oy} &= -\frac{(m_1 + 2m_2)^2}{(m_1 + 3m_2)} \cdot \frac{3g}{4} + (m_1 + m_2)g \end{aligned} \tag{f}$$

(4) 本例讨论

① 如果圆盘有初始角速度，在随杆下摆时，角速度将保持不变，这种情形下计算动能时需要加上圆盘绕质心转动的动能。

② 为求角加速度 α，可将角速度 ω 对时间求一次导数，但此时的 ω 一定是一般位置 φ 时的角速度，不能用某个特定位置(例如水平位置)时的 ω 求导数，否则导数必为零。

③ 采用质心运动定理求约束力时，不一定先求系统质心的位置，也可以将每个物体质心的位置找到(不必计算)代入质心运动定理的另一种表达式：$\sum m_i \boldsymbol{a}_{Ci} = \boldsymbol{F}_{\mathrm{R}}^{(\mathrm{e})}$，同样会得到相同的结果，建议读者结合本例自行验证。

10.6　结论与讨论

10.6.1　功率方程

动能定理的微分形式为

$$\frac{\mathrm{d}T}{\mathrm{d}t}=\frac{\delta W}{\mathrm{d}t}=N \tag{10-11}$$

其中 N 为功率。

作用在平移刚体上力的功率为

$$N=\frac{\delta W}{\mathrm{d}t}=\boldsymbol{F}\cdot\frac{\mathrm{d}\boldsymbol{r}}{\mathrm{d}t}=\boldsymbol{F}_{\mathrm{t}}\cdot\boldsymbol{v}$$

作用在转动刚体上力的功率为

$$N=\frac{\delta W}{\mathrm{d}t}=M_z\cdot\frac{\mathrm{d}\varphi}{\mathrm{d}t}=M_z\cdot\omega$$

工程上，机器的功率可分为三部分，即输入功率、输出功率、损耗功率。输出功率是对外作功的有用功率损耗功率是摩擦、热能损耗等不可避免的无用功率。由此，式(10-11)可以改写为

$$\frac{\mathrm{d}T}{\mathrm{d}t}=N_{输入}-N_{输出}-N_{损耗}$$

或

$$N_{输入}=\frac{\mathrm{d}T}{\mathrm{d}t}+N_{输出}+N_{损耗}$$

任何机器在工作时都需要从外界输入功率，同时也不可避免的要消耗一些功率，消耗越少则机器性能越好。工程上，定义机械效率为

$$\eta=\frac{N_{有用}}{N_{输入}}\times 100\%=\frac{N_{输出}+\dfrac{\mathrm{d}T}{\mathrm{d}t}}{N_{输入}}\times 100\%<1$$

这是衡量机器性能的指标之一。若机器有多级(假设为 n 级)传动，机械效率为

$$\eta=\eta_1\cdot\eta_2\cdot\cdots\cdot\eta_n$$

10.6.2　运动分析以及运动学方程在应用动力学普遍定理过程中至关重要

在动量、动量矩、动能定理的应用中，运动学方程起着非常重要的作用。很多情形下，动力学关系非常容易得到，但运动学关系却很复杂，这时正确的运动分析以及建立运动学补充方程显得尤为重要。

例题 10-10 以图 10-16(a)所示问题为例，均质杆 AB 重力为 $\boldsymbol{W}$，A、B 处均为光滑面约束，杆在铅垂位置时，无初速度开始下滑，求图示位置时 A、B 二处的约束力。

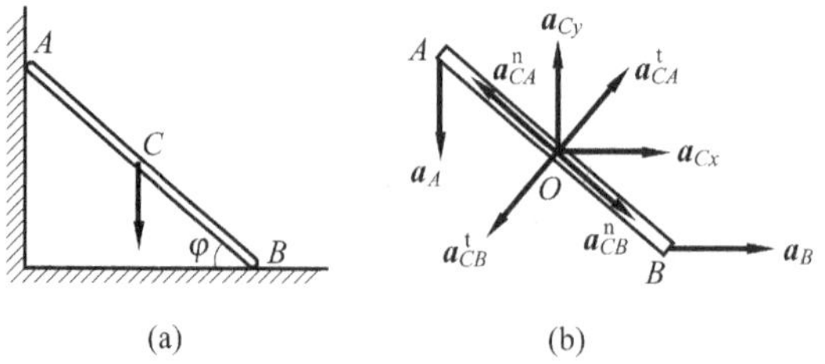

图 10-16 杆的运动学分析

对于杆 AB，其动量、动量矩、动能的表达式都很容易写出。为了确定约束力，可以采用质心运动定理，即

$$\left.\begin{aligned}\frac{W}{g}a_{Cx} &= N_A\\ \frac{W}{g}a_{Cy} &= N_B - W\end{aligned}\right\} \tag{a}$$

方程简洁明了，关键是质心加速度 a_{Cx}、a_{Cy} 如何确定，也就是如何建立相关的运动学方程。

杆端 A 和 B 的加速度方向已知，故分别取其为基点，可得

$$\boldsymbol{a}_C = \boldsymbol{a}_A + \boldsymbol{a}_{CA}^{n} + \boldsymbol{a}_{CA}^{t} \tag{b}$$

$$\boldsymbol{a}_C = \boldsymbol{a}_B + \boldsymbol{a}_{CB}^{n} + \boldsymbol{a}_{CB}^{t} \tag{c}$$

注意到 $\boldsymbol{a}_A$ 方向铅垂向下，$\boldsymbol{a}_B$ 方向水平向右，得到

$$\begin{cases} a_{Cx} = -a_{CA}^{n}\cos\varphi + a_{CA}^{t}\sin\varphi \\ a_{Cy} = -a_{CB}^{n}\sin\varphi - a_{CB}^{t}\cos\varphi \end{cases}$$

加速度一旦确定，其余问题便迎刃而解。可见，正确建立运动学方程至关重要。

习题

10-1 计算图示各系统的动能：

① 如图所示，质量为 m，半径为 r 的均质圆盘在其自身平面内作平面运动，已知圆盘上 A、B 两点的速度方向，B 点的速度为 v_B，$\theta=45°$(图(a))。

② 如图所示，质量为 m_1 的均质杆 OA，一端铰接在质量为 m_2 的均质圆

盘中心，另一端放在水平面上，圆盘在地面上作纯滚动，圆心速度为$\boldsymbol{v}$（图(b)）。

③ 质量为 m 的均质细圆环半径为 R，其上固结一个质量也为 m 的质点 A，细圆环在水平面上作纯滚动，图示瞬时角速度为 ω（图(c)）。

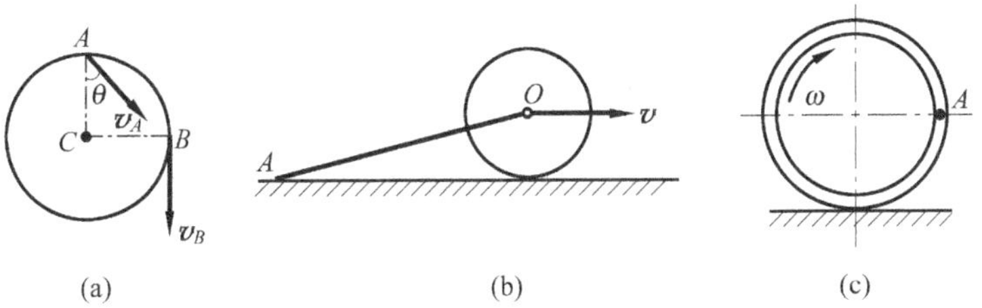

习题 10-1 图

10-2　如图所示，滑块 A 重力为 $\boldsymbol{W}_1$，可在滑道内滑动，与滑块 A 用铰链连接的是重力为 $\boldsymbol{W}_2$、长为 l 的匀质杆 AB。已知滑块沿滑道的速度为$\boldsymbol{v}_1$，杆 AB 的角速度为 ω_1。当杆与铅垂线的夹角为 φ 时，试求系统的动能。

10-3　重力为 $\boldsymbol{F}_P$、半径为 r 的齿轮Ⅱ与半径为 $R=3r$ 的固定内齿轮Ⅰ相啮合。匀质曲柄 OC 带动齿轮Ⅱ运动，曲柄的重力为 $\boldsymbol{F}_Q$，角速度为 ω，齿轮可视为匀质圆盘。试求行星齿轮机构的动能。

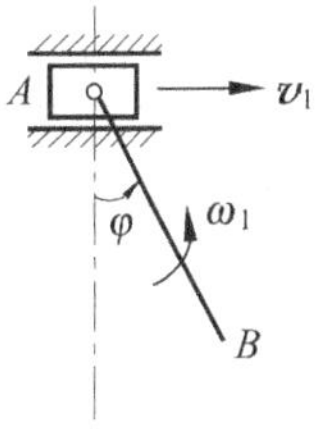

习题 10-2 图

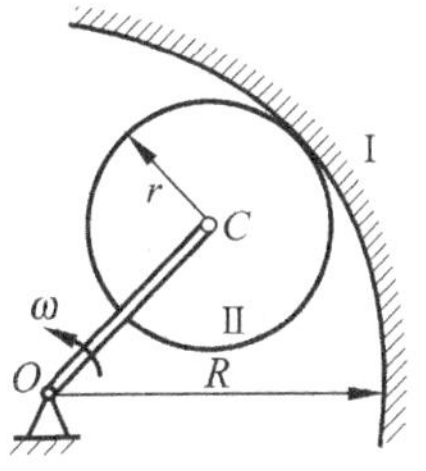

习题 10-3 图

10-4　如图所示，重物 A 质量为 m_1，系在绳索上跨过一不计质量的定滑轮 D 并绕在滑轮 B 上，滑轮 B 的半径为 R，与半径为 r 的滚子 C 固结，两者总质量为 m_2，滚子对 O 轴的回转半径为 ρ。当重物 A 下降时，滚子 C 沿水平轨道滚动而不滑动，试求重物 A 的加速度。

10-5　如图所示，均质杆 AB 长为 l，质量为 $2m$，两端分别与质量均为 m 的滑块铰接，两光滑直槽相互垂直。设弹簧刚度为 k，且当 $\theta=0°$时，弹簧为原长。若机构在 $\theta=60°$时无初速开始运动，试求当杆 AB 处于水平位置时的角速度和角加速度。

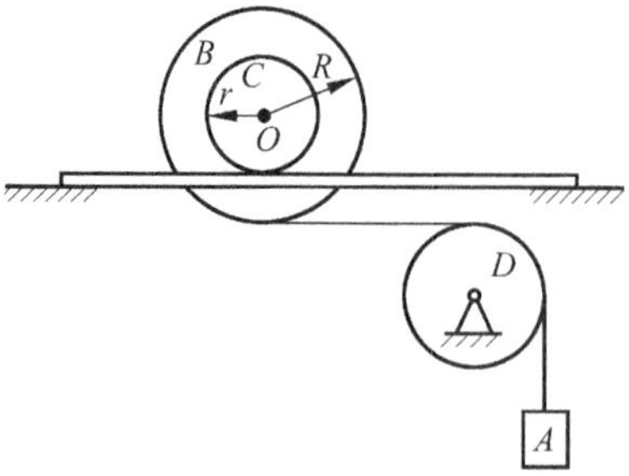

习题 10-4 图

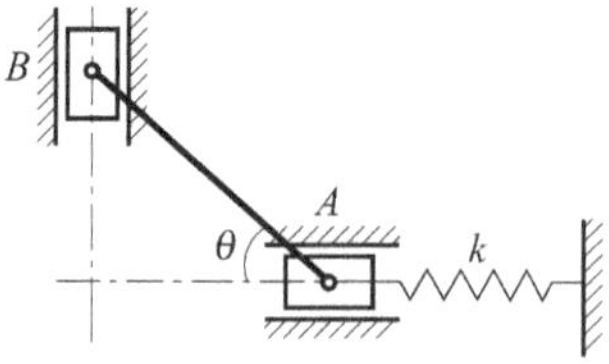

习题 10-5 图

10-6　图(a)的圆盘和图(b)的圆环，质量均为 m，半径均为 r，均置于距地面为 h 的斜面上，斜面倾角为 θ，盘与环都从时间 $t=0$ 开始，在斜面上作纯滚动。分析圆盘与圆环哪一个先到达地面？

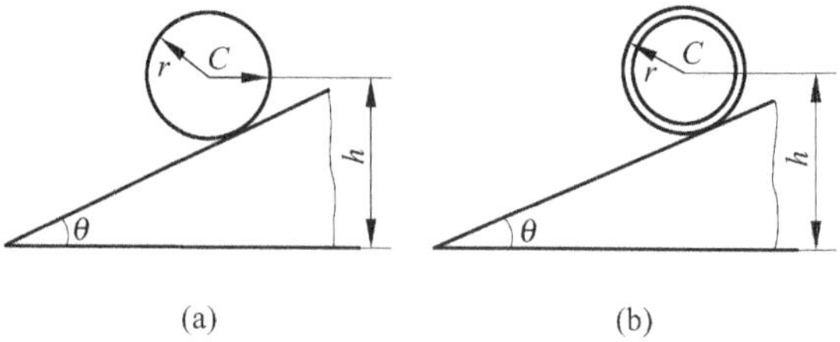

习题 10-6 图

10-7　两匀质杆 AC 和 BC 质量均为 m，长度均为 l，在 C 点由光滑铰链相连接，A、B 端放置在光滑水平面上，如图所示。杆系在铅垂面内的图示位置由静止开始运动，试求铰链 C 落到地面时的速度。

10-8　如图所示，质量为 15kg 的细杆可绕轴转动，杆端 A 连接刚度系数为 $k=50\text{N/m}$ 的弹簧。弹簧另一端固结于 B 点，弹簧原长 1.5m。试求杆从水平位置以初角速度 $\omega_0=0.1\text{rad/s}$ 落到图示位置时的角速度。

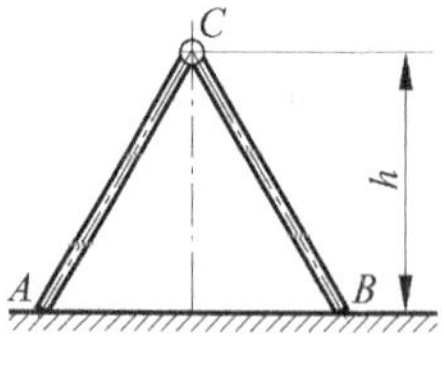

习题 10-7 图

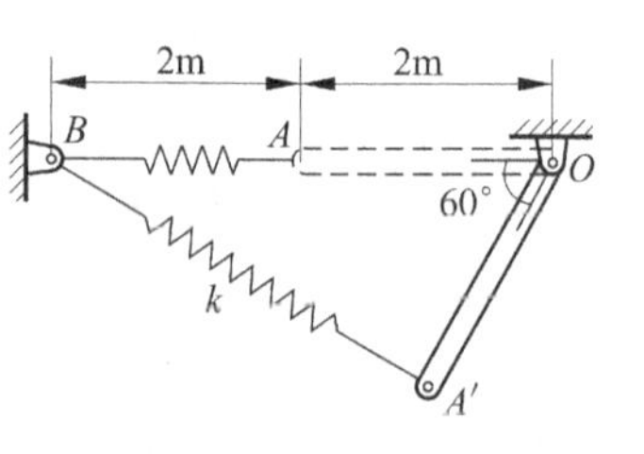

习题 10-8 图

10-9 在图示机构中，已知：均质圆盘的质量为 m 、半径为 r，可沿水平面作纯滚动，刚度系数为 k 的弹簧一端固定于 B，另一端与圆盘中心 O 相连。运动开始时，弹簧处于原长，此时圆盘角速度为 ω，试求：①圆盘向右运动到达最右位置时，弹簧的伸长量；②圆盘到达最右位置时的角加速度 α 及圆盘与水平面间的摩擦力。

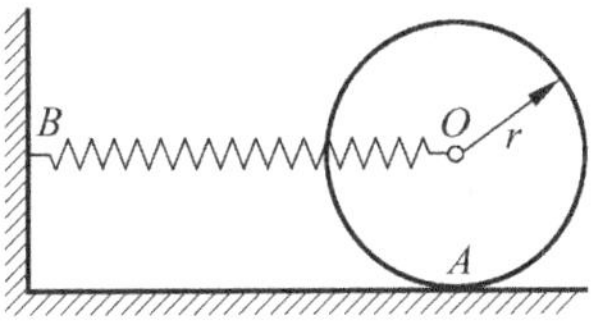

习题 10-9 图

10-10 在图示机构中，鼓轮 B 质量为 m，内、外半径分别为 r 和 R，对转轴 O 的回转半径为 ρ，其上绕有细绳，一端吊一质量为 m 的物块 A，另一端与质量为 M、半径为 r 的均质圆轮 C 相连，斜面倾角为 φ，绳的倾斜段与斜面平行。试求：①鼓轮的角加速度 α；②斜面的摩擦力及连接物块 A 的绳子的张力(表示为 α 的函数)。

10-11 匀质圆盘的质量为 m_1，半径为 r，圆盘与处于水平位置的弹簧一端铰接且可绕固定轴 O 转动，以起吊重物 A，如图所示。若重物 A 的质量为 m_2，弹簧刚度系数为 k，试求系统的固有频率。

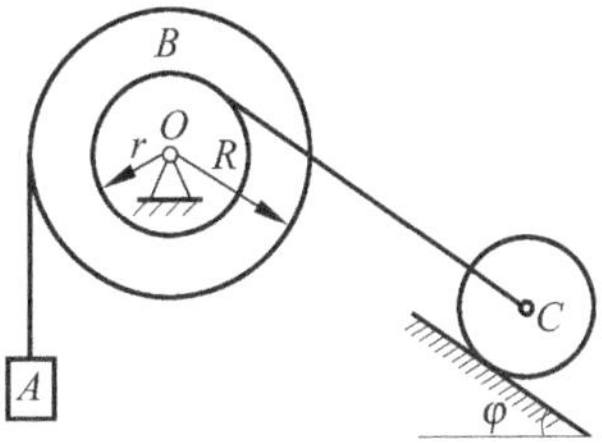

习题 10-10 图

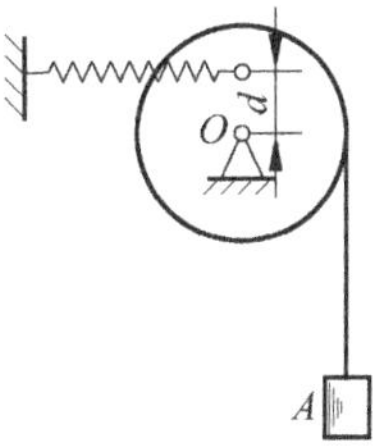

习题 10-11 图

10-12 如图所示，圆盘质量为 m、半径为 r，在中心处与两根水平放置的弹簧固结，且在平面上作无滑动滚动。弹簧刚度系数均为 k_0，试求系统作微振动的固有频率。

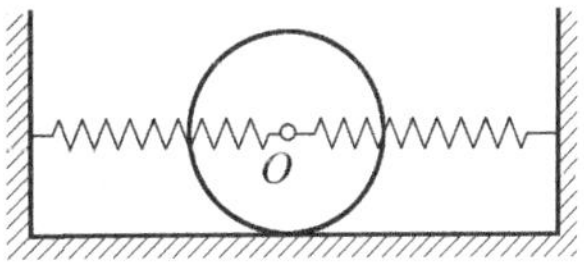

习题 10-12 图

10-13 测量机器功率的功率计，由胶带 $ACDB$ 和一杠杆 BOF 组成，如图所示。胶带具有铅垂的两段 AC 和 DB，并套住受试验机

器和滑轮 E 的下半部，杠杆的刀口放在支点 O 上，升高或降低支点 O，可以变更胶带的拉力，同时变更胶带与滑轮间的摩擦力。在 F 处挂一重锤 P，杠杆 BF 即可处于水平平衡位置。若重锤的质量 $m=3\text{kg}$，$L=500\text{mm}$，试求发动机的转速 $n=240\text{r/min}$ 时发动机的功率。

10-14 在图示机构中，物体 A 质量为 m_1，放在光滑水平面上；均质圆盘 C、B 质量均为 m，半径均为 R；物体 D 质量为 m_2。不计绳的质量，设绳与滑轮之间无相对滑动，绳的 AE 段与水平面平行，系统由静止开始释放，试求物体 D 的加速度以及 BC 段绳的张力。

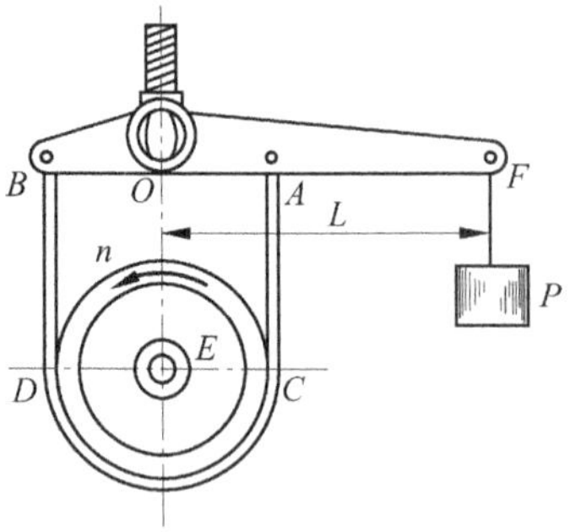

习题 10-13 图

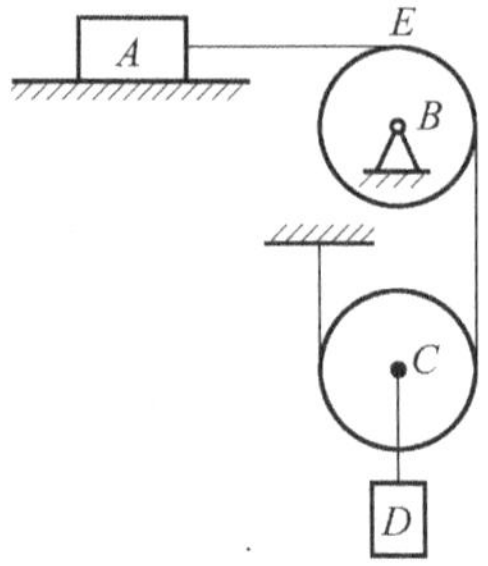

习题 10-14 图

10-15 图示机构中，物块 A、B 质量均为 m，均质圆盘 C、D 质量均为 $2m$，半径均为 R。C 轮铰接于长为 $3R$ 的无重悬臂梁 CK 上，D 为动滑轮，绳与轮之间无相对滑动。系统由静止开始运动，试求：①物块 A 上升的加速度；②HE 段绳的张力；③固定端 K 处的约束力。

10-16 两个相同的滑轮，视为匀质圆盘，质量均为 m，半径均为 R，用绳缠绕连接，如图所示。如系统由静止开始运动，试求动滑轮质心 C 的速度 v 与下降距离 h 的关系，并确定 AB 段绳子的张力。

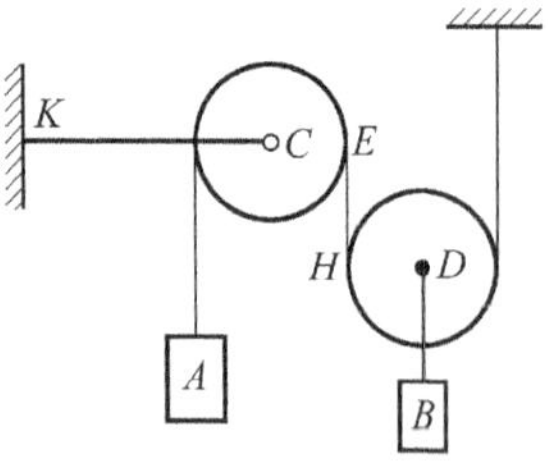

习题 10-15 图

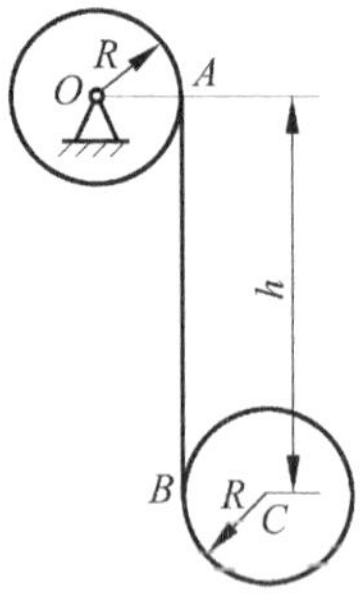

习题 10-16 图

第 11 章

达朗贝尔原理及其应用

引入惯性力的概念，应用达朗贝尔原理，将静力学中求解平衡问题的方法用于分析动力学问题。这种方法称为“动静法”。“动”代表研究对象是动力学问题；“静”代表研究问题所用的方法是静力学方法。

达朗贝尔原理是18世纪随着机器动力学问题的发展而提出的，它提供了解决动力学问题的一种区别于动力学普遍定理的新方法，特别适用于受约束质点系求解动约束力和动应力等问题，因此在工程技术中有着广泛应用。达朗贝尔原理为“分析力学”奠定了理论基础。

达朗贝尔原理虽然与动力学普遍定理具有不同的思路，但却获得了与动量定理、动量矩定理形式上等价的动力学方程，并在某些应用领域也是等价的。

11.1 惯性力与达朗贝尔原理

11.1.1 惯性力

有关惯性力概念的实例是很多的。

例如，在光滑水平直线轨道上推动质量为 m 的小车(图 11-1(a))，若人手作用在小车上的水平推力为 $\boldsymbol{F}$(图 11-1(b))，小车将获得水平方向的加速度 $\boldsymbol{a}$，从而改变其运动状态。根据牛顿第二定律，$\boldsymbol{F}=m\boldsymbol{a}$。同时，由于小车具有保持其运动状态不变的惯性，故将给手一个反作用力 $\boldsymbol{F}'$，$\boldsymbol{F}'=-\boldsymbol{F}=-m\boldsymbol{a}$。

(a) (b)

图 11-1 惯性力概念的实例之一

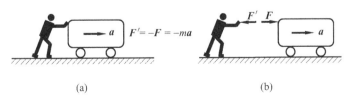

又如，质量为 m 的小球，受到长度为 R 的绳子约束，以速度 $\boldsymbol{v}$ 在光滑水平面内作匀速圆周运动(图 11-2(a))，若绳子作用在小球上的向心力为 $\boldsymbol{F}$（图 11-2(b)），则小球将获得向心加速度 $a_n=\frac{v^2}{R}$，且 $\boldsymbol{F}=m\boldsymbol{a}_n$。由于小球的惯性，小球将给绳子一个反作用力 $\boldsymbol{F}'$。根据牛顿第三定律，$\boldsymbol{F}'=-\boldsymbol{F}=-m\boldsymbol{a}_n$，力 $\boldsymbol{F}'$称为**惯性力**。

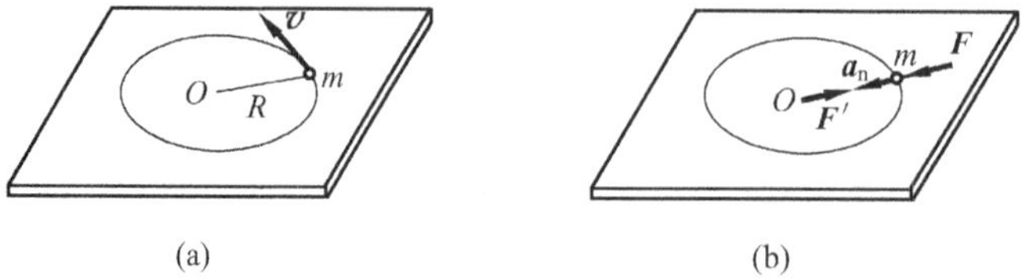

图 11-2 惯性力概念的实例之二

上述两种情形下，当质点受到力的作用而要改变其运动状态时，由于质点具有保持其原有运动状态不变的惯性，将会体现出一种抵抗能力，这种抵抗力，就是质点给予施力物体的反作用力 $\boldsymbol{F}'$。根据牛顿第三定律，

$$\boldsymbol{F}'=-\boldsymbol{F}=-m\boldsymbol{a}$$

这种反作用力称为**达朗贝尔惯性力**(d′ Alembert inertial force)，简称**惯性力**(inertial force)，用 $\boldsymbol{F}_\mathrm{I}$ 表示。

将质点惯性力写成一般形式为

$$\boldsymbol{F}_\mathrm{I}=-m\boldsymbol{a} \tag{11-1}$$

这表明，**质点惯性力的大小等于质点的质量与加速度的乘积，方向与质点加速度方向相反**。

需要特别指出的是，质点的惯性力是质点对改变其运动状态的一种抵抗，它并不作用于质点上，而是作用在使质点改变运动状态的施力物体上，但由于惯性力反映了质点本身的惯性特征，所以其大小、方向又由质点的质量和加速度来度量。上述二例中的惯性力，分别作用在人手和绳子上。

11.1.2 质点的达朗贝尔原理

考察惯性参考系 $Oxyz$ 中的非自由质点，设质点 M 的质量为 m，加速度为 $\boldsymbol{a}$，质点在主动力 $\boldsymbol{F}$、约束力 $\boldsymbol{F}_\mathrm{N}$ 作用下运动。根据牛顿第二定律，有

$$m\boldsymbol{a}=\boldsymbol{F}+\boldsymbol{F}_\mathrm{N}$$

若将上式左端的 $m\boldsymbol{a}$ 移至右端，则上式可以改为

$$\boldsymbol{F}+\boldsymbol{F}_\mathrm{N}+(-m\boldsymbol{a})=0 \tag{11-2}$$

式(11-2)中的$-m\boldsymbol{a}$即为质点M的惯性力。将式(11-1)代入式(11-2)，则可以写为

$$\boldsymbol{F}+\boldsymbol{F}_{\mathrm{N}}+\boldsymbol{F}_{\mathrm{I}}=0 \tag{11-3}$$

这个方程，形式上是一静力平衡方程表明，**质点运动的每一瞬时，作用在质点上的主动力、约束力和质点的惯性力组成一平衡力系**，此即**达朗贝尔原理**(d'Alembert principle)，如图 11-3 所示。

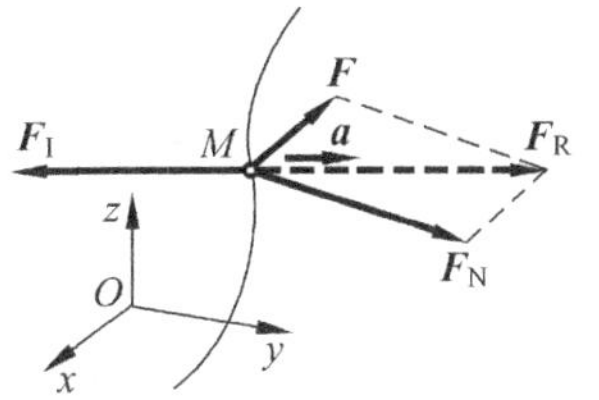

图 11-3　质点的达朗贝尔原理

于是，应用惯性力的概念和达朗贝尔原理，质点动力学问题便转化为形式上的静力平衡问题，这种方法称为**动静法**(method of kineto statics)。

需要指出的是，实际质点上只受主动力和约束力的作用，惯性力并不作用在质点上，质点也并非处于平衡状态。式(11-3)所表示的只是作用在不同物体上的三个力所满足的矢量关系。

根据达朗贝尔原理的矢量方程式(11-3)，其在直角坐标系中的投影形式为

$$\left.\begin{aligned}F_x+F_{\mathrm{N}x}+F_{\mathrm{I}x}=0\\F_y+F_{\mathrm{N}y}+F_{\mathrm{I}y}=0\\F_z+F_{\mathrm{N}z}+F_{\mathrm{I}z}=0\end{aligned}\right\} \tag{11-4}$$

应用上述方程时，除了要分析主动力、约束力外，还必须分析假想地加在质点上的惯性力，其余过程与静力学完全相同。

11.1.3　质点系的达朗贝尔原理

质点的达朗贝尔原理可以扩展到质点系。

考察由n个质点组成的非自由质点系，对每个质点都施加惯性力，则n个质点上所受的全部主动力、约束力和假想的惯性力形成空间一般力系。

对于每个质点，达朗贝尔原理均成立，即认为作用在质点上的主动力、约束力和惯性力组成形式上的平衡力系，则由n个质点组成的质点系上的主动力、约束力和惯性力，也组成形式上的平衡力系。

根据静力学中力系的平衡条件和平衡方程，空间一般力系平衡时，力系的主矢和对任意一点O的主矩必须同时等于零。

为方便起见，将真实力分为内力和外力(各自包含主动力和约束力)。于是，主矢、主矩同时等于零可以表示为

$$\left.\begin{aligned}\boldsymbol{F}_{\mathrm{R}} &= \sum \boldsymbol{F}_i^{(\mathrm{e})} + \sum \boldsymbol{F}_i^{(\mathrm{i})} + \sum \boldsymbol{F}_{\mathrm{I}i} = 0 \\ \boldsymbol{M}_O &= \sum \boldsymbol{M}_O(\boldsymbol{F}_i^{(\mathrm{e})}) + \sum \boldsymbol{M}_O(\boldsymbol{F}_i^{(\mathrm{i})}) + \sum \boldsymbol{M}_O(\boldsymbol{F}_{\mathrm{I}i}) = 0\end{aligned}\right\} \tag{11-5}$$

注意到质点系中各质点间的内力总是成对出现，且等值、反向，故上式中

$$\sum \boldsymbol{F}_i^{(\mathrm{i})} = 0, \quad \sum \boldsymbol{M}_O(\boldsymbol{F}_i^{(\mathrm{i})}) = 0,$$

据此，方程(11-5)变为

$$\left.\begin{aligned}&\sum \boldsymbol{F}_i^{(\mathrm{e})} + \sum \boldsymbol{F}_{\mathrm{I}i} = 0 \\ &\sum \boldsymbol{M}_O(\boldsymbol{F}_i^{(\mathrm{e})}) + \sum \boldsymbol{M}_O(\boldsymbol{F}_{\mathrm{I}i}) = 0\end{aligned}\right\} \tag{11-6}$$

这两个矢量式可以写出 6 个投影方程。

根据上述原理，只要在质点系上施加惯性力，就可以应用平衡方程(11-6)求解动力学问题，这就是质点系的动静法。

例题 11-1 圆锥摆如图 11-4 所示，其中质量为 m 的小球 M，系于长度为 l 的细线一端，细线另一端固定于 O 点，并与铅垂线夹 θ 角；小球在垂直于铅垂线的平面内作匀速圆周运动。已知：$m=1\mathrm{kg}$；$l=300\mathrm{mm}$；$\theta=60^\circ$，求小球的速度和细线所受的拉力。

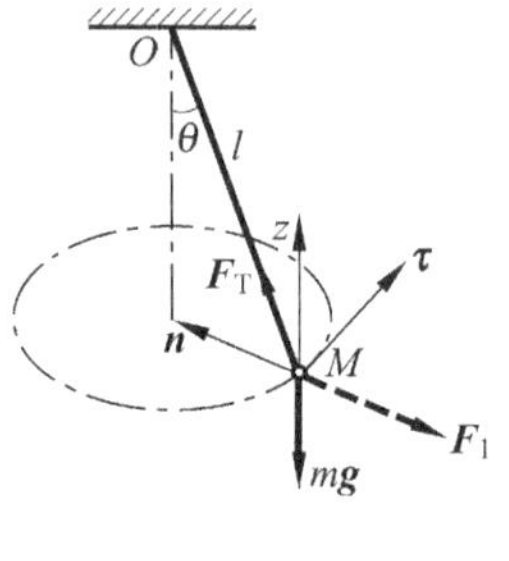

图 11-4 例题 1-1 图

解：以小球为研究对象。作用在小球上的力有：主动力为小球重力 $m\boldsymbol{g}$；约束力 $\boldsymbol{F}_{\mathrm{T}}$ 为细线对小球拉力，数值等于细线所受的拉力。

由于小球作匀速圆周运动，故小球只有向心的法向加速度 $\boldsymbol{a}_{\mathrm{n}}$，切向加速度 $\boldsymbol{a}_{\mathrm{t}}=0$。

惯性力的大小为

$$F_{\mathrm{I}} = ma_{\mathrm{n}} = m\frac{v^2}{r} = m\frac{v^2}{l\sin\theta} \tag{a}$$

方向与 $\boldsymbol{a}_{\mathrm{n}}$ 相反。

对小球应用动静法，$m\boldsymbol{g}$、$\boldsymbol{F}_{\mathrm{T}}$、$\boldsymbol{F}_{\mathrm{I}}$ 构成平衡力系，即

$$m\boldsymbol{g} + \boldsymbol{F}_{\mathrm{T}} + \boldsymbol{F}_{\mathrm{I}} = 0 \tag{b}$$

以三力的汇交点(小球)M 为原点，建立 $M\tau nz$ 坐标系如图 11-4 所示。将平衡方程(b)写成投影的形式，则有

$$\left.\begin{aligned}&\sum F_\tau = 0,\text{自然满足} \\ &\sum F_z = 0, F_{\mathrm{T}}\sin\theta - F_{\mathrm{I}} - 0 \\ &\sum F_{\mathrm{n}} = 0, F_{\mathrm{T}}\cos\theta - mg = 0\end{aligned}\right\} \tag{c}$$

由此解得细线所受拉力为

$$F_{\mathrm{T}}=\frac{mg}{\cos\theta}=\frac{1\times 9.8}{\cos 60^{\circ}}=19.6(\mathrm{N})$$

由式(c)知惯性力 $F_{\mathrm{I}}=F_{\mathrm{T}}\sin\theta$，利用式(a)，可求得小球速度$\boldsymbol{v}$的大小为

$$v=\sqrt{\frac{F_{\mathrm{T}}l\sin^2\theta}{m}}=\sqrt{\frac{19.6\times 0.3\times\sin^2 60^{\circ}}{1}}=2.1(\mathrm{m/s})$$

例题 11-2　半径为 r、质量为 m 的滑轮可绕固定轴 O(垂直于图平面)转动，缠绕在滑轮上的绳两端分别悬挂质量为 m_1、m_2 的重物 A 和 B 如图 11-5 所示。若 $m_1>m_2$，并设滑轮的质量均匀分布在轮缘上，即将滑轮简化为均质圆环，求滑轮的角加速度。

解：以重物 A、B 以及滑轮组成的质点系作为研究对象，其受力如图 11-5 所示。其中滑轮的质量分布在周边上，若设滑轮以 ω 和 α 的角速度与角加速度转动，则对于质量为 m_i 的质点，其切向惯性力和法向惯性力的大小分别为

$$\begin{aligned}F_{\mathrm{I}i}^{\mathrm{t}}&=m_i a_i^{\mathrm{t}}=m_i\alpha r\\F_{\mathrm{I}i}^{\mathrm{n}}&=m_i a_i^{\mathrm{n}}=m_i\omega^2 r\end{aligned}\qquad\text{(a)}$$

重物的惯性力分别为 $\boldsymbol{F}_{\mathrm{I1}}$ 和 $\boldsymbol{F}_{\mathrm{I2}}$，其大小各为

$$F_{\mathrm{I1}}=m_1 a=m_1 r\alpha,\quad F_{\mathrm{I2}}=m_2 a=m_2 r\alpha\qquad\text{(b)}$$

二者方向均与加速度的方向相反。

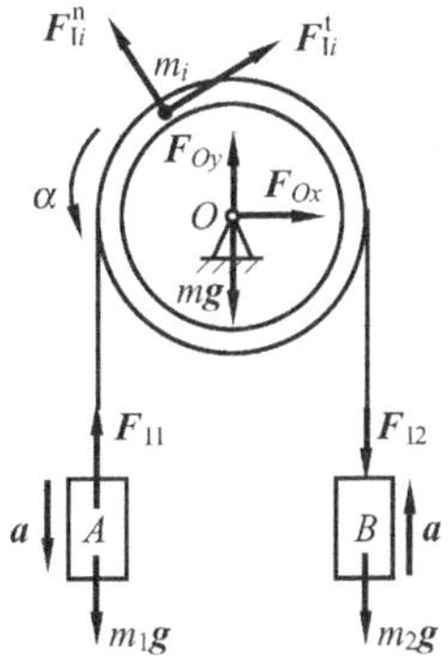

图 11-5　例题 11-2 图

应用动静法，作用在系统上的所有主动力、约束力和惯性力组成平衡力系，故所有力对滑轮的转轴之矩的平衡条件为

$$\begin{aligned}&\sum M_O(\boldsymbol{F})=0,\\&(m_1 g-F_{\mathrm{I1}}-F_{\mathrm{I2}}-m_2 g)r-\sum F_{\mathrm{I}i}^{\mathrm{t}}r=0\end{aligned}\qquad\text{(c)}$$

将式(a)、式(b)代入式(c)，有

$$(m_1 g-m_1\alpha r-m_2\alpha r-m_2 g)r-\sum m_i\alpha r\cdot r=0$$

因为

$$\sum m_i\alpha r\cdot r=m\alpha r^2$$

从而解得滑轮的角加速度为

$$\alpha=\frac{m_1-m_2}{m_1+m_2+m}\cdot\frac{g}{r}$$

11.2 惯性力系的简化

11.2.1 惯性力系的主矢与主矩

与一般力系一样,所有惯性力组成的力的系统,称为惯性力系。惯性力系中所有惯性力的矢量和称为惯性力系的主矢:

$$\boldsymbol{F}_{\mathrm{IR}}=\sum \boldsymbol{F}_{\mathrm{I}i}=\sum(-m_i\boldsymbol{a}_i)=-m\boldsymbol{a}_C$$

惯性力系的主矢与刚体的运动形式无关。

惯性力系中所有力向同一点简化,所得力偶的力偶矩矢量的矢量和,称为惯性力系的主矩:

$$\boldsymbol{M}_{\mathrm{IO}}=\sum \boldsymbol{M}_O(\boldsymbol{F}_{\mathrm{I}i})$$

惯性力系的主矩与刚体的运动形式有关。

下面分别介绍刚体作平移、定轴转动和平面运动时惯性力系的简化结果。

11.2.2 刚体平移时惯性力系的简化结果

质量为 m 的刚体平移时,其上各点在同一瞬时具有相同的加速度,设质心的加速度为 $\boldsymbol{a}_C$,对于质量为 m_i 的任意质点 M_i,其惯性力为

$$\boldsymbol{F}_{\mathrm{I}i}=-m_i\boldsymbol{a}_i=-m_i\boldsymbol{a}_C$$

可见,刚体上各质点的惯性力组成平行力系(图 11-6),力系中各力的大小与各质点的质量成正比。将惯性力系向刚体的质心简化,因为

$$\sum m_i\boldsymbol{r}_i=0,\quad \sum m_i=m$$

所以惯性力系的主矢和主矩分别为

$$\boldsymbol{F}_{\mathrm{I}}=\sum \boldsymbol{F}_{\mathrm{I}i}=\sum(-m_i\boldsymbol{a}_C)=-m\boldsymbol{a}_C \tag{11-7}$$

$$\begin{aligned}\boldsymbol{M}_{\mathrm{I}C}&=\sum \boldsymbol{M}_C(\boldsymbol{F}_{\mathrm{I}i})=\sum \boldsymbol{r}_i\times(-m_i\boldsymbol{a}_C)\\&=-\left(\sum m_i\boldsymbol{r}_i\right)\times\boldsymbol{a}_C=0\end{aligned} \tag{11-8}$$

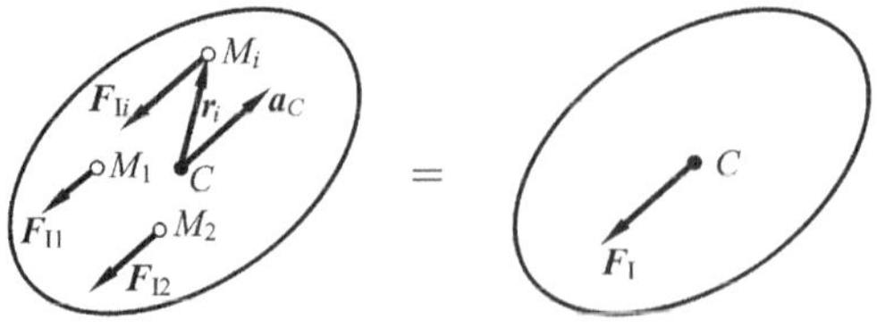

图 11-6 刚体平移时惯性力系的简化

上述结果表明，在任一瞬时，平移刚体惯性力系均可简化为一个通过质心的合力，合力的大小等于刚体的质量与加速度的乘积，方向与加速度方向相反。

11.2.3　刚体作定轴转动时惯性力系的简化结果

仅考察刚体具有质量对称平面、转轴垂直于对称平面的情形，如图 11-7 所示。此时，当刚体绕定轴转动时，可先将惯性力系简化为位于质量对称面内的平面力系，再将平面力系作进一步的简化。

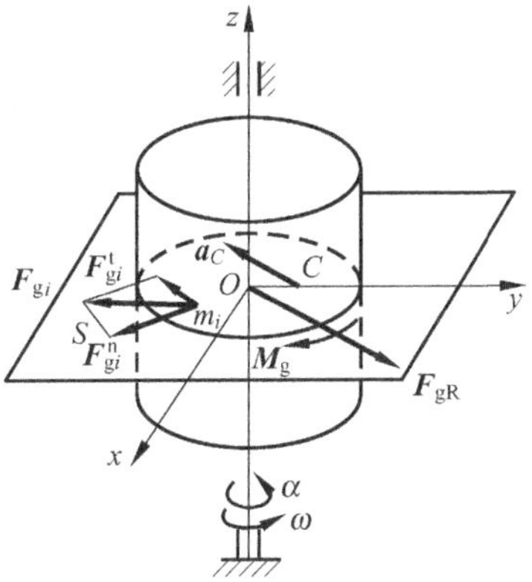

图 11-7　刚体作定轴转动

下面讨论这一平面惯性力系向对称面与转轴交点 O(称为轴心)简化的结果。设质量为 m 的刚体其角速度为 ω，角加速度为 α，转向如图 11-8(a)所示。考察质量为 m_i、距 O 点为 r_i 的对称平面内的质点，其切向和法向加速度分别为

$$\boldsymbol{a}_i^{\mathrm{t}} = \boldsymbol{\alpha} \times \boldsymbol{r}_i$$

$$\boldsymbol{a}_i^{\mathrm{n}} = \boldsymbol{\omega} \times (\boldsymbol{\omega} \times \boldsymbol{r}_i)$$

方向如图。则质点的切向和法向惯性力为

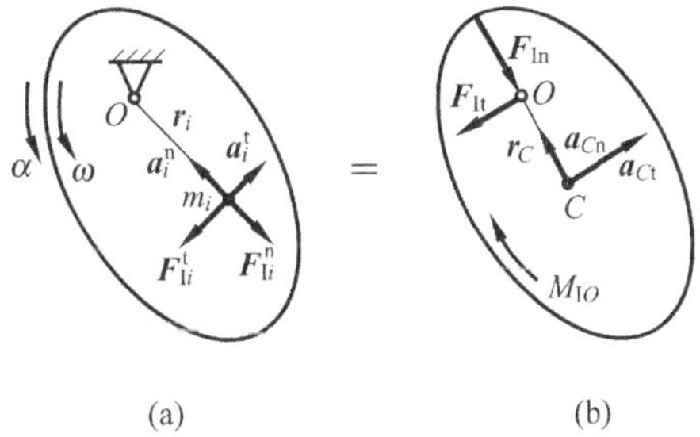

图 11-8　刚体作定轴转动时惯性力系的简化

$$F_{Ii}^{t} = -m_i a_i^{t}$$

$$F_{Ii}^{n} = -m_i a_i^{n}$$

将惯性力系向轴心 O 简化，考虑到

$$\sum m_i a_i = m a_C$$

惯性力系的主矢为

$$\begin{aligned} F_I &= \sum(-m_i a_i) = -m a_C \\ &= -m(a_{Ct} + a_{Cn}) = F_{It} + F_{In} \end{aligned} \tag{11-9}$$

考虑到各法向惯性力均通过转轴 O，对转轴之矩为零，故惯性力系的主矩为

$$\begin{aligned} M_{IO} &= \sum r_i \times F_{Iit} = \sum r_i \times (-m_i \alpha \times r_i) \\ &= -\sum(m_i r_i^2)\alpha \end{aligned}$$

上式可表示为

$$M_{IO} = -J_O \alpha \tag{11-10}$$

上述二式表明：具有质量对称面的刚体绕垂直于对称面的轴转动时，其惯性力系向轴心简化的结果，得到一个力和一个力偶。这个力的大小等于刚体的质量与质心加速度的乘积，其方向与质心加速度方向相反，作用在简化点 O。这个力偶的力偶矩的大小等于刚体对转轴的转动惯量与刚体转动角加速度的乘积，其转向与转动角加速度转向相反(图 11-8(b))。

下列特殊情形，问题可以得到进一步简化：

① 转轴通过质心，角加速度 $\alpha \neq 0$(图 11-9(a))，由于质心加速度 $a_C = 0$，惯性力系简化为一力偶，其力偶矩为 $M_{IC} = -J_C \alpha$。

② 刚体作匀角速度转动，即角加速度 $\alpha = 0$，但转轴不通过质心 C(图 11-9(b))，则惯性力系简化为一合力 $F_I = -m a_{Cn}$，其大小为 $F_I = m r_C \omega^2$。

③ 转轴通过质心，且角加速度 $\alpha = 0$(图 11-9(c))，则惯性力系的主矢和主矩均为零，即惯性力系为平衡力系。

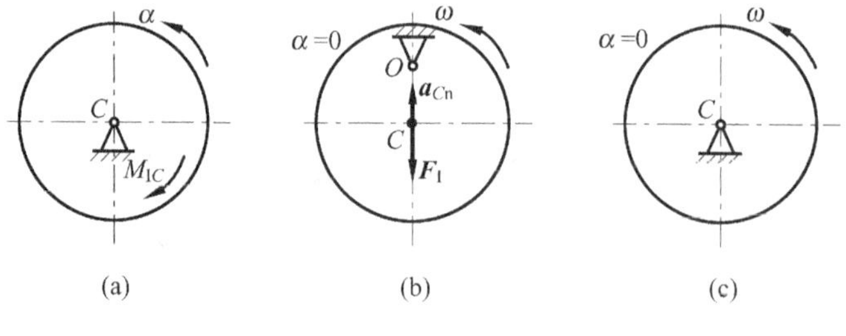

图 11-9 转动刚体惯性力系简化的特殊情形

11.2.4　刚体作平面运动时惯性力系的简化结果

在工程构件中，作平面运动的刚体往往都有质量对称面，而且刚体在平行于这一平面的平面内运动。因此，仍先将惯性力系简化为对称面内的平面力系，然后再作进一步简化。

以质心 C 为基点，平面运动可分解为跟随质心的平移和相对于质心的转动。

将惯性力系向质心 C 简化，平移部分与本节刚体作平移的情形相同，简化结果为一通过质心 C 的力 $\boldsymbol{F}_{\mathrm{I}}$，该力的矢量等于惯性力系的主矢；转动部分与图 11-9(a)所示情形相同，简化结果为一力偶矩为 $\boldsymbol{M}_{\mathrm{IC}}$ 的惯性力偶，该力偶的力偶矩等于惯性力系对质心 C 的主矩，如图 11-10 所示。

设质量为 m 的刚体，质心 C 的加速度为 $\boldsymbol{a}_C$，转动的角加速度为 α，对通过质心 C 且垂直于对称平面轴的转动惯量为 J_C，则有

$$\begin{aligned}\boldsymbol{F}_{\mathrm{I}} &= -m\boldsymbol{a}_C \\ \boldsymbol{M}_{\mathrm{IC}} &= -J_C\boldsymbol{\alpha}\end{aligned} \tag{11-11}$$

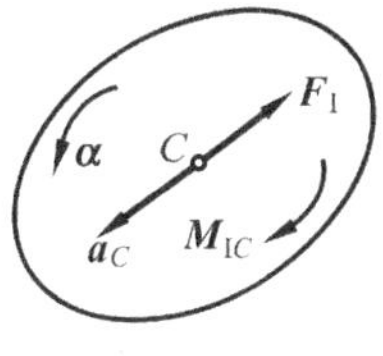

图 11-10　刚体作平面运动时惯性力系的简化

式(11-11)表明：在任一瞬时，平面运动刚体惯性力系向质心简化为在质量对称面内的一个力和一个力偶。其力通过质心，大小等于刚体的质量与加速度的乘积，方向与质心加速度方向相反；其力偶的力偶矩大小等于刚体对通过质心且垂直于质量对称面的轴的转动惯量与刚体转动角加速度的乘积，其转向与转动角加速度转向相反。

11.3　达朗贝尔原理的应用示例

将达朗贝尔原理即动静法应用于分析和求解刚体动力学问题时，一般应按以下步骤进行：

① 进行受力分析——先分析主动力，再根据刚体的运动，对惯性力系加以简化；

② 画受力图——分别画出真实力和惯性力；

③ 建立平衡方程，得到所需要的解答。

例题 11-3　如图 11-11(a)所示，质量为 m、半径为 R 的均质圆盘在 O 处铰接，B 处支承。已知 $OB=L$，试用动静法求撤去 B 处约束瞬时，质心 C 的加速度和 O 处约束反力。

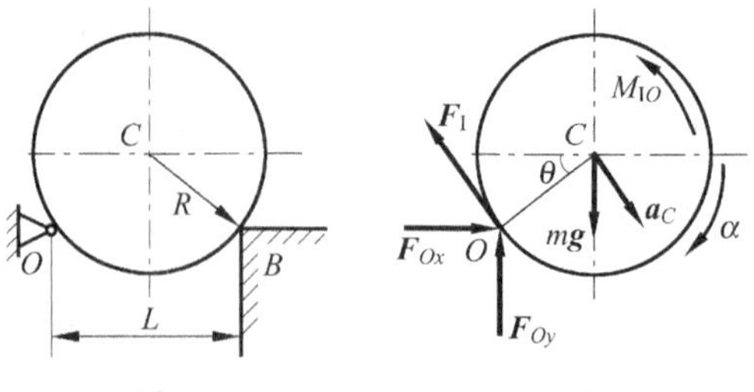

(a) (b)

图 11-11 例题 11-3 图

解：(1) 运动与受力分析

圆盘在撤去 B 处约束瞬时，以角加速度 α 绕 O 轴作定轴转动，质心的加速度 $a_C=R\alpha$，这一瞬时圆盘的角速度 $\omega=0$。受力如图 11-11(b)所示。按定轴转动刚体惯性力系的简化结果，将惯性力画在图上。此外，圆盘还受到重力 $m\boldsymbol{g}$ 和 O 处约束力 $\boldsymbol{F}_{Ox}$、$\boldsymbol{F}_{Oy}$ 作用。

(2) 确定惯性力

根据式(11-9)和式(11-10)，惯性力的大小为

$$F_{\mathrm{I}} = ma_C$$

$$M_{\mathrm{I}O} = J_O\alpha = \left(\frac{1}{2}mR^2 + mR^2\right)\frac{a_C}{R} = \frac{3}{2}mRa_C$$

(3) 建立平衡方程，确定质心加速度及 O 处约束力

应用动静法，建立下列平衡方程：

$$\sum M_O(\boldsymbol{F}) = 0,\quad M_{\mathrm{I}O} - mg\frac{L}{2} = 0$$

$$\sum F_x = 0,\quad F_{Ox} - F_{\mathrm{I}}\sin\theta = 0$$

$$\sum F_y = 0,\quad F_{Oy} + F_{\mathrm{I}}\cos\theta - mg = 0$$

其中

$$\sin\theta = \frac{\sqrt{4R^2 - L^2}}{2R},\quad \cos\theta = \frac{L}{2R}$$

由上述方程联立解得

$$a_C = \frac{gL}{3R}$$

$$F_{Ox} = \frac{mgL}{6R^2}\sqrt{4R^2 - L^2}$$

$$F_{Oy} = mg\left(1 - \frac{L^2}{6R^2}\right)$$

(4) 本例讨论

若将惯性力系向质心 C 简化，其受力图及惯性力的大小将有何变化？建议读者通过具体分析，比较两种简化方式的利弊。

例题 11-4　如图 11-12(a)所示，均质圆轮质量为 m_A，半径为 r；细长杆 AB 长 $l=2r$，质量为 m。杆端 A 点与轮心为光滑铰接。如在 A 处加一水平拉力 $\boldsymbol{F}$，使圆轮沿水平面纯滚动。试分析：①施加多大的 $\boldsymbol{F}$ 力才能使杆的 B 端刚刚离开地面？②为保证圆盘作纯滚动，轮与地面间的静滑动摩擦因数应为多大？

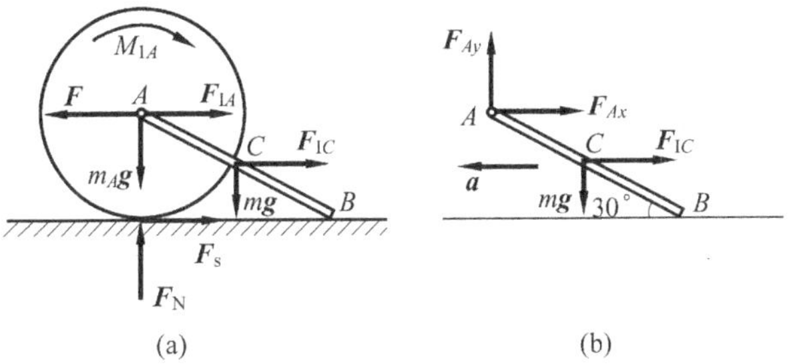

图 11-12　例题 11-4 图

解：(1) 先确定轮于地面之间的摩擦因数

细杆 B 端刚刚离开地面的瞬时，仍为平行移动，地面 B 处约束力为零，设这时杆的加速度为 $\boldsymbol{a}$。杆承受的力以及惯性力如图 11-12(b)所示，其中

$$F_{IC} = ma$$

由平衡方程得

$$\sum M_A(\boldsymbol{F}) = 0,\quad F_{IC} r\sin 30^\circ - mgr\cos 30^\circ = 0$$

解出

$$a = \sqrt{3}g$$

整个系统承受的力以及惯性力如图 11-12(a)，其中

$$F_{IA} = m_A a$$

$$M_{IA} = \frac{1}{2}m_A r^2\ \frac{a}{r}$$

由平衡方程得

$$\sum F_y = 0,\quad F_N - (m_A + m)g = 0$$

解得地面的摩擦力

$$F_s \leqslant f_s F_N = f_s(m_A + m)g$$

再以圆轮为研究对象，由平衡方程得

$$\sum M_A(\boldsymbol{F}) = 0, \quad F_s r - M_{IA} = 0$$

解出

$$F_s = \frac{1}{2}m_A a = \frac{\sqrt{3}}{2}m_A g$$

据此，地面的摩擦因数为

$$f_s \geqslant \frac{F_s}{F_N} = \frac{\sqrt{3}m_A}{2(m_A + m)}$$

(2) 确定水平力的大小

以整个系统为研究对象，根据图 11-12(a)建立平衡方程

$$\sum F_x = 0, \quad F - F_{IA} - F_{IC} - F_s = 0$$

解出水平力

$$F = \left(\frac{3m_A}{2} + m\right)\sqrt{3}g$$

例题 11-5 如图 11-13(a)所示，均质圆轮在无自重的斜置悬臂梁上自上而下作纯滚动。已知圆轮半径 $R=10\text{cm}$、质量 $m=18\text{kg}$，AB 长 $l=80\text{cm}$；斜置悬臂梁与铅垂线的夹角 $\theta=60°$。求圆轮到达 B 端的瞬时，A 端的约束力。

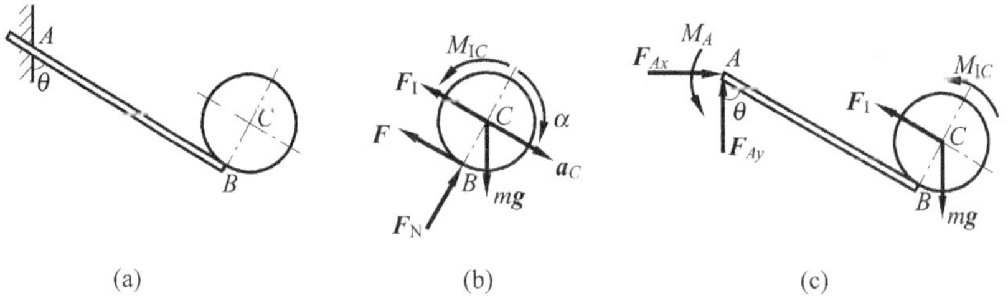

图 11-13 例题 11-5 图

解：(1) 运动与受力分析

以圆轮为研究对象，并设圆轮到达 B 端瞬时的角加速度为 α。由于圆轮作纯滚动，其质心加速度的大小为 $a_C = R\alpha$。按平面运动刚体惯性力系简化的结果施加惯性力 $\boldsymbol{F}_I$、M_{IC}，受力图如图 11-13(b)所示。

(2) 确定惯性力

圆轮作平面运动，其惯性力可表示为

$$F_{\mathrm{I}} = ma_C = mR\alpha \tag{a}$$

$$M_{\mathrm{IC}} = J_C\alpha = \frac{1}{2}mR^2\alpha \tag{b}$$

(3) 建立平衡方程,求角加速度及惯性力

以圆轮为研究对象,根据

$$\sum M_B(\boldsymbol{F}) = 0$$

有

$$F_{\mathrm{I}}R + M_{\mathrm{IC}} - (mg\cos\theta)R = 0 \tag{c}$$

将式(a)和式(b)代入式(c),解得圆轮的角加速度

$$\alpha = \frac{(2\cos\theta)g}{3R} \tag{d}$$

将其代入式(a)和式(b),得到惯性力

$$F_{\mathrm{I}} = \frac{2\cos\theta}{3}mg \tag{e}$$

$$M_{\mathrm{IC}} = \frac{\cos\theta}{3}Rmg \tag{f}$$

(4) 求 A 端约束力

以圆轮和杆组成的整体作为研究对象,其受力如图 11-13(c)所示。建立平衡方程

$$\sum M_A(\boldsymbol{F}) = 0,\quad M_{\mathrm{IC}} + F_{\mathrm{I}}R - mgR\cos\theta - mgl\sin\theta + M_A = 0$$

$$\sum F_x = 0,\quad F_{Ax} - F_{\mathrm{I}}\sin\theta = 0$$

$$\sum F_y = 0,\quad F_{\mathrm{I}}\cos\theta - mg + F_{Ay} = 0$$

据此,解得悬臂梁固定端的约束力分别为

$$M_A = mg\left(R\cos\theta + l\sin\theta - \frac{\cos\theta}{3}R - \frac{2\cos\theta}{3}R\right)$$

$$= mgl\sin\theta = 122.2(\mathrm{N\cdot m})$$

$$F_{Ax} = \frac{2\cos\theta\sin\theta}{3}mg = 50.9(\mathrm{N})$$

$$F_{Ay} = mg - \frac{2\cos^2\theta}{3}mg = \frac{5}{6}mg = 147(\mathrm{N})$$

例题 11-6　杆 AB 和 BC 其单位长度的质量为 m,并在 B 点铰接,如图 11-14(a)所示。圆盘在铅垂平面内绕 O 轴作匀角速转动。求在图示位置时,作用在杆 AB 上点 A 和点 B 的力。

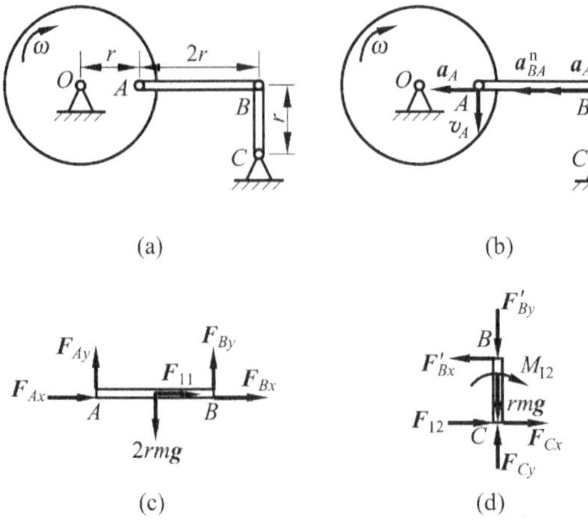

图 11-14　例题 11-6 图

解：(1) 运动分析

为施加惯性力，首先需要分析机构的运动。

如图 11-14(b)所示，作平面运动的杆 AB，瞬时速度中心在点 B，因此

$$v_B = 0$$

$$\omega_{BC} = 0$$

$$\omega_{AB} = \frac{v_A}{2r} = \frac{\omega r}{2r} = \frac{\omega}{2}$$

应用基点法分析加速度，根据加速度合成定理

$$\boldsymbol{a}_B^{\mathrm{t}} + \boldsymbol{a}_B^{\mathrm{n}} = \boldsymbol{a}_A + \boldsymbol{a}_{BA}^{\mathrm{t}} + \boldsymbol{a}_{BA}^{\mathrm{n}}$$

因为

$$\omega_{BC} = 0$$

所以

$$a_B^{\mathrm{n}} = 0$$

将加速度合成定理表达式中各项分别沿水平和铅垂方向投影，得

$$a_B^{\mathrm{t}} = a_A + a_{BA}^{\mathrm{n}} = \omega^2 r + \left(\frac{\omega}{2}\right)^2 2r = \frac{3}{2}\omega^2 r$$

$$\alpha_{BC} = \frac{a_B^{\mathrm{t}}}{r} = \frac{3}{2}\omega^2$$

$$a_{BA}^{\mathrm{t}} = 0,\quad \alpha_{AB} = 0$$

(2) 受力分析

分别取杆 AB、BC 为研究对象，施加惯性力，其受力图如图 11-14(c)、(d)

所示。因为 $\alpha_{AB}=0$，故杆 AB 只在其质心施加一惯性力 $\boldsymbol{F}_{I1}$；而杆 BC 上的惯性力为 $\boldsymbol{F}_{I2}$、M_{I2}。

（3）确定惯性力的大小

$$F_{I1}=2rm\left(\omega^2 r+\frac{\omega^2}{4}r\right)=\frac{5}{2}mr^2\omega^2$$

$$F_{I2}=rm\alpha_{BC}\frac{r}{2}=\frac{3}{4}mr^2\omega^2$$

$$M_{I2}=\frac{1}{3}mr^3\alpha_{BC}=\frac{1}{2}mr^3\omega^2$$

（4）建立平衡方程，确定作用在杆 AB 上 A 点和 B 点的力

先以杆 BC 为研究对象，其受力如图 11-14(d)所示。由平衡方程

$$\sum M_C(\boldsymbol{F})=0,\quad F'_{Bx}r-M_{I2}=0$$

得

$$F'_{Bx}=F_{Bx}=\frac{1}{2}mr^2\omega^2$$

再以杆 AB 为研究对象，其受力如图 11-14(c)所示。由平衡方程得

$$\sum M_A(\boldsymbol{F})=0,\quad F_{By}2r-2rmgr=0$$

$$\sum F_x=0,\quad F_{Ax}+F_{I1}+F_{Bx}=0$$

$$\sum F_y=0,\quad F_{Ay}-2mgr+F_{By}=0$$

$$F_{By}=mgr,\quad F_{Ax}=-3mgr,\quad F_{Ay}=mgr$$

（5）本例讨论

分析和求解机构动力学问题时，首先需要应用运动学的方法正确分析机构整体以及组成机构的各个刚体的运动，正确确定机构中各刚体的角速度和角加速度。

11.4　结论与讨论

11.4.1　关于轴承的动约束力

工程中，由于转子绕定轴高速旋转，常使轴承受巨大的附加**动约束力**(dynamics constraint force)，又称动反力。

由于制造和安装误差等非设计原因，使得旋转零件或部件的质心与旋转轴不重合（偏心），或者旋转零件、部件所在的平面与旋转轴不垂直（偏角）。偏心和偏角引起的惯性力都会在旋转轴的轴承处引起动约束力，从而导致零件

或部件的损坏和剧烈振动。

通常作用在旋转轴上的约束力由两部分组成：一部分是由主动力引起的约束力称为静反力；另一部分是由惯性力引起的约束力称为附加动反力。静反力是无法避免的，而附加的动反力却是可以避免的。

研究表明，当旋转轴为刚体（或质点系）质量的对称轴，轴承的动反力为零；这样的轴被称为中心惯性主轴。所以动反力为零的充分和必要条件是，刚体的转轴是中心惯性主轴。

若刚体的转轴通过质心，且刚体除重力外，没有其他主动力作用，则刚体可在任意位置静止不动，这种现象称为静平衡；当刚体的转轴通过中心惯性主轴时，刚体转动时不出现动反力，这种现象称为动平衡。

动平衡的刚体一定是静平衡的，静平衡的刚体不一定是动平衡的。

工程中为消除高速旋转刚体的附加动反力，必须先使其静平衡，即把质心调整到转轴上，然后再通过增加或减少某些部位的质量使其动平衡，动平衡一般在动平衡机上进行。

图 11-15 中所示为四种实际存在旋转零件或部件，假设每种情形都可以用作等角速转动的两质点模型表示。请读者分析：

① 两质点的惯性力的方向；

② 质点的质量分布对轴承动约束力的影响；

③ 对比四种情形下的动约束力，分析产生动约束力的条件以及影响动约束力的因素；

④ 研究消除动约束力的方法。

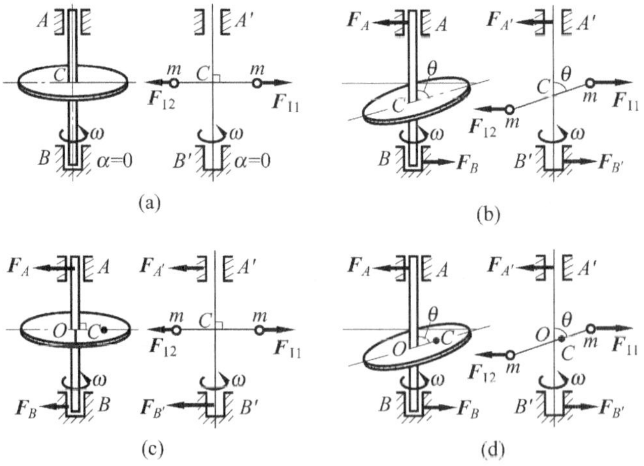

图 11-15　旋转零件或部件的偏心与偏角

11.4.2　对于动静法与动量矩定理的再思考

达朗贝尔原理虽与普遍定理的思路不同，但却获得了与动量定理、动量矩定理形式上等价的动力学方程。请读者结合对例 11-5 的分析过程与分析方法的再思考，研究：

① 例题 11-5 中，确定圆轮的质心加速度时，以圆轮为研究对象，建立了真实力、惯性力对 C 点的力矩平衡方程，加上运动学分析结果，非常简洁顺利地求出质心加速度和角加速度；这与应用相对质心的动量矩定理和质心运动定理得到的方程结果完全一致。

② 应用动静法时，可列出对任意点的力矩平衡方程；用动量矩定理时，对圆轮而言只能列出对质心 C 的动量矩方程。这是为什么？

③ 根据动静法和动量矩定理各自的特点，加以认真总结，便于今后使用时能采用最佳的方法。

11.4.3　关于动力学普遍定理与动静法的综合应用

应用动静法解题的关键是惯性力系的简化，而正确简化惯性力的前提是准确地运动分析。因此将动力学普遍定理与动静法综合应用，往往会达到事半功倍的效果。

请读者分析研究下列三种刚体系统：

① 直线行驶的卡车，如图 11-16 所示。

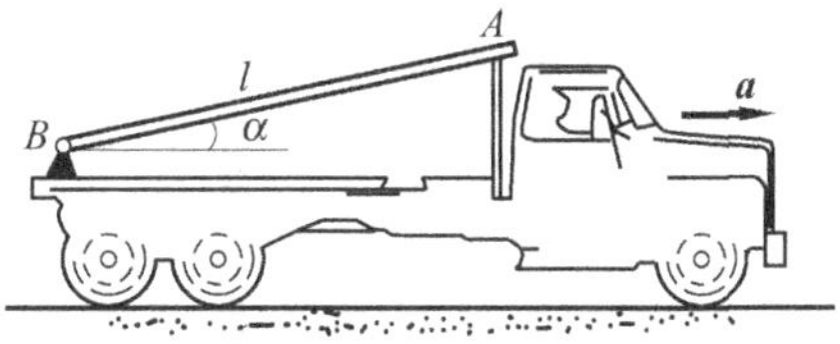

图 11-16　直线行驶的卡车

② 安装在悬臂梁端的电动机提升设备，如图 11-17 所示。

③ 纯滚动的圆柱体与重物等组成的刚体系统，如图 11-18 所示。

以上三种刚体系统求约束反力时，可分别用动量定理、动量矩定理和动能定理求运动，再用动静法求约束反力。有兴趣的读者不妨一试。

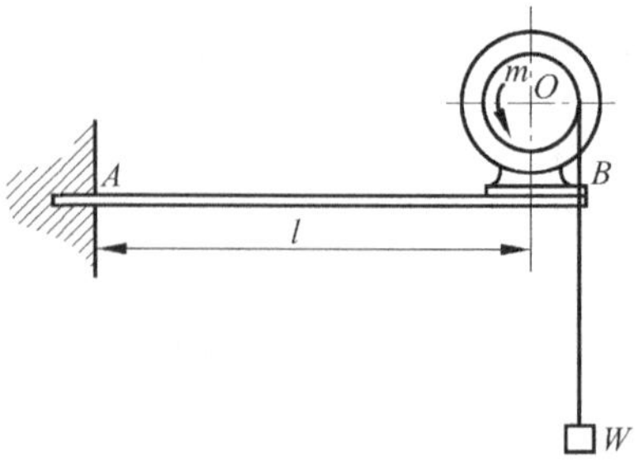

图 11-17 安装在悬臂梁端的电动机提升设备

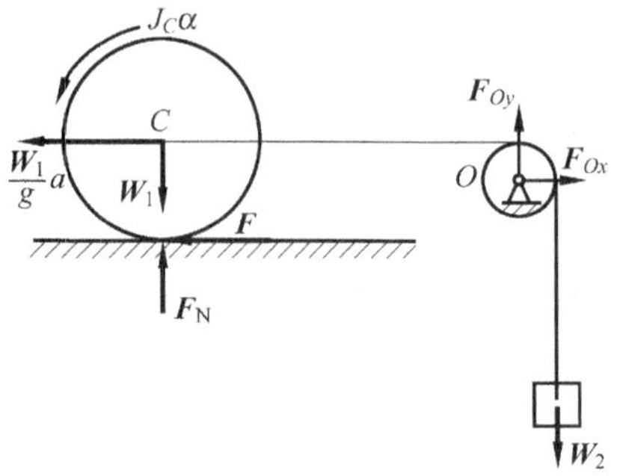

图 11-18 纯滚动的圆柱体与重物等组成的刚体系统

习题

11-1 均质圆盘作定轴转动,其中图(a),图(c)的转动角速度为常数,图(b),图(d)的角速度不为常量。试对图示四种情形进行惯性力的简化。

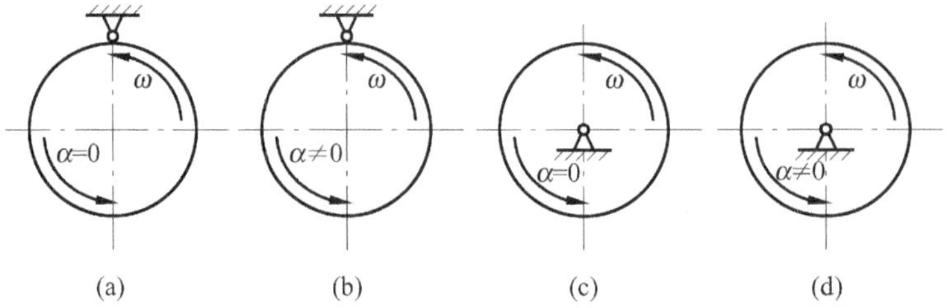

习题 11-1 图

11-2 矩形均质平板尺寸如图所示,质量为 27kg,由两个销子 A、B 悬挂。若突然撤去销子 B,求在撤去瞬时平板的角加速度和销子 A 的约束力。

11-3　在均质直角构件 ABC 中，AB、BC 两部分的质量各为 3.0kg，用连杆 AD、BE 以及绳子 AE 保持在图示位置。若突然剪断绳子，求此瞬时连杆 AD、BE 所受的力。连杆的质量忽略不计，已知 $l=1.0\text{m}$，$\varphi=30°$。

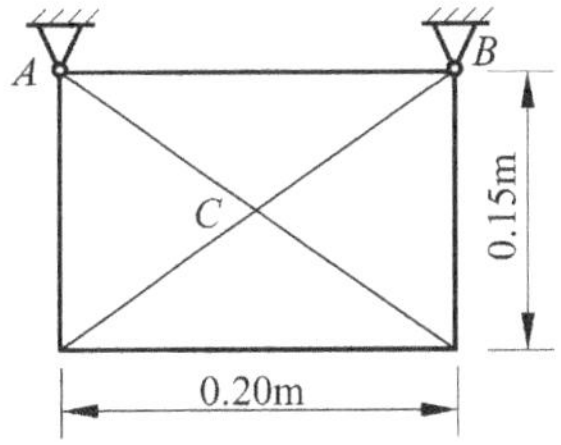

习题 11-2 图

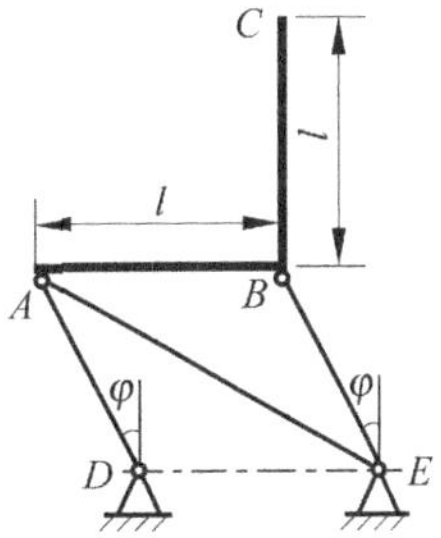

习题 11-3 图

11-4　两种情形的定滑轮质量均为 m，半径均为 r。图(a)中的绳所受拉力为 $\boldsymbol{W}$；图(b)中块重力为 $\boldsymbol{W}$。试分析两种情形下定滑轮的角加速度、绳拉力和定滑轮轴承处的约束反力是否相同。

11-5　图示调速器由两个质量各为 m_1 的圆柱状的盘子所构成，两圆盘被偏心地悬于与调速器转动轴相距 a 的十字形框架上，而此调速器则以等角速度 ω 绕铅垂直轴转动。圆盘的中心到悬挂点的距离为 l，调速器的外壳质量为 m_2，放在这两个圆盘上并可沿铅垂轴上下滑动。如不计摩擦，试求调速器的角速度 ω 与圆盘偏离铅垂线的角度 φ 之间的关系。

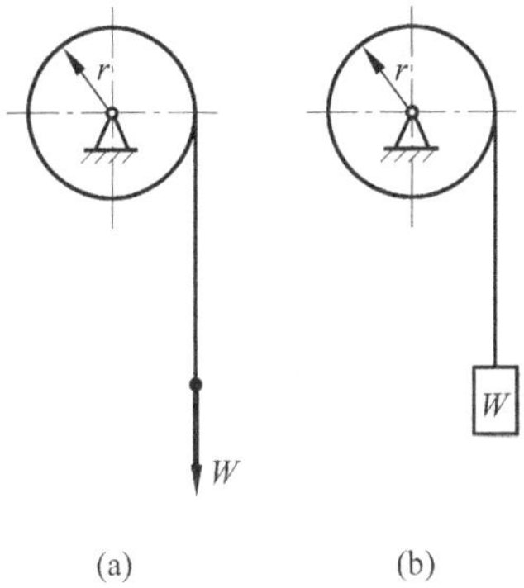

习题 11-4 图

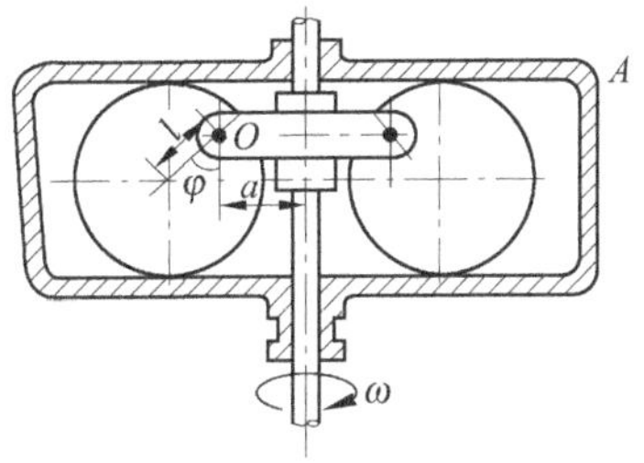

习题 11-5 图

11-6　图示两重物通过无重的滑轮用绳连接，滑轮又铰接在无重的支架上。已知物 G_1、G_2 的质量分别为 $m_1=50\text{kg}$，$m_2=70\text{kg}$，杆 AB 长 $l_1=120\text{cm}$，A、C 间的距离 $l_2=80\text{cm}$，夹角 $\theta=30°$。试求杆 CD 所受的力。

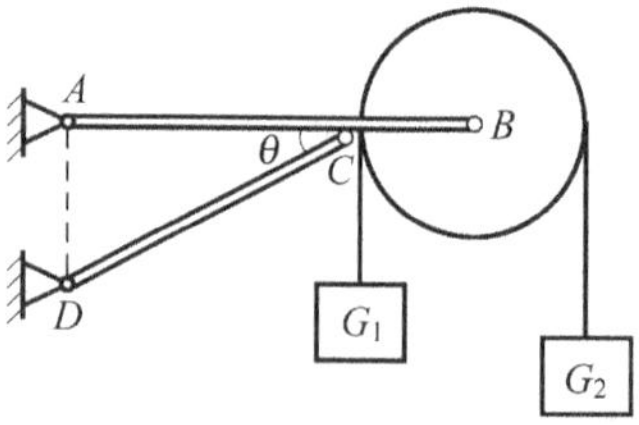

习题 11-6 图

11-7　直径为 1.22m、重 890N 的匀质圆柱以图示方式装置在卡车的箱板上，为防止运输时圆柱前后滚动，在其底部垫上高 10.2cm 的小木块，试求圆柱不致产生滚动，卡车最大的加速度。

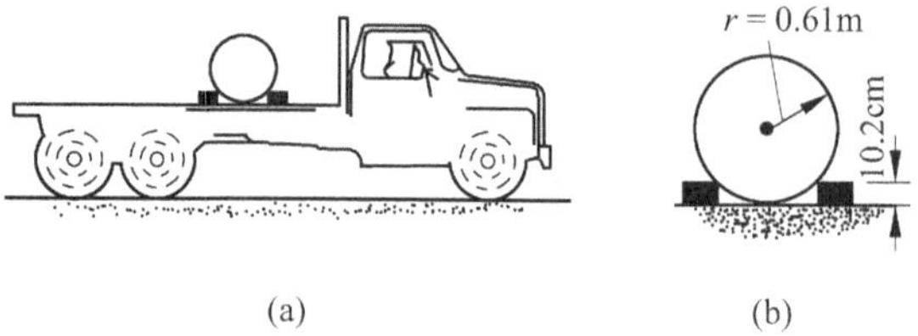

习题 11-7 图

11-8　两匀质杆焊成图示形状，绕水平轴 A 在铅垂平面内作等角速转动，在图示位置时，角速度 $\omega=\sqrt{0.3}\,\mathrm{rad/s}$，设杆的单位长度重力的大小为 100N/m。试求轴承 A 的约束反力。

11-9　如图所示，均质圆轮铰接在支架上，已知轮半径 $r=0.1\mathrm{m}$，重力的大小 $Q=20\mathrm{kN}$；重物 G 重力的大小 $P=100\mathrm{N}$；支架尺寸 $l=0.3\mathrm{m}$，不计支架质量；轮上作用一常力偶，其矩 $M=32\mathrm{kN\cdot m}$。试求：①重物 G 上升的加速度；②支座 B 的约束力。

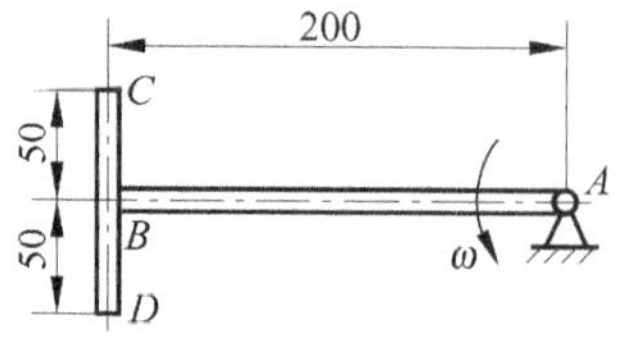

习题 11-8 图

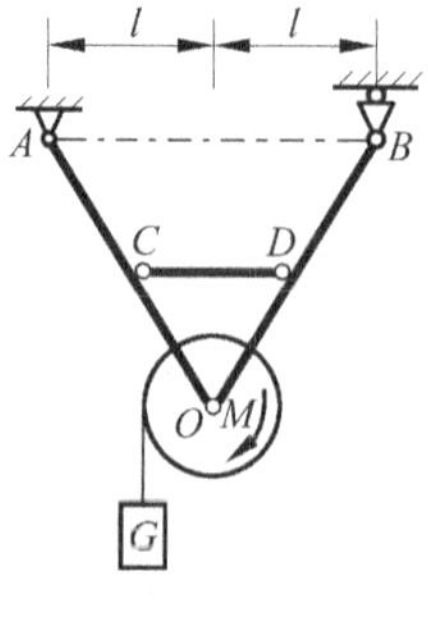

习题 11-9 图

11-10 如图所示,系统位于铅直面内,由鼓轮 C 与重物 A 组成。已知鼓轮质量为 m,小半径为 r,大半径 $R=2r$,对过 C 且垂直于鼓轮平面的轴的回转半径 $\rho=1.5r$,重物 A 质量为 $2m$。试求:①鼓轮中心 C 的加速度;②AB 段绳与 DE 段绳的张力。

11-11 如图所示,凸轮导板机构中,偏心轮的偏心距 $OA=e$,偏心轮绕 O 轴以匀角速度 ω 转动。当导板 CD 在最低位置时弹簧的压缩为 b,导板质量为 m。为使导板在运动过程中始终不离开偏心轮,试求弹簧刚度系数的最小值。

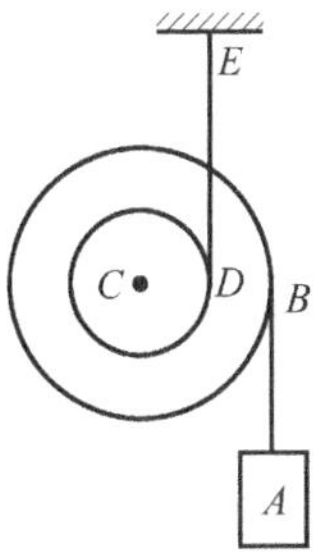

习题 11-10 图

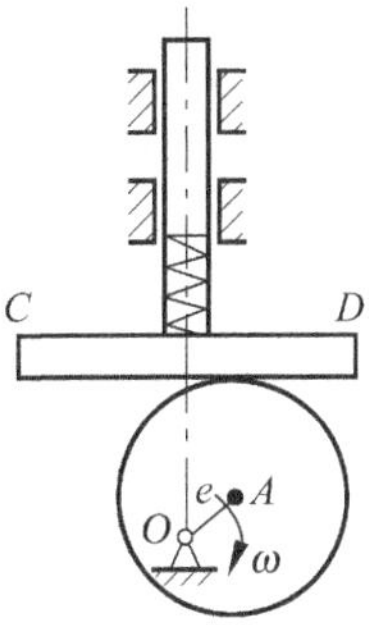

习题 11-11 图

11-12 如图所示,小车在力 $\boldsymbol{F}$ 作用下沿水平直线行驶,均质细杆 A 端铰接在小车上,另一端靠在车的光滑竖直壁上。已知杆质量 $m=5\text{kg}$,倾角 $\theta=30°$,车的质量 $M=50\text{kg}$,车轮质量及地面与车轮间的摩擦不计。试求水平力 $\boldsymbol{F}$ 多大时,杆 B 端的受力为零。

11-13 如图所示,均质定滑轮铰接在铅直无重的悬臂梁上,用绳与滑块相接。已知轮半径为 1m、重力的大小为 20kN,滑块重力的大小为 10kN,梁长为 2m,斜面倾角 $\tan\theta=3/4$,动摩擦系数为 0.1。若在轮 O 上作用一常力偶矩 $M=10\text{kN}\cdot\text{m}$。试求:①滑块 B 上升的加速度;②A 处的约束力。

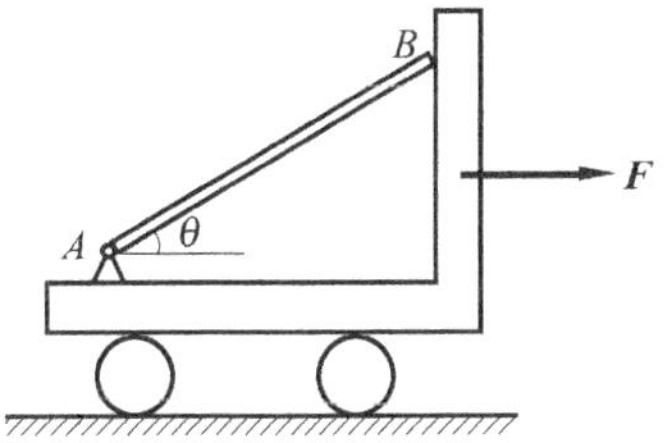

习题 11-12 图

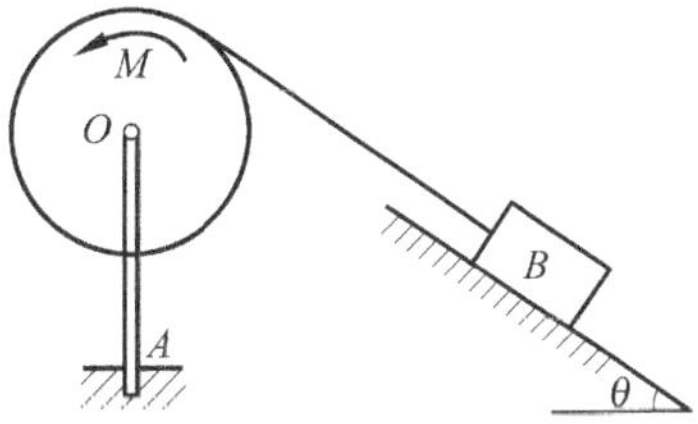

习题 11-13 图

11-14 如图所示,系统位于铅直面内,由均质细杆及均质圆盘铰接而成。已知杆长为 l,质量为 m,圆盘半径为 r。质量亦为 m。试求杆在 $\theta=30°$ 位置开始运动瞬时:①杆 AB 的角加速度;②支座 A 处的约束力。

11-15 重力的大小为 100N 的平板置于水平面上,其间的摩擦因数 $f=0.20$,板上有一重力大小为 300N、半径为 20cm 的均质圆柱。圆柱与板之间无相对滑动,滚动摩阻可略去不计。若平板上作用一水平力 $F=200\text{N}$,如图所示。求平板的加速度以及圆柱相对于平板滚动的角加速度。

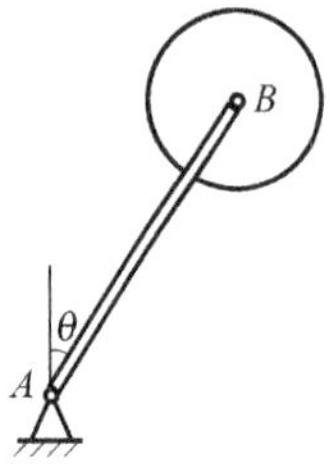

习题 11-14 图

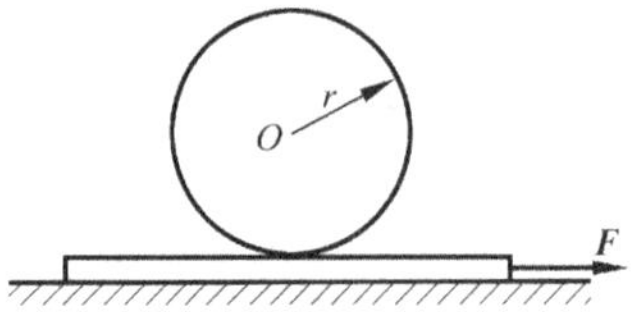

习题 11-15 图

11-16 如图所示,系统由不计质量的定滑轮 O 和均质动滑轮 C、重物 A、重物 B 用绳连接而成。已知轮 C 的重力大小 $F_Q=200\text{N}$,物 A、B 的重力大小均为 $F_P=100\text{N}$,B 与水平支承面间的静摩擦因数 $f=0.2$。试求系统由静止开始运动瞬时,D 处绳子的张力。

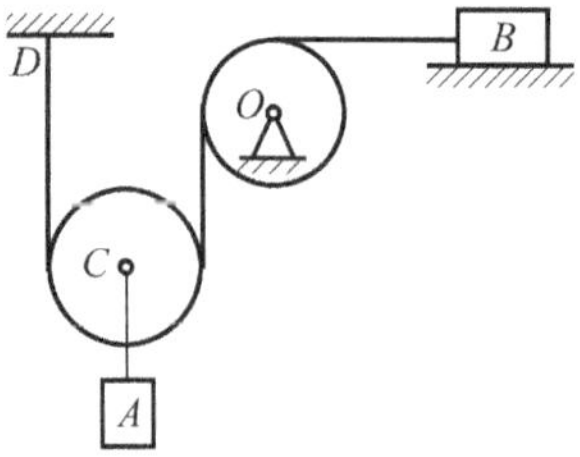

习题 11-16 图

第12章 虚位移原理及其应用

静力学研究物体或物体系统处于平衡状态时，作用在物体或物体系统上的所有外力(包括全部约束力)之间的相互关系，即仅仅研究平衡的充分与必要条件，并不涉及平衡的性质。

虚位移原理则是应用功的概念，研究受力物体或物体系统平衡的普遍规律，不仅可以得到物体或物体系统的平衡条件和平衡方程，而且还能判别平衡的性质——稳定性或不稳定性。

虽然都是研究平衡问题，但是虚位移原理的分析方法与静力学方法不同。

12.1 引言

12.1.1 工程静力学的局限性

本书第1篇工程静力学基础研究了物体或物体系统处于平衡状态时，作用于其上的所有外力必须满足的条件。但是，其研究范围、研究方法以及所得到的结论存在一定的局限性。

① 刚体平衡的充要条件对变形体是必要条件，但不是充分条件。刚体平衡的充要条件不是一般质点系平衡的普遍规律，也不是变形体平衡的普遍规律。

② 刚体平衡的充要条件不能判别物体系统平衡是稳定的还是不稳定的，即**平衡位置(位形)稳定性**(stability of the configuration)。如图12-1中所示，放置于不同光滑约束面上的刚性圆球，图12-1(a)中圆球的平衡是稳定的(stable equilibrium)；图12-1(b)中圆球的平衡是不稳定的(unstable equilibrium)；图12-1(c)中圆球的平衡是随遇的(indifferent equilibrium)。但是，根据刚体静力学，只知道它们都是二力平衡，$\boldsymbol{F}_{RN}=-\boldsymbol{W}$，却无法区分三种平衡类型。

③ 应用刚体平衡条件求解物体系统的平衡问题时，约束越多，过程越复

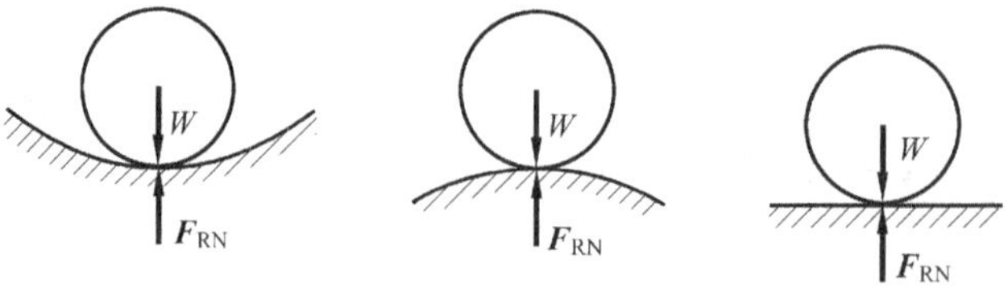

(a) 稳定平稳　　(b) 不稳定平衡　　(c) 随遇平衡

图 12-1　平衡的稳定性

杂。例如如图 12-2 所示的蜗轮-蜗杆提升机构。若已知提升物体的质量为 m，求施加在手柄上的力 $\boldsymbol{F}$。这种情形下，如果采用静力学方法建立 $m\boldsymbol{g}$ 与 $\boldsymbol{F}$ 的关系，必须将系统拆开：首先确定 $m\boldsymbol{g}$ 与蜗轮、蜗杆约束力之间的关系，然后再确定蜗轮、蜗杆约束力与力 $\boldsymbol{F}$ 之间的关系。而蜗轮与蜗杆的约束力为复杂的空间约束力，因而，为了确定力 $\boldsymbol{F}$，必须求解两个局部系统的空间力系平衡问题。

如果引入功能概念以及相关的原理研究这类平衡问题，则有可能避免上述麻烦。

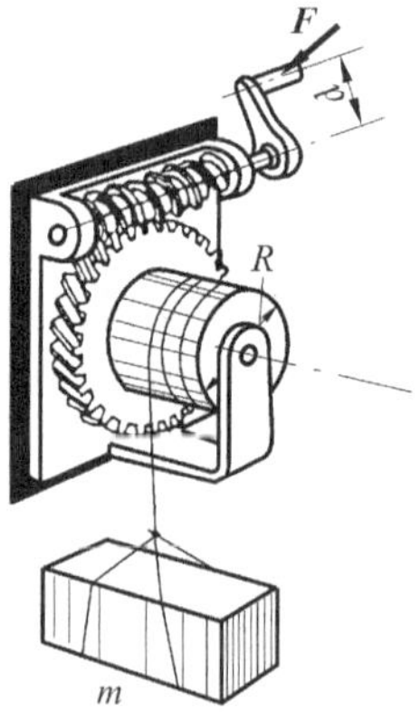

图 12-2　蜗轮-蜗杆提升机构

12.1.2　虚位移原理的简单示例

如图 12-3 所示，杠杆 AB 与铰支相连于点 C，并在力 $\boldsymbol{F}_P$ 与 $\boldsymbol{F}_Q$ 的作用下处于平衡。由刚体静力学的平衡条件 $\sum M_C(\boldsymbol{F})=0$，得

$$F_P l_1 = F_Q l_2$$

上述结论也可以从力作功中得到。杠杆工作的过程中，其初始角速度与

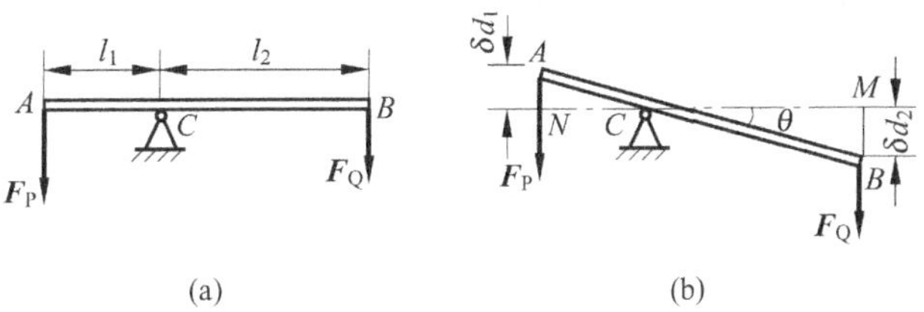

图 12-3　引入功能概念求解杠杆平衡问题

最终角速度一般均为零。如令 δd_1 和 δd_2 分别表示点 A 和点 B 满足约束的任意上升和下降的距离，略去铰 C 的摩擦力，则据动能定理可以写出

$$\mathrm{d}T = \sum \delta W$$

其中

$$\sum \delta W = -F_P \delta d_1 + F_Q \delta d_2$$
$$\mathrm{d}T = 0$$

于是，有

$$F_P \delta d_1 = F_Q \delta d_2$$

其中，δd_1 和 δd_2 满足：

$$\delta d_1 : \delta d_2 = l_1 : l_2$$

同样得到

$$F_P l_1 = F_Q l_2$$

这是由功能概念和理论得到的结果，它与应用静力学方法所得到的结果完全相同。由此可见，根据作用在系统上的有功力在其平衡位置附近的位移上做功的关系，也可以建立系统的平衡条件。

这是应用虚位移原理的最简单例子。

12.2　基本概念

12.2.1　约束及其分类

本书第 1 篇工程静力学在对运动的限制和受力两个方面对约束作了定义和描述。下面将刚体静力学中对约束的定义和描述加以扩展。

1. 约束与约束方程

在刚体静力学中，约束定义为对物体运动预加限制的其他物体。为了用分析的方法研究物体的平衡规律，把**对质点系位置或速度的限制条件称为约束**，并用数学方程来表示，称为**约束方程**。约束对物体运动预加的限制条件，表示为

$$f_\alpha(\boldsymbol{r}_i) = 0, \quad i = 1,2,\cdots,n, \alpha = 1,2,\cdots,s \tag{12-1a}$$

或

$$f_\alpha(x_i, y_i, z_i) = 0 \tag{12-1b}$$

式中，$\boldsymbol{r}_i$ 为质点系中第 i 个质点的位矢，$\boldsymbol{r}_i=(x_i, y_i, z_i)$；$s$ 为约束数。

例如，图 12-4(a)所示为刚性杆长为 l 的单摆，摆锤 A 的运动所受的限制条件为

$$x^2 + y^2 = l^2$$

而图 12-4(b)中的小球 A 尽管与弹簧相连，但是却写不出类似的约束方程，因此它是平面内的自由质点。

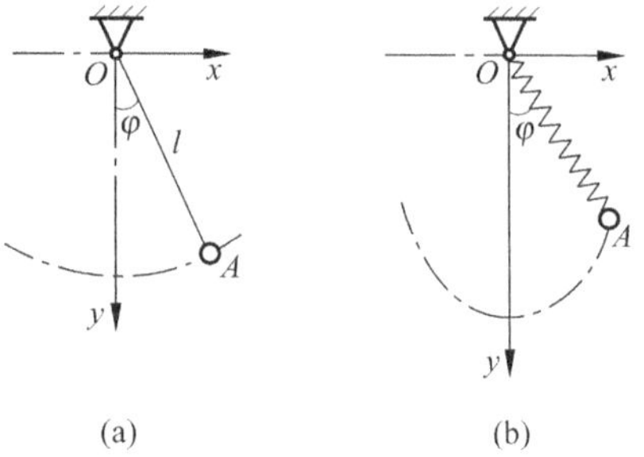

图 12-4　用刚性杆悬挂的单摆与弹簧—质点二维系统

又如，图 12-5 所示的曲柄—滑块机构，曲柄长 $OA=R$，连杆长 $AB=l$，该系统有三个约束方程：

$$\left.\begin{aligned} x_A^2 + y_A^2 &= R^2 \\ y_B &= 0 \\ (x_B - x_A)^2 + y_A^2 &= l^2 \end{aligned}\right\}$$

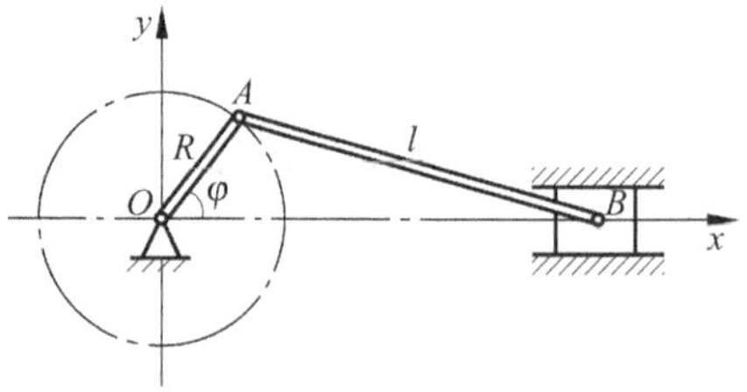

图 12-5　曲柄—滑块机构

这是因为该系统由三个物体组成：曲柄 OA 的约束方程与图 12-4(a)所示单摆的约束方程相同；滑块 B 被限制在滑道内运动，其约束方程为 $y_B=0$；连杆 AB 的长度不变，故约束方程为 $(x_B-x_A)^2+y_A^2=l^2$。

2. 约束的分类

(1) 定常约束与非定常约束

约束方程中不显示时间 t 的约束，称为**定常约束**(steady constraint)，即

$$f_\alpha(\boldsymbol{r}_i)=0,\quad i=1,\cdots,n,\alpha=1,\cdots,s \tag{12-2a}$$

约束方程中显示时间 t 的约束，称为**非定常约束**(unsteady constraint)，即

$$f_\alpha(\boldsymbol{r}_i,t)=0,\quad i=1,\cdots,n,\alpha=1,\cdots,s \tag{12-2b}$$

式中，i 为所考察的质点系中的质点数，α 为约束数，$\boldsymbol{r}_i$ 为第 i 个质点的位矢。

例如，图 12-6 所示为安装在弹性基础上的电动机。若已知转子以等角速 ω 旋转，这就给系统施加了约束，约束方程用转子的转角表示为

$$\varphi=\omega t$$

式中 t 为时间。弹性基础对电动机的约束就是非定常约束。

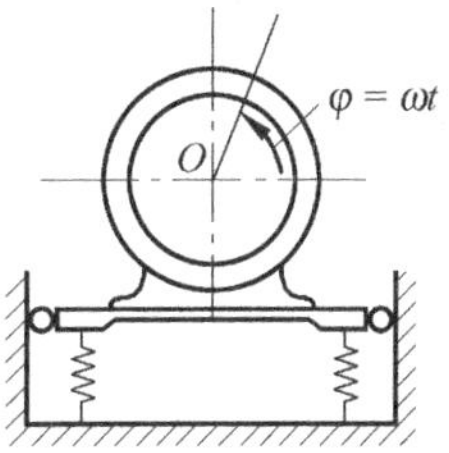

图 12-6 安装在弹性基础上的电动机

(2) 双侧约束与单侧约束

约束方程可以写成等式的约束，称为**双侧约束**(bilateral constraint)，即

$$f_\alpha(\boldsymbol{r}_i)=0,\quad i=1,\cdots,n,\alpha=1,\cdots,s \tag{12-3a}$$

约束方程不能写成等式，只能写成不等式的约束，称为**单侧约束**(unbilateral constraint)，即

$$f_\alpha(\boldsymbol{r}_i)\leqslant 0\quad 或\quad f_\alpha(\boldsymbol{r}_i)\geqslant 0\quad i=1,\cdots,n,\alpha=1,\cdots,s \tag{12-3b}$$

例如，如图 12-7(a)、(b)所示，被约束在双侧滑道和单侧滑道中的滑块 B 运动的约束方程分别为

$$y_B=0(双侧约束),\quad y_B\geqslant 0(单侧约束)$$

又如，用刚性杆悬挂的单摆(图 12-4(a))为双侧约束；用细绳悬挂的单摆(图 12-8)则为单侧约束，约束方程为

$$x^2+y^2\leqslant l^2$$

(3) 完整约束与非完整约束

约束方程中无论包含质点速度，还是不包含质点速度，即无论

$$f_\alpha(\boldsymbol{r}_i)=0\quad 还是\ f_\alpha(\boldsymbol{r}_i,\dot{\boldsymbol{r}}_i)=0$$

$$i=1,\cdots,n,\alpha=1,\cdots,s \tag{12-4a}$$

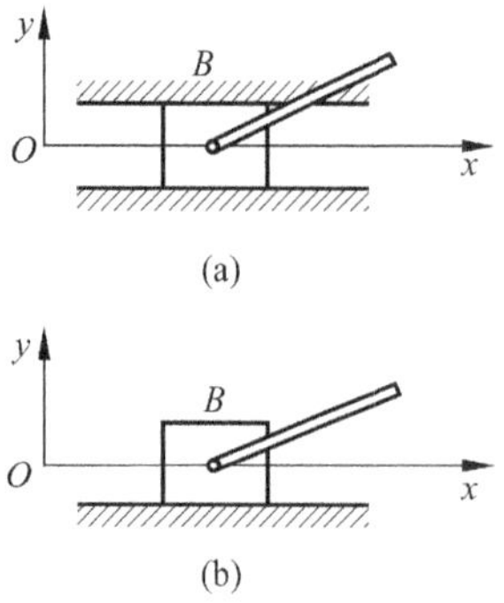

图 12-7 约束滑块的两种滑道

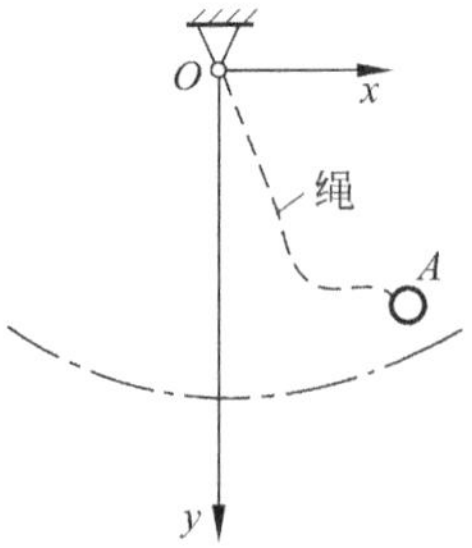

图 12-8 用细绳悬挂的单摆

只要约束方程可以积分成有限形式，这种约束便称为**完整约束**(holonomic constraint)。

约束方程中包含质点速度时，即

$$f_\alpha(\boldsymbol{r}_i,\dot{\boldsymbol{r}}_i)=0,\quad i=1,\cdots,n,\alpha=1,\cdots,s \tag{12-4b}$$

而且约束方程不可积分成有限形式，这种约束则称为**非完整约束**(nonholonomic constraint)。

例如，如图 12-9 所示，沿直线轨道作纯滚动的圆轮，其上一点 C^* 为速度瞬心，圆轮的约束为

$$\begin{cases} y_C = R \\ \dot{x}_C - R\dot{\varphi} = 0 \end{cases}$$

其中，第一式为完整约束在第二式中，$\dot{x}_C$ 为轮心速度在轴 x 上的投影，R 为轮半径，$\dot{\varphi}$ 为圆轮的角速度。对其积分得不含速度项的约束方程：

$$x_C - R\varphi = 0$$

因此，纯滚动的这种约束是完整约束，而不是非完整约束。

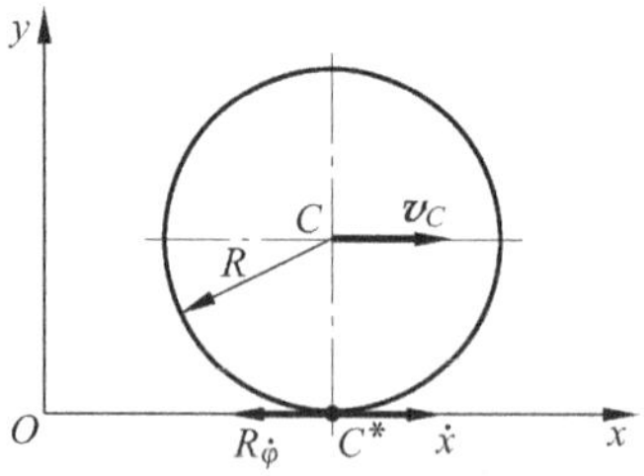

图 12-9 沿直线轨道作纯滚动的圆轮

需要注意的是：实际约束往往是上述定义的几种约束的组合。本书主要研究完整、定常和双侧约束。

12.2.2　广义坐标与自由度

惟一确定质点系在空间位置或构形的独立坐标称为广义坐标(generalized coordinates)，记为 q。广义坐标必须是独立变量；它可以是线坐标、角坐标或其他形式的坐标。广义坐标形式的选择不是惟一的，需要由问题的性质与求解问题的难易程度而定。

对于完整约束系统，**广义坐标个数称为该系统的自由度**①(degree of freedom)。

如果完整约束系统由 $1,2,\cdots,n$ 个质点组成，加有 $1,2,\cdots,s$ 个完整约束，则系统的自由度，亦即广义坐标个数为

$$N = 3n - s \tag{12-5}$$

该式表明，研究由 n 个质点组成的系统时，一般用 $3n$ 个直角坐标确定它的位置，但由于系统还受有完整约束，这 $3n$ 个直角坐标不是完全独立的。

广义坐标的引入，使确定位置的坐标数目减少到最小，也就是使描述力学系统的数学方程数目尽可能地少。描述力学系统的数学方程数目，对于静力学而言是平衡方程的数目；对于动力学而言是运动微分方程数目。

例如，如图 12-5 所示，曲柄—滑块机构近似看成集中在 A、B 二处的两质点组成的系统(图 12-10)，该系统 $s=3$，自由度 $N=2\times2-3=1$。选广义坐标 $q=\varphi$，不独立的直角坐标(x_A,y_A,x_B)可用 φ 表示为

$$\begin{cases} x_A = R\cos\varphi \\ y_A = R\sin\varphi \\ x_B = R\cos\varphi + \sqrt{l^2 - R^2\sin^2\varphi} \end{cases}$$

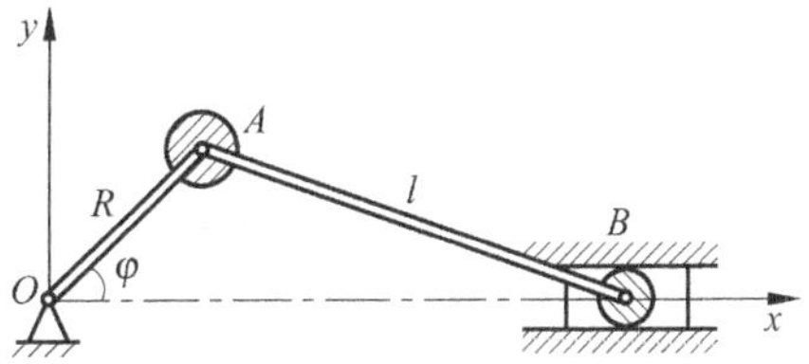

图 12-10　简化为二质点系统的曲柄—滑块机构

① 对非完整约束系统而言，由于广义坐标的变分(也称广义虚位移)δq_j，$j=1,\cdots,N$，还要满足非完整约束方程，所以，定义质点系独立的虚位移个数为自由度。

在完整约束系统中，广义坐标个数等于自由度数；在非完整约束系统中，广义坐标个数大于自由度数。

12.2.3 虚位移

在给定瞬时，质点(或质点系)符合约束的无限小假想位移称为该质点(或质点系)的虚位移(virtual displacement)，记作 $\delta \boldsymbol{r}_i, i=1,2,\cdots,n$。虚位移 $\delta \boldsymbol{r}_i$ 与实位移 $\mathrm{d}\boldsymbol{r}_i$ 既有区别，又有联系。二者都要符合约束条件，被约束许可。

但是，$\mathrm{d}\boldsymbol{r}_i$ 是在一定主动力作用、一定起始条件下和一定的时间间隔 $\mathrm{d}t$ 内发生的位移，其方向是惟一的；而 $\delta \boldsymbol{r}_i$ 则不涉及有无主动力，也与起始条件无关，是假想发生、而实际并未发生的位移，所以它不需经历时间过程，其方向至少有两组，甚至无穷多组。

图 12-11 所示为三种质点系流的虚位移分析：图 12-11(a)为放置于二维固定斜面上质点 P 的情形，$\delta \boldsymbol{r}=(\delta \boldsymbol{r}_1, \delta \boldsymbol{r}_2)$；图 12-11(b)为简化成二质点系统的曲柄—滑块机构，$\delta \boldsymbol{r}=(\delta \boldsymbol{r}_{A1}, \delta \boldsymbol{r}_{B1}, \delta \boldsymbol{r}_{A2}, \delta \boldsymbol{r}_{B2})$；图 12-11(c)为放置于三维固定曲面上质点 P 的情形，$\delta \boldsymbol{r}=(\delta \boldsymbol{r}_1, \delta \boldsymbol{r}_2, \cdots, \delta \boldsymbol{r}_n)$。这三种系统如果在一定的主动力作用下，对于一定的起始条件，在 $\mathrm{d}t$ 时间间隔内，只可能产生一组真实位移 $\mathrm{d}\boldsymbol{r}_i$，它是各组虚位移 $\delta \boldsymbol{r}$ 中的一组。但是，若为非定常约束，例如图 12-11(a)中，假设二维斜面也有运动，则点 P 的 $\mathrm{d}\boldsymbol{r}$ 不再是两组虚位移 $\delta \boldsymbol{r}$ 中的任何一组。

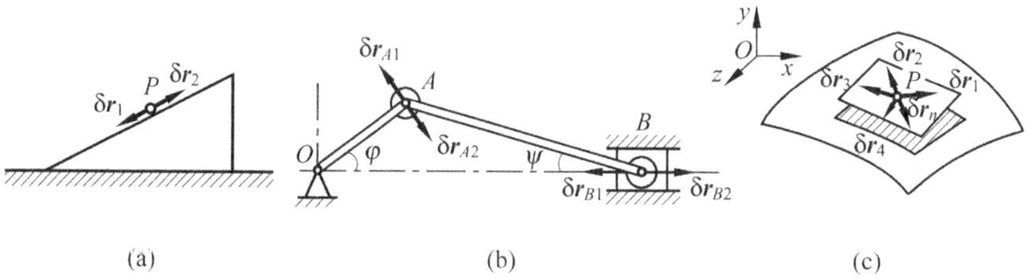

图 12-11　三种质点系统的虚位移分析

需要说明的是，虚位移记号"δ"是数学上的变分符号。在本书所讨论的问题中，**变分**(variation)运算与**微分**(differential)运算相类似。

质点系(包括刚体)的虚位移也可表示为**广义坐标的变分**(variation of generalized coodinate)$\delta q_j (j=1,2,\cdots,N)$，$\delta q_j$ 称为**广义虚位移**(generalized virtual displacement)。对于质点系统，广义坐标 q_j 是独立变量。对完整约束系统，$\delta q_j, j=1,2,\cdots,N$ 是独立的虚位移。

例如如图 12-11(b)所示，曲柄—滑块机构中两质点不独立的虚位移 $\delta \boldsymbol{r}_A$ 和 $\delta \boldsymbol{r}_B$ 可用广义坐标变分 $\delta \varphi$ 表示。为此，对由图 12-10 所得的三个约束方程分别取变分

$$
\begin{aligned}
\delta x_A &= -R\sin\varphi\delta\varphi \\
\delta y_A &= R\cos\varphi\delta\varphi \\
\delta x_B &= -R\sin\varphi\delta\varphi - \frac{1}{2}\frac{2R^2\sin\varphi\cdot\cos\varphi}{\sqrt{l^2-R^2\sin^2\varphi}}\delta\varphi \\
&= -R\left(\sin\varphi + \frac{\sin\psi\cdot\cos\varphi}{\cos\psi}\right)\delta\varphi \\
&= -R\frac{\sin(\varphi+\psi)}{\cos\psi}\delta\varphi
\end{aligned}
$$

其中，ψ 角已示于图 12-11(b)中。

12.2.4　虚功

作用在质点系上的力在相应虚位移所作的功称为虚功(virtual work)，又称元功，用 δW 表示。

虚功与实功的计算方法相类似。力 $\boldsymbol{F}$ 在虚位移 $\delta\boldsymbol{r}$ 所作的虚功为 $\delta W=\boldsymbol{F}\cdot\delta\boldsymbol{r}$；力系 $\boldsymbol{F}_i(i=1,2,\cdots,n)$中所有在各自作用点的虚位移上所作的虚功之和为

$$\sum_{i=1}^{n}\delta W=\sum_{i=1}^{n}\boldsymbol{F}_i\cdot\delta\boldsymbol{r}_i \tag{12-6}$$

与力偶 M 对应的虚位移是虚角位移，用 $\delta\theta$ 表示；相应的虚功 $\delta W=M\delta\theta$。对于平面力偶系 $M_r(r=1,2,\cdots,m)$，各力偶在各自的虚角位移 $\delta\theta_r$ 上所作之虚功之和为

$$\sum_{r=1}^{m}\delta W=\sum_{i=1}^{m}M_r\delta\theta_r \tag{12-7}$$

式中，$\delta\theta_r$ 为与 M_r 相对应的对于定坐标系的虚角位移，即绝对虚位移。

虚功与虚位移一样，也是假想发生，而实际并未发生的。δW 一般也不是功函数的变分，仅是点积 $\boldsymbol{F}_i\cdot\delta\boldsymbol{r}_i$ 的记号。

12.2.5　理想约束的概念

若质点系中约束力在与之相对应的任一组虚位移上所作虚功之和等于零，则此类约束称为**理想约束**(ideal constraint)，记为

$$\sum_{i=1}^{n}\boldsymbol{F}_{\mathrm{N}i}\cdot\delta\boldsymbol{r}_i=0 \tag{12-8}$$

式中，$\boldsymbol{F}_{\mathrm{N}i}$为作用在第 i 个质点的约束力。

12.3 虚位移原理

12.3.1 虚位移原理

质点系如果具有理想约束而且是双侧约束，则质点系某一位置为平衡位置的充要条件是，主动力系在系统的任意虚位移上所作元功之和等于零。此即**虚位移原理**。对于由 n 个质点组成的质点系，虚位移原理可以表示为

$$\delta W = \sum_{i=1}^{n} \boldsymbol{F}_i \cdot \delta \boldsymbol{r}_i = 0 \tag{12-9}$$

其中，$\boldsymbol{F}_i$ 为作用在第 i 个质点上的主动力，$\delta \boldsymbol{r}_i$ 为该质点的虚位移。虚位移原理由拉格朗日于 1764 年提出，又称虚功原理。由于它是最一般的平衡条件，也可以称作静力学普遍方程。

对于由 n 个质点和 m 个作二维运动刚体组成的质点—刚体系统，虚位移原理可以写成

$$\delta W = \sum_{i=1}^{n} \boldsymbol{F}_i \cdot \delta \boldsymbol{r}_i + \sum_{r=1}^{m} M_r \cdot \delta \theta_r = 0 \tag{12-10}$$

式中，$\boldsymbol{F}_i$、$\delta \boldsymbol{r}_i$ 与前述意义相同，M_r 为作用在第 r 个作平面运动刚体上的力偶的力偶矩，$\delta\theta_r$ 为该刚体的虚角位移。

12.3.2 虚位移原理应用概述

根据以上分析，应用虚位移原理可以求解静力学的若干问题。其过程大致如下：

① 判断约束性质和自由度，选择广义坐标。

② 写出主动力系在虚位移 $\delta \boldsymbol{r}_i(i=1,2,\cdots,n)$ 上的虚功关系式。

③ 将不独立的虚位移 $\delta \boldsymbol{r}_i$ 表示为广义坐标的变分 $\delta q_j(j=1,2,\cdots,s)$。

将不独立的虚位移表示为广义坐标的变分有以下两种方法：

(1) 解析法

将 $\boldsymbol{F}_i$ 和 $\delta \boldsymbol{r}_i$ 均表示为分量形式，于是，式(12-9)变为

$$\sum_{i=1}^{n} (F_{xi}\delta x_i + F_{yi}\delta y_i + F_{zi}\delta z_i) = 0 \tag{12-11}$$

再对写出的直角坐标与广义坐标关系式求变分。

(2) 几何法

在定常约束的条件下，实位移是虚位移中的一组，可以采用求解实位移的方法，确定不同质点虚位移之间的关系。同时，根据运动学知识，点的实位移

与其速度成正比，即

$$\mathrm{d}\boldsymbol{r}_A = \boldsymbol{v}_A \mathrm{d}t, \mathrm{d}\boldsymbol{r}_B = \boldsymbol{v}_B \mathrm{d}t \tag{12-12}$$

因而，可以采用求解各点的速度关系的方法，确定定常约束关系中同一组虚位移中各点虚位移之间的关系，这种方法也被称为虚速度法。

12.3.3　虚位移原理在研究简单刚体系统平衡问题中的应用

例题 12-1　如图 12-12(a)所示，四杆机构 $ABCD$ 的 CD 边固定，杆 AC 和 BD 分别可绕水平轴 C、D 转动，在铰链 A、B 处有力 $\boldsymbol{F}_1$、$\boldsymbol{F}_2$ 作用；该机构在图示位置平衡，杆重和摩擦略去不计。求力 $\boldsymbol{F}_1$ 和 $\boldsymbol{F}_2$ 的关系。

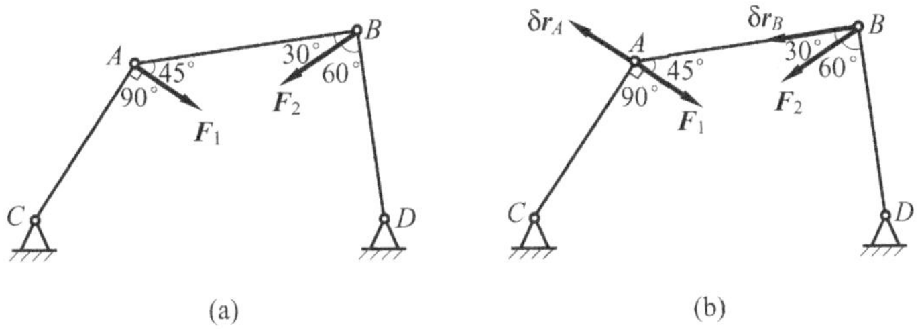

图 12-12　例题 12-1 图

解：本例中的机构是几何可变系统，需求系统平衡时主动力的关系，适合于用虚位移原理求解，以避免涉及铰链 A、B、C、D 处的未知约束力。求解步骤如下：

(1) 确定研究对象，画受力图

选定整个系统为研究对象，该系统具有理想约束，画出系统主动力的受力图(图 12-12(b))(包含 $\boldsymbol{F}_1$ 和 $\boldsymbol{F}_2$ 两个力)。

(2) 确定自由度以便确定独立的虚位移数

由图可见，系统位置可通过 A、B 两点的四个坐标来确定，由于 CA、AB、BD 三杆的杆长不变，故有三个约束方程；因此系统具有一个自由度，独立的虚位移也只有一个。

(3) 给出虚位移

在图示平衡位置，不破坏约束，给出力 $\boldsymbol{F}_1$ 及 $\boldsymbol{F}_2$ 作用点的虚位移 $\delta\boldsymbol{r}_A$ 和 $\delta\boldsymbol{r}_B$(图 12-12(b))。应用虚速度法，作平面运动的杆 AB，其 A、B 两点的速度满足速度投影定理，因此虚位移 $\delta\boldsymbol{r}_A$ 和 $\delta\boldsymbol{r}_B$ 在 AB 连线上的投影应相等，即

$$\delta r_A \cos 45^\circ = \delta r_B$$

$$\delta r_B = \frac{\sqrt{2}}{2}\delta r_A \tag{a}$$

(4) 计算虚功

主动力 $\boldsymbol{F}_1$ 和 $\boldsymbol{F}_2$ 的虚功 $\delta W(\boldsymbol{F}_1)$和 $\delta W(\boldsymbol{F}_2)$为

$$\delta W(\boldsymbol{F}_1) = \boldsymbol{F}_1 \cdot \delta \boldsymbol{r}_A = -F_1 \cdot \delta r_A \tag{b}$$

根据式(a),得

$$\delta W(\boldsymbol{F}_2) = \boldsymbol{F}_2 \cdot \delta \boldsymbol{r}_B = F_2 \cos 30^\circ \delta r_B = \frac{\sqrt{6}}{4} F_2 \cdot \delta r_A \tag{c}$$

(5) 应用虚位移原理确定主动力

应用虚位移原理

$$\sum \delta W(\boldsymbol{F}_i) = 0$$

有

$$\delta W(\boldsymbol{F}_1) + \delta W(\boldsymbol{F}_2) = 0$$

将式(b)、式(c)代入上式,得

$$-F_1 \cdot \delta r_A + \frac{\sqrt{6}}{4} F_2 \cdot \delta r_A = 0$$

由于 δr_A 为独立的任给微小量,故 $\delta r_A \neq 0$,于是

$$\left(-F_1 + \frac{\sqrt{6}}{4} F_2\right) = 0 \quad 或 \quad F_1 = \frac{\sqrt{6}}{4} F_2$$

(6) 本例讨论

若用工程静力学方法求解本例,则必须将系统拆开,这就必然出现未知的内约束力;而用虚位移原理求解,只需考虑整体系统,故在求解过程中不会出现与之无关的未知约束力。

本例已知平衡位置,求主动力之间关系。反之,如果已知主动力之间的关系,也可以确定平衡位置。这表明,刚体静力学所能解决的问题,虚位移原理都可以解决。

例题 12-2 图 12-13 所示为平面双摆,均质杆 OA 与 AB 用铰链 A 连接。两杆长度分别为 l_1 和 l_2,质量分别为 m_1 和 m_2,若杆端 B 承受水平力 $\boldsymbol{F}$,试求系统平衡时的角度 θ_1 和 θ_2。

解:确定系统平衡位置的问题也可以用虚位移原理,其步骤与应用虚位移原理确定主动力关系时相同。

(1) 选择研究对象

选定杆 OA 和 AB 组成的系统为研究对象,系统具有理想约束。

(2) 自由度及广义坐标

系统位置可通过 A、B 两点的四个坐标来确定,由于 OA、AB 两杆的杆长

不变,故有两个约束方程;因此系统具有两个自由度,有两个相互独立的虚位移。系统的位置可由广义坐标 θ_1、θ_2 两个独立参数确定。

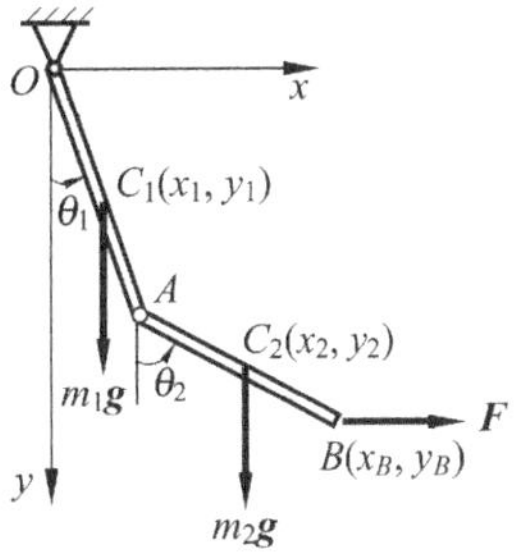

图 12-13　例题 12-2 图

(3) 虚位移

两根杆的重力 $m_1\boldsymbol{g}$、$m_2\boldsymbol{g}$ 和水平力 $\boldsymbol{F}$ 为系统的三个主动力,重力 $m_1\boldsymbol{g}$、$m_2\boldsymbol{g}$ 只在铅垂方向的虚位移上作功,力 $\boldsymbol{F}$ 只在水平方向的虚位移上作功。

采用解析法建立这些虚位移与广义坐标 θ_1、θ_2 变分之间的关系。通过对三个力作用点处相应坐标 y_1, y_2, x_B 求变分,得到相应的虚位移

$$y_1 = \frac{l_1}{2}\cos\theta_1, \quad \delta y_1 = -\frac{l_1}{2}\sin\theta_1\,\delta\theta_1$$

$$y_2 = l_1\cos\theta_1 + \frac{l_2}{2}\cos\theta_2, \quad \delta y_2 = -l_1\sin\theta_1\,\delta\theta_1 - \frac{l_2}{2}\sin\theta_2\,\delta\theta_2$$

$$x_B = l_1\sin\theta_1 + l_2\sin\theta_2, \quad \delta x_B = l_1\cos\theta_1\,\delta\theta_1 + l_2\cos\theta_2\,\delta\theta_2$$

此即各虚位移与广义坐标 θ_1、θ_2 变分之间的关系。

(4) 虚功

外力虚功为

$$\begin{aligned}\sum\delta W(\boldsymbol{F}_i) &= m_1 g\delta y_1 + m_2 g\delta y_2 + F\delta x_B \\ &= -m_1 g\frac{l_1}{2}\sin\theta_1\,\delta\theta_1 - m_2 g\left(l_1\sin\theta_1\,\delta\theta_1 + \frac{l_2}{2}\sin\theta_2\,\delta\theta_2\right) + \\ &\quad F(l_1\cos\theta_1\,\delta\theta_1 + l_2\cos\theta_2\,\delta\theta_2)\end{aligned}$$

(5) 确定平衡位置

应用虚位移原理

$$\sum\delta W(\boldsymbol{F}_i) = 0$$

有

$$-m_1 g\frac{l_1}{2}\sin\theta_1\,\delta\theta_1 - m_2 g\left(l_1\sin\theta_1\,\delta\theta_1 + \frac{l_2}{2}\sin\theta_2\,\delta\theta_2\right) + F(l_1\cos\theta_1\,\delta\theta_1 + l_2\cos\theta_2\,\delta\theta_2) = 0$$

$$\left(-m_1 g\frac{l_1}{2}\sin\theta_1 - m_2 g l_1\sin\theta_1 + F l_1\cos\theta_1\right)\delta\theta_1 + \left(-m_2 g\frac{l_2}{2}\sin\theta_2 + F l_2\cos\theta_2\right)\delta\theta_2 = 0 \tag{a}$$

因为 $\delta\theta_1, \delta\theta_2$ 是任给的独立微量,故 $\delta\theta_1 \neq 0, \delta\theta_2 \neq 0$,于是由式(a)可得以下两个平衡方程

$$\begin{cases}-m_1 g \dfrac{l_1}{2}\sin\theta_1 - m_2 g l_1 \sin\theta_1 + F l_1 \cos\theta_1 = 0 \\ -m_2 g \dfrac{l_2}{2}\sin\theta_2 + F l_2 \cos\theta_2 = 0\end{cases}$$

解上述方程组，求得

$$\theta_1 = \arctan \frac{2F}{(m_1 + 2m_2)g}$$

$$\theta_2 = \arctan \frac{2F}{m_2 g}$$

(6) 本例讨论

本例采用解析法将虚位移变换为广义坐标的变分 $\delta \boldsymbol{r}_i = f(\delta q_j)(i=1,2,\cdots,n,j=1,2,\cdots,n)$，并且借助 δq_j 的独立性，得到不含虚位移的求解未知量的数学方程。这是引入广义坐标概念的重要意义之一。

例题 12-3 如图 12-14(a)所示，机构由 AB、BC 二杆以及滚轮和刚度系数为 k 的弹簧组成。弹簧 D 端固定，C 端与滚轮连接，弹簧原长为 $AD=l_0$；AB、BC 二杆的长度 $AB=BC=l$。设在 B 点作用一铅垂力 $\boldsymbol{F}_{\mathrm{P}}$，忽略系统中各物体的质量及各处摩擦。试求机构处于平衡时的角度 θ。

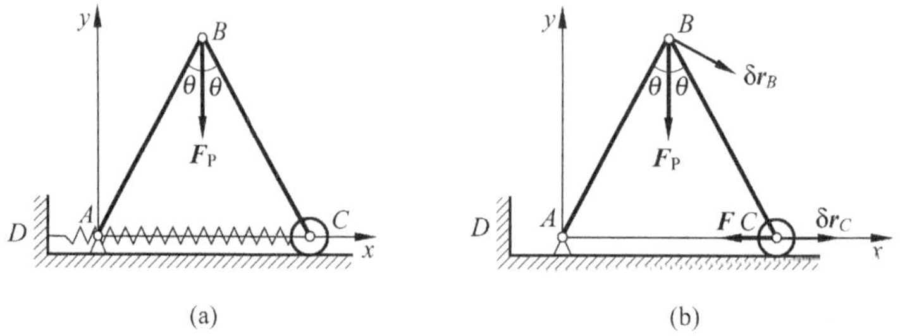

图 12-14 例题 12-3 图

解：选取由杆 AB 和 BC 以及滚轮和弹簧组成的系统为研究对象。此系统包含的弹簧是非理想约束。对于包含非理想约束的系统，应用虚位移原理时需将非理想约束解除而代之以力，并将其作用视为主动力，从而得到一个新的具有理想约束的系统(图 12-14(b))。该系统只有一个自由度，以 θ 为广义坐标。分别用解析法与几何法求解。

(1) 解析法

通过主动力 $\boldsymbol{F}_{\mathrm{P}}$、弹性力 $\boldsymbol{F}$ 两个力作用点处相应坐标 y_B、x_C 的变分，确定 B 点铅垂方向和 C 点水平方向的虚位移：

$$y_B = l\cos\theta,\quad \delta y_B = -l\sin\theta\delta\theta$$
$$x_C = 2l\sin\theta,\quad \delta x_C = 2l\cos\theta\delta\theta$$

弹簧力的大小为

$$F = kx_C = 2kl\sin\theta$$

虚功之和为

$$\sum\delta W(\boldsymbol{F}_i) = \delta W(\boldsymbol{F}_P) + \delta W(\boldsymbol{F}) = -F_P\delta y_B - F\delta x_C$$

应用虚位移原理

$$\sum\delta W(\boldsymbol{F}_i) = 0,\quad -F_P\delta y_B - F\delta x_C = 0$$

得

$$(F_P l\sin\theta - 4kl^2\sin\theta\cos\theta)\delta\theta = 0$$

因为 $\delta\theta\neq 0$，故有

$$F_P\sin\theta - 4kl\sin\theta\cos\theta = 0 \tag{a}$$

由此得到两个解：

$$\sin\theta = 0$$
$$\cos\theta = \frac{F_P}{4kl}$$

当

$$F_P \leqslant 4kl$$

时，解得系统的两个平衡位置分别为

$$\theta_1 = 0$$
$$\theta_2 = \arccos\frac{F_P}{4kl}$$

(2) 几何法

设 B 点的虚位移(图 12-14(b))为独立的虚位移，则 C 点的虚位移可通过两虚位移在 BC 连线上投影相等求得，即

$$\delta r_B\cdot\sin 2\theta = \delta r_C\cdot\sin\theta$$

由此得

$$\delta r_C = \frac{\sin 2\theta}{\sin\theta}\delta r_B = 2\cos\theta\delta r_B$$

相应的虚功为

$$\begin{aligned}\sum\delta W_i &= \boldsymbol{F}_P\cdot\delta\boldsymbol{r}_B + \boldsymbol{F}\cdot\delta\boldsymbol{r}_C\\ &= F_P\sin\theta\,\delta r_B - F\delta r_C\\ &= F_P\sin\theta\,\delta r_B - F\,2\cos\theta\,\delta r_B\end{aligned}$$

应用虚位移原理，并考虑到 $\delta r_B \neq 0$，有

$$F_P \sin\theta - 2kl\sin\theta \cdot 2\cos\theta = 0$$

据此得到与解析法中式(a)相同的方程。

(3) 本例讨论

建议读者对两种方法的解题过程加以比较，找到适合具体问题的求解方法。

例题 12-4 如图 12-15(a)所示，已知平面桁架中 $AD=DB=6\text{m}$，$CD=3\text{m}$，$F=30\text{kN}$。试用虚位移原理，确定杆 3 的内力。

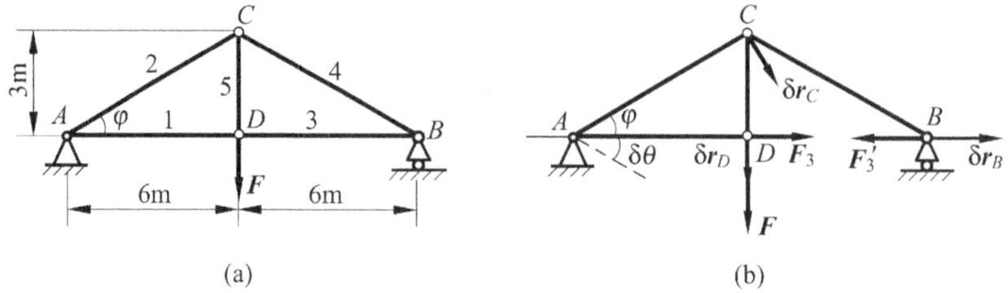

图 12-15 例题 12-4 图

解：桁架为一结构，为求杆 3 的内力，必须将杆 3 截断(即解除约束)代之以力，使结构变成一个自由度理想约束系统。

本题属于已知平衡位置求约束力，故宜采用几何法求解。

(1) 选取研究对象

以杆 3 截断后的桁架为研究对象，分析作用在其上的主动力，包括截开后作用在 3 杆上的力，如图 12-15(b)所示。

(2) 采用几何法确定虚位移

从图 12-15(b)中可以看出，$\triangle ACD$ 将在力 $\boldsymbol{F}$ 作用下作定轴转动。于是，C、D 二点的虚位移与广义坐标 θ 变分的关系为

$$\delta r_C = AC \cdot \delta\theta$$

$$\delta r_D = AD \cdot \delta\theta$$

所以，有

$$\delta r_C = \frac{AC}{AD}\delta r_D$$

由于杆 BC 作平面运动，根据速度投影法可得

$$\delta r_C \cos(90^\circ - 2\varphi) = \delta r_B \cos\varphi$$

于是

$$\delta r_B = \delta r_C \frac{\sin 2\varphi}{\cos\varphi} = 2\delta r_C \sin\varphi = 2\frac{AC}{AD}\delta r_D \cdot \frac{CD}{AC} = \delta r_D$$

(3) 应用虚功原理

根据虚功原理，有

$$F\delta r_D - F'_3 \delta r_B = 0$$

将相应的力和虚位移代入后解得

$$F_3 = F'_3 = 30\text{kN}$$

(4) 本例讨论

① 力 $\boldsymbol{F}_3$ 与点 D 的虚位移 $\delta\boldsymbol{r}_D$ 垂直，故其虚功为零。

② 杆 3 截断后，不变结构△ACD 只能绕 A 点作定轴转动。C 点位置确定后，B 点位置必然确定，即杆 CB 不会增加自由度，因此系统是单自由度系统。

例题 12-5　组合梁由水平梁 AC、CD 组成，如图 12-16(a)所示。已知：$F_1=20\text{kN}$，$F_2=12\text{kN}$，$q=4\text{kN/m}$，$M=2\text{kN}\cdot\text{m}$。不计梁自重，试求固定端 A 和支座 B 处的约束力。

解：组合梁为静定结构，其自由度为零，不可能发生虚位移。为能应用虚位移原理确定 A、B 二处的约束力，可逐次解除一个约束，代之以作用力，使系统具有一个自由度，并把解除约束处的约束力视为主动力；分析系统各主动力作用点的虚位移以及相应的虚功，应用虚位移原理建立求解约束力的方程。

为方便计算，可事先算出分布载荷合力大小及作用点。对于本例：

$$F_H = F_K = q \times 1 = 4\text{kN}$$

各作用点如图 12-16(b)所示，且 $HC=CK=0.5\text{m}$。

(1) 计算支座 B 处的约束力

解除支座 B，代之以作用力 $\boldsymbol{F}_{NB}$，并将其视为主动力。

此时，梁 CD 绕点 C 转动，系统具有一个自由度。设梁 CD 的虚位移为 $\delta\varphi$，则各主动力作用点的虚位移如图 12-16(b)所示。

应用虚位移原理，有

$$\sum \delta W_F = 0,$$

$$F_K \delta r_K - F_{NB}\delta r_B - M\delta\varphi + F_2 \sin 30^\circ \delta r_D = 0 \tag{a}$$

由图 12-16(b)中的几何关系，得

$$\delta r_K = 0.5\delta\varphi, \quad \delta r_B = \delta\varphi, \quad \delta r_D = 2\delta\varphi$$

将上述各式代入虚位移原理表达式(a)，有

$$(0.5F_K - F_{NB} - M + F_2)\delta\varphi = 0 \tag{b}$$

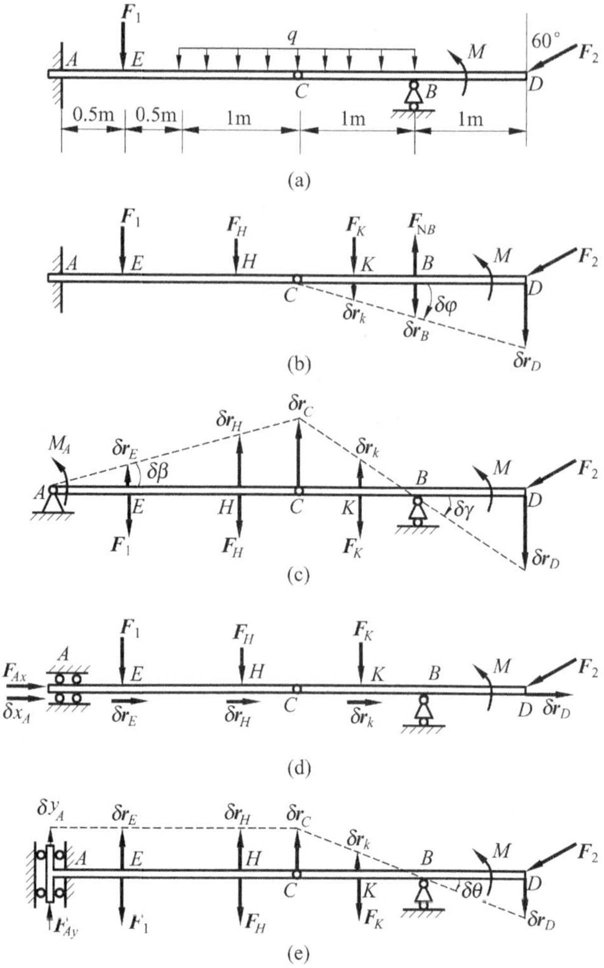

图 12-16 例题 12-5 图

因为 $\delta\varphi \neq 0$，于是，由式(b)求得支座 B 的约束力为

$$F_{NB} = 0.5F_K + F_2 - M = 12(\text{kN}) \tag{c}$$

(2) 求固定端 A 处的约束力偶

解除 A 端的转动约束，使之成为允许转动的固定铰支座，并代之以约束力偶 M_A，将 M_A 视为主动力偶(图 12-16(c))。这时，梁 AC 和 CD 可分别绕点 A、B 转动，系统具有一个自由度。设梁 AC 有一虚位移 $\delta\beta$，则梁 AC、CD 上各主动力作用点相应的虚位移如图 12-16(c)所示。

根据虚位移原理

$$\sum \delta W_F = 0$$

可得下述方程

$$M_A\delta\beta - F_1\delta r_E - F_H\delta r_H - F_K\delta r_K + F_2\delta r_D\cos 60^\circ - M\delta\gamma = 0 \tag{d}$$

根据如图 12-16(c)所示的几何关系，各主动力作用点的虚位移分别为

$$\delta r_E = 0.5\delta\beta,\quad \delta r_H = 1.5\delta\beta,\quad \delta\gamma = 2\delta\beta$$

$$\delta r_K = 0.5\delta\gamma = \delta\beta,\quad \delta r_D = \delta\gamma = 2\delta\beta$$

代入式(d)，得

$$(M_A - 0.5F_1 - 1.5F_H - F_K + F_2 - 2M)\delta\beta = 0 \tag{e}$$

由于 $\delta\beta \neq 0$，所以

$$M_A = 0.5F_1 + 1.5F_H + F_K - F_2 + 2M = 12(\text{kN}\cdot\text{m})(\smile) \tag{f}$$

(3) 求固定端 A 处的水平约束力

解除 A 端的水平约束，使之变为只能水平移动、而不能铅直移动和自由转动的新约束(图 12-16(d))，视水平约束力 F_{Ax} 为主动力。这时系统具有一个自由度，使梁 AC 和 CD 只能沿水平方向平移，设 A 点有一水平虚位移 δx_A，则其他主动力作用点，将产生如图 12-16(d)所示的虚位移。

应用虚位移原理，写出

$$F_{Ax}\delta x_A - F_2\delta r_D\sin 60^\circ = 0 \tag{g}$$

由于系统水平平移，所以 $\delta x_A = \delta r_D$，故上式为

$$(F_{Ax} - F_2\sin 60^\circ)\delta x_A = 0 \tag{h}$$

因为 $\delta x_A \neq 0$，所以

$$F_{Ax} = F_2\sin 60^\circ = 6\sqrt{3}(\text{kN}) \tag{i}$$

(4) 求固定端 A 处的铅垂约束力

解除 A 端的铅直约束，使之变成只能铅直移动，而不能水平移动和自由转动的新约束(图 12-16(e))，并视铅垂约束力 $\boldsymbol{F}_{Ay}$ 为主动力。这时，梁 AB 平移，梁 CD 绕点 B 转动，系统具有一个自由度。

设点 A 有一铅垂虚位移 δy_A，其余各主动力作用点及梁 CD 的虚位移如图 12-16(e)所示。

应用虚位移原理，有

$$F_{Ay}\delta y_A - F_1\delta r_E - F_H\delta r_H - F_K\delta r_K + F_2\sin 30^\circ\delta r_D - M\delta\theta = 0 \tag{j}$$

由于梁 AC 铅垂平移，梁 CD 绕点 B 转动，于是，由图 12-16(e)得

$$\delta r_E = \delta r_H = \delta r_C = \delta y_A = \delta r_D$$

$$\delta r_K = 0.5\delta y_A,\ \delta\theta = \frac{\delta r_C}{CB} = \delta y_A$$

将上述各式代入式(j)，得

$$(F_{Ay}-F_1-F_H-0.5F_K+F_2\sin30°-M)\delta y_A=0 \qquad \text{(k)}$$

因为 $\delta y_A\neq0$，故有

$$F_{Ay}=F_1+F_H+0.5F_K-0.5F_2+M=22(\text{kN})$$

(5) 本例讨论

① 求同一系统的多个约束力时，只需逐次一一将约束解除(每次解除一个约束)，即可逐个地将约束力全部求出，因而无须解联立方程。

② 每解除一个约束，必须画出其相应正确的虚位移状态。

③ 本例在求解过程中，对匀布载荷的处理方法是：将梁 AC 和 CD 上的匀布载荷分别合成，并作用在两梁的相应合理作用点，而未将梁 AC 和 CD 看成一个整体，并将其上的匀布载荷合成为 $F_C=2q=8\text{kN}$，作用在 C 点。原因是 $F_K\delta r_K+F_H\delta r_H\neq F_C\delta r_C$(请读者自行分析其原因)。所以，一旦遇见组合梁上两个刚体作用有匀布载荷时，必须像本例这样分别对各自梁上的匀布载荷进行简化，求出合力 $\boldsymbol{F}_H$、$\boldsymbol{F}_K$，再建立虚功方程求解。否则，会导致结果错误。

④ 本例也可通过解除中间铰 C 的约束，应用虚位移原理确定所要求的约束力。作为一个练习，留给读者自己去完成。

通过以上二例的分析过程，可以看出，应用虚位移原理求结构物的内、外约束力时，由于系统无自由度，因而无法给出符合约束的虚位移。为此，需要解除约束，并代之以相应的约束力，然后将此约束力视为"主动力"，根据不同要求，将结构化为机构求解。

12.4 结论与讨论

12.4.1 系统的自由度与广义坐标

通过本章分析，读者不难看出，确定系统的自由度与广义坐标，是对系统进行力学分析的第一步，也是最重要的一步。

为了确定系统的自由度与广义坐标，首先要对运动学中单个质点与刚体在各种形式下的自由度与广义坐标描述加以总结；然后，按照组成物体系统的次序，逐个分析，确定其在空间的位置所需的独立变量与数目，其总和即为系统的广义坐标和自由度。

例如，如图 12-17 所示抓举工件 E 的机械臂由刚体 A、B、C、D 组成。这类刚体系统或质点—刚体系统的自由度判断，一般不采用式(12-5)，而是按照系统中物体的顺序，逐个分析：刚体 A 绕铅垂轴 O_1 作定轴转动，描述其位置需独立变量 q_1；刚体 B、C、D 分别绕动轴 O_2、O_3、O_4 转动，需独立变量 q_2、

q_3、q_4。因此，该机械臂共有 4 个自由度。

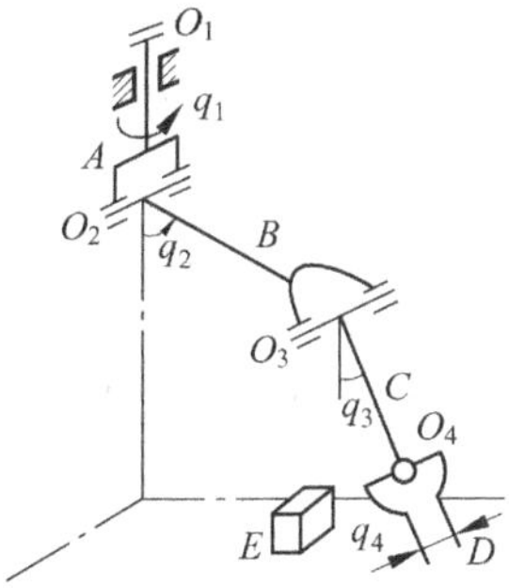

图 12-17 机械臂的自由度分析

12.4.2 关于虚位移的进一步思考

应用虚位移原理时，需要正确确定主动力作用点的虚位移，虚位移不能是任意的，虚位移必须是系统约束所允许的任意无限小位移。

例如，如图 12-18 所示的曲柄—滑块机构，图 12-18(a)、(b)、(c)、(d)给出这一机构的点 A、B 的 4 组不同的虚位移。请读者判断哪些组是正确的?

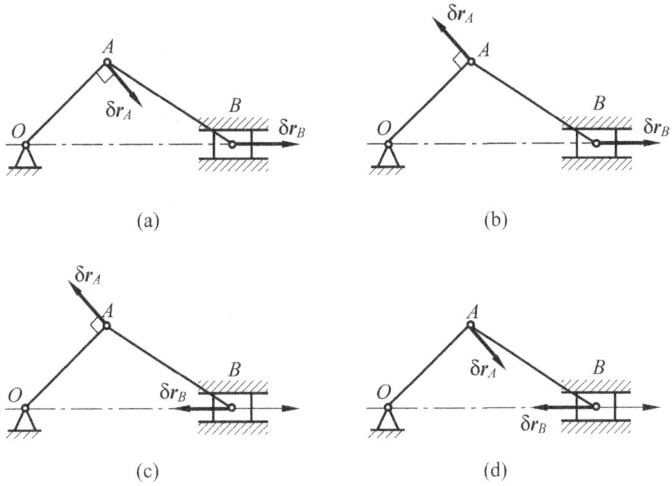

图 12-18 曲柄—滑块机构的 4 组不同虚位移

12.4.3 解析法或几何法的选用

建立虚位移与广义坐标变分之间的关系，有两种方法可供选择：需要根据具体问题加以选择。

(1) 解析法

应用式(12-11),写出各主动力作用点的直角坐标与广义坐标关系式;对该式求变分(与求微分相似);分别令 $\delta q_j(j=1,\cdots,N)$中的一个等于1,其余的都等于0,例如

$$\delta q_j = 1, \delta q_1 = \delta q_2 = \cdots = \delta q_{j+1} = \cdots = \delta q_N = 0$$

从而得到 N 个描述各主动力与广义坐标的关系式。

解析法是求解一般质点系平衡问题的普遍方法。特别当系统的自由度数较大时,其解题优点更突出。

(2) 几何法

应用式(12-12)时,采用点的复合运动或刚体平面运动中从几何上分析速度的方法,建立各主动力作用点的虚位移之间的关系,即将不独立的虚位移用独立的广义坐标表示;代入式(12-12)中,并根据虚位移的独立性,得到所需要的 N 个关系式。

实际解题过程中,选择哪一种方法,需要根据具体问题加以选择。

请读者分析图12-19(a)、(b)、(c)所示的三个例子,为求其中的各主动力(或主动力偶)与广义坐标之间的关系式,可以采用什么方法?

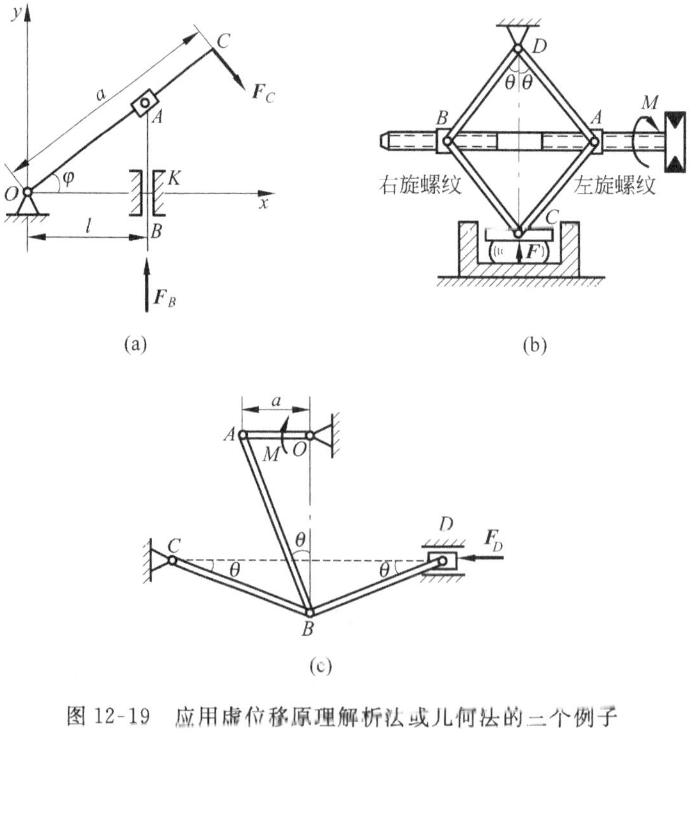

图12-19 应用虚位移原理解析法或几何法的三个例子

其中，图 12-19(a)中，滑块 A 可自由地在直杆 OC 上滑动。若已知角 φ，可求主动力 $\boldsymbol{F}_B$、$\boldsymbol{F}_C$ 间关系。或已知 $\boldsymbol{F}_B$ 与 $\boldsymbol{F}_C$，求平衡位置 φ。

图 12-19(b)中，当用主动力偶 M 拧紧螺杆时，因螺母 A、B 分别为左旋和右旋螺纹，故它们均向铅垂线 CD 运动，从而压紧重物。可求解关系 $f(M、F、\theta)=0$。

图 12-19(c)所示为已知平衡位置(杆 OA 水平，角 θ)，求解关系 $f(M, F_D)=0$。

习题

12-1 由 8 根无重杆铰接成三个相同的菱形结构，如图示。试求平衡时，主动力 $\boldsymbol{F}_1$ 与 $\boldsymbol{F}_2$ 的大小关系。

12-2 图示的平面机构中，D 点作用一水平力 $\boldsymbol{F}_1$，求保持机构平衡时主动力 $\boldsymbol{F}_2$ 之值。已知：$AC=BC=EC=DE=FC=DF=l$。

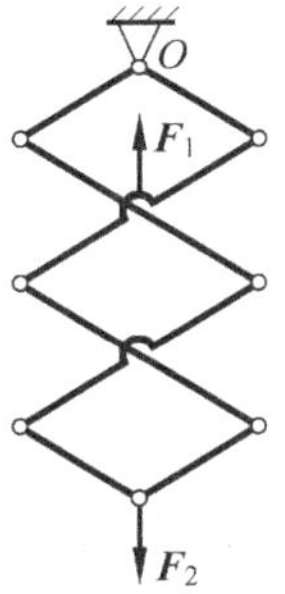

习题 12-1 图

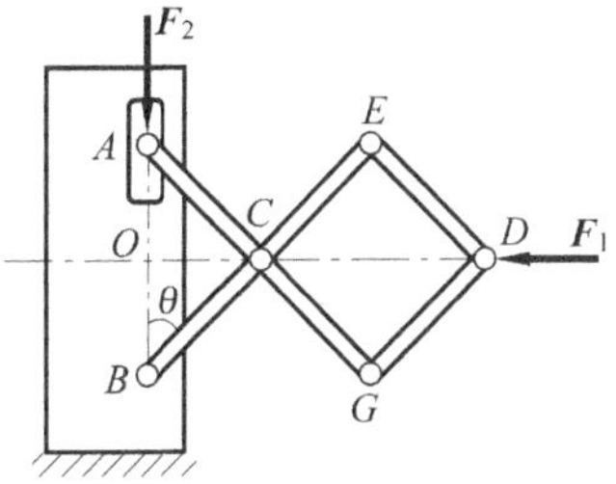

习题 12-2 图

12-3 图示楔形机构处于平衡状态，尖劈角为 θ 和 β，不计楔块自重与摩擦。求力 $\boldsymbol{F}_1$ 与 $\boldsymbol{F}_2$ 的大小关系。

12-4 图示摇杆机构位于水平面上，已知 $OO_1=OA$，机构上受到力偶矩 M_1 和 M_2 的作用。机构在可能的任意角度 θ 下处于平衡时，求 M_1 和 M_2 之间的关系。

12-5 等长的 AB、BC、CD 三直杆在 B、C 铰接并用铰支座 A、D 固定，如图所示。设在三杆上各有一力偶作用，其力偶矩的大小分别为 M_1、M_2 和 M_3。求在图示位置平衡时三个力偶矩之间的关系(各杆重不计)。

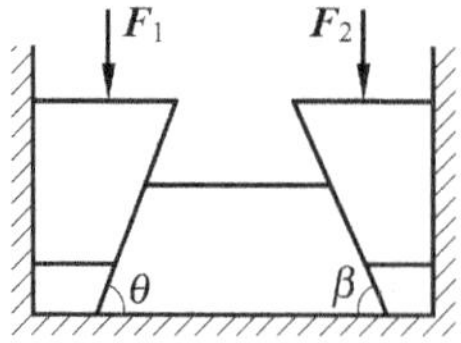

习题 12-3 图

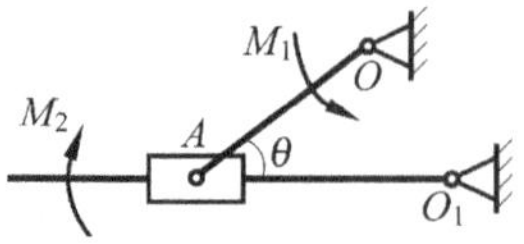

习题 12-4 图

12-6 图示三根均质杆相铰接，$AC=b$，$CD=BD=2b$，$AB=3b$，AB 水平，各杆重力与其长度成正比。求平衡时 θ、β 与 γ 间的关系。

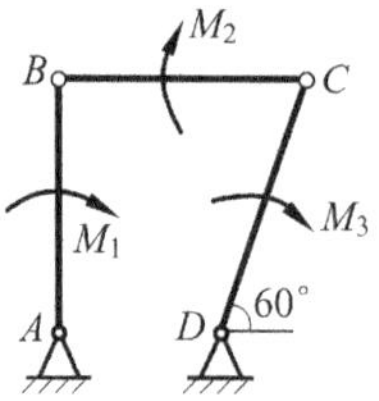

习题 12-5 图

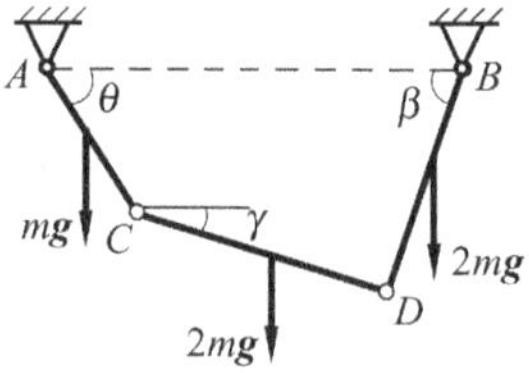

习题 12-6 图

12-7 计算下列机构在图示位置平衡时主动力之间的关系。构件的自重及各处摩擦忽略不计。

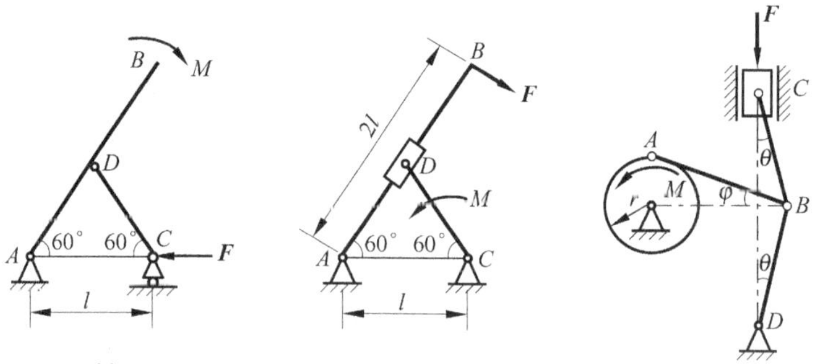

(a) (b) (c)

习题 12-7 图

12-8 机构如图所示，已知 $OA=O_1B=l$，$O_1B\perp OO_1$，力偶矩 M。试求机构在图示位置平衡时，力 $\boldsymbol{F}$ 的大小。

12-9 机构如图所示，已知 $OA=20\text{cm}$，$O_1D=15\text{cm}$，$O_1D\,/\!/\,OB$，弹簧的弹性系数 $k=1000\text{N/cm}$，拉伸变形 $\lambda_s=2\text{cm}$，$M_1=200\text{N}\cdot\text{m}$。试求系统在 $\theta=30°$、$\beta=90°$位置平衡时的 M_2。

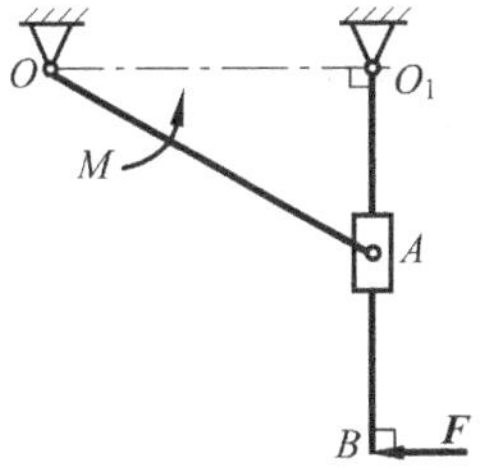

习题 12-8 图

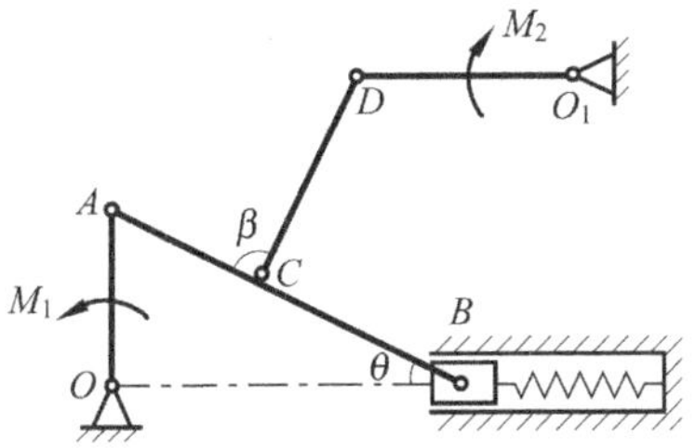

习题 12-9 图

12-10　在图示结构中，已知铅垂作用力 $\boldsymbol{F}$，力偶 M，尺寸 l。试求支座 B 与 C 处的约束力。

12-11　在图示多跨静定梁中，已知 $F=50\text{kN}$，$q=2.5\text{kN/m}$，$M=5\text{kN}\cdot\text{m}$，$l=3\text{m}$。试求支座 A、B 与 E 处的约束力。

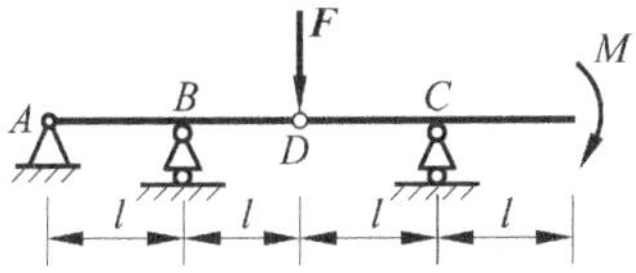

习题 12-10 图

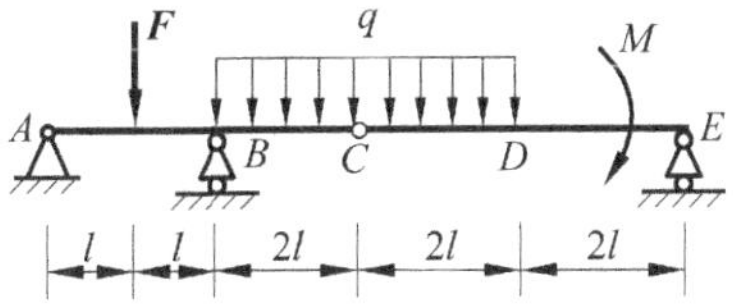

习题 12-11 图

12-12　试求图示梁—桁架组合结构中 1、2 两杆的内力。已知 $F_1=4\text{kN}$，$F_2=5\text{kN}$。

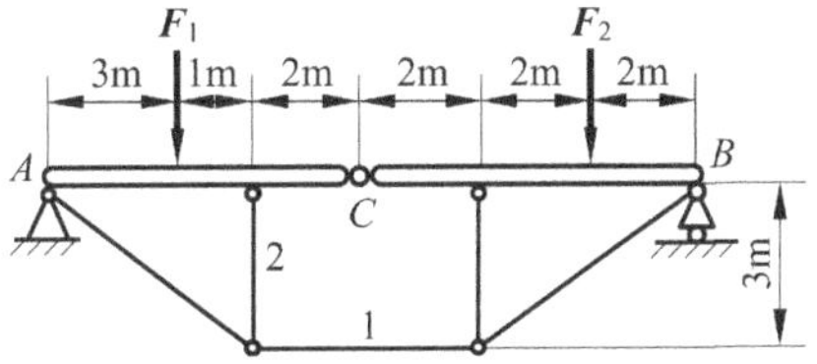

习题 12-12 图

12-13　在图示结构中，已知 $F=4\text{kN}$，$q=3\text{kN/m}$，$M=2\text{kN}\cdot\text{m}$，$BD=CD$，$AC=CB=4\text{m}$，$\theta=30°$。试求固定端 A 处的约束力偶 M_A 与铅垂方向的约束力 F_{Ay}。

12-14　图示结构由三个刚体组成，已知 $F=3\text{kN}$，$M=1\text{kN}\cdot\text{m}$，$l=1\text{m}$。试求支座 B 处的约束力。

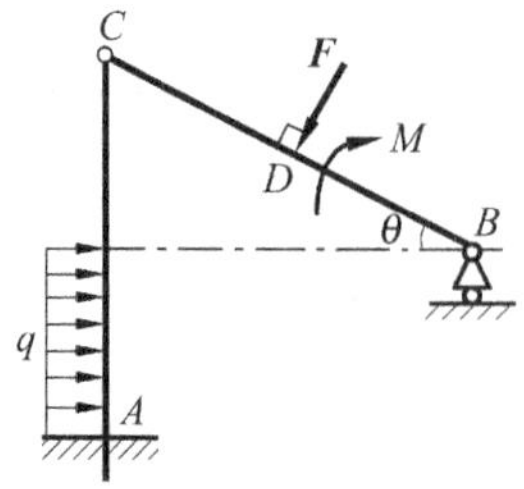

习题 12-13 图

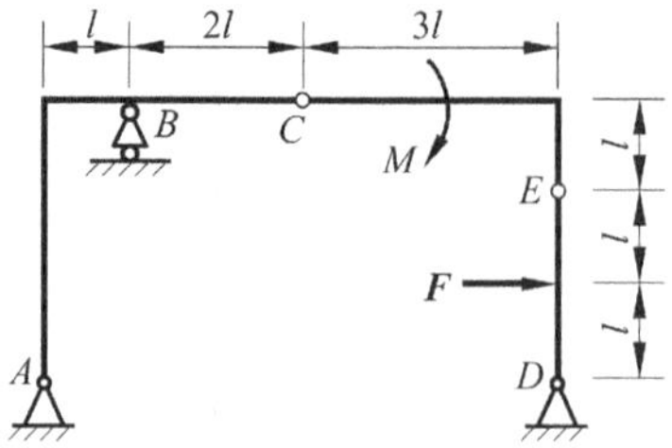

习题 12-14 图

12-15 在图示刚架中，已知 $F=18\text{kN}$，$M=4.5\text{kN}\cdot\text{m}$，$l_1=9\text{m}$，$l_2=12\text{m}$，自重不计。试求支座 B 处的约束力。

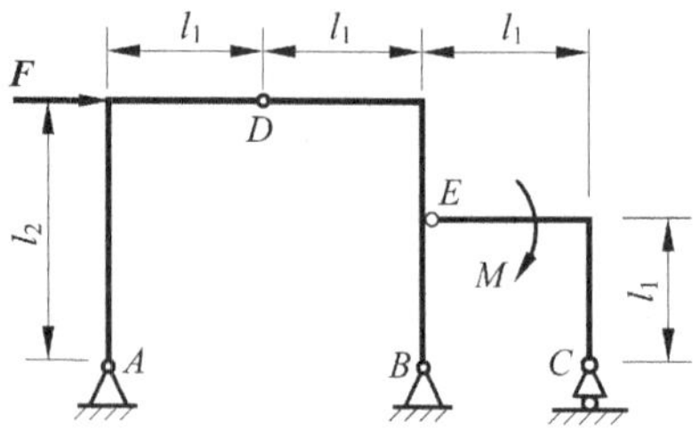

习题 12-15 图

第 13 章

动力学普遍方程和第二类拉格朗日方程

在牛顿第二定律的基础上所建立的动力学普遍定理，通过矢量形式表示物体运动与相互作用力之间的关系，故称之为“矢量力学”。分析力学则采用能量与功来描述非自由质点系的运动与相互作用力之间的关系，即通过将惯性力引入非自由质点系，从而将动力学问题在形式上转化为静力学问题后，再应用虚位移原理所建立的动力学普遍方程，采用分析力学的方法解决力学问题，弥补了矢量力学在求解具有复杂约束系统和变形体动力学问题方面所存在的不足。

用广义坐标表示的动力学普遍方程，称为第二类拉格朗日方程，它形式简洁、便于计算，广泛用于求解完整约束的复杂质点系动力学问题。

13.1 动力学普遍方程

考察由 n 个质点组成的理想约束系统。根据达朗贝尔原理，系统中第 i 个质点的惯性力与质点所受主动力和约束力组成平衡力系，即

$$\boldsymbol{F}_i + \boldsymbol{F}_{Ni} - m_i\boldsymbol{a}_i = 0,\quad i = 1,2,\cdots,n$$

式中，m_i、$\boldsymbol{a}_i$、$\boldsymbol{F}_i$ 和 $\boldsymbol{F}_{Ni}$ 分别为质点系中第 i 个质点的质量、加速度、所受主动力和约束力。若给系统任一组虚位移 $\delta\boldsymbol{r}_i(i=1,\cdots,n)$，则系统的总虚功为

$$\sum(\boldsymbol{F}_i + \boldsymbol{F}_{Ni} - m_i\boldsymbol{a}_i)\cdot\delta\boldsymbol{r}_i = 0$$

利用理想约束条件：

$$\sum\boldsymbol{F}_{Ni}\cdot\delta\boldsymbol{r}_i = 0$$

系统的总虚功变为

$$\sum(\boldsymbol{F}_i - m_i\boldsymbol{a}_i)\cdot\delta\boldsymbol{r}_i = 0 \qquad (13\text{-}1)$$

上式称为**动力学普遍方程**(generalized equations of dynamics)。它表明,**任一瞬时作用于理想、双侧约束系统上的主动力与惯性力在该系统任意虚位移上的虚功之和为零。**

若将式(13-1)中的各矢量分别表示为直角坐标形式:

$$\boldsymbol{F}_i = F_{ix}\boldsymbol{i} + F_{iy}\boldsymbol{j} + F_{iz}\boldsymbol{k};$$

$$\boldsymbol{a}_i = \ddot{x}_i\boldsymbol{i} + \ddot{y}_i\boldsymbol{j} + \ddot{z}_i\boldsymbol{k};$$

$$\delta\boldsymbol{r}_i = \delta x_i\boldsymbol{i} + \delta y_i\boldsymbol{j} + \delta z_i\boldsymbol{k}$$

则得到式(13-1)的解析表达式:

$$\sum\left[(F_{ix} - m_i\ddot{x}_i)\delta x_i + (F_{iy} - m_i\ddot{y}_i)\delta y_i + (F_{iz} - m_i\ddot{z}_i)\delta z_i\right] = 0 \tag{13-2}$$

需要指出的是,式(13-1)适用于任何理想、双侧约束系统,不论约束是否完整、是否定常,也不论作用力是否为有势力。

13.2 第二类拉格朗日方程

在动力学普遍方程中,由于系统存在约束,一般情形下,各质点的虚位移并不完全独立,应用时须建立各虚位移与广义坐标之间的关系。

将动力学普遍方程用独立的广义坐标表示,所导出的第二类拉格朗日方程,更便于求解非自由质点系的动力学问题。

考察由 n 个质点组成的质点系中有 s 个完整、理想约束,则可以选 $N(N=3n-s)$个广义坐标 $q_1, q_2, \cdots, q_N$ 描述质点系的位形。第 i 个质点的质量为 m_i,其位矢 $\boldsymbol{r}_i$ 可表示为广义坐标和时间的函数,即

$$\boldsymbol{r}_i = \boldsymbol{r}_i(q_1, q_2, \cdots, q_N, t) \tag{13-3}$$

据此,得到由广义坐标表示的虚位移:

$$\delta\boldsymbol{r}_i = \sum_{k=1}^{N}\frac{\partial\boldsymbol{r}_i}{\partial q_k}\delta q_k \tag{13-4}$$

将式(13-4)代入式(13-1)得

$$\sum_{k=1}^{N}(Q_k + Q_k^*)\delta q_k = 0 \tag{13-5}$$

其中

$$Q_h = \sum_{i=1}^{n}\boldsymbol{F}_i\cdot\frac{\partial\boldsymbol{r}_i}{\partial q_k}$$

为对应于广义坐标 q_k 的**广义力**(generalized forces);

$$Q_k^* = -\sum_{i=1}^{n} m_i \boldsymbol{a}_i \cdot \frac{\partial \boldsymbol{r}_i}{\partial q_k}$$

为**广义惯性力**(generalized inertia forces)。

由于在完整约束下,$\delta q_1,\delta q_2,\cdots,\delta q_N$ 相互独立,故由式(13-5)得

$$Q_k + Q_k^* = 0, \quad k = 1,\cdots,N \tag{13-6}$$

这是 N 个独立的方程。

为导出第二类拉格朗日方程,首先需要证明两个关系式:

$$\frac{\partial \dot{\boldsymbol{r}}_i}{\partial \dot{q}_k} = \frac{\partial \boldsymbol{r}_i}{\partial q_k} \tag{13-7}$$

$$\frac{\partial \dot{\boldsymbol{r}}_i}{\partial q_k} = \frac{\mathrm{d}}{\mathrm{d}t}\left(\frac{\partial \boldsymbol{r}_i}{\partial q_k}\right) \tag{13-8}$$

将式(13-3)对时间求导数,有

$$\dot{\boldsymbol{r}}_i = \sum_{j=1}^{N} \frac{\partial \boldsymbol{r}_i}{\partial q_j}\dot{q}_j + \frac{\partial \boldsymbol{r}_i}{\partial t} \tag{13-9}$$

再将此式对$\dot{q}_k$ 求偏导数。由于$\frac{\partial \boldsymbol{r}_i}{\partial t}$和$\frac{\partial \boldsymbol{r}_i}{\partial q_j}$仅为广义坐标和时间的函数,与$\dot{q}_k$ 无关,所以

$$\frac{\partial \dot{\boldsymbol{r}}_i}{\partial \dot{q}_k} = \frac{\partial \boldsymbol{r}_i}{\partial q_k}$$

这是所要证明的第一个关系式(13-7)。

将式(13-9)对任意广义坐标 q_k 求偏导数,并考虑到$\dot{q}_j$ 与 q_k 是相互独立的,得

$$\frac{\partial \dot{\boldsymbol{r}}_i}{\partial q_k} = \sum_{j=1}^{N} \frac{\partial^2 \boldsymbol{r}_i}{\partial q_j \partial q_k}\dot{q}_j + \frac{\partial^2 \boldsymbol{r}_i}{\partial t \partial q_k} = \sum_{j=1}^{N} \frac{\partial}{\partial q_j}\left(\frac{\partial \boldsymbol{r}_i}{\partial q_k}\right)\dot{q}_j + \frac{\partial}{\partial t}\left(\frac{\partial \boldsymbol{r}_i}{\partial q_k}\right)$$

上式等号右端正是$\frac{\partial \boldsymbol{r}_i}{\partial q_k}$对时间的全导数,故

$$\frac{\partial \dot{\boldsymbol{r}}_i}{\partial q_k} = \frac{\mathrm{d}}{\mathrm{d}t}\left(\frac{\partial \boldsymbol{r}_i}{\partial q_k}\right)$$

此即所要证明的第二个关系式(13-8)。

利用关系式(13-7)和式(13-8),广义惯性力可表示为

$$\begin{aligned} Q_k^* &= -\sum_{i=1}^{n} m_i \ddot{\boldsymbol{r}}_i \cdot \frac{\partial \boldsymbol{r}_i}{\partial q_k} \\ &= -\frac{\mathrm{d}}{\mathrm{d}t}\left(\sum_{i=1}^{n} m_i \dot{\boldsymbol{r}}_i \cdot \frac{\partial \boldsymbol{r}_i}{\partial q_k}\right) + \sum_{i=1}^{n} m_i \dot{\boldsymbol{r}}_i \cdot \frac{\mathrm{d}}{\mathrm{d}t}\left(\frac{\partial \boldsymbol{r}_i}{\partial q_k}\right) \end{aligned}$$

$$=-\frac{\mathrm{d}}{\mathrm{d}t}\left(\sum_{i=1}^{n} m_i \dot{\boldsymbol{r}}_i \cdot \frac{\partial \dot{\boldsymbol{r}}_i}{\partial \dot{q}_k}\right)+\sum_{i=1}^{n} m_i \dot{\boldsymbol{r}}_i \cdot \frac{\partial \dot{\boldsymbol{r}}_i}{\partial q_k}$$

$$=-\frac{\mathrm{d}}{\mathrm{d}t}\frac{\partial}{\partial \dot{q}_k}\left(\sum_{i=1}^{n}\frac{1}{2}m_i \dot{r}_i^2\right)+\frac{\partial}{\partial q_k}\left(\sum_{i=1}^{n}\frac{1}{2}m_i \dot{r}_i^2\right)$$

$$=-\frac{\mathrm{d}}{\mathrm{d}t}\left(\frac{\partial T}{\partial \dot{q}_k}\right)+\frac{\partial T}{\partial q_k}$$

其中

$$T=\sum_{i=1}^{n}\frac{1}{2}m_i \dot{r}_i^2$$

为质点系的动能。

将上式代入式(13-6)，得到

$$\frac{\mathrm{d}}{\mathrm{d}t}\left(\frac{\partial T}{\partial \dot{q}_k}\right)-\frac{\partial T}{\partial q_k}=Q_k,\quad k=1,\cdots,N \tag{13-10}$$

这一方程称为**第二类拉格朗日方程**(Lagrange equation of the second kind)，简称为**拉格朗日方程**(Lagrange equation)。每一个方程都是二阶常微分方程，方程的数目等于质点系的自由度数目。

如果作用在质点系上的主动力都是有势力，则广义力 Q_k 可用质点系的势能表示为

$$Q_k=-\frac{\partial V}{\partial q_k}$$

其中势能 $V=V(q_1,q_2,\cdots,q_N)$，是广义坐标的函数。于是第二类拉格朗日方程式(13-10)可写成

$$\frac{\mathrm{d}}{\mathrm{d}t}\left(\frac{\partial T}{\partial \dot{q}_k}\right)-\frac{\partial T}{\partial q_k}=-\frac{\partial V}{\partial q_k},\quad k=1,\cdots,N \tag{13-11}$$

因为势能 V 是广义坐标的函数，$\frac{\partial V}{\partial \dot{q}_k}=0$，所以式(13-11)又可以写成

$$\frac{\mathrm{d}}{\mathrm{d}t}\left(\frac{\partial T}{\partial \dot{q}_k}-\frac{\partial V}{\partial \dot{q}_k}\right)-\left(\frac{\partial T}{\partial q_k}-\frac{\partial V}{\partial q_k}\right)=0$$

引入**拉格朗日函数**(Lagrange function)$L=T-V$(又称为动势)，上式可写成

$$\frac{\mathrm{d}}{\mathrm{d}t}\left(\frac{\partial L}{\partial \dot{q}_k}\right)-\frac{\partial L}{\partial q_k}=0,\quad k=1,\cdots,N \tag{13-12}$$

式(13-12)是**拉格朗日方程的标准形式**。

对于主动力中既有有势力又有非有势力的情况，可由式(13-10)导出相应的拉格朗日方程

$$\frac{\mathrm{d}}{\mathrm{d}t}\left(\frac{\partial L}{\partial \dot{q}_k}\right)-\frac{\partial L}{\partial q_k}=Q_k,\quad k=1,\cdots,N \tag{13-13}$$

其中 Q_k 是非有势力对应于广义坐标 q_k 的广义力。

13.3　动力学普遍方程和第二类拉格朗日方程的应用

应用动力学普遍方程以及拉格朗日方程，将会涉及以下问题：

1. 计算广义力

计算广义力，首先需要确定系统的自由度数目，选取广义坐标；其次写出主动力及其作用点位置的解析表达式；最后代入公式进行计算。也可利用广义虚位移的任意性，令某一个广义虚位移 δq_k 不为零，而其他广义虚位移为零，则广义力为

$$Q_k=\frac{\delta W_F}{\delta q_k}。$$

2. 应用动力学普遍方程的解题步骤

应用动力学普遍方程解题的步骤，一般与虚位移原理相同，只是在应用虚位移原理解题之前必须首先分析研究对象的运动，正确地施加惯性力，画出受力图。

3. 应用第二类拉格朗日方程的解题步骤

(1) 以整体系统为研究对象，分析系统的约束，确定系统的自由度数目，选取适当的广义坐标。

(2) 分析系统的运动，建立用广义坐标和广义速度所表示的系统的动能表达式。

(3) 分析作用在系统上的主动力，计算广义力。

(4) 当主动力为有势力时，用广义坐标表示系统在任意位置的势能。

(5) 建立拉格朗日方程，得到与自由度数目相等的运动微分方程。

(6) 求解运动微分方程。

下面举例说明动力学普遍方程和拉格朗日方程的应用。

例题 13-1　在如图 13-1(a)所示的系统中，已知均质薄壁圆筒 A 质量为 m_1，半径为 r；均质圆柱 B 质量为 m_2，半径亦为 r。圆柱 B 沿水平面作纯滚

动，其上作用有力偶矩为 M 的力偶。假设不计滑轮 C 的质量。①试建立系统的运动微分方程；②求圆筒 A 和圆柱 B 的角加速度 α_1 和 α_2。

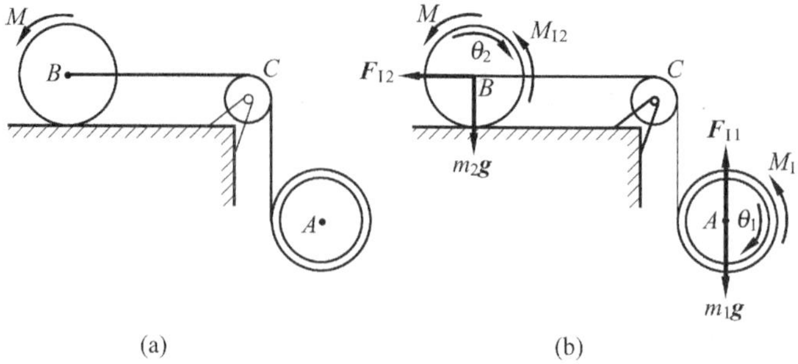

图 13-1 例题 13-1 图

解：(1) 分析系统的自由度并确定广义坐标

圆柱 B 沿水平面作纯滚动，有一个自由度；圆筒 A 作平面运动，由于绳索的约束，也只有一个自由度，故系统是两个自由度的质点系，可分别选取 A、B 的刚体的转角 θ_1 和 θ_2 为广义坐标，如图 13-1(b)所示。

(2) 建立系统的运动微分方程

可用以下两种方法求解：

方法一：应用动力学普遍方程

根据平面运动刚体惯性力系的简化结果，将惯性力系分别向 A、B 两点简化，此外系统所受到的主动力有重力及外力偶，由于该系统为理想约束系统，故其受力图如图 13-1(b)所示。

惯性力的大小可表示为

$$F_{I1} = m_1 a_A = m_1 r(\ddot{\theta}_1 + \ddot{\theta}_2),\quad M_{I1} = J_A\alpha_1 = m_1 r^2\ddot{\theta}_1$$

$$F_{I2} = m_2 a_B = m_2 r\ddot{\theta}_2,\quad M_{I2} = J_B\alpha_2 = \frac{1}{2}m_2 r^2\ddot{\theta}_2$$

应用动力学普遍方程，有

$$(m_1 g - F_{I1})\delta r_A - M_{I1}\delta\theta_1 - F_{I2}\delta r_B - (M + M_{I2})\delta\theta_2 = 0$$

根据运动分析，上式中的虚位移分别为

$$\delta r_A = r(\delta\theta_1 + \delta\theta_2),\quad \delta r_B = r\delta\theta_2$$

将上述虚位移代入动力学普遍方程，有

$$[m_1 g - m_1 r(\ddot{\theta}_1 + \ddot{\theta}_2)]r(\delta\theta_1 + \delta\theta_2) - m_1 r^3\ddot{\theta}_1\delta\theta_1 -$$

$$m_2 r^2\ddot{\theta}_2\delta\theta_2 - \left(M + \frac{1}{2}m_2 r^2\ddot{\theta}_2\right)\delta\theta_2 = 0$$

整理后，得

$$\left[m_1 gr - m_1 r^2(\ddot{\theta}_1+\ddot{\theta}_2) - m_1 r^2\ddot{\theta}_1\right]\delta\theta_1 +$$

$$\left[m_1 gr - m_1 r^2(\ddot{\theta}_1+\ddot{\theta}_2) - m_2 r^2\ddot{\theta}_2 - M - \frac{1}{2}m_2 r^2\ddot{\theta}_2\right]\delta\theta_2 = 0$$

由于 $\delta\theta_1$ 和 $\delta\theta_2$ 是相互独立的虚位移，故系统运动微分方程为

$$m_1 gr - m_1 r^2(\ddot{\theta}_1+\ddot{\theta}_2) - m_1 r^2\ddot{\theta}_1 = 0$$

$$m_1 gr - m_1 r^2(\ddot{\theta}_1+\ddot{\theta}_2) - m_2 r^2\ddot{\theta}_2 - M - \frac{1}{2}m_2 r^2\ddot{\theta}_2 = 0$$

方法二：应用第二类拉格朗日方程

用广义坐标和广义速度表示的系统动能为

$$T = \frac{1}{2}m_1 v_A^2 + \frac{1}{2}J_A\omega_A^2 + \frac{1}{2}m_2 v_B^2 + \frac{1}{2}J_B\omega_B^2$$

$$= \frac{1}{2}m_1 r^2(\dot{\theta}_1+\dot{\theta}_2)^2 + \frac{1}{2}m_1 r^2\dot{\theta}_1^2 + \frac{1}{2}m_2 r^2\dot{\theta}_2^2 + \frac{1}{4}m_2 r^2\dot{\theta}_2^2$$

对应于广义坐标的广义力为

$$Q_{\theta_1} = m_1 gr,\quad Q_{\theta_2} = m_1 gr - M$$

应用第二类拉格朗日方程

$$\frac{\mathrm{d}}{\mathrm{d}t}\left(\frac{\partial T}{\partial\dot{q}_k}\right) - \frac{\partial T}{\partial q_k} = Q_{q_k}$$

其中

$$\frac{\mathrm{d}}{\mathrm{d}t}\left(\frac{\partial T}{\partial\dot{\theta}_1}\right) = m_1 r^2(\ddot{\theta}_1+\ddot{\theta}_2) + m_1 r^2\ddot{\theta}_1$$

$$\frac{\mathrm{d}}{\mathrm{d}t}\left(\frac{\partial T}{\partial\dot{\theta}_2}\right) = m_1 r^2(\ddot{\theta}_1+\ddot{\theta}_2) + m_2 r^2\ddot{\theta}_2 + \frac{1}{2}m_2 r^2\ddot{\theta}_2$$

$$\frac{\partial T}{\partial\theta_1} = \frac{\partial T}{\partial\theta_2} = 0$$

于是，得到系统的运动微分方程：

$$m_1 r^2(\ddot{\theta}_1+\ddot{\theta}_2) + m_1 r^2\ddot{\theta}_1 = m_1 gr$$

$$m_1 r^2(\ddot{\theta}_1+\ddot{\theta}_2) + m_2 r^2\ddot{\theta}_2 + \frac{1}{2}m_2 r^2\ddot{\theta}_2 = m_1 gr - M$$

(3) 求解 A、B 两刚体的角加速度

两刚体的角加速度为

$$\alpha_1 = \ddot{\theta}_1,\quad \alpha_2 = \ddot{\theta}_2$$

由系统运动微分方程组，解出

$$\alpha_1 = \frac{(4m_1 + 3m_2)rg - 2M}{2(m_1 + 3m_2)r^2}$$

$$\alpha_2 = \frac{2M - 3m_1 rg}{(m_1 + 3m_2)r^2}$$

(4) 本例讨论

系统运动微分方程可分别采用两种方法求解，应用方法一时，要注意在系统上正确施加惯性力，并用广义加速度表示惯性力；而应用方法二时，则要求将系统的动能用广义坐标和广义速度表示，并需要正确计算广义力。最后求刚体的角加速度时，可直接采用系统二元一次运动微分方程组求解。

例题 13-2 在光滑的水平面上放置重力为 $\boldsymbol{G}_1$ 的三棱柱 ABC，其水平倾角为 θ；一重力为 $\boldsymbol{G}_2$，半径为 r 的均质圆轮沿三棱柱的斜面 AB 无滑动滚下，如图 13-2(a)所示。试求系统运动微分方程。

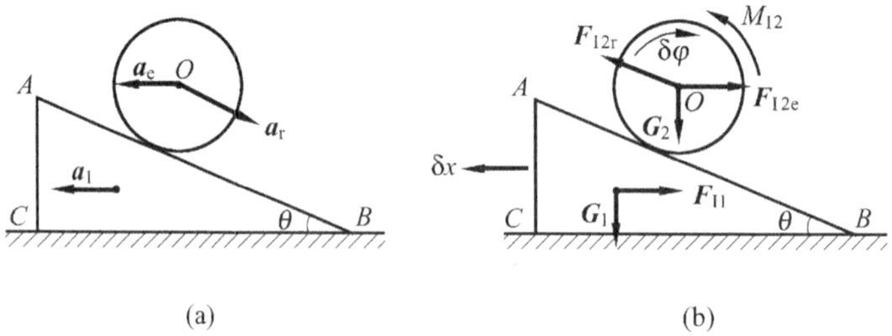

图 13-2 例题 13-2 图

解：(1) 分析系统的自由度，选取广义坐标

此系统为两个自由度的系统，因此选取三棱柱的水平位移 x 与圆轮转角 φ 为广义坐标。

(2) 系统的运动与受力分析

当圆轮沿斜面向下滚动时，三棱柱将向后运动。假设三棱柱后退的加速度为 $\boldsymbol{a}_1$，圆轮质心 O 相对于三棱柱的加速度为 $\boldsymbol{a}_r$（图 13-2(a)），则根据加速度合成定理，圆轮质心 O 的绝对加速度为

$$\boldsymbol{a}_a = \boldsymbol{a}_e + \boldsymbol{a}_r = \boldsymbol{a}_1 + \boldsymbol{a}_r$$

三棱柱的加速度 $\boldsymbol{a}_1$ 即为圆柱质心 O 的牵连加速度 $\boldsymbol{a}_e$。

根据加速度分析，可在平移的三棱柱和平面运动的圆柱上施加惯性力，$\boldsymbol{F}_{I1}$、$\boldsymbol{F}_{I2e}$、$\boldsymbol{F}_{I2r}$、M_{I2}（图 13-2 (b)）。

(3) 用广义加速度表示惯性力

$$F_{I1} = \frac{G_1}{g}a_1 = \frac{G_1}{g}\ddot{x}$$

$$F_{I2e} = \frac{G_2}{g}a_1 = \frac{G_2}{g}\ddot{x}$$

$$F_{I2r} = \frac{G_2}{g}a_r = \frac{G_2}{g}r\ddot{\varphi}$$

$$M_{I2} = J_O\ddot{\varphi} = \frac{G_2}{2g}r^2\ddot{\varphi}$$

(4) 建立系统运动微分方程

方法一：应用动力学普遍方程

对应于相互独立的虚位移 δx、$\delta\varphi$，应用虚位移原理写出：

$$(F_{I2r}\cos\theta - F_{I1} - F_{I2e})\delta x + (F_{I2e}\cos\theta - F_{I2r}) + G_2\sin\theta r\delta\varphi - M_{I2}\delta\varphi = 0$$

代入惯性力的表达式，得

$$\left(\frac{G_2}{g}r\ddot{\varphi}\cos\theta - \frac{G_1}{g}\ddot{x} - \frac{G_2}{g}\ddot{x}\right)\delta x +$$

$$\left(\frac{G_2}{g}\ddot{x}\cos\theta - \frac{G_2}{g}r\ddot{\varphi} + G_2\sin\theta\right)r\delta\varphi - \frac{G_2}{2g}r^2\ddot{\varphi}\delta\varphi = 0$$

最后得到系统运动微分方程：

$$\frac{G_2}{g}r\ddot{\varphi}\cos\theta - \frac{G_1}{g}\ddot{x} - \frac{G_2}{g}\ddot{x} = 0$$

$$\left(\frac{G_2}{g}\ddot{x}\cos\theta - \frac{G_2}{g}r\ddot{\varphi} + G_2\sin\theta\right)r - \frac{G_2}{2g}r^2\ddot{\varphi} = 0$$

整理简化后，得

$$G_2r\ddot{\varphi}\cos\theta - (G_1 + G_2)\ddot{x} = 0$$

$$G_2\ddot{x}\cos\theta - \frac{3G_2}{2}r\ddot{\varphi} + G_2g\sin\theta = 0$$

方法二：应用第二类拉格朗日方程

由于所研究的系统为保守系统，可以写出拉格朗日函数。

系统的动能为

$$T = \frac{1}{2}\frac{G_1}{g}\dot{x}^2 + \frac{1}{2}\frac{G_2}{g}v_O^2 + \frac{1}{2}\frac{1}{2}\frac{G_2}{g}r^2\dot{\varphi}^2$$

其中

$$v_O^2 = (\dot{x} - r\dot{\varphi}\cos\theta)^2 + (r\dot{\varphi}\sin\theta)^2 = \dot{x}^2 + r^2\dot{\varphi}^2 - 2r\cos\theta\dot{x}\dot{\varphi}$$

系统的势能为

$$V = -G_2\sin\theta r\varphi$$

则拉格朗日函数为

$$L = \frac{1}{2}\frac{G_1}{g}\dot{x}^2 + \frac{1}{2}\frac{G_2}{g}(\dot{x}^2 + r^2\dot{\varphi}^2 - 2r\cos\theta\dot{x}\dot{\varphi}) + \frac{1}{2}\frac{1}{2}\frac{G_2}{g}r^2\dot{\varphi}^2 + G_2\sin\theta r\varphi$$

代入保守系统下第二类拉格朗日方程

$$\frac{\mathrm{d}}{\mathrm{d}t}\left(\frac{\partial L}{\partial \dot{q}_k}\right)-\frac{\partial L}{\partial q_k}=0$$

则有

$$\frac{\mathrm{d}}{\mathrm{d}t}\left(\frac{\partial L}{\partial \dot{x}}\right)=\frac{G_1}{g}\ddot{x}+\frac{G_2}{g}\ddot{x}-\frac{G_2}{g}r\cos\theta\ddot{\varphi};\quad \frac{\partial L}{\partial x}=0$$

$$\frac{\mathrm{d}}{\mathrm{d}t}\left(\frac{\partial L}{\partial \dot{\varphi}}\right)=\frac{G_2}{g}r^2\ddot{\varphi}-\frac{G_2}{g}r\cos\theta\ddot{x}+\frac{1}{2}\frac{G_2}{g}r^2\ddot{\varphi};\quad \frac{\partial L}{\partial \varphi}=G_2\sin\theta r$$

据此，整理后得到系统运动微分方程：

$$(G_1+G_2)\ddot{x}-G_2r\ddot{\varphi}\cos\theta=0$$

$$\frac{3G_2}{2}r\ddot{\varphi}-G_2\ddot{x}\cos\theta-G_2g\sin\theta=0$$

(5) 本例讨论

应用动力学普遍方程解题时，虚位移原理表达式中包含了两组特殊虚位移下的虚功，即①$\delta x=0,\delta\varphi\neq0$；②$\delta x\neq0,\delta\varphi=0$。

当令圆轮的虚位移 $\delta x=0$ 时，不会影响牵连惯性力 $\boldsymbol{F}_{\mathrm{I2e}}$ 在虚位移 $r\delta\varphi$ 中作虚功；令 $\delta\varphi=0$ 也不会影响由于相对加速度所产生的惯性力 $\boldsymbol{F}_{\mathrm{I2r}}$ 在虚位移 δx 中作虚功。这是因为在虚位移原理中，平衡的力状态与给定的虚位移是相互独立的。

选取广义坐标时，也可选在非惯性系中。如本题可选圆轮质心 O 相对于三棱柱下滑的位移 x_r 为广义坐标来代替转角 φ。因为广义坐标是根据系统的自由度选取的。读者不妨按这样的选取方法自行演算。

应用第二类拉格朗日方程写动能时，一定要注意圆轮质心 O 绝对速度的计算方法。

例题 13-3 在如图 13-3(a)所示系统中，均质杆 AB 质量为 m、长度为 l，其 A 端与弹簧刚度系数为 k 的弹簧相连，可沿光滑导轨在铅垂方向作往复运动，同时杆 AB 还绕 A 点在铅垂平面内摆动。试求系统的运动微分方程。

解：(1) 分析系统的自由度，选取广义坐标

杆 AB 作平面运动，有两个自由度，可选 A 为基点，则广义坐标为基点 A 的铅垂位移 x（坐标原点 O 为系统的平衡位置）和相对基点转动的转角 θ（图 13-3(b)）。

(2) 写出系统的拉格朗日函数

因为该系统为保守系统，故采用拉格朗日函数 $L=T-V$，代入拉格朗日方程。其中动能为

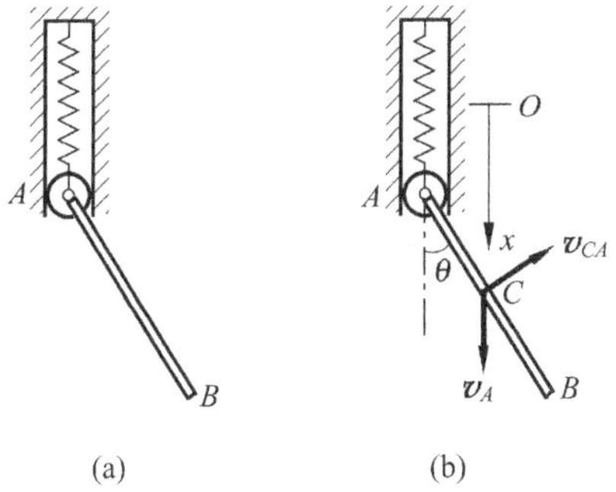

图 13-3　例题 13-3 图

$$T = \frac{1}{2}mv_C^2 + \frac{1}{2}J_C\omega_{AB}^2$$

根据速度合成定理，杆 AB 质心 C 的速度应为基点的速度与相对基点转动速度的合成，即

$$\boldsymbol{v}_C = \boldsymbol{v}_A + \boldsymbol{v}_{CA}$$

其中

$$v_A = \dot{x}, \quad v_{CA} = \frac{l}{2}\dot{\theta}$$

所以

$$v_C^2 = (v_A - v_{CA}\sin\theta)^2 + (v_{CA}\cos\theta)^2 = \dot{x}^2 + \left(\frac{l}{2}\dot{\theta}\right)^2 - 2\dot{x}\left(\frac{l}{2}\dot{\theta}\right)\sin\theta$$

代入动能表达式

$$T = \frac{1}{2}m\left(\dot{x}^2 + \frac{l^2}{4}\dot{\theta}^2 - l\sin\theta\,\dot{x}\,\dot{\theta}\right) + \frac{1}{2}\,\frac{1}{12}ml^2\,\dot{\theta}^2$$

由于 O 点为系统的平衡位置，则系统的势能为

$$V = \frac{1}{2}kx^2 + mg\,\frac{l}{2}(1-\cos\theta)$$

于是，拉格朗日函数为

$$L = \frac{1}{2}m\left(\dot{x}^2 + \frac{l^2}{4}\dot{\theta}^2 - l\sin\theta\,\dot{x}\,\dot{\theta}\right) + \frac{1}{2}\,\frac{1}{12}ml^2\,\dot{\theta}^2 - \frac{k}{2}x^2 - \frac{l}{2}mg(1-\cos\theta)$$

代入保守系统下第二类拉格朗日方程

$$\frac{\mathrm{d}}{\mathrm{d}t}\left(\frac{\partial L}{\partial \dot{q}_k}\right) - \frac{\partial L}{\partial q_k} = 0$$

有

$$\frac{\partial L}{\partial \dot{x}} = m\dot{x} - \frac{1}{2}ml\sin\theta\dot{\theta}$$

$$\frac{\mathrm{d}}{\mathrm{d}t}\left(\frac{\partial L}{\partial \dot{x}}\right) = m\ddot{x} - \frac{1}{2}ml(\sin\theta\ddot{\theta} + \cos\theta\dot{\theta}^2), \quad \frac{\partial L}{\partial x} = -kx$$

$$\frac{\partial L}{\partial \dot{\theta}} = m\frac{l^2}{4}\dot{\theta} - \frac{1}{2}ml\sin\theta\dot{x} + \frac{1}{12}ml^2\dot{\theta}$$

$$\frac{\mathrm{d}}{\mathrm{d}t}\left(\frac{\partial L}{\partial \dot{\theta}}\right) = m\frac{l^2}{3}\ddot{\theta} - \frac{1}{2}ml(\sin\theta\ddot{x} + \cos\theta\dot{\theta}\dot{x})$$

$$\frac{\partial L}{\partial \theta} = -\frac{1}{2}ml\cos\theta\dot{\theta}\dot{x} - \frac{1}{2}mgl\sin\theta$$

据此，整理后得到系统运动微分方程为

$$m\ddot{x} - \frac{1}{2}ml(\sin\theta\ddot{\theta} + \cos\theta\dot{\theta}^2) + kx = 0$$

$$\frac{1}{3}ml^2\ddot{\theta} - \frac{1}{2}ml\sin\theta\ddot{x} + \frac{1}{2}mgl\sin\theta = 0$$

(3) 本例讨论

建立系统势能表达式时，将坐标原点 O 设在系统的静平衡位置处，则在运动过程中，因位移 x 所产生的重力势能与弹簧在平衡位置的初始变形所产生的势能之和始终为零。

由于动能的表达式中含有广义坐标 θ，故在对时间求导的运算中不要忘记 θ 也是时间的函数。

13.4 结论与讨论

动力学普遍方程是虚位移原理与达朗贝尔原理相结合而得到的一组方程，是研究非自由质点系动力学问题的基础，也是分析力学的基础。动力学普遍方程与静力学普遍方程都有一个共同的特点，即在理想约束条件下，方程中均不出现约束力。

拉格朗日方程是运动微分方程组，是用广义坐标来描述整个系统的运动。因此，要根据系统的具体情况，正确确定系统的自由度数目及广义坐标。由于拉格朗日方程的数目等于系统的广义坐标数，故对于质点数目较多而自由度数目较少系统的动力学问题，用拉格朗日方程求解，便显得简便易算。

拉格朗日方程中，不包含理想约束的约束力，因而减少了未知量的数目，若系统中存在的摩擦不属于理想约束，则可将摩擦力视为主动力。

习题

13-1　如图所示，均质细杆 OA 长为 l，重力为 $\boldsymbol{P}$，在重力作用下可在铅垂平面内摆动，滑块 O 质量不计，斜面倾角 θ，略去各处摩擦，若取 x 及 φ 为广义坐标，试求对应于 x 和 φ 的广义力。

13-2　图示为在水平面内运动的行星齿轮机构，已知固定齿轮半径为 R，均质行星齿轮半径为 r，质量为 m，均质杆 OA 质量为 m_1，杆受力偶矩为 M 的力偶作用而运动，若取 φ 为广义坐标，试求相应的广义力。

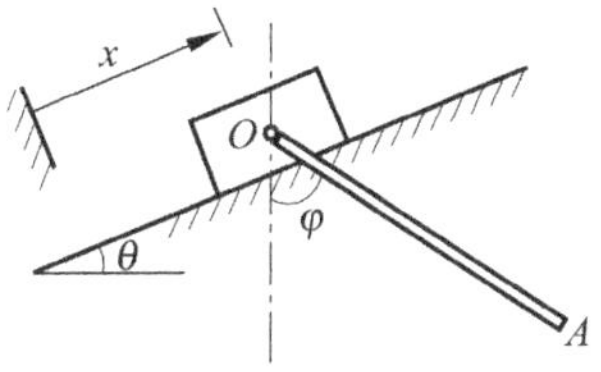

习题 13-1 图

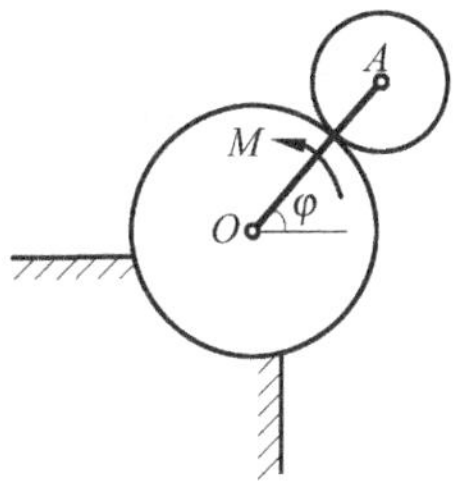

习题 13-2 图

13-3　在图示系统中，已知：均质圆柱 A 的质量为 M、半径为 R，物块 B 的质量为 m，光滑斜面的倾角为 β，滑轮质量忽略不计，并假设斜绳段平行斜面。若以 θ 和 y 为广义坐标，试分别用动力学普遍方程和第二类拉格朗日方程求：①系统运动微分方程；②圆柱 A 的角加速度和物块 B 的加速度。

13-4　在图示系统中，已知滑块 A 的质量为 M，置于光滑水平面上，其上作用有水平力 $\boldsymbol{F}$，均质杆 AB 长 $2b$，质量为 m，若选取 x 和 θ 作为系统的广义坐标，试建立系统运动微分方程。

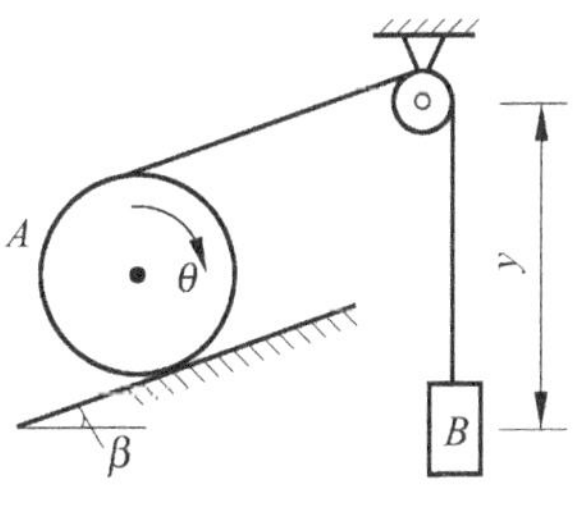

习题 13-3 图

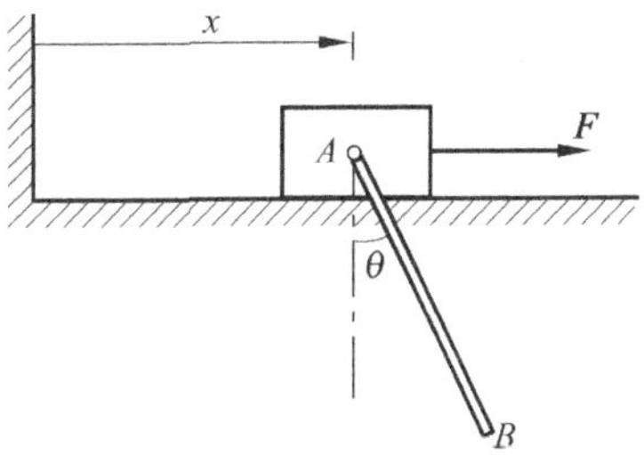

习题 13-4 图

13-5 在图示系统中，已知：均质圆轮 A 的质量为 M，半径为 r；摆球 B 的质量为 m；摆长为 b；弹簧刚度为 k；弹簧及刚杆 AB 质量不计；圆盘在水平面上作纯滚动。若选取 φ 和 θ 作为系统的广义坐标，试分别用动力学普遍方程和第二类拉格朗日方程建立系统运动微分方程。

13-6 图示系统由摆长为 l、质量为 m 的摆锤和两根弹簧刚度为 k 的弹簧组成，弹簧、滑块 A 及刚杆 AB 的质量均不计，水平面光滑。若选取 x 和 θ 作为系统的广义坐标，试用第二类拉格朗日方程建立系统运动微分方程。

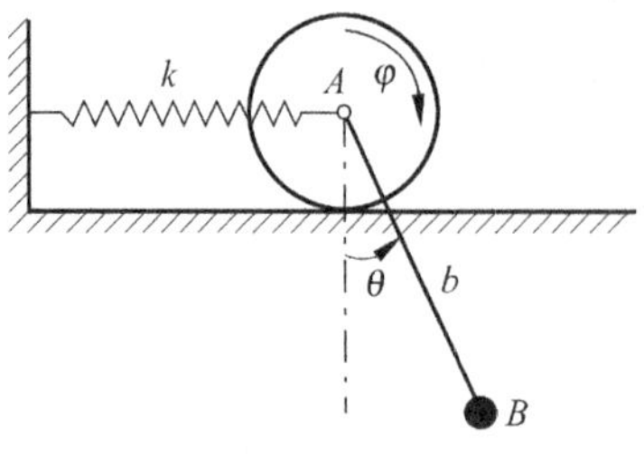

习题 13-5 图

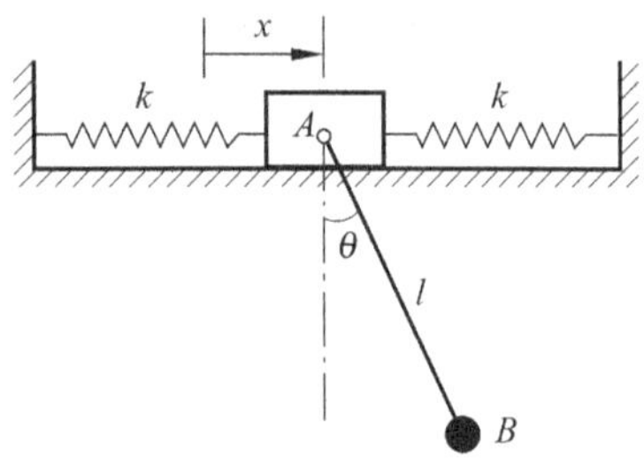

习题 13-6 图

13-7 在图示系统中，已知：物块 A 质量为 m；均质圆柱 B 质量为 M，半径为 r；弹簧刚度为 k；自然长度为 d；圆柱 B 相对于物块 A 作纯滚动；物块 A 沿光滑水平面运动。若选取 x 和 φ 作为系统的广义坐标，试用第二类拉格朗日方程建立系统运动微分方程。

13-8 在图示系统中，已知：摆球 B 的质量为 m，摆长为 b；弹簧的刚度系数为 k；其他物体质量不计。若选取 y(从点 A 的静平衡位置算起)和 θ 作为系统的广义坐标，试用第二类拉格朗日方程建立系统运动微分方程。

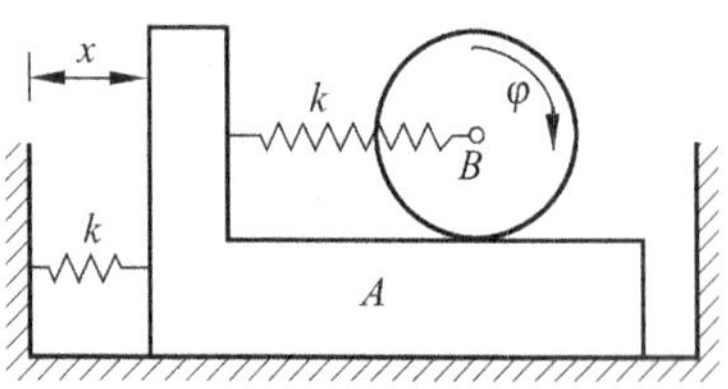

习题 13-7 图

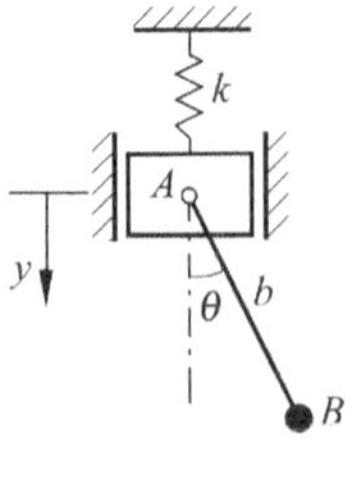

习题 13-8 图

13-9 重力为 $\boldsymbol{P}_1$ 的楔块 B 放在光滑水平面上，铅直杆重力 $\boldsymbol{P}_2$，均质圆盘重力 $\boldsymbol{P}_3$，如图所示，在楔块上作用一水平力 $\boldsymbol{F}$。若圆盘在楔块斜面上作纯滚动，斜面与水平面的夹角为 β，试求楔块的加速度。

13-10　在图示系统中，已知：均质杆 AB 质量为 m，长为 b；光滑斜面的倾角为 β；滚轮 A 的质量不计。若选取 x 和 φ 作为系统的广义坐标，试用第二类拉格朗日方程建立系统运动微分方程。

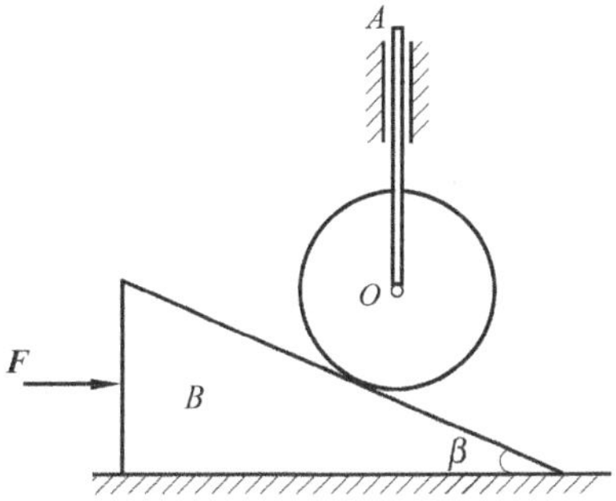

习题 13-9 图

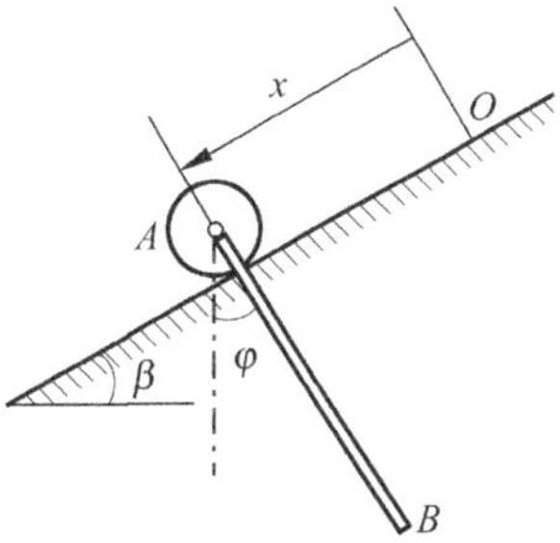

习题 13-10 图

13-11　系统由定滑轮 A 和动滑轮 B 以及三个重物组成，如图所示。重物 M_1，M_2，M_3 的质量分别是 m_1，m_2，m_3，且 $m_1<m_2+m_3$，$m_2>m_3$，滑轮的质量忽略不计，若初始瞬时系统静止，试求欲使 M_1 下降，质量 m_1，m_2 和 m_3 之间的关系。

13-12　图示系统由均质圆柱和平板 AB 组成，圆柱体重力为 $\boldsymbol{P}$、半径为 R，平板 AB 重力为 $\boldsymbol{Q}$，AC 与 BD 两悬绳相互平行，$AC=BD=l$，且圆柱相对于平板只滚不滑。试用第二类拉格朗日方程求该系统在平衡位置附近作微摆动的运动微分方程。

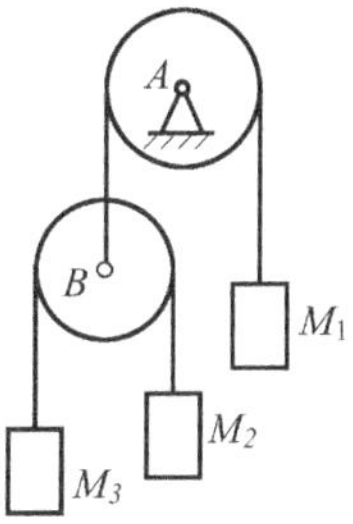

习题 13-11 图

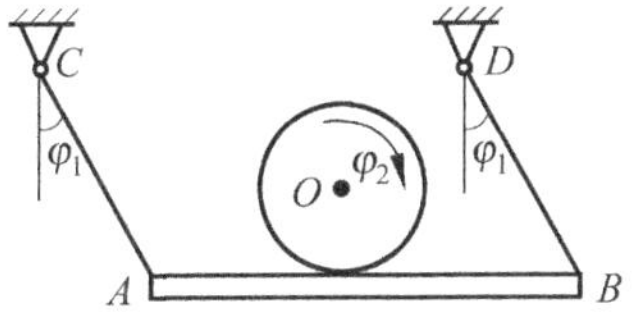

习题 13-12 图

习 题 答 案

第 1 章

答案略

第 2 章

2-1 (a)$Fl\sin\alpha$， (b)$Fl\sin\alpha$， (c)$-F[\cos\alpha(l_2)+\sin\alpha(l_3+l_1)]$，

(d)$F\sin\alpha(\sqrt{l_1^2+l_2^2})$

2-2 $M_O(\boldsymbol{F})=(-35.36\boldsymbol{i}-35.36\boldsymbol{j}+35.36\boldsymbol{k})\text{N}\cdot\text{m}$， $M_x(\boldsymbol{F})=-35.35\text{N}\cdot\text{m}$

2-3 $M_x=-43.3\text{N}\cdot\text{m}$， $M_y=-10\text{N}\cdot\text{m}$， $M_z=-7.5\text{N}\cdot\text{m}$

2-4 $M_x(\boldsymbol{F})=0$， $M_y=-\dfrac{Fa}{2}$， $M_z=\dfrac{\sqrt{6}}{4}Fa$

2-5 $F_x=\dfrac{4}{5}F$， $F_y=\dfrac{3}{5}F$， $F_z=0$； $M_x=0$， $M_y=0$，

$M_z=-\dfrac{4}{5}Fd$； $\boldsymbol{M}_A(\boldsymbol{F})=\dfrac{1}{5}(-3\boldsymbol{i}+4\boldsymbol{j}-7\boldsymbol{k})Fd$

2-6 $\boldsymbol{M}=(-14.4\boldsymbol{i}-8\boldsymbol{j}-12.8\boldsymbol{k})\text{N}\cdot\text{m}$

2-7 $\boldsymbol{F}_\text{R}=\left(\dfrac{5}{2},\dfrac{10}{3}\right)\text{kN}$； 合力大小 $F_\text{R}=\dfrac{25}{6}\text{kN}$，方向与 x 轴正向夹角为 $\pi+\arctan\dfrac{4}{3}$；作用线方程：$y=\dfrac{4}{3}x+4$

2-8 $F'_\text{R}=467\text{N}$， $d=46.0\text{mm}$

2-9 ①$\boldsymbol{F}'_\text{R}=-150\boldsymbol{i}\text{N}$， $M_O=-900\text{N}\cdot\text{mm}$； ②$\boldsymbol{F}_\text{R}=-150\boldsymbol{i}\text{N}$， $y=-6\text{mm}$

2-10 (a) 合力偶 $M=\dfrac{\sqrt{3}}{2}F_\text{P}a(\circlearrowleft)$；

(b) $\boldsymbol{F}_\text{R}=-2F_\text{p}\boldsymbol{i}(\leftarrow)$，作用线在 AB 上方，相距$\dfrac{\sqrt{3}}{4}a$

2-11 ① $\boldsymbol{F}'_\text{R}=10\boldsymbol{k}\text{kN}$， $\boldsymbol{M}_O=(-80\boldsymbol{i}+105\boldsymbol{j})\text{kN}\cdot\text{m}$

② $\boldsymbol{F}_\text{R}=\boldsymbol{F}'_\text{R}=10\boldsymbol{k}\text{kN}$，作用线与 xy 平面交点的坐标$(-10.5,-8,0)\text{m}$

2-12 $\boldsymbol{F}'_\text{R}=(-300\boldsymbol{i}-200\boldsymbol{j}+300\boldsymbol{k})\text{N}$， $\boldsymbol{M}_O=(200\boldsymbol{i}-300\boldsymbol{j})\text{N}\cdot\text{m}$

合力 $\boldsymbol{F}_\text{R}=(-300\boldsymbol{i}-200\boldsymbol{j}+300\boldsymbol{k})\text{N}$，通过点$\left(1,\dfrac{2}{3},0\right)$

2-13 力螺旋 $\boldsymbol{F}'_\text{R}=F\boldsymbol{k}$， $\boldsymbol{M}_{O'}=Fa\boldsymbol{k}$，中心轴上一点 O'点坐标$(-a,0,0)$

2-14 向 A 点简化：$\boldsymbol{F}_{\text{R}A}=2F\boldsymbol{i}-2F\boldsymbol{j}$， $M_A=2Fa(\circlearrowleft)$

向 B 点简化：$\boldsymbol{F}_{\text{R}B}=2F\boldsymbol{i}-2F\boldsymbol{j}$， $M_B=0$

2-15 略

2-16 略

第 3 章

3-1 (a) $F_1=F_3=\frac{\sqrt{2}}{2}F$(拉)， $F_2=-F$(压)；

(b) $F_1=F_3=0$， $F_2=F$(拉)

3-2 $F_{AB}=80\text{kN}$

3-3 $F_{AB}=2W\sin\frac{\varphi}{2}$(拉)， $F_{BC}=-2W$(压)

3-4 $\beta=\arctan\left(\frac{1}{2}\tan\theta\right)$

3-5 $F_{AB}=7.32\text{kN}$， $F_{AC}=27.32\text{kN}$

3-6 $F_H=\frac{F}{2\sin^2\alpha}$

3-7 $F_{RB}=2F$

3-8 (a) $F_A=\frac{M}{2l}(\uparrow)$， $F_B=\frac{M}{2l}(\downarrow)$；

(b) $F_A=\frac{M}{l}(\leftarrow)$， $F_B=\frac{M}{l}(\rightarrow)$；

(c) $F_A=\frac{M}{l}(\uparrow)$， $F_B=\frac{M}{l}(\leftarrow)$， $F_D=\frac{\sqrt{2}M}{l}$

3-9 $F_{Ay}=-750\text{N}(\downarrow)$， $F_{By}=750\text{N}(\uparrow)$

3-10 $F_1=\frac{M}{d}$(拉)， $F_2=0$， $F_3=-\frac{M}{d}$(压)

3-11 $F_A=F_B=-26.39\text{kN}$(压)， $F_C=33.46\text{kN}$(拉)

3-12 $F_{OA}=-1.41\text{kN}$(压) $F_{OB}=F_{OC}=0.707\text{kN}$(拉)

3-13 (a) $F_A=-63.22\text{kN}$， $F_B=-88.74\text{kN}$， $F_C=30\text{kN}$

(b) $F_B=-8.42\text{kN}$， $F_C=-3.45\text{kN}$， $F_D=-57.4\text{kN}$

13-14 1m

3-15 $F_{Ax}=\frac{(2Q-P)}{4}$， $F_{Ay}=\frac{(7P+6Q)}{4}$， $F_{Cx}=\frac{(P-6Q)}{4}$， $F_{Cy}=-\frac{3(P+2Q)}{4}$

$F_k=\sqrt{2}P$

3-16 $F_{Bx}=F_{By}=500\text{N}$， $F_{AB}=700\text{N}$， $F_{BC}=100\text{N}$

3-17 $F_{Ax}=70\text{kN}$， $F_{Ay}=30\text{kN}$， $F_{Cx}=50\text{kN}$， $F_{Cy}=10\text{kN}$， $F_{BE}=40$，

$F_{CE}=50\sqrt{2}\text{kN}$

3-18 $F_{Ax}=4.67\text{kN}$； $F_{Ay}=15.33\text{kN}$； $F_{Bx}=-0.67\text{kN}$； $F_{By}=3.67\text{kN}$；

$F_C=5\text{kN}$

3-19 (a) $F_{Ax}=0$， $F_{Ay}=6\text{kN}$， $M_A=32\text{kN}\cdot\text{m}$， $F_C=18\text{kN}$

(b) $F_{Ax}=0$， $F_{Ay}=-15\text{kN}$， $F_B=40\text{kN}$， $F_D=15\text{kN}$

3-20 $F_{Ax}=12.5\text{kN}$， $F_{Ay}=106\text{kN}$， $F_{Bx}=22.5\text{kN}$， $F_{By}=94.2\text{kN}$

3-21 $\frac{W_1}{W_2}=\frac{a}{l}$

3-22 $F_{GB}=F_{HB}=28.3\text{kN}$；$F_{Ax}=0$；$F_{Ay}=20\text{kN}$，$F_{Az}=69\text{kN}$

3-23 $F_1=F$，$F_2=-\sqrt{2}F$，$F_3=-F$，$F_4=F_5=\sqrt{2}F$，$F_6=-F$

3-24 $F=71.0\text{N}$；$F_{Ax}=-68.4\text{N}$，$F_{Ay}=-47.6\text{N}$；$F_{Bx}=-207\text{N}$，

$F_{By}=-19.0\text{N}$

3-25 $F=800\text{N}$，$F_{Ax}=320\text{N}$，$F_{Az}=-480\text{N}$，$F_{Bx}=-1120\text{N}$，$F_{Bz}=-320\text{N}$

3-26 $M_1=\frac{d_2}{d_1}M_2+\frac{d_3}{d_1}M_3$；$F_{Ay}=-\frac{M_3}{d_1}$，$F_{Az}=\frac{M_2}{d_1}$；$F_{Dx}=0$，$F_{Dy}=\frac{M_3}{d_1}$，

$F_{Dz}=-\frac{M_2}{d_1}$

3-27 $F_A=-48.3\text{kN}$；$F_B=100\text{kN}$；$F_D=8.33\text{kN}$

3-28 $F_{Ax}=1.20\text{kN}$，$F_{Ay}=150\text{N}$；$F_B=1.05\text{kN}$；$F_{BC}=1.50\text{kN}$(压)

3-29 $F_{Ax}=267\text{N}$，$F_{Ay}=-87.5\text{N}$；$F_B=550\text{N}$；

$F_{Cx}=209\text{N}$，$F_{Cy}=-188\text{N}$

3-30 (a) $F_1=F_7=-69.28\text{kN}$；$F_2=F_6=34.64\text{kN}$；

$F_3=F_5=23.09\text{kN}$；$F_4=46.19\text{kN}$

(b) $F_1=F_5=F_7=F_8=-22.36\text{kN}$；$F_2=F_9=20\text{kN}$；$F_3=F_4=F_{11}=0$；

$F_{10}=F_{13}=40\text{kN}$；$F_6=10\text{kN}$；$F_{12}=-44.72\text{kN}$

3-31 (a) $F_{N1}=-125\text{kN}$；$F_{N2}=53\text{kN}$；$F_{N3}=87.5\text{kN}$

(b) $F_1=10\sqrt{3}\text{kN}$(拉)；$F_2=10\text{kN}$(拉)，$F_3=-5\text{kN}$

3-32 $F_{BH}=\frac{100\sqrt{2}}{3}\text{kN}$(压)，$F_{CD}=-\frac{20}{3}\text{kN}$(压)，$F_{GD}=0$

3-33 $F_{CD}=-F$，$F_{GF}=0$，$F_{GD}=2\sqrt{2}F$

3-34 $F=2.37\text{kN}$

3-35 $F_{\min}=280\text{N}$

3-36 $F_Q\tan(\alpha-\varphi_m)\leqslant F_P\leqslant F_Q\tan(\alpha+\varphi_m)$

3-37 $d\leqslant 110\text{mm}$

3-38 $l\geqslant\frac{2Mef_s}{M-F_Qe}$

3-39 (C)

3-40 (A)

3-41 $\frac{M\sin(\theta-\varphi_m)}{r\cos\theta\cos(\beta-\varphi_m)}\leqslant P\leqslant\frac{M\sin(\theta+\varphi_m)}{r\cos\theta\cos(\beta+\varphi_m)}$

*3-42 $f_s=0.082$；$F=40.95\text{N}$

*3-43 $\theta=28.1°$

3-44 $F_{1\min}=31.7\text{N}$

*3-45 $M_{\min}=0.212Wr$

*3-46 $f_s \geqslant 0.15$

第 4 章

4-1 $s=R\tan\theta\ln\dfrac{R\tan\theta}{R\tan\theta-v_0 t}$

4-2 (1)匀减速直线运动；(2)轨迹方程：$y=2-\dfrac{4}{9}x^2$

4-3 $a_x=\pi R$；$a_y=-\pi^2 R$

4-4 $\dot{x}=-\dfrac{r\omega x}{\sqrt{x^2-r^2}}$

4-5 $y=R+e\sin\omega t$（ω 为轮 O 角速度），$v=\dot{y}=e\omega\cos\omega t$，$a=\ddot{y}=-e\omega^2\sin\omega t$

4-6 $v_P=\dfrac{v}{\sqrt{2}}$（$\theta=45°, x=h$ 时），$a_P=\dfrac{v^2}{2\sqrt{2}h}$ $\ddot{\theta}=-\dfrac{v^2}{2h^2}$（⌒）

4-7 $\boldsymbol{v}=\boldsymbol{\omega}\times\boldsymbol{r}$；$\boldsymbol{a}_{\mathrm{t}}=\boldsymbol{\alpha}\times\boldsymbol{r}$；$\boldsymbol{a}_{\mathrm{n}}=\boldsymbol{\omega}\times\boldsymbol{v}$

4-8 $\alpha_2=\dfrac{50\pi}{d^2}(\mathrm{rad/s^2})$，$a=59220\mathrm{cm/s^2}$

4-9 $\omega=\dfrac{v}{h}\cos^2\theta$；$\alpha=-2\dfrac{v^2}{h^2}\sin\theta\cos^3\theta$

4-10 $\varphi=\arctan\dfrac{v_0 t}{b}(\mathrm{rad})$；$\omega=\dfrac{bv_0}{b^2+v_0^2t^2}(\mathrm{rad/s})$，$\alpha=\dfrac{2bv_0^3 t}{(b^2+v_0^2t^2)^2}(\mathrm{rad/s^2})$

4-11 略

第 5 章

5-1 $\omega_0\,\mathrm{rad/s}$

5-2 1.26m/s，水平向左

5-3 ① 相对运动方程：$x_1=\sqrt{d^2+r^2+2rd\cos\omega t}$

② 摇杆转动方程：$\tan\varphi=\dfrac{r\sin\omega t}{r\cos\omega t+d}$

5-4 $v_{BC}=\dfrac{LR^2\omega_1}{b^2}\mathrm{m/s}$

5-5 $v_{Ma}=r\omega$

5-6 (a) $v_{\mathrm{r}}=v_B\cos\varphi$，$\alpha_{OA}=\dfrac{a_{\mathrm{e}}^{\mathrm{t}}}{OC}$，

(b) $\omega_{OA}=\dfrac{v_{\mathrm{a}}}{OA}=\dfrac{v_B}{r\sin\varphi}$，$\alpha_{OA}=\dfrac{a_{\mathrm{a}}^{\mathrm{t}}}{OA}=\dfrac{a_{\mathrm{a}}^{\mathrm{t}}}{r}$

5-7 $v_{\mathrm{a}}=\sqrt{v_{\mathrm{e}}^2+v_{\mathrm{r}}^2+2v_{\mathrm{e}}v_{\mathrm{r}}\cos15°}=20.3\mathrm{m/s}$，

$a_{\mathrm{a}}=\sqrt{(a_{\mathrm{a}}^{\mathrm{n}})^2+(a_{\mathrm{a}}^{\mathrm{t}})^2}=114\mathrm{m/s^2}$

5-8 $v_{\mathrm{a}}=v_{\mathrm{e}}\tan30°=\dfrac{2\sqrt{3}}{3}e\omega_0$（↑），$v_{\mathrm{r}}=2v_{\mathrm{a}}=\dfrac{4\sqrt{3}}{3}e\omega_0$；$a_{\mathrm{a}}=\dfrac{2}{9}e\omega_0^2$（↓）

5-9 $a_{EF}=7.11\text{cm/s}^2(\leftarrow)$

5-10 $v=80\text{cm/s}$, $a=64.75\text{cm/s}^2$

5-11 $\omega_{AB}=0$, $\alpha_{AB}=9.24\text{rad/s}^2(\curvearrowright)$

5-12 $\omega_{CE}=0.866\text{rad/s}$, $\alpha_{CE}=0.134\text{rad/s}^2$

5-13 $v_{AB}=\dfrac{\sqrt{3}}{2}e\omega(\uparrow)$, $a_a=a_{AB}=\dfrac{1}{2}e\omega^2(\downarrow)$

5-14 $v_a=29.7\text{cm/s}$, $a_x=a_{en}=R\omega^2=8.22\text{cm/s}^2$, $a_y=19.85\text{cm/s}^2$

5-15 $\alpha=\dfrac{\sqrt{3}}{4}\omega_0^2$

5-16 $\alpha_{O_2E}=4.55\text{rad/s}^2$

第 6 章

6-1 $x_A=(R+r)\cos\dfrac{\alpha}{2}t^2$, $y_A=(R+r)\sin\dfrac{\alpha}{2}t^2$, $\varphi_A=\dfrac{1}{2}\dfrac{R+r}{r}\alpha t^2$

6-2 $\dfrac{v_0}{h}\cos^2\theta$

6-3 $\omega_A=2\omega_B$

6-4 $\omega_{BC}=8(\text{rad/s})$, $v_C=1.87(\text{m/s})$

6-5 略

6-6 $\omega_{AB}=3\text{rad/s}$, $\omega_{O_1B}=5.2\text{rad/s}$

6-7 $\omega_O=1.333\text{rad/s}$, $v_O=1.2\text{m/s}$,卷轴向右滚动

6-8 $\omega=\dfrac{v_1-v}{2r}$, $v_O=\dfrac{v_1+v}{2}$

6-9 铅垂位置时：$v_{DE}=4\text{m/s}(\uparrow)$； 水平位置时：$v_{DE}=4\text{m/s}(\downarrow)$

6-10 $v_B=12.9\text{m/s}$, $\omega_{轮}=40\text{rad/s}$, $\omega_{AB}=14.1\text{rad/s}$

6-11 $\omega_B=1\text{rad/s}$, $v_D=0.06\text{m/s}$

6-12 $v_G=0.397\text{m/s}(\rightarrow)$, $v_F=0.397\text{m/s}(\leftarrow)$

6-13 $\omega_B=8\text{rad/s}$, $\alpha_B=0$, $\alpha_{AB}=4\text{rad/s}^2$

6-14 $v_a=2a\omega_O$, $\alpha_{CFE}=0$

6-15 $\omega_{DE}=0.5\text{rad/s}(\curvearrowright)$, $\alpha_{AB}=0$

6-16 $v_B=2\text{m/s}$, $a_B^n=4\text{m/s}^2$, $a_B^t=3.7\text{m/s}^2$

6-17 $\omega_{O_1B}=0$, $\alpha_{O_1B}=\dfrac{\sqrt{3}}{2}\omega_0^2$, $a_P=1.56r\omega_0^2$

6-18 $a_A=40\text{m/s}^2$, $\alpha_A=200\text{rad/s}^2$, $\alpha_{AB}=43.3\text{rad/s}^2$

6-19 $\omega_B=\dfrac{\omega_0}{4}$, $v_D=\dfrac{l\omega_0}{4}$

6-20 $v_r=\dfrac{2\sqrt{3}}{3}a\omega_0$

6-21 $\alpha_{AC}=2.87\text{rad/s}^2$, $a_r=545\text{mm/s}^2$

第 7 章

7-1 9.035m

7-2 $s=23.26\text{m}$

7-3 $a_{\max}=\dfrac{\sin\theta+f_s\cos\theta}{\cos\theta-f_s\sin\theta}$, $a_{\min}=\dfrac{\sin\theta-f_s\cos\theta}{\cos\theta+f_s\sin\theta}$

7-4 (a) 初始条件：$t=0$ 时，$x=a$，$\dot{x}=0$， $x_a=a\sin\left(\sqrt{\dfrac{k}{m}}t+\dfrac{\pi}{2}\right)$

(b) 初始条件：$t=0$ 时，$x=a+\delta_{st}$，$\dot{x}=0$， $x_b=a\sin\left(\sqrt{\dfrac{k}{m}}t+\dfrac{\pi}{2}\right)+\dfrac{mg}{k}$

(c) 初始条件：$t=0$ 时，$x=-a$，$\dot{x}=0$， $x_c=-a\sin\left(\sqrt{\dfrac{k}{m}}t+\dfrac{\pi}{2}\right)$

(d) 初始条件：$t=0$ 时，$x=-(a+\delta_{st})$，$\dot{x}=0$， $x_d=-a\sin\left(\sqrt{\dfrac{k}{m}}t+\dfrac{\pi}{2}\right)-\dfrac{mg}{k}$

7-5 $x=x_0\sin\left(\sqrt{\dfrac{fg}{d}}t+\dfrac{\pi}{2}\right)$， $T=\dfrac{2\pi}{\omega_n}=2\pi\sqrt{\dfrac{d}{fg}}$

7-6 $x=9.9\sin(30.3t)\text{mm}$，$t$ 以 s 计

7-7 $x=12\sin(260t-0.012)\text{mm}$

7-8 ① $F_B=\sqrt{2}mg$， $F_A=mg$； ② 绳 A 剪断瞬时，$F_B=\dfrac{\sqrt{2}}{2}mg$

7-9 相对运动规律：$x_r=\dfrac{1}{2}a_r t^2=5.91t^2(\text{m})$

7-10 $x=\dfrac{m}{k}a\left(1-\cos\sqrt{\dfrac{m}{k}}t\right)$

7-11 周期 $T=\dfrac{2\pi}{\omega_n}=2\pi\sqrt{\dfrac{l}{g+a}}$

7-12 $a_r=3.46\text{m/s}^2$， $F_N=2\text{N}$

7-13 略

7-14 图(a)、(b)、(e)、(g)均具有相同的固有频率

7-15 $\omega_0=\sqrt{\dfrac{3ag(m_1+2m_2)}{l\delta_{st}(2m_1+9m_2)}}$

*7-16 固有频率为 $\omega_0=\sqrt{\dfrac{24EI}{mh^3}}$

*7-17 $\omega_0=\sqrt{\dfrac{3g}{2l}\sin\theta_0+\dfrac{3k}{m}\cos\theta_0}$， 其中 $\theta_0=\arctan\dfrac{mg}{2kl}$

*7-18 $A=\dfrac{m_2g}{k}\sqrt{1+\dfrac{2hk}{(m_1+m_2)g}}$

第 8 章

8-1 ① $\dfrac{\sqrt{5}}{2}ml\omega$；

② $2R\omega m(\downarrow)$；

③ $\boldsymbol{p}=\left[(m_1+m_2)v-\dfrac{2m_1+m_2}{4}l\omega\right]\boldsymbol{i}+\left(\dfrac{2m_1+m_2}{4}\sqrt{3}l\omega\right)\boldsymbol{j}$

8-2 $p=\dfrac{9}{2}ml\omega$(垂直于 $AB\nearrow$)

8-3 略

8-4 $F_y=(m_1+m_2+m_3)g+\dfrac{m_2+2m_3}{2}d\omega^2\sin\omega t$， $F_x=-\dfrac{d}{2}m_2\omega^2\sin\omega t$

8-5 $Fox=(a-g\sin\theta)m_2\cos\theta$

$Foy=(m_1-m_2\sin\theta)a-m_2g\cos^2\theta+(m+m_1+m_2)g$

8-6 $\dfrac{m_1+m_2}{2m_1+m_2+m}b(1-\sin\theta)(\leftarrow)$

8-7 $(x_A-l\cos\alpha_0)^2+\dfrac{y_A^2}{4}=l^2$,此为椭圆方程

*8-8 $F_x=30\text{N}$

第 9 章

9-1 (1) $ms^2\omega(\curvearrowright)$；

(2) ① $p=\dfrac{R+e}{R}mv_A$； $L_B=[J_A-me^2+m(R+e)^2]\dfrac{v_A}{R}$

② $p=m(e\omega+v_A)$； $L_B=(J_A+meR)\omega+m(R+e)v_A$

9-2 $L_O=(m_AR^2+m_Br^2+J_O)\omega$

9-3 $\alpha=8.17\text{rad/s}$， $F_{Oy}=449\text{N}(\uparrow)$， $F_{Ox}=0$

9-4 $a=\dfrac{(M-mgr)R^2r}{J_1r^2+mr^2R^2+J_2R^2}$

9-5 $a=\dfrac{(Mi-mgR)R}{mR^2+J_1i^2+J_2}$

9-6 $\Delta F_A=\dfrac{l^2-3e^2}{2(l^2+3e^2)}mg$

9-7 $J_C=17.45\text{kg}\cdot\text{m}^2$

9-8 $v_A=\sqrt{2a_Ah}=\dfrac{2}{3}\sqrt{3gh}(\downarrow)$， $F_T=\dfrac{1}{3}mg$(拉)

9-9 $a=\dfrac{F(R+r)R-mgR^2\sin\theta}{m(R^2+\rho^2)}$

9-10 $a_A=\dfrac{g}{\dfrac{m'}{m}\cdot\dfrac{(\rho^2+r^2)}{(R-r)^2}+1}$

9-11 $F=\dfrac{2(M-\delta mg)}{3r}$

9-12 $a_B=\dfrac{m_1}{m_1+3m_2}g$； $a_C=\dfrac{m_1+2m_2}{m_1+3m_2}g$； $F_T=\dfrac{m_1m_2}{m_1+3m_2}g$

9-13 $t=\sqrt{\dfrac{2s}{fg}}$， $\omega=\alpha t=\dfrac{2}{r}\sqrt{2fgs}(\curvearrowright)$

9-14 $\alpha=\dfrac{3g\sin\theta}{2l}$

9-15 $a_{BE}=\dfrac{F(R-r)^2}{Q(R-r)^2+W(r^2+\rho^2)}g$

*9-16 $M_z=2\rho l^2 A\omega v_r$

*9-17 $a_A=\dfrac{4\sin\theta}{1+3\sin^2\theta}g$

*9-18 $a_{Cx}=\dfrac{12gd^2\sin\alpha}{l^2+12d^2}$， $F_N=\dfrac{mgl^2\sin\alpha}{l^2+12d^2}$

9-19 $F=\dfrac{\Delta p}{t}=\dfrac{6.03}{0.15}=40.2\text{N}$,与水平线夹角 $\alpha=3.431°$

9-20 $\omega=\dfrac{3v_0}{4a}=0.788\sqrt{\dfrac{g}{a}}$， $v_C=\dfrac{a}{\sqrt{2}}\omega=0.577\sqrt{ag}$

*9-21 $h=\dfrac{7}{5}r=\dfrac{7}{10}d$

9-22 $\omega=\dfrac{12v_C}{7l}$， $v'_C=v'_D-\dfrac{l}{4}\omega=\left(e-\dfrac{3}{7}\right)v_C$,当 $e>\dfrac{3}{7}$时,v'_C 向上； 当 $e<\dfrac{3}{7}$时，v'_C 应向下

第 10 章

10-1 ①$\dfrac{3}{16}mv_B^2$； ②$\dfrac{1}{2}m_1v^2+\dfrac{3}{4}m_2v^2$； ③$2mR^2\omega^2$

10-2 $T=\dfrac{1}{2g}\left[(W_1+W_2)v_1^2+\dfrac{1}{3}W_2l^2\omega_1^2+W_2l\omega_1v_1\cos\varphi\right]$

10-3 $T=\dfrac{r^2\omega^2}{3g}(2F_Q+9F_P)$

10-4 $a_A=\dfrac{m_1(R-r)^2}{m_1(R-r)^2+m_2(\rho^2+r^2)}g$

10-5 $\omega=\sqrt{\dfrac{24\sqrt{3}mg+3kl}{20ml}}$； $\alpha=\dfrac{6g}{5l}$

10-6 $t_1=\sqrt{\dfrac{2s}{a_C}}=\sqrt{\dfrac{3s}{g\sin\alpha}}$； $t_2=\sqrt{\dfrac{2s}{a_C}}=\sqrt{\dfrac{4s}{g\sin\alpha}}$； 圆盘先到达地面

10-7 $v=\sqrt{3gh}$

10-8 $\omega=1.93\text{rad/s}$

10-9 ① $\delta=r\omega\sqrt{\dfrac{3m}{2k}}$； ② $\alpha=2\omega\sqrt{\dfrac{k}{6m}}$； $F=r\omega\sqrt{\dfrac{mk}{6}}$

10-10 ① $\alpha=\dfrac{2g(Mr\sin\varphi-mR)}{2m(R^2+\rho^2)+3Mr^2}$； ② 摩擦力 $F=\dfrac{Mr\alpha}{2}$； 绳张力 $F_T=m(g+R\alpha)$

10-11 $\omega_n=\dfrac{d}{r}\sqrt{\dfrac{2k}{m_1+2m_2}}$

10-12 $\omega_n=\sqrt{\dfrac{4k}{3m}}$

10-13 $P=0.369\text{kW}$

10-14 $a_D=\dfrac{2(m+m_2)g}{7m+8m_1+2m_2}$； $F_{BC}=\dfrac{2(m+m_2)(m+2m_1)g}{7m+8m_1+2m_2}$

10-15 ① $a_A=\dfrac{1}{6}g$； ② $F_{HE}=\dfrac{4}{3}mg$； ③ $F_{Kx}=0$； $F_{Ky}=4.5mg$； $M_K=13.5mgR$

10-16 $v_C=2R\omega$， $\omega=\dfrac{1}{5R}\sqrt{10gh}$； $F_T=\dfrac{1}{5}mg$

第 11 章

11-1 略

11-2 $\alpha=47.04\text{rad/s}^2$； $F_{Ax}=95.26\text{N}$； $F_{Ay}=137.6\text{N}$

11-3 $F_A=5.38\text{N}$； $F_B=45.5\text{N}$

11-4 (a)：① $\alpha_a=\dfrac{2W}{mr}$； ② 绳中拉力为 W； ③ 轴承约束力 $F_{Ox}=0$， $F_{Oy}=W$

(b)：① $\alpha_b=\dfrac{2Wg}{r(mg+2W)}$； ② 绳中拉力，$T_b=\dfrac{mg}{mg+2W}W$； ③ 轴承反力：$F_{Ox}=0$， $F_{Oy}=\dfrac{mgW}{mg+2W}$

11-5 $\omega^2=\dfrac{2m_1+m_2}{2m_1(a+l\sin\varphi)}g\tan\varphi$

11-6 $F_{CD}=3.43\text{kN}$

11-7 $a_{\max}=a=6.51\text{m/s}^2$

11-8 $F_{Ax}=0.122\text{N}$， $F_{Ay}=30\text{N}$

11-9 ①$a=310.4\text{m/s}^2$； ②$F_B=11.64\text{kN}$

11-10 ①$a_C=\dfrac{4}{21}g$； ②$F_{AB}=\dfrac{34}{21}mg$； $F_{DE}=\dfrac{59}{21}mg$

11-11 $k>\dfrac{m(e\omega^2-g)}{2e+b}$

11-12 $F=933.6\text{N}$

11-13 $a_B=1.57\text{m/s}^2$； $M_A=13.44\text{kN}\cdot\text{m}$； $F_{Ax}=6.72\text{kN}$； $F_{Ay}=25.04\text{kN}$

11-14 ①$\alpha=\dfrac{9g}{16l}$； ②$F_{Ax}=\sqrt{3}mg$(由 A 指向 B)， $F_{Ay}=\dfrac{5}{32}mg$(垂直 AB 向上)

11-15 $a=5.88\text{m/s}^2$； $\alpha=19.6\text{rad/s}^2$

11-16 $F_D=117.5\text{N}$

第 12 章

12-1 $F_1=3F_2$

12-2 $F_2=3F_1\cot\theta$

12-3 $F_1=\dfrac{\tan\beta}{\tan\theta}F_2$

12-4 $M_2=2M_1$

12-5 $\sqrt{3}M_1+M_2+2M_3=0$

12-6 $4\tan\theta-7\tan\gamma-3\tan\beta=0$

12-7 (a) $M=\sqrt{3}Fl$； (b) $M=Fl$； (c) $M=\dfrac{2Fr}{\tan\varphi+\cot\theta}$

12-8 $F=\dfrac{M}{l}$

12-9 $M_2=-259.8\text{N}\cdot\text{m}$

12-10 $F_B=2\left(F-\dfrac{M}{l}\right)$； $F_C=\dfrac{M}{l}$

12-11 $F_{Ax}=0$； $F_{Ay}=6.667\text{kN}(\uparrow)$； $F_B=69.167\text{kN}(\uparrow)$； $F_E=4.167\text{kN}(\uparrow)$

12-12 $F_{N1}=\dfrac{11}{3}\text{kN}$(受拉)， $F_{N2}=-\dfrac{11}{4}\text{kN}$

12-13 $F_{Ay}=0.577\text{kN}(\uparrow)$； $M_A=2\text{kN}\cdot\text{m}(\curvearrowright)$

12-14 $F_B=5\text{kN}(\uparrow)$

12-15 $F_{Bx}=-9\text{kN}(\leftarrow)$； $F_{By}=11.5\text{kN}(\uparrow)$

第 13 章

13-1 $Q_x=-P\sin\theta$； $Q_\varphi=-\dfrac{1}{2}Pl\sin\varphi$

13-2 M

13-3 ① $(M+m)\ddot{y}-MR\ddot{\varphi}+(M\sin\beta-m)g=0$； $\dfrac{3}{2}R\ddot{\varphi}-\ddot{y}-g\sin\beta=0$

② $\alpha_A=\ddot{\theta}=\dfrac{2(1+\sin\beta)mg}{(M+3m)R}$； $a_B=\ddot{y}=\dfrac{(3m-M\sin\beta)g}{M+3m}$

13-4

$$\begin{cases}b\cos\theta\,\ddot{x}+\dfrac{4}{3}b^2\ddot{\theta}+b\sin\theta g=0\\(M+m)\ddot{x}+mb\cos\theta\,\ddot{\theta}-mb\sin\theta\,\dot{\theta}^2-F=0\end{cases}$$

13-5

$$\begin{cases}(3M+2m)r\ddot{\varphi}+2mb(\ddot{\theta}\cos\theta-\dot{\theta}^2\sin\theta)+2kr\varphi=0\\mr\ddot{\varphi}\cos\theta+mb\ddot{\theta}+mb\sin\theta=0\end{cases}$$

13-6

$$\begin{cases}m\ddot{x}+ml\cos\theta\,\ddot{\theta}-ml\sin\theta\,\dot{\theta}^2+2kx=0\\ml\cos\theta\,\ddot{x}+ml^2\ddot{\theta}+mgl\sin\theta=0\end{cases}$$

13-7

$$\begin{cases}(M+m)\ddot{x}+Mr\ddot{\varphi}+k(x-d)=0\\M\ddot{x}+\dfrac{3}{2}Mr\ddot{\varphi}+kr\varphi=0\end{cases}$$

13-8

$$\begin{cases} m(\ddot{y}-b\sin\theta\ddot{\theta}-b\cos\theta\dot{\theta}^2)+ky=0 \\ b\ddot{\theta}-\sin\theta\ddot{y}+g\sin\theta=0 \end{cases}$$

13-9 $a=2g\dfrac{[F-(P_2+P_3)\tan\beta]\cos^2\beta}{2(P_1\cos^2\beta+P_2\sin^2\beta)+P_3(1+2\sin^2\beta)}$

13-10

$$\begin{cases} m\ddot{x}-\frac{1}{2}mb\cos(\beta-\varphi)\ddot{\varphi}-\frac{1}{2}mb\sin(\beta-\varphi)\dot{\varphi}^2-mg\sin\beta=0 \\ \frac{1}{3}mb^2\ddot{\varphi}-\frac{1}{2}mb\cos(\beta-\varphi)\ddot{x}+\frac{1}{2}mgb\sin\varphi=0 \end{cases}$$

13-11 $m_1>\dfrac{4m_2m_3}{m_2+m_3}$

13-12

$$\begin{cases} \frac{(P+Q)l^2}{g}\ddot{\varphi}_1+\frac{PRl}{g}\ddot{\varphi}_2+(P+Q)l\varphi_1=0 \\ \frac{3}{2g}PR^2\ddot{\varphi}_2+\frac{PRl}{g}\ddot{\varphi}_1=0 \end{cases}$$

索　引

参 考 文 献

1 范钦珊主编：理论力学.北京：高等教育出版社，2000

2 范钦珊.王琪主编.工程力学(1,2)，北京：高等教育出版社，2002

3 谢传锋.静力学.北京：高等教育出版社，1999

4 谢传锋.动力学(I).北京：高等教育出版社，1999

5 朱炳麟，赵晴，王振波.理论力学.北京：机械工业出版社，2001

6 浙江大学理论力学教研室编.理论力学(第3版).北京：高等教育出版社，1999

7 哈尔滨工业大学理论力学教研组编.理论力学.上册(第5版)，北京：高等教育出版社，1997

8 贾书惠，张怀瑾主编.理论力学辅导.北京：清华大学出版社，1997

9 王铎主编.理论力学解题指导及习题集·上册(第2版).北京：高等教育出版社，1984

10 刘延柱，杨海兴编.理论力学(第2版).北京：高等教育出版社，1991

11 William F. Riley, Leroy D. Sturges. Engineering Mechanics: Statics. 2nd ed. New York: McGraw Hill, 1996

12 William F. Riley, Leroy D. Sturges. Engineering Mechanics: Dynamics. 2nd ed. New York: McGraw Hill, 1996

13 Ferdinand P. Beer, E. Russell Johnston Jr. Vector Mechanics for Engineers: Dynamics. 6th ed. New York: McGraw Hill, 1997